工程造价审核与鉴定

赵庆华　余璠璟

茅　剑　周　欣　陈　艳　编著

东南大学出版社
SOUTHEAST UNIVERSITY PRESS
·南京·

内 容 提 要

本书根据最新的法律法规，结合工程造价审核与造价鉴定最新的实践与研究，全面阐述了工程造价计价原理和方法；工程造价审核的内容和方法；司法鉴定的概念、基本原理及鉴定程序；工程造价鉴定的程序与内容；工程造价鉴定质量监控；工程造价鉴定权责制度等理论和实践问题。

本书可作为高等学校工程管理专业、工程造价专业及其他相关专业的教材使用，也可供工程领域相关专业人员以及相关政府部门、建设单位、咨询单位、监理单位、施工单位等技术和管理人员参考使用。

图书在版编目(CIP)数据

工程造价审核与鉴定/赵庆华等编著. —南
京：东南大学出版社，2019.1
（工程造价系列丛书）
ISBN 978 - 7 - 5641 - 8256 - 4

Ⅰ.①工… Ⅱ.①赵… Ⅲ.①建筑造价管理
Ⅳ.①TU723.3

中国版本图书馆 CIP 数据核字(2019)第 016500 号

书　　名：工程造价审核与鉴定
编　著：赵庆华　余璠璟　等
出版发行：东南大学出版社
社　　址：南京市四牌楼 2 号　　　　邮　　编：210096
网　　址：http://www.seupress.com
出 版 人：江建中
印　　刷：南京工大印务有限公司
开　　本：787 mm×1092 mm　1/16
印　　张：18.25
字　　数：456 千
版　　次：2019 年 1 月第 1 版
印　　次：2019 年 1 月第 1 次印刷
书　　号：ISBN 978 - 7 - 5641 - 8256 - 4
册　　数：1—4 000 册
定　　价：39.00 元

经　　销：全国各地新华书店
发行热线：025-83790519　83791830

《工程造价系列丛书》编委会

前　言

随着经济的高速发展,我国在固定资产投资领域的投资额日益扩大。工程造价的确定是技术与经济相结合的结果,由于工程项目建设周期长,建设过程复杂,定价程序特殊,再加上不同项目参加者基于不同的立场,造成工程造价确定的复杂性。因此,工程造价审核是准确、合理确定工程造价的必要程序及重要手段。同时,由于建筑市场竞争日趋激烈,加之建设各方法律意识的增强,建筑工程造价纠纷案件逐年上升,由此产生的工程造价鉴定需求逐年增加。国家、地方审计机关、建设单位及工程造价咨询单位急需大量工程造价审计及工程造价鉴定复合型人才,以适应社会需求。

工程造价审核与鉴定实际上是合理确定工程造价的过程,贯穿于工程项目实施全过程。工程造价审核与鉴定是我国工程管理专业、工程造价专业和审计专业的重要组成内容,其特点是融技术、经济、管理、审计与法律为一体,具有较强的专业性和综合性。

中国建设工程造价管理协会于 2012 年出台了《建设工程造价咨询成果文件质量标准》(CECA/GC 7—2012)和《建设工程造价鉴定规程》(CECA/GC 8—2012),住房和城乡建设部于 2018 年出台了《建设工程造价鉴定规范》(GB/T 51262—2017)。这些标准、规程和规范的出台,对于规范工程造价领域工程造价审核及工程造价鉴定行为起了重大的引领作用。

本书根据最新的法律法规及规范标准,结合工程造价审核与鉴定最新的实践与研究,全面、系统地阐述了工程造价审核与鉴定相关理论。本书分两大部分,前 3 章主要介绍工程造价审核内容,包括工程造价计价原理和方法、工程造价审核的主要内容和方法;后 4 章主要讲述工程造价鉴定内容,包括司法鉴定概述、工程造价鉴定、工程造价鉴定质量监控和工程造价鉴定权责制度。全书理论与实践紧密结合,并附有大量案例,可供高等院校工程管理专业、工程造价专业、审计专业及其他相关专业选择使用,也可供工程领域相关专业人员参考使用。

全书共分 7 章,其中,第 1、2 章由余瑶璟编写,第 3 章由茅剑编写,第 4、7 章由周欣编写,第 5 章由赵庆华编写,第 6 章由陈艳编写。赵庆华负责总体策划、构思及定稿。

本书在编写过程中得到许多单位和学者的支持和帮助,江苏省建设工程造价管理总站、江苏省工程造价管理协会、扬州市建设工程造价管理站为本书提供了丰富的工程案例,在此表示衷心感谢。同时,在编写过程中编者查阅、检索了许多工程造价审核与鉴定方面的信息资料和有关专家、学者的著作、论文,在此一并表示衷心感谢。

本书编写过程中得到编者所在单位和东南大学出版社的大力支持,出版社韩小亮老师为本书的出版做了细致的审稿工作,在此表示衷心感谢。特别感谢出版社曹胜玫老师,正是她不断沟通、督促,才保证了本书的顺利出版。

由于工程造价审核与鉴定学科较新,其理论体系尚不完备,理论、方法和运作还在工程实践中不断丰富、发展和完善,加之作者水平有限,书中难免有疏忽甚至错误之处,敬请各位读者、同行批评指正,对此编者不胜感激。

编者

2018.10

目　　录

1　工程造价审核概述

1.1　工程造价

1.1.1　工程造价的两种含义

　　1995 年中国建设工程造价管理协会(CAMCC)对建设工程造价给出的定义为：建设工程造价系指完成一项建设工程所需花费的费用总和。其中建筑安装工程费,也即建筑、安装工程的造价,在涉及发承包的关系时,与建筑、安装工程价格意义相同。这实际给建设工程造价赋予了建设投资(费用总和)和工程价格两个不同的含义,由此在中国工程造价学界引起了一场争论。争论使得人们对工程造价的理解不断深化,从单纯的费用观点,逐步向价格和投资的观点转化,并且出现了对建设投资和工程价格的分别定义,进而引导我国工程造价管理向着建设投资管理和工程价格管理两个方向分别深入下去。

　　建设工程造价的第一种含义：工程造价是指有计划地建设某项工程,预期开支或实际开支的全部固定资产投资和流动资产投资的费用。即有计划地进行某建设工程项目的固定资产再生产建设,形成相应的固定资产、无形资产和铺底流动资金的一次性投资费的总和。工程建设的范围,不仅包括了固定资产的新建、改建、扩建、恢复工程及与之连带的工程,而且还包括整体或局部性固定资产的恢复、迁移、补充、维修、装饰装修等内容。固定资产投资所形成的固定资产价值的内容包括：建筑安装工程费,设备、工器具的购置费和工程建设其他费用等。

　　工程造价的第一种含义是从投资者或业主的角度来定义的,表明投资者选择一个投资项目,为了获得预期的效益,需要在通过项目评估后进行决策,然后进行工程设计、施工、竣工验收等一系列工程建设管理活动,在此过程中,要支付与工程建设有关的费用,才能形成固定资产和无形资产,所有这些开支就构成了工程造价。从这一意义上,工程造价就是工程投资费用,非生产性建设项目的工程总造价就是建设项目固定资产投资的总和,而生产性建设项目的总造价是固定资产投资和铺底流动资金投资的总和。

　　建设工程造价的第二种含义是从承包商、供应商、设计市场供给主体的角度来定义的：工程造价是指为建设某项工程,预计或实际在土地市场、设备市场、技术劳务市场、承包市场等交易活动中,形成的工程承发包(交易)价格。

　　工程造价的第二种含义是以市场经济为前提的,是以工程、设备、技术等特定商品形式作为交易对象,通过招投标或其他交易方式,最终由市场形成的价格。其交易的对象,可以是一个建设项目或一个单项工程;也可以是工程建设的某一个阶段,如可行性研究阶段、工程设计阶段或工程施工阶段等;还可以是某个建设阶段的一个或几个组成部分,如工程施工阶段的某单项工程的安装工程、装饰工程或配套设施工程等。随着经济发展和技术进步,分工的细化和市场的完善,工程建设的中间产品也越来越多,商品交易会更加频繁,工程造价的种类和形式也更为丰富。特别是投资体制的改革,投资主体多元化和资金来源的多渠道,使相当一部分建筑产品作为商品进入了流通。住宅作为商品已为人们普遍接受,普通工业厂房、仓库、写字楼、公寓、商业设施等建筑产品,一旦投资者将其推向市场就将作为真实的商品进入流通,无论是采取购买、抵押、拍卖、租赁,还是企业兼并形式,其性质都是相同的。

工程造价的第二种含义通常认定为工程承发包价格,它是在建筑市场通过招标,由需求主体(投资者)和供给主体(承包商)共同认可而形成的价格。建筑安装工程造价在项目固定资产投资中占有较多的份额,是工程造价中最活跃的部分,也是建筑市场交易的主要对象之一,因此人们常常将工程造价的第二种含义理解成建筑安装工程造价。而设备采购通常经过招投标形成交易价格、土地使用权拍卖或设计招标等所形成的承包合同价,也属于第二种含义的工程造价的范围。

工程造价的两种含义是从不同角度把握同一事物的本质,一种是从项目建设角度提出的建设项目工程造价,是一个广义的概念;另一种是从工程交易或工程承包、设计范围角度提出的建筑安装工程造价,是一个狭义的概念。在讨论的问题和使用的场合不同时工程造价的含义会有所不同,本书也是如此,但一般而言,"工程造价审核"的"工程造价"指的是工程项目的交易价格,即工程造价的第二种含义,但在某些特殊场合下本书中的工程造价是指一个建设项目的全部费用。当不做特别说明时,可以通过上下文的关联去正确理解该处工程造价的确切含义。

1.1.2　工程造价的表现形式

在建设工程不同的建设阶段,工程造价具有不同的表现形式:

(1) 投资估算。在项目决策阶段,对投资需要量进行估算是一项不可缺少的组成内容。投资估算是指在项目建议书和可行性研究阶段对拟建项目所需投资,通过编制估算文件预先测算和确定的过程,也可表示估算出的建设项目的投资额,也称为估算造价。

(2) 设计概算。设计概算也称为概算造价,是指在初步设计阶段,根据设计意图,通过编制工程概算文件来预先测算和确定建设项目的造价。设计概算较投资估算准确性有所提高,但它受估算造价的控制。概算造价的层次性十分明显,分建设项目概算总造价、各个单项工程概算综合造价、各单位工程概算总造价。

(3) 修正概算。修正概算是指在采用三阶段设计的建设项目在技术设计阶段,根据技术设计的要求,对建设项目的规模大小、结构性质、设备类型等方面进行修改、变动,则初步设计概算也作相应调整,即为修正概算。

(4) 施工图预算。施工图预算是指在施工图设计完成后,工程开工前,根据预算定额、费用文件计算确定建设费用的经济文件。它比概算造价或修正概算造价更为详尽和准确。但同样要受前一阶段所确定的工程造价的控制。

(5) 工程结算价。工程结算价是指在合同实施阶段,发承包双方按合同调价范围和调价方法,对实际发生的工程量增减、设备和材料价差等进行调整后计算和确定的价格。工程结算价是该工程结算的实际价格。

（6）竣工决算。竣工决算是指在建设工程竣工验收交付使用阶段，由建设单位编制的建设项目从筹建到竣工验收、交付使用全过程中实际支付的全部建设费用。竣工决算是反映建设项目实际造价文件和投资效果的经济文件，是基本建设项目经济效果的全面反映，是核定新增固定资产价值，办理交付使用的依据。

1.2　工程造价审核的意义

建设工程是按照特定使用者的专门用途，在指定地点逐个建造的。每项建筑工程为适应不同使用要求，其面积和体积、造型和结构、装修与设备的标准及数量都会有所不同。而且特定地点的气候、地质、水文、地形等自然条件及当地政治、经济、风俗习惯等因素必然使建筑产品实物形态千差万别。再加上不同地区构成投资费用的各种价值要素（如人工、材料）的差异，最终导致建设工程造价的千差万别。因此，对于建设工程既不能像工业产品那样按品种、规格和质量成批定价，只能是单件计价；也不能由国家、地方、企业规定统一的造价，只能按各个项目各自所需的物化劳动和活劳动消耗量，按国家统一规定的一整套特殊程序来逐项计价，建筑产品的个体差别性决定了每一工程都必须单独计算造价。

建设工程造价在不同的建设阶段其确定方法（如可行性研究时的投资估算和施工图设计阶段的施工图预算的编制方法）略有不同，但都需按造价管理部门规定的方法与程序进行。工程造价的确定过程是技术与经济相结合的过程，工程造价的编制工作要求造价人员不仅具有一定的专业技术知识，而且还要有较高的造价业务素质。而在实际工作中，不论造价人员专业水平好坏，也总难免会出现这样或那样的差错，更何况工程造价直接关系到投资的经济效益和社会效益，非常的复杂、敏感，不排除部分造价人员出于立场原因、素质原因刻意高估冒算。因此，造价审核作为造价控制的一个环节是必不可少的，工程造价审核是准确、合理确定工程造价的必要程序及重要手段。

工程造价是否准确与建设项目决策的正确性、项目资金使用效率及投资的经济效果有密切关系。在项目的决策阶段，要论证工程项目在技术上是否可行、财务上是否盈利、国民经济评价是否合理，需对环境影响、社会效益、经济效益作出分析和评价。决策阶段的投资估算是进行投资方案选择的重要依据，也是决定项目是否可行及主管部门进行项目审批的重要依据。可行性研究报告被批准后，其投资估算额是该建设项目投资的最高限额，不得随意突破。

设计概算的审核有助于促进概算编制人员严格执行国家有关概算的编制规定和费用标准，提高概算的编制质量，有利于合理分配投资资金、加强投资计划管理。设计概算编制得偏高或偏低，都会影响投资计划的真实性，影响投资资金的合理分配。进行设计概算审查是遵循客观经济规律的需要，通过审查可以提高投资的准确性与合理性。设计概算的审核还有助于促进设计的技术先进性与经济合理性的统一。概算中的技术经济指标，是概算水平的综合反映，合理、准确的设计概算是技术经济协调统一的具体体现，与同类工程对比，便可看出它的先进与合理程度。审查设计概算，有利于核定建设项目的投资规模，可以使建设项目总投资力求做到准确、完整，防止任意扩大投资规模或出现漏项，从而减少投资缺口、缩小概算与预算之间的差距,避免故意压低概算投资,搞"钓鱼"项目,最后导致实际造价大幅度地突破概算。经审查的概算,有利于为建设项目投资的落实提供可靠的依据,打足投资,不留缺口,有助于提高建设工程项目的投资效益。

限额设计也是建设项目设计阶段投资控制的一种措施。在设计阶段为保证和提高投资效果,可通过设计方案比选和优化,选取技术先进、经济合理的最佳方案。设计阶段准确的概算造价使投资者了解工程项目造价的组成,分析资金分配的合理性,将投资比例较大的部分作为投资控制的重点,并使项目总投资控制在决策阶段的投资估算额度内。

我国当前绝大多数的建设项目通过招投标后进入施工阶段。通过招投标确定建设项目的工程价款,甲乙双方在平等、互惠互利基础上签订合同,确立了经济关系。工程项目的招投标,有利于确保工程质量和缩短工期,更有利于降低工程造价,是造价控制的一个重要手段。施工阶段是由规划变为现实、由书面图纸变为实物的过程,由于施工期长、涉及的经济和法律关系复杂,受自然和客观因素影响,项目的实际情况与招投标时预想的条件相比会发生一些变化,如工程变更、施工主材价格的变化、天气因素、人为因素和不可抗力等众多原因,使得工程最终造价几乎不可能等于合同价。工程竣工结算是施工企业在按照合同规定的内容完成全部所承包的工程,经验收质量合格,并符合合同要求之后,按照国家有关法律法规、国家建设行政主管部门颁发的预算定额、取费标准等进行审查和核算,确定出符合工程施工实际的造价,并向发包单位进行的最终工程款结算。造价竣工结算审核是建设方有效实施造价控制的最后一个环节,对建设方合理确定工程造价尤为重要,造价审核能够帮助建设方挤压施工方报价中的水分,起到节约建设投资的目的,从众多审核结果上看,这一效果非常明显。经审核的竣工结算确定了招标工程的最终造价,也是建设项目验收后编制竣工决算和核定新增固定资产价值的依据。因此,建设单位、监理公司及审计部门等都十分关注竣工结算的审核把关。

造价审核同样直接关系施工单位的切身利益,客观公正的造价审核,也能够保证施工单位的合法权益,避免因建设单位恶意压价带来的经济损失。同时施工单位可通过竣工结算总结经验教训,真正理解通过高估冒算在审核中"捞油水"绝非正途,若要为企业取得更多的利润,只有通过对工程进行系统、科学的管理,提高技术管理水平,加强成本核算、成本控制等一系列具体的工作,从高效管理中获取效益。

总而言之,工程造价审核是通过对工程造价确定过程进行全面、系统的检查和复核,及时纠正所存在的错误和问题,使之更合理、更准确,以达到有效地控制工程造价的目的,工程造价审核可对应于工程建设的各个阶段。而实际工程中由于大量合同存在于工程实施阶段,且建设工程项目的投资大多使用于工程实施阶段,工程结算直接涉及投资者的投资效益和承包方的经济效益,因此工程造价的结算审核是造价审核的主要工作。

1.3　工程造价审核与工程造价审计

根据工程审计内容的专业特征,工程审计可分为工程项目财务收支审计、工程项目造价审计、工程项目建设管理审计和工程项目投资效益审计。工程造价审计主要检查工程项目建设过程中的工程项目投资财政预、决算情况,并判断其是否真实正确和合规合法的一种审计,包括投资估算审计,工程概算、预算审计和工程决算审计。《内部审计实务指南第 1 号——建设项目内部审计》的第八章为工程造价审计(32~35 条),主要对建设项目实施过程中各阶段的建设成本的真实性、合法性进行的审查和评价工作做了规定。随着审计的作用和地位的提升,当前"工程造价审计"已经成为一个出现频率极高的词汇,无论业务活动的性质如何,只要涉及工程造价控制、审核等方面的内容,常被冠之以"工程造价审计"的称谓。当然工程造价审计和工程造价审核确实存在着密切联系,但二者之间也有着明显的区别。

1)性质与目标不同

建设项目内部审计中的工程造价审计,是建设单位内部审计机构和人员对建设项目实施全过程中工程造价的真实、合法、效益性所进行的独立监督和评价活动。建设项目内部审计是组织内部管理职能的一部分,内部审计是受组织最高管理层的委托,对工程项目建设活动进行评价和监督、对下属管理人员的行为进行监督,对建设项目实施全过程的真实、合法、效益性进行监督和评价,其目的是为了促进建设项目实现"质量、速度、效益"三项目标。因此,在建设项目内部审计中,内部审计部门与建设管理部门之间基于审计监督权力产生组织关系。建设项目内部审计的监督职能应该是代表组织最高管理层监督组织内部建设管理人员和员工的行为和效果,而不是监督组织最高管理层本身。事实上,由组织最高管理层委任和领导的内部审计机构来监督组织最高管理层本身也是不可行的。内部审计是为组织最高管理层服务的,是组织最高管理层管理组织的手段,内部审计人员并不是管理人员,而是管理人员的参谋、助手。最终的决定和处理应当由组织最高管理层作出。由于工程造价的专业性较强,目前工程造价审计也常被建设项目主管部门委托给社会审计机构完成。

工程造价审计的目标主要包括:检查工程价格结算与实际完成的投资额的真实性、合法性;检查是否存在虚列工程、套取资金、弄虚作假、高估冒算的行为等。工程造价审计偏重于监督职能。

在工程实践中,工程造价审核工作常常由工程建设项目的管理者委托给造价咨询单位完成。工程造价审核作为工程造价咨询单位的一项常规业务,履行的是管理职能。工程造价审核目标是及时纠正工程实施过程中所存在的问题和错误,合理地确定工程造价,达到控制造价的目的,保证项目目标管理的实现。工程造价审核工作一般不能委托给同时承担审计工作的咨询单位,否则同一咨询单位承接不相容的工作,不利于工程造价的有效控制。

2)标的不同

工程造价审计通常以建设项目全过程建设成本的真实性、合法性为标的,包括资金来源、基建计划、前期工程、征用土地、勘察设计、施工实施的一切财务收支,具体可包括设计概算的审计、施工图预算的审计、合同价的审计、工程量清单计价的审计、工程结算的审计等。

而工程造价审核一般集中于工程项目实施阶段,通常以单(项)位工程为标的,只对单(项)位工程实际造价的合理性负责。

3)法律效力不同

工程造价审核实际上是一种平等民事主体的市场行为,是建立在委托授权基础上的民事法律关系。工程造价审核的过程和结果是以工程承包合同为基础和依据的,是体现工程发承包双方意愿的,因此对合同主体都有约束力,其审核结果可作为双方结算的法律依据。

在国家建设项目审计中,审计机关和建设单位(被审计单位)之间基于审计监督权力产生行政法律关系,建设单位与承包商之间则基于工程承包合同产生民事法律关系,这是两种相互独立的法律关系。审计机关的审计决定只对行政法律关系的另一方——建设单位（被审计单位）产生法律效力，对其他相对主体不产生法律约束力。实践中因审计结论而否定工程结算所引起的诉讼往往以审计败诉而收场也证明了这一点，但是这不影响审计结论对被审计单位的监督和约束。

非国家建设项目审计从其性质上来说属于内部审计范畴。审计结论能否对其他项目参与者（这里特指勘察、设计、施工、监理、采购、供货等单位）产生法律效力，这应当与建设单位在和其他项目参与者所签订的工程合同中是否赋予内部审计部门相应的权力有关。如果工程合同中赋予内部审计部门相应的权力，则在工程合同履行过程中内部审计部门就可以依据工程合同规定，行使合同权利，如工程变更价款的确认，工程签证单的复核等，其他项目参与者应当按照合同约定执行。相反，如果工程合同中并未赋予内部审计部门相应的权力，则内部审计部门所出具的审计结论只能给组织最高管理层提供参考，而对其他项目参与者将不产生任何法律效力。

1.4 工程造价审核与造价司法鉴定

建设项目在建设阶段各有关利益方之间极易产生工程造价纠纷，以及由此延伸而引起的经济纠纷，解决此类纠纷的终极方式就是诉之于法律，工程造价鉴定由此产生。工程造价鉴定是指工程造价咨询企业接受国家、政府等有权机关或机构的委托，对纠纷项目的工程造价以及由此延伸而引起的经济问题，依据其建设工程造价方面的专门知识和技能进行鉴别和判断并提供鉴定意见的活动。

1.4.1 工程造价司法鉴定的特点

1）司法鉴定结论是一种法定证据

工程造价司法鉴定是服务于工程造价纠纷案或工程经济责任、赔偿标准确定等的科技实证活动，客观、科学和准确的鉴定结论，直接关系到侦查、检察和审判机关对案件事实的判断和认定。

2）司法鉴定的程序遵守诉讼法的规定

司法鉴定是在诉讼过程中为查明有关事实而进行的一项活动。在我国的刑事诉讼法、民事诉讼法、行政诉讼法中对各个诉讼阶段鉴定的提起、决定、指派或聘请作出了原则规定。工程造价司法鉴定的程序必须符合这些规定。

3）司法鉴定不涉及责任的认定

鉴定活动的性质属于以科学技术手段核实证据的诉讼活动，工程造价司法鉴定对象是与造价有关的工程事实，解决的是事实问题，而非法律问题，即不涉及责任的认定。

1.4.2 造价审核与造价司法鉴定的区别与联系

1）造价审核与造价司法鉴定区别

工程造价司法鉴定与工程造价审核有着密切的关系，也有很大的区别，尤其是从行为层面看这二者之间有着本质的区别：

（1）作用与性质不同

工程造价审核是依据相关资料，做出的程序化技术成果。在招标阶段这一成果是合同双方确定合同造价的基础，即一项具体工程项目的合同造价，是合同双方经过利害权衡、竞价磋商等博弈方式所达成的特定的交易价格，而不是该工程项目的市场平均价格或公允价格。造价结算审核成果则用于发承包双方工程价款的结算，其成果文件可作为发承包双方工程款结算的依据。

工程造价司法鉴定结论不仅仅是技术成果结论，更重要的它是民事诉讼的证据之一，是涉及判案结果的证据，对其合法性、有效性有严格的界定。司法鉴定是属于合同证据的审查手段，需要明确争诉焦点和司法委托内涵，对工程造价进行司法鉴定就是为了确定诉讼过程中某一项证据的真实性或者支持某一项诉讼请求的依据，它以司法诉讼为前提，具有一定的被动性。

（2）对资料处理方式不同

工程造价审核对相关资料如有含糊不清的，审核人凭借工作经验可做主观判断。而工程造价司法鉴定对相关资料表述不准的，是不得做主观判断的。必须经双方质证认可，方可作为依据。对有分歧的非技术方面的证据，必须由司法委托人做出是否有效的认定后，才能作为鉴定证据，否则会被原被告质疑鉴定人越权。

（3）对结果的要求与处理方式不同

造价结算审核依据双方合同约定以及过程资料，按着审核常规给予审核结果，双方并无明确要求。而造价司法鉴定，双方均有不同主张，鉴定人必须严肃对待。对证据不清的必须使双方面对面核实确认，对达不成一致的行为证据（合同、协议等），要及时提交法院确认效力后，再做鉴定依据。对技术性证据鉴定人确认即可。因此，鉴定人可凭借专业技能做出技术结论，不做行为证据有效性的判断。

造价审核与造价司法鉴定，在实际工作中都常会遇到各类性质不同的争议问题。有时对同一问题，利益双方会出现截然不同的阐述，在造价审核中碰到这样的争议问题的通常做法是：依据审核人的专业技能和谈判协调能力，综合双方争议焦点，对问题作出判断，然后说服双方接受审核人意见。不管争议问题性质如何，一般情况一个问题只做一个审核结果。而司法鉴定碰到这样的争议问题，鉴定人也要凭借专业技能尽量说明使双方达成一致意见，但可能性很小，此时鉴定人对争议问题的处理应该是：只需分析问题实质，不发表任何倾向性意见，站在第三方角度，分别对双方不同的表述作出不同的造价结果。

2）造价审核与司法鉴定联系

工程造价司法鉴定其鉴定的是与造价有关的工程事实，从技术层面看造价审核与造价司法鉴定是基本一致的，这二者的技术背景相同，工作涉及的专门问题均属工程造价专业范畴，工作人员均需具备工程造价方面的专门知识，并采用相同的技术方法针对工程造价相关专业问题进行分析判断。这二者的依据与方法也是基本相同，均依据工料消耗定额、计价信息资料、工程设计文件、工程合同等有关造价的资料开展工作。工程造价司法鉴定的实质即审核确定工程造价。

2 建设工程造价计价原理与方法

2.1 建设工程造价计价原理

2.1.1 建设工程项目的分解

建设工程项目具有单件性、多样性的特点,每一个工程项目的建设都是按业主的特定需求单独设计、单独施工,不能批量生产;工程项目的造价组成内容十分复杂,也不能按整个项目统一定价,只能采用特殊的计价程序和计价方法进行计价,即将整个建设项目进行分解,划分为可以按有关技术经济参数测算价格的基本构造单元(如定额子目、清单项目),这样就可以计算出基本构造单元的费用。一般来说,分解的结构层次越多,基本子项也越细,计算也更精确。一般一个建设项目可按其生产能力和工程效益的发挥以及设计施工范围组成逐级分解如下:

(1)建设项目。建设项目一般是指在一个场地或几个场地上,按照一个总体设计或初步设计建设的全部工程。如一所学校,一个住宅小区,一个四合院,一个公园,一条道路等均为一个建设项目。

一个建设项目可以是一个独立工程,也可以是包括几个或更多个的单项工程。建设项目在经济上实行统一核算,行政上具有独立的组织形式。

(2)单项工程。单项工程亦称"工程项目",一般是指具有独立的设计文件,建成后能够独立发挥生产能力或效益的工程。如一所学校中的图书馆工程、教学楼工程、办公楼工程等都是单项工程;一个四合院中的倒座房、垂花门、正房、东西配房等都是单项工程。

(3)单位工程。单位工程一般是具有单独设计文件,具有独立的施工图,并且单独作为一个施工对象的工程。如一个教学楼工程通常包括土建工程、给排水工程、电气照明工程等单位工程;一个公园通常包括园林假山置石、园林绿化、园林喷灌及给排水、园路广场、园林供电等单位工程。

单位工程一般是进行工程成本核算的对象,也是各专业工程造价审核的对象。

(4)分部工程。分部工程是指单位工程中按工程结构、所用工种、材料和施工方法的不同而划分为若干部分,其中的每一部分称为分部工程。如建筑工程土建单位工程中包括:土石方工程、基础工程、砌筑工程、混凝土工程等分部工程,园林假山置石单位工程中包括:土山地形堆筑、假山置石、塑山石基架、瀑布跌水管泵、瀑布跌水电气等分部工程。

分部工程是单位工程的组成部分,同时它又包括若干个分项工程。

(5)分项工程。分项工程是分部工程的组成部分,一般是指通过较为单纯的施工过程就能生产出来,并且可以用适当计量单位。如混凝土工程中的垫层、混凝土条形基础、混凝土满堂(板式)基础、矩形柱、构造柱、单梁、框架梁、连续梁等都是分项工程,假山置石工程中的假山堆筑、特置峰石安装、土山点石等也都是分项工程。

分项工程是计算工料消耗的最基本的构造单元,也是建筑产品造价计算的基础。

2.1.2 建设工程项目的组合计价

建设工程项目的组合性决定了工程造价计价的过程是一个逐步组合的过程。在确定工程建设项目的设计概算和施工图预算时,需按工程组成构成由下而上地进行。其计算顺序如图 2-1 所示。

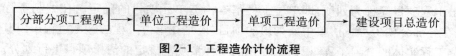

分部分项工程费 → 单位工程造价 → 单项工程造价 → 建设项目总造价

图 2-1 工程造价计价流程

用公式的形式可简单表达如下:

(1) 分部分项工程费 $= \sum [$基本构造单元工程量 $\times$ 相应单价$]$

(2) 单位工程造价 $= \sum$ 分部分项工程费

(3) 单项工程造价 $= \sum$ 单位工程造价

(4) 建设项目总造价 $= \sum$ 单项工程造价

建设工程造价的计算过程是建设工程项目的组合过程,建设工程造价计价的基本原理就在于建设项目的分解与组合。

工程造价的计价过程可大致分为工程计量和工程计价两大环节。

工程计价包括了工程单价的确定和总价的计算。

工程单价是指完成单位工程基本构造单元的工程量(即定额子目或清单项目)所需的基本费用,根据工程造价计价方式的不同,有工料单价和综合单价两种形式。在采用定额计价法(传统计价方法、当前部分地方概算还采用的计价方法)的时候,工程单价是工料单价,也称为是定额直接费的单价,其组成是:

$$工料单价 = \sum (人、材、机消耗量 \times 人、材、机单价)$$

在采用工程量清单计价方法的时候,工程单价是综合单价。综合单价是指完成一个清单项目所需的人工费、材料费、机械费、企业管理费和利润,以及一定范围内的风险费用。风险费用是隐含于综合单价中,用于化解发承包双方在工程合同中约定内容和范围内的市场价格波动风险的费用。其中人工费、材料费、机械费的构成是:

$$人工费 = 人工消耗量 \times 人工单价$$

$$材料费 = \sum (材料消耗量 \times 材料单价)$$

$$机械费 = \sum (机械消耗量 \times 机械单价)$$

因此,不论是工料单价还是综合单价,其价格确定过程中有两大关键要素:人工、材料、机械的消耗量和单价。

工程总价是指经过规定的程序或方法逐级汇总形成的相应的单位工程造价。在采用工料单价时,确定工料单价后乘以相应定额项目工程量得直接工程费,再按相应的取费程序计算其他费用,可得到单位工程造价。在采用工程量清单计价的综合单价时,确定综合单价后乘以相应项目工程清单量得分部分项工程费,再计取措施费、其他项目费、规费和税金可得到单位工程造价。在总价确定时相关费用的计算程序、方法是按照工程所在地政府造价管理部门颁布的费用计算定额所确定,如在江苏省行政区域内的新建、扩建和改建的建筑与装饰、安装、市政、仿古建筑及园林绿化、房屋修缮、城市轨道交通工程等,适用江苏省住房和城乡建设厅组织编制的《江苏省建设工程费用定额》(2014 年)。

工程计量包括工程项目的列出和工程量的计算两部分内容。

列出工程项目简称为列项,即单位工程基本构造单元项目的确定。在编制工程量清单时,就是在分部分项工程量清单中所列出的项目,应是在单位工程的施工过程中以其本身构成该单位工程实体的分项工程,根据工程量清单计量规范规定的清单项目进行划分。

工程量的计算对单位工程中所列出的工程项目,根据工程量计算规则,就设计文件和施工组织设计对工程实物量进行计算。如果是编制工程量清单,则工程量计算规则就是工程量清单计量规范所规定的工程量计算规则;如果是计价,则工程量计算规则就是工程所在地造价管理部门颁布的计价定额所规定的工程量计算规则。

所以,工程造价确定过程中的核心点是:费用、消耗量、单价、工程量。工程造价审核的重点也在于此。

2.2　建设工程造价费用计算规则

2.2.1　建设工程造价构成

国家住房和城乡建设部、财政部根据国家有关法律、法规及相关政策,在总结原建标〔2003〕206 号文执行情况的基础上,修订了《建筑安装工程费用项目组成》,且有按费用构成要素划分、按造价形成划分两种形式,同时还制定了《建筑安装工程费用参考计算方法》《建筑安装工程计价程序》,明确规定自 2013 年 7 月 1 日起施行。

根据建标〔2013〕44 号《建筑安装工程费用项目组成》,建筑安装工程费按照费用构成要素划分是由人工费、材料(包含工程设备,下同)费、施工机具使用费、企业管理费、利润、规费和税金组成。

1) 人工费　是指按工资总额构成规定,支付给从事建筑安装工程施工的生产工人和附属生产单位工人的各项费用。内容包括:

(1) 计时工资或计件工资:是指按计时工资标准和工作时间或对已做工作按计件单价支付给个人的劳动报酬。

(2) 奖金:是指对超额劳动和增收节支支付给个人的劳动报酬,如节约奖、劳动竞赛奖等。

(3) 津贴补贴:是指为了补偿职工特殊或额外的劳动消耗和因其他特殊原因支付给个人的津贴,以及为了保证职工工资水平不受物价影响支付给个人的物价补贴。如流动施工津贴、特殊地区施工津贴、高温(寒)作业临时津贴、高空津贴等；

(4)加班加点工资：是指按规定支付的在法定节假日工作的加班工资和在法定日工作时间外延时工作的加点工资。

(5)特殊情况下支付的工资：是指根据国家法律、法规和政策规定，因病、工伤、产假、计划生育假、婚丧假、事假、探亲假、定期休假、停工学习、执行国家或社会义务等原因按计时工资标准或计时工资标准的一定比例支付的工资。

2)材料费　是指施工过程中耗费的原材料、辅助材料、构配件、零件、半成品或成品、工程设备的费用。内容包括：

(1)材料原价：是指材料、工程设备的出厂价格或商家供应价格。

(2)运杂费：是指材料、工程设备自来源地运至工地仓库或指定堆放地点所发生的全部费用。

(3)运输损耗费：是指材料在运输装卸过程中不可避免的损耗。

(4)采购及保管费：是指为组织采购、供应和保管材料、工程设备的过程中所需要的各项费用，包括采购费、仓储费、工地保管费、仓储损耗等。

其中，工程设备是指构成或计划构成永久工程一部分的机电设备、金属结构设备、仪器装置及其他类似的设备和装置。

3)施工机具使用费　是指施工作业所发生的施工机械、仪器仪表使用费或其租赁费。

(1)施工机械使用费：以施工机械台班耗用量乘以施工机械台班单价表示，施工机械台班单价应由下列七项费用组成：

① 折旧费：是指施工机械在规定的使用年限内，陆续收回其原值的费用。

② 大修理费：是指施工机械按规定的大修理间隔台班进行必要的大修理，以恢复其正常功能所需的费用。

③ 经常修理费：是指施工机械除大修理以外的各级保养和临时故障排除所需的费用。包括为保障机械正常运转所需替换设备与随机配备工具附具的摊销和维护费用，机械运转中日常保养所需润滑与擦拭的材料费用及机械停滞期间的维护和保养费用等。

④ 安拆费及场外运费：安拆费指施工机械(大型机械除外)在现场进行安装与拆卸所需的人工、材料、机械和试运转费用以及机械辅助设施的折旧、搭设、拆除等费用；场外运费指施工机械整体或分体自停放地点运至施工现场或由一施工地点运至另一施工地点的运输、装卸、辅助材料及架线等费用。

⑤ 人工费：是指机上司机(司炉)和其他操作人员的人工费。

⑥ 燃料动力费：是指施工机械在运转作业中所消耗的各种燃料及水、电等。

⑦ 税费：是指施工机械按照国家规定应缴纳的车船使用税、保险费及年检费等。

(2)仪器仪表使用费：是指工程施工所需使用的仪器仪表的摊销及维修费用。

4)企业管理费　是指建筑安装企业组织施工生产和经营管理所需的费用。内容包括：

(1)管理人员工资：是指按规定支付给管理人员的计时工资、奖金、津贴补贴、加班加点工资及特殊情况下支付的工资等。

(2)办公费：是指企业管理办公用的文具、纸张、账表、印刷、邮电、书报、办公软件、现场监控、会议、水电、烧水和集体取暖降温(包括现场临时宿舍取暖降温)等费用。

(3)差旅交通费：是指职工因公出差、调动工作的差旅费、住勤补助费，市内交通费和误餐补助费,职工探亲路费,劳动力招募费,职工退休、退职一次性路费,工伤人员就医路费,工地转移费以及管理部门使用的交通工具的油料、燃料等费用。

(4) 固定资产使用费:是指管理和试验部门及附属生产单位使用的属于固定资产的房屋、设备、仪器等的折旧、大修、维修或租赁费。

(5) 工具用具使用费:是指企业施工生产和管理使用的不属于固定资产的工具、器具、家具、交通工具和检验、试验、测绘、消防用具等的购置、维修和摊销费。

(6) 劳动保险和职工福利费:是指由企业支付的职工退职金、按规定支付给离休干部的经费,集体福利费、夏季防暑降温、冬季取暖补贴、上下班交通补贴等。

(7) 劳动保护费:是企业按规定发放的劳动保护用品的支出。如工作服、手套、防暑降温饮料以及在有碍身体健康的环境中施工的保健费用等。

(8) 检验试验费:是指施工企业按照有关标准规定,对建筑以及材料、构件和建筑安装物进行一般鉴定、检查所发生的费用,包括自设试验室进行试验所耗用的材料等费用。不包括新结构、新材料的试验费,对构件做破坏性试验及其他特殊要求检验试验的费用和建设单位委托检测机构进行检测的费用,对此类检测发生的费用,由建设单位在工程建设其他费用中列支。但对施工企业提供的具有合格证明的材料进行检测不合格的,该检测费用由施工企业支付。

(9) 工会经费:是指企业按《工会法》规定的全部职工工资总额比例计提的工会经费。

(10) 职工教育经费:是指按职工工资总额的规定比例计提,企业为职工进行专业技术和职业技能培训,专业技术人员继续教育、职工职业技能鉴定、职业资格认定以及根据需要对职工进行各类文化教育所发生的费用。

(11) 财产保险费:是指施工管理用财产、车辆等的保险费用。

(12) 财务费:是指企业为施工生产筹集资金或提供预付款担保、履约担保、职工工资支付担保等所发生的各种费用。

(13) 税金:是指企业按规定缴纳的房产税、车船使用税、土地使用税、印花税等。

(14) 其他:包括技术转让费、技术开发费、投标费、业务招待费、绿化费、广告费、公证费、法律顾问费、审计费、咨询费、保险费等。

5) 利润 是指施工企业完成所承包工程获得的盈利。

6) 规费 是指按国家法律、法规规定,由省级政府和省级有关权力部门规定必须缴纳或计取的费用。包括:

(1) 社会保险费

① 养老保险费:是指企业按照规定标准为职工缴纳的基本养老保险费。

② 失业保险费:是指企业按照规定标准为职工缴纳的失业保险费。

③ 医疗保险费:是指企业按照规定标准为职工缴纳的基本医疗保险费。

④ 生育保险费:是指企业按照规定标准为职工缴纳的生育保险费。

⑤ 工伤保险费:是指企业按照规定标准为职工缴纳的工伤保险费。

(2) 住房公积金:是指企业按规定标准为职工缴纳的住房公积金。

(3) 工程排污费:是指按规定缴纳的施工现场工程排污费。

其他应列而未列入的规费,按实际发生计取。

7) 税金 是指国家税法规定的应计入建筑安装工程造价内的营业税、城市维护建设税、教育费附加以及地方教育附加。

根据财政部、国家税务总局《关于全面推开营业税改征增值税试点的通知》（财税〔2016〕36 号），我国建筑业自 2016 年 5 月 1 日起纳入营业税改征增值税（以下简称"营改增"）试点范围。即自 2016 年 5 月 1 日起应计入建筑安装工程造价内的税费有：增值税、城市维护建设税、教育费附加以及地方教育附加。

2.2.2　江苏建设工程费用内容

由于我国各地区的建筑经济水平不一致，费用计算规则没有全国统一的标准，一般是以国家有关部门颁发的《建筑安装工程费用项目组成》为依据，结合各地区的实际情况，编制费用计算规则。根据《建设工程工程量清单计价规范》（GB 50500—2013）及其 9 本计算规范和《建筑安装工程费用项目组成》（建标〔2013〕44 号）等有关规定，结合江苏省实际情况，江苏省住房和城乡建设厅组织编制了《江苏省建设工程费用定额》（以下简称费用定额）。

费用定额是建设工程编制设计概算、施工图预（结）算、招标控制价、标底以及调解处理工程造价纠纷的依据；是确定投标价、工程结算审核的指导；也可作为企业内部核算和制订企业定额的参考。

费用定额适用于在江苏省行政区域内新建、扩建和改建的建筑与装饰、安装、市政、仿古建筑及园林绿化、房屋修缮、城市轨道交通工程等，与江苏省现行的各相关专业计价定额配套使用。

建设工程费用内容参照《建筑安装工程费用项目组成》将造价形成顺序划分的形式，由分部分项工程费、措施项目费、其他项目费、规费和税金组成。其中，安全文明施工措施费、规费和税金为不可竞争费，应按规定标准计取。建设工程费用具体内容如下：

1) 分部分项工程费

分部分项工程费是指各专业工程的分部分项工程应予列支的各项费用，由人工费、材料费、施工机具使用费、企业管理费和利润构成。

(1) 人工费、材料费、施工机具使用费的概念及费用内容，与建标〔2013〕44 号《建筑安装工程费用项目组成》中按照费用构成要素划分相一致。

(2) 企业管理费：是指施工企业组织施工生产和经营管理所需的费用。内容包括：

① 管理人员工资：是指按规定支付给管理人员的计时工资、奖金、津贴补贴、加班加点工资及特殊情况下支付的工资等。

② 办公费：是指企业管理办公用的文具、纸张、账表、印刷、邮电、书报、办公软件、监控、会议、水电、燃气、采暖、降温等费用。

③ 差旅交通费：是指职工因公出差、调动工作的差旅费、住勤补助费，市内交通费和误餐补助费，职工探亲路费，劳动力招募费，职工退休、退职一次性路费，工伤人员就医路费，工地转移费以及管理部门使用的交通工具的油料、燃料等费用。

④ 固定资产使用费：指企业及其附属单位使用的属于固定资产的房屋、设备、仪器等的折旧、大修、维修或租赁费。

⑤ 工具用具使用费：是指企业施工生产和管理使用的不属于固定资产的工具、器具、家具、交通工具和检验、试验、测绘、消防用具等的购置、维修和摊销费，以及支付给工人自备工具的补贴费。

⑥ 劳动保险和职工福利费：是指由企业支付的职工退职金、按规定支付给离休干部的经费，集体福利费、夏季防暑降温、冬季取暖补贴、上下班交通补贴等。

⑦ 劳动保护费：是指企业按规定发放的劳动保护用品的支出。如工作服、手套、防暑降温饮料、危险工种施工作业防护补贴以及在有碍身体健康的环境中施工的保健费用等。

⑧ 工会经费：是指企业按《工会法》规定的全部职工工资总额比例计提的工会经费。

⑨ 职工教育经费：是指按职工工资总额的规定比例计提，企业为职工进行专业技术和职业技能培训，专业技术人员继续教育、职工职业技能鉴定、职业资格认定以及根据需要对职工进行各类文化教育所发生的费用。

⑩ 财产保险费：是指企业管理用财产、车辆的保险费用。

⑪ 财务费：是指企业为施工生产筹集资金或提供预付款担保、履约担保、职工工资支付担保等所发生的各种费用。

⑫ 税金：是指企业按规定交纳的房产税、车船使用税、土地使用税、印花税等。

⑬ 意外伤害保险费：是指企业为从事危险作业的建筑安装施工人员支付的意外伤害保险费。

⑭ 工程定位复测费：是指工程施工过程中进行全部施工测量放线和复测工作的费用。建筑物沉降观测由建设单位直接委托有资质的检测机构完成，费用由建设单位承担，不包含在工程定位复测费中。

⑮ 检验试验费：是指施工企业按规定进行建筑材料、构配件等试样的制作、封样、送达和其他为保证工程质量进行的材料检验试验工作所发生的费用，不包括新结构、新材料的试验费。对构件（如幕墙、预制桩、门窗）做破坏性试验所发生的试样费用和根据国家标准和施工验收规范要求对材料、构配件和建筑物工程质量检测检验发生的第三方检测费用，由建设单位承担，在工程建设其他费用中列支。但对施工企业提供的具有合格证明的材料进行检测不合格的，该检测费用由施工企业支付。

⑯ 停水停电费用：是指非建设单位所为四小时以内的临时停水停电费用。

⑰ 企业技术研发费：是指建筑企业为转型升级、提高管理水平所进行的技术转让、科技研发，信息化建设等费用。

⑱ 其他：是指业务招待费、远地施工增加费、劳务培训费、绿化费、广告费、公证费、法律顾问费、审计费、咨询费、投标费、保险费、联防费、施工现场生活用水电费等。

⑲ 附加税：是指"营改增"后按国家税法规定的应计入建筑安装工程造价内的城市建设维护税、教育费附加及地方教育附加。城市建设维护税是为加强城市公共事业和公共设施的维护建设而开征的税；教育费附加及地方教育附加是为发展地方教育事业，扩大教育经费来源而征收的税种。

（3）利润：是指施工企业完成所承包工程获得的盈利。

2）措施项目费

措施项目费是指为完成建设工程施工，发生于该工程施工前和施工过程中的技术、生活、安全、环境保护等方面的费用。

根据现行工程量清单计算规范，措施项目费分为单价措施项目与总价措施项目。

（1）单价措施项目是指在现行工程量清单计算规范中有对应工程量计算规则，按人工费、材料费、施工机具使用费、管理费和利润形式组成综合单价的措施项目。单价措施项目

根据专业不同,包括项目有所不同,如:

①　建筑与装饰工程:脚手架工程;混凝土模板及支架(撑);垂直运输;超高施工增加;大型机械设备进出场及安拆;施工排水、降水。

②　市政工程:脚手架工程;混凝土模板及支架;围堰;便道及便桥;洞内临时设施;大型机械设备进出场及安拆;施工排水、降水;地下交叉管线处理、监测、监控。

③　仿古建筑工程:脚手架工程;混凝土模板及支架;垂直运输;超高施工增加;大型机械设备进出场及安拆;施工降水、排水。

④　园林绿化工程:脚手架工程;模板工程;树木支撑架、草绳绕树干、搭设遮阴(防寒)棚工程;围堰、排水工程。

单价措施项目中各措施项目的工程量清单项目设置、项目特征、计量单位、工程量计算规则及工作内容均按现行工程量清单计算规范执行。

(2)　总价措施项目是指在现行工程量清单计算规范中无工程量计算规则,以总价(或计算基础乘费率)计算的措施项目。其中各专业都可能发生的通用的总价措施项目如下:

①　安全文明施工:为满足施工安全、文明、绿色施工以及环境保护、职工健康生活所需要的各项费用。本项为不可竞争费用。

②　夜间施工:规范、规程要求正常作业而发生的夜班补助、夜间施工降效、夜间照明设施的安拆、摊销、照明用电以及夜间施工现场交通标志、安全标牌、警示灯安拆等费用。

③　二次搬运:由于施工场地限制而发生的材料、成品、半成品等一次运输不能到达堆放地点,必须进行的二次或多次搬运费用。

④　冬雨季施工:在冬雨季施工期间所增加的费用。包括冬季作业、临时取暖、建筑物门窗洞口封闭及防雨措施、排水、工效降低、防冻等费用。不包括设计要求混凝土内添加防冻剂的费用。

⑤　地上、地下设施、建筑物的临时保护设施:在工程施工过程中,对已建成的地上、地下设施和建筑物进行的遮盖、封闭、隔离等必要保护措施。在园林绿化工程中,还包括对已有植物的保护。

⑥　已完工程及设备保护费:对已完工程及设备采取的覆盖、包裹、封闭、隔离等必要保护措施所发生的费用。

⑦　临时设施费:施工企业为进行工程施工所必需的生活和生产用的临时建筑物、构筑物和其他临时设施的搭设、使用、拆除等费用。

临时设施包括:临时宿舍、文化福利及公用事业房屋与构筑物、仓库、办公室、加工场等。建筑、装饰、安装、修缮、古建园林工程规定范围内(建筑物沿边起50 m以内,多幢建筑两幢间隔50 m内)围墙、临时道路、水电、管线和轨道垫层等。

建设单位同意在施工就近地点临时修建混凝土构件预制场所发生的费用,应向建设单位结算。

⑧　赶工措施费:施工合同工期比我省现行工期定额提前,施工企业为缩短工期所发生的费用。如施工过程中,发包人要求实际工期比合同工期提前时,由发承包双方另行约定。

⑨　工程按质论价:施工合同约定质量标准超过国家规定,施工企业完成工程质量达到经有权部门鉴定或评定为优质工程所必须增加的施工成本费。

⑩　特殊条件下施工增加费:地下不明障碍物、铁路、航空、航运等交通干扰而发生的施

工降效费用。

总价措施项目中,除通用措施项目外,仿古建筑及园林绿化工程专业措施项目有:

非夜间施工照明:为保证工程施工正常进行,仿古建筑工程在地下室、地宫等、园林绿化工程在假山石洞等特殊施工部位施工时所采用的照明设备的安拆、维护及照明用电等。

反季节栽植影响措施:因反季节栽植在增加材料、人工、防护、养护、管理等方面采取的种植措施以及保证成活率措施。

3) 其他项目费

(1) 暂列金额:是指建设单位在工程量清单中暂定并包括在工程合同价款中的一笔款项。用于施工合同签订时尚未确定或者不可预见的所需材料、工程设备、服务的采购,施工中可能发生的工程变更、合同约定调整因素出现时的工程价款调整以及发生的索赔、现场签证确认等的费用。暂列金额由建设单位根据工程特点,按有关计价规定估算;暂列金额在施工过程中由建设单位掌握使用,扣除合同价款调整后如有余额,归建设单位。

(2) 暂估价:是指建设单位在工程量清单中提供的用于支付必然发生但暂时不能确定价格的材料的单价以及专业工程的金额。暂估价包括材料暂估价和专业工程暂估价。材料暂估价在清单综合单价中考虑,不计入暂估价汇总。

(3) 计日工:是指在施工过程中,发包人提出的工程合同范围以外的零星项目和工作所需的费用。

(4) 总承包服务费:是指总承包人为配合、协调建设单位进行的专业工程发包,对建设单位自行采购的材料、工程设备等进行保管以及施工现场管理、竣工资料汇总整理等服务所需的费用。总承包服务范围由建设单位在招标文件中明示,并且发承包双方在施工合同中约定。

4) 规费

规费是指有权部门规定必须缴纳的费用。

(1) 工程排污费:包括废气、污水、固体及危险废物和噪声排污费等内容。

(2) 社会保险费:企业应为职工缴纳的养老保险、医疗保险、失业保险、工伤保险和生育保险等五项社会保障方面的费用。为确保施工企业各类从业人员社会保障权益落到实处,省、市有关部门可根据实际情况制定管理办法。

(3) 住房公积金:企业应为职工缴纳的住房公积金。

5) 税金

"营改增"后税金定义及包含内容调整为:税金是指根据建筑服务销售价格,按规定税率计算的增值税销项税额。

2.2.3 工程费用取费标准及有关规定

1) 企业管理费、利润取费标准及规定

企业管理费、利润的计算以相应不同专业的工程类别按费用定额规定执行,各专业工程类别的划分是根据不同的单位工程,按施工难易程度,结合江苏省建筑市场近年来施工项目的实际情况确定的。包工不包料、点工的管理费和利润包含在工资单价中。如建筑工程企业管理费、利润标准如表2-1。

表 2-1　建筑工程企业管理费、利润取费标准

序号	项目名称	计算基础	企业管理费率(%)			利润率(%)
			一类工程	二类工程	三类工程	
一	建筑工程	人工费＋除税施工机具使用费	32	29	26	12
二	单独预制构件制作		15	13	11	6
三	打预制桩、单独构件吊装		11	9	7	5
四	制作兼打桩		17	15	12	7
五	大型土石方工程		7			4

2）措施项目取费标准及规定

（1）单价措施项目以清单工程量乘以综合单价计算。综合单价按照各专业计价定额中的规定，依据设计图纸和经建设方认可的施工方案进行组价。

（2）总价措施项目中部分以费率计算的措施项目，费率标准依据可参见费用定额中的相应数据，其计费基础为：分部分项工程费－工程设备费＋单价措施项目费；其他总价措施项目，按项计取，综合单价按实际或可能发生的费用进行计算。

（3）安全文明施工措施费作为不可竞争费，费用定额规定了计算方法和各专业工程的取费标准。

3）其他项目取费标准及规定

暂列金额、暂估价、总承包服务费中均不包括增值税可抵扣进项税额。其中：

（1）暂列金额、暂估价按发包人给定的标准计取。

（2）计日工：由发承包双方在合同中约定。

（3）总承包服务费：应根据招标文件列出的内容和向总承包人提出的要求，参照下列标准计算：

① 建设单位仅要求对分包的专业工程进行总承包管理和协调时，按分包的专业工程估算造价的1‰计算；

② 建设单位要求对分包的专业工程进行总承包管理和协调，并同时要求提供配合服务时，根据招标文件中列出的配合服务内容和提出的要求，按分包的专业工程估算造价的2%～3%计算。

4）规费取费标准及有关规定

（1）工程排污费：按工程所在地环境保护等部门规定的标准缴纳，按实计取列入。

（2）各专业的社会保险费及住房公积金按费用定额规定计取，并且规定：

① 社会保险费包括养老保险费、失业保险费、医疗保险费、工伤保险费、生育保险费；

② 点工和包工不包料的社会保险费和公积金已经包含在人工工资单价中；

③ 大型土石方工程适用各专业中达到大型土石方标准的单位工程；

④ 社会保险费费率和公积金费率将随着社保部门要求和建设工程实际缴纳费率的提高，适时调整。

5）税金计算标准及有关规定

（1）税金以除税工程造价为计取基础，费率为11%。

除税工程造价中不包含增值税可抵扣进项税额，即组成建设工程造价的要素价格中，除

无增值税可抵扣项的人工费、利润、规费外，材料费、施工机具使用费、管理费均按扣除增值税可抵扣进项税额后的价格(简称"除税价格")计入。

(2) 清包工程、甲供工程、合同开工日期在 2016 年 4 月 30 日前的建设工程可采用简易计税方法。简易计税方法中税金包括增值税应缴纳税额、城市建设维护税、教育费附加及地方教育附加：

① 增值税应纳税额=包含增值税可抵扣进项税额的税前工程造价×适用税率,税率：3%；

② 城市建设维护税=增值税应纳税额×适用税率,税率：市区 7%、县镇 5%、乡村 1%；

③ 教育费附加=增值税应纳税额×适用税率,税率：3%；

④ 地方教育附加=增值税应纳税额×适用税率,税率：2%。

以上四项合计,以包含增值税可抵扣进项税额的税前工程造价为计费基础,税金费率为：市区 3.36%、县镇 3.30%、乡村 3.18%。如各市另有规定的,按各市规定计取。

2.2.4 工程造价计算程序

1) 一般计税法工程量清单法计算程序(包工包料)

一般计税法下包工包料工程造价计算程序如表 2-2 所示。

表 2-2 包工包料工程造价计算程序(一般计税法)

序号	费用名称		计算公式
一	分部分项工程费		清单工程量×除税综合单价
	其中	1. 人工费	人工消耗量×人工单价
		2. 材料费	材料消耗量×除税材料单价
		3. 施工机具使用费	机械消耗量×除税机械单价
		4. 管理费	(1+3)×费率或(1)×费率
		5. 利润	(1+3)×费率或(1)×费率
二	措施项目费		
	其中	单价措施项目费	清单工程量×除税综合单价
		总价措施项目费	(分部分项工程费+单价措施项目费-除税工程设备费)×费率或以项计费
三	其他项目费		
四	规费		
	其中	1. 工程排污费	
		2. 社会保险费	(一+二+三-除税工程设备费)×费率
		3. 住房公积金	
五	税金		[一+二+三+四-(除税甲供材料费+除税甲供设备费)/1.01]×费率
六	工程造价		一+二+三+四-(除税甲供材料费+除税甲供设备费)/1.01+五

2) 简易计税法工程量清单法计算程序

(1) 简易计税法下包工不包料工程造价计算程序如表 2-3 所示。

表 2-3 包工不包料工程造价计算程序(简易计税法)

序号	费用名称		计算公式
一	分部分项工程费人工费		清单人工消耗量×人工单价
二	措施项目费中人工费		
	其中	单价措施项目中人工费	清单人工消耗量×人工单价
三	其他项目费		
四	规费		
	其中	工程排污费	(一+二+三-工程设备费)×费率
五	税金		(一+二+三+四)×费率
六	工程造价		一+二+三+四+五

(2)简易计税法下包工包料工程造价计算程序如表 2-4 所示。

表 2-4 包工包料工程造价计算程序(简易计税法)

序号	费用名称		计算公式
一	分部分项工程费		清单工程量×综合单价
	其中	1. 人工费	人工消耗量×人工单价
		2. 材料费	材料消耗量×材料单价
		3. 施工机具使用费	机械消耗量×机械单价
		4. 管理费	(1+3)×费率或(1)×费率
		5. 利润	(1+3)×费率或(1)×费率
二	措施项目费		
	其中	单价措施项目费	清单工程量×综合单价
		总价措施项目费	(分部分项工程费+单价措施项目费-工程设备费)×费率 或以项计费
三	其他项目费		
四	规费		
	其中	1. 工程排污费	
		2. 社会保险费	(一+二+三-工程设备费)×费率
		3. 住房公积金	
五	税金		[一+二+三+四-(甲供材料费+甲供设备费)/1.01]×费率
六	工程造价		一+二+三+四-(甲供材料费+甲供设备费)/1.01+五

2.3 建设工程资源消耗量标准

建设工程定额是确定工程造价的重要依据,建设工程定额是指在工程建设中单位产品的人工、材料、机械、资金等资源消耗的规定额度。建设工程定额可以按照不同的原则和方法对它进行科学的分类。如按定额的编制程序和用途分类,建设工程定额划分为:

（1）施工定额。是指施工企业（建筑安装企业）组织生产和加强管理在企业内部使用的一种定额，属于企业定额的性质。这是工程建筑定额中分项最细，定额子目最多的一种定额，也是基础性定额。施工定额本身是由劳动定额、机械定额和材料定额三个相对独立的部分组成。

（2）预算定额。是以建筑物或构筑物各个分部分项工程为对象编制的定额。内容包括劳动定额、机械台班定额、材料消耗定额三个基本部分，并列有工程费用，是一种计价性定额。预算定额是编制概算定额的基础。

（3）概算定额。是以扩大的分部分项工程为对象编制的，计算和确定该工程项目的劳动、机械台班、材料消耗量所使用的定额，同时它也列有工程费用，也是一种计价性定额。概算定额是编制扩大初步设计概算、确定建设项目投资额的依据。

（4）概算指标。是概算定额的扩大与合并，是以整个建筑物和构筑物为对象，以更为扩大的计量单位来编制的。概算指标的内容包括劳动、机械台班、材料定额三个基本部分、同时还列出了各结构分部的工程量及单位建筑工程（以体积计或面积计）的造价，是一种计价定额。

（5）投资估算指标。是在项目建议书和可行性研究阶段编制投资估算、计算投资需要量时使用的一种定额，但其编制基础仍然离不开预算定额和概算定额。

因此，预算定额、概算定额、概算指标、投资估算指标都属于计价定额，其中应用最广泛的就是预算定额，预算定额是计价定额中的基础定额。

如果按定额的编制单位和执行范围，建设工程定额可划分为：

（1）全国统一定额。由国家建设行政主管部门，综合全国工程建设中技术和施工组织管理的情况编制，并在全国范围内执行的定额。

（2）行业统一定额。由行业建设行政主管部门，考虑到各行业部门专业工程技术特点以及施工生产和管理水平所编制的，一般只在本行业和相同专业性质的范围内使用。

（3）地区统一定额。由地区建设行政主管部门，考虑地区性特点和全国统一定额水平作适当调整和补充而编制的，仅在本地区范围内使用。

（4）企业定额。由施工单位考虑本企业具体情况，参照国家、部门或地区定额的水平制定的定额。企业定额指建设、安装企业在其生产经营过程中用自己积累的资料，结合本企业的具体情况自行编制的定额，供本企业内部管理使用和企业投标报价用，是企业素质的一个标志。企业定额水平一般应高于国家现行定额，只有这样，才能满足生产技术发展、企业管理和市场竞争的需要。

（5）补充定额。指随着设计、施工技术的发展，现行定额不能满足需要的情况下，为了补充缺陷所编制的定额。补充定额只能在指定的范围内使用，可以作为以后修订定额的基础。

在现行工程投标报价时，投标人可以在材料消耗、人工消耗、机械的种类和配置以及使用方案、管理费用的构成等各项指标上，按本企业的具体情况来确定，也就是可以按企业定额来确定，以表现自己企业的施工管理上的个性特点，提高竞争力。当前我国各企业的企业定额编制还处于起步阶段，基本源于地方定额或行业定额，经企业消化吸收变动过来的，因而其资源消耗量的确定方式也不可避免地与地方定额或行业定额的资源消耗量的确定方式基本相同。

2.3.1 人工消耗量指标的确定

计价定额中人工消耗量指标是指在正常条件下,为完成单位合格产品(分项工程或结构构件)的施工任务所必需的生产工人的人工消耗量,包括完成该分项工程或结构构件必需的各种用工量。预算定额人工消耗量的确定可以有两种方法:一种是以劳动定额为基础确定,一种是以现场观测资料为基础测算。

以劳动定额为基础确定的方法是将预算定额标定对象所包含的若干个工作过程所对应的劳动定额按施工作业的逻辑关系进行综合,从而得到预算定额的人工消耗量指标。包括基本用工、辅助用工、超运距用工以及人工幅度差用工。

1) 基本用工

基本用工指完成一定计量单位的分项工程或结构构件的各项工作过程的施工任务所必须消耗的技术工种用工量,按技术工种相应劳动定额的时间定额计算,以不同工种列出定额用工。基本用工包括:

(1) 完成定额计量单位的主要用工。按该分项工程或结构构件综合取定的工程量和相应的劳动定额进行计算。计算公式为:

$$基本用工消耗量 = \sum (综合取定的工程量 \times 劳动定额的时间定额)$$

例如:在完成“砌砖墙”工程中的砌砖、调制砂浆、运砖所需的工日数量根据劳动定额进行汇总后,形成预算定额中“砌砖墙”工程的基本用工消耗量。

(2) 根据劳动定额规定应增加的用工量。由于预算定额是以施工定额的劳动定额子目综合扩大编制的,包括的工作内容较多,施工效果、具体部位不一样,需要另外增加用工量。如砌砖墙项目,还需考虑实际工程中可能存在着的附墙烟囱孔、垃圾道、壁橱等零星的增加用工。

2) 其他用工

其他用工指预算定额中没有包含的而在预算定额中又必须考虑的工时消耗,是辅助基本用工消耗的工日,通常包括材料及半成品的超运距用工、辅助用工和人工幅度差用工。

(1) 超运距用工。超运距是指劳动定额中已包括的材料、半成品场内水平搬运距离与预算定额所考虑的现场材料、半成品堆放地点到操作地点的水平运输距离之差。

需要指出的是,该超运距是根据典型工程综合考虑后确定,不一定与某实际工程相符,即在使用定额时,实际工程施工现场运距超过(或少于)预算定额取定运距时,不可自行调整该定额子目的人工消耗量的超运距用工。不过,若是由于运输道路无法直接运至工地或因场地狭小现场堆放条件所限等特殊原因而发生的所有材料、成品、半成品(不包括混凝土预制构件和金属构件)的二次搬运,且不是施工单位施工组织设计深度不够、布置不合理而自行造成的,可按二次搬运费考虑。

(2) 辅助用工。辅助用工是指技术工种劳动定额内不包括而在预算定额内又必须考虑的用工。如材料加工(筛砂、洗石、淋化石膏)、电焊点火用工等。这类用工在劳动定额中是单独的项目,但在确定预算定额用工量时,要综合进去。

(3) 人工幅度差用工。指劳动定额中未包括的、而在一般正常施工情况下又不可避免的但是又很难准确计量的用工和各种工时损失。其内容包括各种专业工种之间的工序搭接及交叉、配合施工中不可避免的停歇时间；施工机械在场内单位工程之间变换位置及在施工过程中移动临时水电线路引起的临时停水、停电所发生的不可避免的间歇时间；施工过程中水电维修用工，隐蔽工程验收等工程质量检查影响的操作时间；现场内单位工程之间操作地点转移影响的操作时间；工序交接时对前一工序不可避免的修整用工等以及施工过程中不可避免的其他零星用工。

人工幅度差计算公式为：

$$人工幅度差 ＝（基本用工＋超运距用工＋辅助用工）× 人工幅度差系数$$

人工幅度差系数一般为 $10\%\sim15\%$，在预算定额中，人工幅度差的用工量列入其他用工量中。

综上所述，预算定额中的人工消耗指标，可按下式计算：

$$综合人工工日数 ＝（基本用工＋超运距用工＋辅助用工）×（1＋人工幅度差系数）$$

例如某混凝土工程工程量为 $100\ m^3$，每立方米混凝土需要基本用工 1.11 工日，辅助用工和超运距用工分别是基本用工的 25% 和 15%，人工幅度差系数为 10%，则该混凝土工程的人工工日消耗量为：

$$\begin{aligned}综合人工工日数 &＝（基本用工＋辅助用工＋超运距用工）×（1＋人工幅度差系数）× 工程量\\&＝1.11×（1＋25\%＋15\%）×（1＋10\%）×100\\&＝170.94\end{aligned}$$

若遇到劳动定额缺项时，则需采用现场工日写实的测时方法确定和计算定额的人工工日消耗量，这种方法其实质是劳动定额的技术测定法之一。

写实记录法是一种研究各种性质的工作时间消耗的方法，包括基本工作时间、辅助工作时间、不可避免中断时间、准备与结束时间以及各种损失时间。采用这种方法，可以获得分析工作时间消耗和制定定额所必需的全部资料。这种测定方法比较简便、易于掌握，并能保证必需的精确度。因此，写实记录法在实际中得到了广泛应用。

2.3.2 材料消耗量标准的确定

计价定额中的材料消耗量标准是指在合理使用材料的条件下，完成单位合格产品所需消耗的一定品种、一定规格的建筑材料（包括半成品、燃料、配件、水、电等）的数量标准。

工程施工中所消耗的材料，按其消耗的方式可以分成两种：一种是在施工中一次性消耗的、构成工程实体的材料，如砌筑砖墙用的标准砖、浇筑混凝土构件用的混凝土等，一般称之为实体性材料；另一种是在施工中周转使用，其价值是分批分次地转移到工程实体中去的，这种材料一般不构成工程实体，而是在工程实体形成过程中发挥辅助作用，它是为有助于工程实体的形成而使用并发生消耗的材料，如砌筑砖墙用的脚手架、浇筑混凝土构件用的模板等，一般把这种材料称为周转性材料。

工程施工中材料的消耗，一般可分为必须消耗的材料和损失的材料两类。其中必须消耗的材料是确定材料计价定额消耗量所必须考虑的消耗。对于损失的材料，由于它是属于施工生产中不合理的耗费，可以通过加强管理来避免这种损失，所以在确定材料定额消耗量时不考虑损失材料的因素。

所谓必须消耗的材料,是指在合理用料的条件下,完成单位合格施工作业过程(工作过程)的施工任务所必须消耗的材料。它包括直接用于工程(即直接构成工程实体或有助于工程形成)的材料、不可避免的施工废料和不可避免的材料损耗。其中,直接用于工程的材料数量称为材料净耗量,不可避免的施工废料和材料损耗数量称为材料合理损耗量。用公式表示如下:

$$材料消耗量 = 材料净耗量 + 材料(合理)损耗量$$

材料损耗量是不可避免的损耗,例如,在操作面上运输及堆放材料时,在允许范围内不可避免的损耗、加工制作中的合理损耗及施工操作中的合理损耗等。常用的计算方法是:

$$材料损耗量 = 材料净耗量 \times 材料损耗率$$

材料的损耗率通过观测和统计而确定。

计价定额材料消耗指标的组成,按其使用性质、用途和用量划分为三类,即:

(1) 主要材料,是指直接构成工程实体的材料。

(2) 辅助材料,也是直接构成工程实体,但所占比值较小的材料。

(3) 其他材料,是指用量小,价值不大,不便计算的次要材料,可用估算法计算。

材料消耗量计算方法主要有:

(1) 凡有标准规格的材料,按规范要求计算定额计量单位耗用量,如砖、防水卷材、块料面层等。

(2) 凡设计图纸标注尺寸及下料要求的,按设计图纸尺寸计算材料净用量,如门窗制作用材料、方、板料等。

(3) 换算法。对于各种胶结、涂料等材料的配合比用料,可以根据要求条件换算,得出材料用量。

(4) 测定法,包括试验室试验法和现场观察法。指对于各种强度等级的混凝土及砌筑砂浆配合比的耗用原材料数量的计算,需按照规范要求试配,经过试压合格后,再经必要的调整得到水泥、沙子、石子、水的定额用量。

计价定额项目中的材料消耗指标,是以施工定额中的材料消耗定额为计算基础的。如果某些新材料、新结构在施工定额中的材料消耗定额查不到材料消耗指标,也不能用其他方法计算定额消耗量,则可采用现场测定法来确定,根据不同条件可采用写实记录法、观察法等基础方法,得到计价定额材料消耗量。

另外,在确定计价定额中材料消耗量时,还必须充分考虑分项工程或结构构件所包括的工程内容、分项工程或结构构件的工程量计算规则等因素对材料消耗量的影响。

例如在编制预算定额时规定:砌砖墙这一分项工程的工程内容,除了砌筑一般的实体砖墙外,还包括砌筑与砖墙相关的突出墙面的腰线、砖垛、砖过梁等工程内容,而砌筑腰线、砖垛、砖过梁等构件时砖的损耗率一般来讲比砌筑实体砖墙时砖的损耗率要高;再如,如果与预算定额相应的工程量计算规则规定计算墙体工程量时,其厚度一律按实体砖墙的厚度计算,不计突出墙面的腰线所占的体积,在此情况下,为了不少算砌筑腰线所需砖的消耗量,在确定预算定额中砖的消耗量时必须充分考虑上述因素的影响,在计算实体砖墙砖的消耗量的同时,再计算相应的砌筑三皮砖以下的腰线所需的砖的消耗量,二者之和才是预算定额中砖的消耗量。

2.3.3　机械台班消耗量标准的确定

计价定额中的机械台班消耗量,是指在正常施工条件下,生产单位合格产品(分部分项工程或结构构件)必须消耗的某种型号的施工机械的台班数量。计价定额项目中的机械台班消耗指标,是以"台班"为单位计量的。预算定额中的机械台班消耗量的确定方式有两种:一种是以施工定额为基础确定;一种是以现场实测数据为基础确定。

根据施工定额来确定预算定额的机械台班消耗量,是根据组成预算定额单位的各工序的施工定额确定的机械台班消耗量以及施工定额与预算定额的机械幅度差组成。

机械幅度差:是指施工定额中没有包括,而在编制预算定额时必须考虑的机械停歇引起的机械台班损耗量。其内容包括机械转移工作面的损失时间、配套机械相互影响的损失时间、开工或结尾工作量不饱满的损失时间、临时停水停电影响的时间、机械维修引起的停歇时间、检查工程质量影响机械操作的时间等。

大型机械幅度差系数为:土方机械25%,打桩机械33%,吊装机械30%。砂浆、混凝土搅拌机按小组配用,以小组产量计算机械台班产量,不另加机械幅度差。其他分部工程中,钢筋加工、木材、水磨石等各项专用机械幅度差系数为10%。

综上所述,预算定额的机械台班消耗量计算公式为:

预算定额的机械台班消耗量 = 施工定额机械耗用台班×(1+机械台班幅度差系数)

占比值不大的零星小型机械按劳动定额小组成员计算出台班使用量,在预算定额中以机械费或其他机械费表示,不再列台班数量。

如遇到施工定额缺项,则需要依据施工现场对施工机械台班的实测数据来测定预算定额中的机械台班消耗量。按实际需要计算施工机械台班消耗时,不应再加机械幅度差。

2.4　施工资源价格原理

建筑工程计价,必须仔细地考虑工程所需的劳动力、材料、施工设备等资源的需用量,并确定其最合适的来源和获取方式,以便正确地确定施工资源的价格。在此基础上,可以算出使用这些资源的费用,并最终编制出合理的计价值。

不同性质的工程计价需用不同水平的资源价格,编制招标控制价时,其资源价格水平应取当时当地的社会平均水平;编制投标报价时,其资源价格水平应根据该工程及本企业具体情况来确定。

2.4.1　人工单价

建标〔2013〕44号《建筑安装工程费用项目组成》中对人工费的定义是:人工费是指按工资总额构成规定,支付给从事建筑安装工程施工的生产工人和附属生产单位工人的各项费用。并规定人工费构成的内容包括:生产工人的计时工资或计件工资、奖金、津贴补贴、加班加点工资和特殊情况下支付的工资。这是建设行政主管部门对建设工程造价中人工费构成的规定,工程计价定额、工程费用定额中的人工单价也据此测算。

1) 人工单价含义

所谓人工单价是指在具体的资源配置条件下,某具体工程上不同工种、不同技术等级的工人的平均人工单价,因此也常称为综合人工单价。综合人工单价是进行建设工程计价的重要依据,其计算原理是将具体工程上配置的不同工种、不同技术等级的工人的人工单价进行加权平均。

在理解这一概念时,必须注意下列几点:首先,人工单价是指生产工人的人工费用,而企业经营管理人员的人工费用不属于人工单价的概念范围;其次,在我国人工单价一般是以工日来计量的,是计时制下的人工工资标准;再次,人工单价是指在工程计价时应该并可以计入工程造价的人工费用,所以,在确定人工单价时,必须根据具体的工程计价方法所规定的核算口径来确定其费用。

如在江苏计价定额中,还按照各分部分项工程施工技术性要求程度的不同,将综合用工分为一类工、二类工、三类工。其中一类工是技术性较强的工种,二类工是一般性的技术用工,三类工即为不需多少技术含量的用工。

2) 定额人工单价与市场人工单价

人们发现同样是某种技术工种,市场人工单价要比定额人工单价高出许多,因此会存在着定额人工单价是否可靠的疑问。虽然不能绝对地说现行计价定额中的人工单价都非常准确,但这里确实是在认识上、理解上存在着误区。定额人工单价与市场人工单价在组成内容、计算基础等很多方面不同,二者之间有联系,但不可简单地对接。

(1) 组成内容不同。定额人工单价是根据在建制配置的施工企业的全员劳动力和人工工资的组成内容,根据建筑市场实际用工情况按照测算期当地有关人工工资的规定计算的,是某一时期的静态价格,具有一定的稳定性和政策性。并且该单价组成中不包含社会保障费和公积金中企业应为职工缴纳部分。而建设工程市场人工单价是一个笼统的概念,只是支付给从事现场施工工人的完成一定实物量的劳动报酬。市场人工单价是按照工程所在地当时的建筑市场人工单价行情,以不同的工种、级别、施工时间、施工条件及施工难易程度,经双方协商确定的实物量劳务价格,具有建设工程市场价格的时效性和动态性。

(2) 计算范围基数不同。建设工程定额人工单价是按照企业在建制配置的全员生产工人和常年的工作状态为基础计算的,定额人工单价中还包括国家规定的法定节假日和休息日以及建筑工人特定的劳保福利待遇。而建设工程市场人工单价是针对某一特定的工程施工期内要完成一定的工程量按照需求用工量来考虑的,随用随找、随时雇佣、随时清退,不占用施工企业的人员编制,不用长期支付工资报酬,不考虑假期、节假日等因素,不用为其缴纳社会保障费和公积金。

(3) 工种划分不同。定额人工工资是不分工种、级别均以综合工日表示。市场人工工资的划分比较细,可以按照专业划分,也可以按照季节工、零用工、常年工划分。按照专业划分工种时以完成一定的专业实物工程量支付人工工资;按照季节工、零用工、常年工划分时,不同的季节、时间、工作环境其支付的人工工资是不同的。

(4) 工作时间不同。定额人工单价是以国家规定的每工日8小时时间计算的,即测定和计算工资单价时均以8小时一个工日为基础计算。而市场人工工资以"天"为单位计算,而这"一天"基本比8小时长。

(5) 工作效率不同。定额人工工资的工作效率是按照国家规程、规范所规定的劳动条件和工作环境测定的,体现一定时期某一地区的社会平均水平。市场人工工资的工作效率是紧随社会经济、供求状况不断变化,只以工期和完成一定数量的实物工作量以计件的形式反映个体劳动率水平,因此二者间的工效是不相等的,后者高于前者。

(6) 形成的费用不同。定额人工工资在最终形成的费用是需要计取如企业管理费、利润、税金、规费等一系列费用的。而市场人工费用只是单纯的人工费用,不计取任何其他费用,一律以完成的实物工程量折算成"天"论价。

因此现在的市场人工单价只是单纯的劳务费,而定额人工单价是考虑了多种方面的综合因素形成的综合单价,所以虽然市场人工单价往往比定额人工单价高很多,调价的时候也不能简单按市场价来调整。

3) 综合人工单价的确定

江苏建设工程综合人工单价实行的是动态管理。根据江苏省住房和城乡建设厅苏建价〔2012〕633 号文件,人工工资单价发布分为预算人工工资单价与人工工资指导价两种形式。

现行预算人工工资单价按照《关于调整我省建筑、装饰、安装、市政、修缮加固、城市轨道交通、仿古建筑及园林工程预算工资单价的通知》(苏建价〔2011〕812 号)执行。预算人工工资单价是作为建设工程费用定额测算的依据,根据建筑市场用工成本变化适时调整,由省住房和城乡建设厅征求相关部门意见后作为政策性调整文件发布。

人工工资指导价由各省辖市造价管理机构根据当地市场实际情况测算,报省建设工程造价管理总站审核,由省住房和城乡建设厅统一发布各市人工工资指导价。一般每年发布两次,执行起始时间分别是 3 月 1 日、9 月 1 日。当建筑市场用工发生大幅波动时,则适时发布人工工资指导价。人工工资指导价作为动态反映市场用工成本变化的价格要素,计入定额基价,并计取相关费用。

人工工资指导价是指直接支付给从事建设工程施工的生产职工的工资,其主要构成如下:

(1) 计时工资:按计时工资标准和工作时间支付给个人的劳动报酬。

(2) 计件工资:对已做工作按计件单价支付的劳动报酬。

(3) 奖金:支付给职工的超额劳动报酬和增收节支的劳动报酬。

(4) 津贴和补贴:为了补偿职工特殊或额外的劳动消耗和因其他特殊原因支付给职工的津贴,以及为了保证职工工资水平不受物价影响支付给职工的物价补贴等。

人工工资指导价主要依据建筑市场用工成本变化情况进行调整,同时应综合考虑当地居民消费价格指数、最低工资标准以及企业工资指导线等因素。人工工资指导价是建设工程编制概预算、招标控制价(最高限价)的依据,是施工企业投标报价的参考。

建设单位应在招标文件中考虑人工工资指导价调整因素,原则上不得限制人工费用的合理调整。发承包双方应在施工合同中明确约定人工费调整方法。施工合同没有约定时,人工单价按照施工期间对应的人工工资指导价进行调整,并扣除原投标报价中人工单价相对于基准日人工工资指导价的让利部分。

施工企业在投标报价时可参考建设行政部门发布的人工指导价,还应综合考虑下列影响因素以确定自己的人工单价:

(1) 政策因素:如政府指定的有关劳动工资制度、最低工资标准、有关保险的强制性规定等。确定具体工程的人工工资单价时,必须充分考虑为满足上述政策而应该发生的费用。

（2）市场因素：如市场供求关系对劳动力价格的影响、不同地区劳动力价格的差异、雇佣工人的不同方式（如当地临时雇佣与长期雇佣的人工单价可能不一样）以及不同的雇佣合同条款等。在确定具体工程的人工单价时，同样必须根据具体的市场条件确定相应的价格水平。

（3）管理因素：如生产效率与人工单价的关系、不同的支付系统对人工单价的影响等。不同的支付系统在处理生产效率与人工单价的关系方面是不同的。例如，在计时工资制的条件下，不论施工现场的生产效率如何，由于是按工作时间发放工资，所以其生产工人的人工单价是一样的。但是，在计件工资制的条件下，由于工人一个工作班的劳动报酬与其在该工作班完成的产品产量成正比关系，所以施工现场的生产效率直接影响到人工单价的水平。在确定具体工程的人工单价时，必须结合一定的劳动管理模式，在充分考虑所使用的管理模式对人工单价的影响的基础上，确定人工单价水平。

2.4.2　材料单价

工程施工中所用的材料按其消耗的不同性质，可分为实体性消耗材料和周转性消耗材料两种类型。由于实体性消耗材料和周转性消耗材料的消耗性质不同，所以其单价的概念和费用构成均不尽相同。

实体性材料的单价是指通过施工单位的采购活动到达施工现场时的材料价格，该价格的高低取决于材料从其来源地到达施工现场过程中所需发生费用的多少。从该费用的构成看，一般包括采购该材料时所支付的货价（或进口材料的抵岸价）、材料的运杂费和采购保管费等费用因素。

由于周转性材料不是一次性消耗的，所以其消耗的形式一般为按周转次数进行分摊。其摊销量由两部分组成：一部分为周转性材料经过一次周转的损失量；另一部分为周转性材料按周转总次数的摊销量。对于经过一次周转的损失量，由于其消耗的形式与实体性材料的消耗形式一样，所以其价格的确定也和实体性材料一样；对于按周转总次数摊销的周转性材料，如果将其一次摊销量乘以相应的采购价格即得该周转性材料按周转总次数计提的折旧费。即使是采用企业自备的周转性材料来装备工程，但在为工程估价而确定企业自备的周转性材料的单价时也应该以周转性材料的租赁单价为基础加以确定。

1）实体性材料单价的确定

实体性材料单价也称为预算价格，材料、构件、成品及半成品的预算价格由材料原价、运杂费和采购保管费构成。其计算公式为：

$$材料单价 = （材料原价 + 运杂费） \times （1 + 采购保管费率）$$

（1）材料原价

材料原价通常是指材料的出厂价、市场采购价或批发价；材料在采购时，如不符合设计规格要求，而必须经加工改制的，其加工费及加工损耗率应计算在该材料原价内。

在确定材料的原价时，同一种材料因产地、供应单位的不同有几种原价的，应根据不同来源地的供应数量比例，采用加权平均计算其原价。

例如某施工企业为某工程施工购买水泥，从甲单位购买水泥100 t，单价为380元/t；从乙单位购买水泥100 t，单价为360元/t；从丙单位购买水泥200 t，单价为340元/t（这里的

单价均指材料原价),则该水泥的材料原价为:

$$综合原价 = (380 \times 100 + 360 \times 100 + 340 \times 200)/(100 + 100 + 200)$$
$$= 355(元/t)$$

(2) 材料运杂费

材料运杂费指材料由来源地或交货地运至施工工地仓库或堆放处的全部过程中所支付的一切费用。包括车船等的运输费、调车或驳船费、装卸费及合理的运输损耗费。

材料运杂费通常按外埠运杂费与市内运杂费两段计算。材料运输费在材料单价中占有较大的比值,为了降低运输费用,应尽量就地取材,就近采购,缩短运输距离,并选择合理的运输方式。

运输费应根据运输里程、运输方式等分别按铁路、公路、船运、空运等部门规定的运价标准计算。有多个来源地的材料运输费应根据供应所占比值加权平均计算。

(3) 材料采购保管费

材料采购保管费是指材料部门在组织采购、供应和保管材料过程中所需要的各种费用。包括各级材料部门的职工工资、职工福利费、劳动保护费、差旅交通费以及材料部门的办公费、固定资产使用费、工具用具使用费、材料试验费、材料储存损耗等。可用下式表示:

$$材料采购保管费 = (材料原价 + 运杂费) \times 采购保管费率$$

采购保管费率一般为 2%,其中采购费率和保管费率各 1%。

2) 周转性材料单价的确定

周转性材料单价由两部分组成。第一部分即周转性材料经一次周转的损失量,其单价的概念及组成均与实体性材料的单价相同。第二部分即按占用时间来回收投资价值的方式,其相应的单价应该以周转性材料租赁单价的形式表示,而确定周转性材料租赁单价时必须考虑如下费用:一次性投资或折旧;购置成本(即贷款利息);管理费;日常使用及保养费;周转性材料出租人所要求的收益率。

影响周转性材料租赁单价的因素有以下几方面:

(1) 周转性材料的采购方式

施工企业如果决定采购周转性材料而不是临时租用,则可在众多的采购方式中选择一种方式进行购买,不同的采购方式带来不同的资金流量,从而影响周转性材料租赁单价的大小。

(2) 周转性材料的性能

周转性材料的性能决定着周转性材料可用的周转次数、使用中的损坏情况、需要修理的情况等状况,而这些状况直接影响着周转性材料的使用寿命及在其寿命期内所需的修理费用、日常使用成本(如给钢模板上机油等)和到期的残值。

(3) 市场条件

市场条件主要是指市场的供求及竞争条件,市场条件直接影响着周转性材料出租率的大小、周转性材料出租单位的期望利润水平的高低等。

(4) 银行利率水平及通货膨胀率

银行利率水平的高低直接影响着资金成本的大小及资金时间价值的大小。如果银行利率水平高,则资金的折现系数大,在此条件下如需保本则需达到更大的内部收益率,而如要达到更高的内部收益率则必须提高租赁单价。通货膨胀即货币贬值,其贬值的速度(比率)即为通货膨胀率。如果通货膨胀率高,则为了不受损失就要以更高的收益率扩大货币的账面价值,而如要达到更高的内部收益率则必须提高租赁单价。

(5)折旧的方法

折旧的方法有直线折旧法、余额递减折旧法、定额存储折旧法等不同的种类,同一种周转性材料以不同的方法提取折旧,其每次计提的费用是不同的。

(6)管理水平及有关政策上的规定

不同的管理水平有不同的管理费用,管理费用的大小取决于不同的管理水平。有关政策上的规定也能影响租赁单价的大小,如规定的税费、按规定必须办理的保险费等。

编制招标控制价时,通常按照各地造价主管部门发布的造价信息提供的材料信息价。造价主管部门发布的材料信息价,属材料预算价格,是根据当地各类典型工程材料用量和社会供货量,通过市场调研经过加权平均计算得到的平均价格,基本属于社会平均价格。

施工企业在投标报价时可参考造价主管部门发布的造价信息提供的材料信息价,还应综合考虑招标文件的要求(如在结算时是否准予按实调价)、工期长短、市场价格波动情况、材料的消耗数量、付款条件、自身的材料采购渠道以及与供应商的合作方式等众多因素。一般情况下,投标方是自主报价风险自负的,因此在确定投标报价时,应将这些因素中隐含的风险因素综合地、合理地考虑进去,确保不因材料价格定价过高,以致总价较高不能中标,也不因定价过低,造成即使中标也是收支难以平衡,造成不可逆转的经济损失。

2.4.3　机械台班单价

为适应全国统一建设市场的需要,统一机械分类,规格型号划分,机械编码,机械台班费用组成及计算方法,加强对施工机械台班单价的动态管理,我国建设行政主管部门特组织编制《全国统一施工机械台班费用编制规则》,用于各省、自治区、直辖市编制本地区的施工机械台班单价。

在现行体制规则下施工机械台班单价由七项费用组成,包括折旧费、大修理费、经常修理费、安拆费及场外运费、燃料动力费、人工费、养路费及车船使用税等。

(1)折旧费:折旧费指机械设备在规定的使用年限内,陆续收回其原值及购置资金的时间价值。

(2)大修理费:大修理费指机械设备按规定的大修间隔台班必须进行大修理,以恢复机械正常功能所需的费用。台班大修理费则是机械使用期限内全部大修理费之和在台班费中的分摊额。

(3)经常修理费:经常修理费指机械设备除大修理以外必须进行的各级保养(包括一、二、三级保养)以及临时故障排除和机械停滞期间的维护保养等所需各项费用,为保障机械正常运转所需替换设备、随机工具附具的摊销及维护费用,机械运转及日常保养所需润滑、擦拭材料费用。机械寿命期内上述各项费用之和分摊到台班费中,即为台班经常修理费。

(4)安拆费及场外运费:安拆费是指机械在施工现场进行安装、拆卸所需人工、材料、机械和试运转费用以及安装所需的机械辅助设施(如基础、底座、固定锚桩、行走轨道、枕木等)的折旧、搭设、拆除等费用。

场外运费是指机械整体或分体自停放地点运至施工现场或从一工地运至另一工地的运输、装卸、辅助材料以及架线等费用。

（5）燃料动力费：燃料动力费指机械设备在运转施工作业中所耗用的固体燃料（煤炭、木材）、液体燃料（汽油、柴油）、电力、水等费用。

（6）人工费：人工费指机上司机、司炉和其他操作人员的工作日人工费以及上述人员在机械规定的年工作台班以外的人工费。

工作台班以外机上人员人工费，以增加机上人员的工日数形式列入定额内。

（7）养路费及车船使用税：养路费及车船使用税指按照国家有关规定应交纳的运输机械养路费和车船使用税，按各省、自治区、直辖市规定标准计算后列入定额。

江苏省住房和城乡建设厅根据《全国统一施工机械台班费用编制规则》的规定，参照《技术经济定额》，结合我省的施工机械台班价格，组织编制了江苏省施工机械台班单价表，以作为江苏省范围内编制建设工程设计概算、施工图预算、招标控制价以及价款结算中确定施工机械台班单价的依据。

2.4.4　施工资源价格调整

编制招标控制价时通常以工程计价定额为主要的计价依据，而工程计价定额中的施工资源价格也常采用当地工程造价管理部门发布的施工资源动态指导价。目前不少地区实行建设工程的价格动态管理，工程造价管理部门定期测算和发布人工价格指数、材料信息价等各类价格信息，及时反映本市市场价格水平的波动情况，对建设工程市场要素价格信息进行动态管理，指导工程造价计价行为。施工企业投标报价时则应以企业定额为依据，参考工程计价定额，施工资源价格则根据市场情况考虑风险因素自主报价。

施工合同履行时间往往较长，合同履行过程中经常出现人工、材料、工程设备和机械台班等市场价格起伏引起价格波动的现象。这些变化一般会造成承包人施工成本的增加或减少，进而可能影响到合同价格调整，最终影响到合同当事人的权益。

因此，为解决由于市场价格波动引起合同履行的风险问题，《建设工程施工合同（示范文本）》（GF—2013—0201）中引入了适度风险适度调价的制度，亦称之为合理调价制度，其法律基础是合同风险的公平合理分担原则。

合同履行期间，因人工、材料、工程设备、机械台班价格波动影响合同价款时，应根据合同约定的方法调整合同价款。承包人采购材料和工程设备的，应在合同中约定主要材料、工程设备价格变化的范围或幅度；当没有约定，且材料、工程设备单价变化超过5%时，超过部分的价格应按照价格指数调整法或造价信息差额调整法计算调整材料、工程设备费。

因工期延误所产生的人工、材料、施工机械台班等价格要素变化，应界定双方责任后按以下原则处理：

（1）由于承包方原因延误工期而遇价格涨跌的，延误期间的价格上涨费用由承包方自行承担；反之，因价格下降造成的价差则由发包人受益，发包人结算时扣回价差。

（2）非承包方原因延误工期而遇价格涨跌的，延误期间的价格上涨费用由发包人承担，价差计入工程造价；反之，因价格下降造成的价差则由承包人受益，发包人不得扣回价差。

《建设工程工程量清单计价规范》（GB 50500—2013）中对物价变化导致的合同价款调整方法有价格指数调整法和造价信息差额调整法。

1) 价格指数调整法

(1) 价格调整公式

因人工、材料和工程设备、机械台班等价格波动影响合同价格时,根据投标人在投标函附录中的价格指数和权重表约定的数据,按以下公式计算差额并调整合同价款:

$$\Delta P = P_0\left[A + \left(B_1 \times \frac{F_{t1}}{F_{01}} + B_2 \times \frac{F_{t2}}{F_{02}} + B_3 \times \frac{F_{t3}}{F_{03}} + \cdots + B_n \times \frac{F_{tn}}{F_{0n}}\right) - 1\right]$$

其中:ΔP ——需调整的价格差额;

P_0 ——约定的付款证书中承包人应得到的已完成工程量的金额。此项金额应不包括价格调整、不计质量保证金的扣留和支付、预付款的支付和扣回。约定的变更及其他金额已按现行价格计价的,也不计在内。

A ——定值权重(即不调部分的权重);

B_1、B_2、B_3、$\cdots$、B_n ——各可调因子的变值权重(即可调部分的权重),为各可调因子在投标函投标总报价中所占的比例;

F_{t1}、F_{t2}、F_{t3}、$\cdots$、F_{tn} ——各可调因子的现行价格指数,指约定的付款证书相关周期最后一天的前42天的各可调因子的价格指数;

F_{01}、F_{02}、F_{03}、$\cdots$、F_{0n} ——各可调因子的基本价格指数,指基准日期的各可调因子的价格指数。

以上价格调整公式中的各可调因子、定值和变值权重,以及基本价格指数及其来源在投标函附录价格指数和权重表中约定。价格指数应首先采用工程造价管理机构提供的价格指数,缺乏上述价格指数时,可采用工程造价管理机构提供的价格代替。

(2) 暂时确定调整差额

在计算调整差额时得不到现行价格指数时,可暂用上一次价格指数计算,并在以后的付款中再按实际价格指数进行调整。

(3) 权重的调整

约定的变更导致原定合同中的权重不合理时,由承包人和发包人协商后进行调整。

(4) 承包人工期延误后的价格调整

由于承包人原因未在约定的工期内竣工,对原约定竣工日期后继续施工的工程,在使用价格调整公式时,应采用原约定竣工日期与实际竣工日期的两个价格指数中较低的一个作为现行价格指数。

【例2-1】 某工程约定采用价格指数法调整合同价款,具体约定见表2-5数据,本期完成合同价款为:1 584 600.00 元,计算应调整的合同价款差额。

表2-5　承包人提供材料和工程设备一览表(适用于价格指数调整方法)

序号	名称、规格、型号	变值权重 B	基本价格指数 F_0	现行价格指数 F_t	备注
1	人工费	0.18	100%	115%	
2	钢材(综合)	0.11	4 000 元/t	4 320 元/t	
3	预拌混凝土(非泵送型)C30	0.16	340 元/m³	353 元/m³	
4	多孔砖 240×115×115	0.05	40 元/百块	43 元/百块	

续表 2-5

序号	名称、规格、型号	变值权重 B	基本价格指数 F_0	现行价格指数 F_t	备 注
5	机械费	0.08	100%	100%	
	定值权重 A	0.42			
	合计	1			

解：利用价格调整公式计算：

$$\Delta P = 1\,584\,600 \times \left[0.42 + 0.18 \times \frac{115}{100} + 0.11 \times \frac{4\,320}{4\,000} + 0.16 \times \frac{353}{340} + 0.05 \times \frac{43}{40} \right.$$

$$\left. + 0.08 \times \frac{100}{100} - 1 \right] = 72\,891.6(元)$$

应增加的合同价款为 72 891.6 元。

2）造价信息差额调整法

合同履行期间，因人工、材料、工程设备和机械台班价格波动影响合同价格时，人工、机械使用费按照国家或省、自治区、直辖市建设行政管理部门、行业建设管理部门或其授权的工程造价管理机构发布的人工成本信息、机械台班单价或机械使用费系数进行调整；需要进行价格调整的材料，其单价和采购数应由发包人复核，发包人确认需调整的材料单价及数量作为调整合同价款差额的依据。

（1）人工单价发生变化且符合计价规范中计价风险相关规定时，发承包双方应按省级或行业建设主管部门或其授权的工程造价管理机构发布的人工工资指导价文件调整合同价款。

【例 2-2】 某工程在施工期间，省工程造价管理机构发布了人工费调增 10% 的文件，适用时间为××年 9 月 1 日，该工程本期完成合同价款 1 576 893.50 元，其中人工费 283 840.83元，与定额人工费持平，本期人工费应否调整，调增多少？

解：因为人工费与定额人工费持平，则低于发布价格，应予调增。调整额为：

$$283\,840.83 \times 10\% = 28\,384.08(元)$$

（2）材料、工程设备价格变化的价款调整按照发包人提供的主要材料和工程设备一览表，由发承包双方约定的风险范围按以下规定调整合同价款：

① 承包人投标报价中材料单价低于基准单价：施工期间材料单价涨幅以基准单价为基础超过合同约定的风险幅度值，或材料单价跌幅以投标报价为基础超过合同约定的风险幅度值时，其超过部分按实调整。

② 承包人投标报价中材料单价高于基准单价：施工期间材料单价跌幅以基准单价为基础超过合同约定的风险幅度值，或材料单价涨幅以投标报价为基础超过合同约定的风险幅度值时，其超过部分按实调整。

③ 承包人投标报价中材料单价等于基准单价：施工期间材料单价涨、跌幅以基准单价为基础超过合同约定的风险幅度值时，其超过部分按实调整。

④ 承包人应在采购材料前将采购数量和新的材料单价报发包人核对,确认用于本合同工程时,发包人应确认采购材料的数量和单价。发包人在收到承包人报送的确认资料后 3 个工作日不予答复的视为已经认可,作为调整合同价款的依据。如果承包人未报经发包人核对即自行采购材料,再报发包人确认调整合同价款的,如发包人不同意,则不作调整。

前述基准价格是指由发包人在招标文件或专用合同条款中给定的材料、工程设备的价格,该价格原则上应当按照省级或行业建设主管部门或其授权的工程造价管理机构发布的信息价编制。

(3)施工机械台班单价或施工机械使用费发生变化超过省级或行业建设主管部门或其授权的工程造价管理机构规定的范围时,按其规定调整合同价款。

【例 2-3】 某工程中的预拌混凝土(非泵送型)由承包商采购,所需品种及合同约定等基本情况见表 2-6。施工期间,预拌混凝土的单价分别为:C15:332 元/m³,C20:342 元/m³,C30:368 元/m³。合同约定的材料单价如何调整?

表 2-6 承包人提供材料和工程设备一览表(适用于造价信息调整方法)

序号	名称、规格、型号	单位	数量	风险系数(%)	基准单价(元)	投标单价(元)	发包人确认单价(元)
1	C15	m³	30	≤5	320	318	318
2	C20	m³	560	≤5	330	332	332
3	C30	m³	2 130	≤5	350	350	350

解:(1)预拌混凝土(非泵送型)C15:

$$332 \div 320 - 1 = 3.8\%$$

投标单价低于基准单价,按基准单价算,未超过约定的风险系数,不予调整。

(2)预拌混凝土(非泵送型)C20:

$$342 \div 332 - 1 = 3.01\%$$

投标单价高于基准单价,按投标报价算,未超过约定的风险系数,不予调整。

(3)预拌混凝土(非泵送型)C30:

$$368 \div 350 - 1 = 5.14\%$$

投标单价等于基准单价,按基准单价算,超过约定的风险系数,材料单价超过部分按实调整。

$$350 + 350 \times (5.14\% - 5\%) = 350.49(元)$$

2.5 建设工程造价计价方法

2.5.1 建设工程造价编制基本方法

如前所述,在建设工程不同的建设阶段,工程造价具有投资估算、设计概算、修正概算、施工图预算、工程结算价、竣工决算等不同的表现形式,其中,概算造价与预算造价是造价审核的重要阶段。而与施工图预算几乎同一阶段的、编制方法基本相同的且在工程实践中应用较多的是招标人的招标控制价和各施工企业的投标报价。

1) 设计概算的编制

(1) 设计概算的内容

设计概算投资一般应控制在立项批准的投资控制额以内。如果设计概算值超过控制额,必须修改设计或重新立项审批。设计概算批准后不得任意修改和调整,如需修改和调整时,须经原批准部门重新审批。

设计概算可分为单位工程概算、单项工程综合概算和建设工程项目总概算三级。各级概算之间的相互关系如图 2-2 所示。

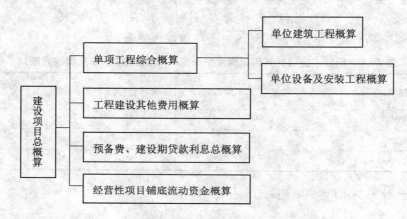

图 2-2 设计概算文件的组成

设计概算编制是首先编制单位工程概算,然后逐级汇总编制形成综合概算和总概算。

(2) 单位工程概算编制

单位工程概算分建筑工程概算和设备及安装工程概算两大类。

建筑工程概算的编制方法有概算定额法、概算指标法、类似工程预算法。

① 概算定额法。概算定额法又叫扩大单价法或扩大结构定额法。它与利用预算定额编制单位建筑工程施工图预算的方法基本相同。其不同之处在于编制概算所采用的依据是概算定额,所采用的工程量计算规则是概算工程量计算规则。

该方法要求初步设计达到一定深度,建筑结构比较明确时方可采用。

② 概算指标法。当初步设计深度不够,不能准确地计算工程量,但工程设计采用的技术比较成熟而又有类似工程概算指标可以利用时,可以采用概算指标法编制工程概算。

概算指标法计算精度较低,但由于其编制速度快,因此对一般附属、辅助和服务工程等项目,以及住宅和文化福利工程项目或投资比较小,比较简单的工程项目投资概算有一定实用价值。

③ 类似工程预算法。类似工程预算法是利用技术条件与设计对象相类似的已完工程或在建工程的工程造价资料来编制拟建工程设计概算的方法。该方法适用于拟建工程初步设计与已完工程或在建工程的设计相类似且没有可用的概算指标的情况,但必须对建筑结构差异和价差进行调整。

设备安装工程费包括用于设备、工器具、交通运输设备、生产家具等的组装和安装,以及配套工程安装而发生的全部费用。设备及安装工程概算编制方法有预算单价法、扩大单价法、设备价值百分比法等概算指标法等。

① 预算单价法。当初步设计有详细设备清单时,可直接按预算单价(预算定额单价)编制设备安装工程概算。根据计算的设备安装工程量,乘以安装工程预算单价,经汇总求得。用预算单价法编制概算,计算比较具体,精确性较高。

② 扩大单价法。当初步设计的设备清单不完备,或仅有成套设备的重量时,可采用主体设备、成套设备或工艺线的综合扩大安装单价编制概算。

如果建设期与概算指标编制期存在着价差,则在计算人、料、机费用后还应用物价指数另行调整。

③ 概算指标法。当初步设计的设备清单不完备,或安装预算单价及扩大综合单价不全,无法采用预算单价法和扩大单价法时,可采用概算指标编制概算。

概算指标形式较多,如按占设备价值的百分比(安装费率)的概算指标、按每吨设备安装费的概算指标、按座(或台、套、组、根、功率等)为计量单位的概算指标、按设备安装工程每平方米建筑面积的概算指标等。设备安装工程有时可按不同的专业内容(如通风、动力、管道等)采用每平方米建筑面积的安装费用概算指标计算安装费。

(3) 单项工程综合概算编制

单项工程综合概算是以其所包含的单位建筑工程概算表和设备及安装工程概算表为基础汇总编制的。当建设工程项目只有一个单项工程时,单项工程综合概算(实为总概算)还应包括工程建设其他费用概算(含建设期贷款利息、预备费和固定资产投资方向调节税)。

单项工程综合概算文件一般包括编制说明和综合概算表两部分。编制说明主要包括编制依据、编制方法、主要设备和材料的数量及其他有关问题。

综合概算表是根据单项工程所辖范围内的各单位工程概算等基础资料,按照国家规定的统一表格进行编制。

(4) 建设工程项目总概算编制

建设工程项目总概算是以整个建设工程项目为对象,确定项目从立项开始,到竣工交付使用整个过程的全部建设费用的文件。

建设项目总概算是设计文件的重要组成部分。总概算表的编制方法是将各单项工程综合概算及其他工程和费用概算等汇总即为建设工程项目总概算。总概算由以下四部分组成:工程费用、其他费用、预备费和应列入项目概算总投资的其他费用。

2) 建设工程项目施工图预算

(1) 施工图预算编制的模式

按照预算造价的计算方式和管理方式的不同,施工图预算可以划分为两种计价模式,即传统计价模式和工程量清单计价模式。目前我国普遍采用的是工程量清单计价模式。

工程量清单计价模式是指按照工程量清单规范规定的全国统一工程量计算规则,由招标人提供工程量清单和有关技术说明,投标人根据企业自身的定额水平和市场价格进行计价的一种模式。

工程量清单计价过程可分为两个阶段:工程量清单编制和工程量清单应用(计价)。

(2) 工程量清单

工程量清单是指建设工程的分部分项工程项目、措施项目、其他项目、规费项目和税金项目的名称和相应数量等的明细清单。工程量清单是工程量清单计价的基础,贯穿于建设工程的招投标阶段和施工阶段,是编制招标控制价、投标报价、计算工程量、支付工程款、调整合同价款、办理竣工结算以及工程索赔等的依据。招标工程量清单必须作为招标文件的组成部分,由招标人提供,并对其准确性和完整性负责。一经中标签订合同,招标工程量清单即为合同的组成部分。

(3) 工程量清单计价

工程量清单计价是按照工程造价的构成分别计算各项费用,再汇总组合形成总造价,其步骤是:先计算分部分项工程费和措施项目费,将其汇总、取费后得到单位工程造价,再汇总各单位工程造价形成单项工程造价,最后汇总单项工程造价得到建设项目总造价。

工程造价计算通常以单位(项)工程为对象编制,因此,单位(项)工程造价计算是造价计算的最基础内容。

① 分部分项工程费的计算

分部分项工程费的计算方式如下:

$$分部分项工程费 = \sum 分部分项工程量 \times 分部分项工程综合单价$$

式中分部分项工程量的确定:招标文件中的工程量清单表明的工程量是招标人编制招标控制价和投标人投标报价的共同基础,它是工程量清单编制人按施工图图示尺寸和清单工程量计算规则计算得到的工程净量。但该工程量并不能作为承包人在履行合同义务中应予完成的实际和标准的工程量,发承包双方进行工程竣工结算时的工程量应按发、承包双方在合同中约定应予计量且实际完成的工程量确定,当然该工程量的计算也应该严格遵照清单工程量计算规则,以实体工程量为准。

《建设工程工程量清单计价规范》中的分部分项工程的工程量清单综合单价是指完成一个规定清单项目所需的人工费、材料和工程设备费、施工机具使用费和企业管理费、利润以及一定范围内的风险费用。该定义并不是真正意义上的全费用综合单价,而是一种狭义上的综合单价,规费等不可竞争的费用并不包括在项目单价中。

综合单价的计算通常采用定额组价的方法,即以计价定额为基础进行组合计算。由于工程量清单计量规范与计价定额中的工程量计算规则、计量单位、工程内容不尽相同,综合单价的计算不是简单的将其所含的各项费用进行汇总,而是要通过具体计算后综合而成。

② 措施项目费计算

措施项目费是指为完成工程项目施工,而用于发生在该工程施工准备和施工过程中的技术、生活、安全、环境保护等方面的非工程实体项目所支出的费用。措施项目清单计价应根据建设工程的施工组织设计,可以计算工程量的措施项目,应按分部分项工程量清单的方式采用综合单价计价,其余的不能算出工程量的措施项目,则采用总价项目的方式,以"项"为单位的方式计价,应包括除规费、税金外的全部费用。措施项目清单中的安全文明施工费应按照国家或省级、行业建设主管部门的规定计价,不得作为竞争性费用。

③ 其他项目费计算

其他项目费由暂列金额、暂估价、计日工、总承包服务费等内容构成。

暂列金额和暂估价由招标人按估算金额确定。招标人在工程量清单中提供的暂估价的材料、工程设备和专业工程,若属于依法必须招标的,由承包人和招标人共同通过招标确定材料、工程设备单价与专业工程分包价。若材料、工程设备不属于依法必须招标的,经发承包双方协商确认单价后计价。若专业工程不属于依法必须招标的,由发包人、总承包人与分包人按有关计价依据进行计价。

计日工和总承包服务费由承包人根据招标人提出的要求,按估算的费用确定。

④ 规费与税金的计算

规费和税金应按国家或省级、行业建设主管部门的规定计算,不得作为竞争性费用。

2.5.2 建设工程招标控制价的编制

招标控制价是招标人根据国家以及当地有关规定的计价依据和计价办法、招标文件、市场行情,并按工程项目设计施工图纸等具体条件调整编制的,对招标工程项目限定的最高工程造价。

采用工程量清单计价时,招标控制价的编制内容包括:分部分项工程费、措施项目费、其他项目费、规费和税金。

1) 招标控制价编制依据

招标控制价的编制依据有:

(1)《建设工程工程量清单计价规范》;

(2) 国家或省级、行业建设主管部门颁发的计价定额和计价办法;

(3) 建设工程设计文件及相关资料;

(4) 招标文件中的工程量清单及有关要求;

(5) 与建设项目相关的标准、规范、技术资料;

(6) 工程造价管理机构发布的工程造价信息,工程造价信息没有发布的参照市场价;

(7) 其他相关资料。主要指施工现场情况、工程特点及常规施工方案等。

2) 按上述依据进行招标控制价编制,还应注意以下规则事项

(1) 使用的计价标准、计价政策应是国家或省级、行业建设主管部门颁布的计价定额和相关政策规定。

(2) 编制招标控制价所采用的表格格式等应执行《建设工程工程量清单计价规范》的有关规定。

(3) 用的材料价格应是工程造价管理机构通过工程造价信息发布的材料单价。工程造价信息未发布材料单价的材料,其材料价格应通过市场调查确定。另外,未采用工程造价管理机构发布的工程造价信息时,需在招标文件或答疑补充文件中对招标控制价采用的与造价信息不一致的市场价格予以说明。采用的市场价格则应通过调查、分析确定,有可靠的信息来源。

(4) 不可竞争的措施项目和规费、税金等费用的计算均属于强制性条款,编制招标控制价时应该按有关规定计算。

(5) 不同工程项目、不同施工单位会有不同的施工组织方法,所发生的措施费也会有所不同。因此,对于竞争性的措施费用的编制,应该首先编制常规施工组织设计或施工方案,然后依据经过专家论证后的施工方案,合理地确定措施项目与费用。

2.5.3 建设工程投标报价的编制

《建设工程工程量清单计价规范》(GB 50500—2013)规定,投标价是投标人参与工程项目投标时报出的工程造价。即投标价是指在工程招标发包过程中,由投标人或受其委托具有相应资质的工程造价咨询人按照招标文件的要求以及有关计价规定,依据发包人提供的工程量清单、施工设计图纸,结合工程项目特点、施工现场情况及企业自身的施工技术、装备和管理水平等,自主确定的工程造价。

投标报价是投标人希望达成工程承包交易的期望价格,但不能高于招标人设定的招标控制价。投标报价的编制是指投标人对拟承建工程项目所要发生的各种费用的计算过程。作为投标计算的必要条件,应预先确定施工方案和施工进度,此外,投标计算还必须与采用的合同形式相一致。

1) 投标报价的编制依据

投标报价编制的依据有:

(1)《建设工程工程量清单计价规范》;

(2) 国家或省级、行业建设主管部门颁发的计价办法;

(3) 企业定额,国家或省级、行业建设主管部门颁发的计价定额和计价办法;

(4) 招标文件、招标工程量清单及其补充通知、答疑纪要;

(5) 建设工程设计文件及相关资料;

(6) 施工现场情况、工程特点及投标时拟定的施工组织设计或施工方案;

(7) 与建设项目相关的标准、规范等技术资料;

(8) 市场价格信息或工程造价管理机构发布的工程造价信息;

(9) 其他的相关资料。

2) 投标报价的编制原则

报价是投标的关键性工作,报价是否合理直接关系到投标工作的成败。工程量清单计价下编制投标报价的原则如下:

(1) 投标报价由投标人自主确定,但是《建设工程工程量清单计价规范》中的强制性规定必须执行。

(2) 投标人的投标报价不得低于工程成本。《中华人民共和国招标投标法》中规定:"中标人的投标应当符合下列条件……(二)能够满足招标文件的实质性要求,并且经评审的投标价格最低;但是投标价格低于成本的除外。"《评标委员会和评标方法暂行规定》中规定:"在评标过程中,评标委员会发现投标人的报价明显低于其他投标报价或者在设有标底时明显低于标底的,使得其投标报价可能低于其个别成本的,应当要求该投标人做出书面说明并提供相关证明材料。投标人不能合理说明或者不能提供相关证明材料的,由评标委员会认定该投标人以低于成本报价竞标,其投标应作为废标处理。"上述法律法规的规定,特别要求投标人的投标报价不得低于工程成本。

(3) 投标人必须按招标工程量清单填报价格。实行工程量清单招标,招标人在招标文件中提供工程量清单,其目的是使各投标人在投标报价中具有共同的竞争平台。因此,为避免出现差错,要求投标人必须按招标人提供的招标工程量清单填报投标价格,填写的项目编码、项目名称、项目特征、计量单位、工程量必须与招标工程量清单一致。

（4）投标报价要以招标文件中设定的承发包双方责任划分，作为设定投标报价费用项目和费用计算的基础。承发包双方的责任划分不同，会导致合同风险分摊不同，从而导致投标人报价不同。不同的工程承发包模式会直接影响工程项目投标报价的费用内容和计算深度。

（5）应该以施工方案、技术措施等作为投标报价计算的基本条件。企业定额反映企业技术和管理水平，是计算人工、材料和机械台班消耗量的基本依据；更要充分利用现场考察、调研成果、市场价格信息和行情资料等编制基础单价。

（6）招标文件中要求投标人承担的风险费用，投标人应在综合单价中给予考虑。在施工过程中，当出现的风险内容及其范围（幅度）在招标文件规定的范围（幅度）内时，综合单价不得变动，合同价款不作调整。

3）投标报价的确定与审核

在编制投标报价之前，需要先对清单工程量进行复核。因为工程量清单中的各分部分项工程量并不十分准确，若设计深度不够则可能有较大的误差，而工程量的多少是选择施工方法、安排人力和机械、准备材料必须考虑的因素，自然也影响分项工程的单价，因此一定要对工程量进行复核。

投标报价编制时，应首先根据招标人提供的工程量清单编制分部分项工程量清单计价表、措施项目清单计价表、其他项目清单计价表、规费和税金项目清单计价表，计算完毕后汇总而得到单位工程投标报价汇总表，再层层汇总，分别得出单项工程投标报价汇总表和工程项目投标总价汇总表。

（1）综合单价

分部分项工程和措施项目中的单价项目最主要的工作是确定综合单价。综合单价应根据招标人的招标文件和招投标工程清单项目中的特征描述及有关要求来确定。

综合单价确定的最重要依据之一是该清单项目的特征描述，投标人投标报价时应依据招标工程量清单项目的特征描述确定清单项目的综合单价。在招投标过程中，若出现工程量清单特征描述与设计图纸不符，投标人应以招标工程量清单的项目特征描述为准，确定投标报价的综合单价。若施工中施工图纸或设计变更与招标工程量清单项目特征描述不一致，发承包双方应按实际施工的项目特征依据合同约定重新确定综合单价。

综合单价中应包括招标文件中划分的应由投标人承担的风险范围及其费用，招标文件中没有明确的，应提请招标人明确。

招标工程量清单中提供了暂估单价的材料、工程设备，按暂估的单价计入综合单价。

综合单价的确定工作较为重要，尤其是工程量清单招标时采用较多的固定单价合同，一般投标时的综合单价，就是最终价款结算时的综合单价，不能再行调整综合单价，只能调整工程量。即人们常说的在工程量清单招标下"投标人承担价的风险，招标人承担量的风险"。

（2）总价措施项目

由于各投标人拥有的施工设备、技术水平和采用的施工方法有所差异，因此投标人应根据自身编制的投标施工组织设计或施工方案确定措施项目。投标人根据投标施工组织设计或施工方案调整和确定的措施项目应通过评标委员会的评审。

措施项目中的总价项目应采用综合价格的形式报出，包括除规费、税金外的全部费用。

措施项目中的安全文明施工费是不可竞争费，应按照国家或省级、行业主管部门的规定计算确定。

（3）其他项目费

暂列金额应按照招标工程量清单中列出的金额填写，不得变动。

暂估价不得变动和更改。暂估价中的材料、工程设备必须按照暂估单价计入综合单价；专业工程暂估价必须按照招标工程量清单中列出的金额填写。

计日工应按照招标工程量清单列出的项目和估算的数量，自主确定各项综合单价并计算费用。

总承包服务费应根据招标工程量列出的专业工程暂估价内容和供应材料、设备情况，按照招标人提出协调、配合与服务要求和施工现场管理需要自主确定。

（4）规费和税金

规费和税金必须按国家或省级、行业建设主管部门规定的标准计算，不得作为竞争性费用。

（5）投标总价

投标人的投标总价应当与组成招标工程量清单的分部分项工程费、措施项目费、其他项目费和规费、税金的合计金额相一致，即投标人在进行工程项目工程量清单招标的投标报价时，不能进行投标总价优惠（或降价、让利），投标人对投标报价的任何优惠（或降价、让利）均应反映在相应清单项目的综合单价中。

2.5.4　建设工程合同价的约定及调整

1）合同价款的约定

（1）合同类型的选择

建设工程施工合同根据合同计价方式的不同，一般可以分为总价合同、单价合同和成本加酬金合同三种类型。根据价款是否可以调整，总价合同可以分为固定总价合同和可调总价合同两种不同形式；单价合同也可以分为固定单价合同和可调单价合同。

具体工程项目选择何种合同计价形式，主要依据设计图纸深度、工期长短、工程规模和复杂程度进行确定。《建设工程工程量清单计价规范》（GB 50500—2013）中规定：实行工程量清单计价的工程，应采用单价合同；建设规模较小，技术难度较低，工期较短，且施工图设计已审查批准的建设工程可以采用总价合同；紧急抢险、救灾以及施工技术特别复杂的建设工程可以采用成本加酬金合同。总价合同是指总价包干或总价不变的合同，适用于规模不大、技术难度低、工期短、施工图纸已审查批准的工程项目。按照财政部、建设部印发的《建设工程价款结算暂行办法》（财建〔2004〕369号）第八条规定："合同工期较短且合同总价较低的工程，可以采用固定总价合同方式。"所谓成本加酬金合同是承包人不承担任何价格变化风险的合同。因此，适用于时间特别紧迫，来不及进行详细的计划和商谈，例如抢险、救灾工程，以及工程施工技术特别复杂的建设工程。

工程量清单计价的适用性不受合同形式的影响。实践中常见的单价合同和总价合同两种主要合同形式，均可以采用工程量清单计价，区别仅在于工程量清单中所填写的工程量的合同约束力。采用单价合同形式时，工程量清单是合同文件必不可少的组成内容，其中的工程量一般不具备合同约束力（量可调整），工程款结算时按照合同中约定应予计量并实际完成的工程量计算进行调整。而对总价合同形式，工程量清单中的工程量具备合同约束力（量不可调整），工程量以合同图纸的标示内容为准，工程量以外的其他内容一般均赋予合同约束力，以方便合同变更的计量和计价。

总体来看，采用单价合同符合工程量清单计价模式的基本要求，并且单价合同在合同管理中具有便于处理工程变更及索赔的特点。在工程量清单计价模式下，应采用单价合同。而且在实践中最常用的是固定单价合同，即合同约定的工程价款中所包含的工程量清单项目综合单价在约定条件内是固定的，不予调整，工程量允许调整；工程量清单项目综合单价在约定的条件外，允许调整，但调整的方式、方法需在合同中约定。

（2）合同价款的约定

合同价款的约定是建设工程合同的主要内容。实行招标的工程合同价款应在中标通知书发出之日起 30 天内，由发承包双方依据招标文件和中标人的投标文件在书面合同中约定。合同约定不得违背招、投标文件中关于工期、造价、质量等方面的实质性内容，因此，一般中标者的投标报价即为约定的合同价。招标文件与中标人投标文件不一致的地方应以投标文件为准。不实行招标的工程合同价款，应在发承包双方认可的工程价款基础上，由发承包双方在合同中约定。发承包双方认可的工程价款的形式可以是承包方或设计人编制的施工图预算，也可以是承发包双方认可的其他形式。合同价款在合同中约定后，任何一方不得擅自改变。

承发包双方在合同专用条款中，通常对下列事项进行约定：

① 预付工程款的数额、支付时间及抵扣方式；

② 工程计量与支付工程进度款的方式、数额及时间；

③ 工程价款的调整因素、方法、程序、支付及时间；

④ 施工索赔与现场签证的程序、金额确定与支付时间；

⑤ 承担计价风险的内容、范围以及超出约定内容、范围的调整办法；

⑥ 工程竣工价款结算编制与核对、支付及时间；

⑦ 工程质量保证金的数额、扣留方式及时间；

⑧ 违约责任以及发生合同价款争议的解决方法及时间；

⑨ 与履行合同、支付价款有关的其他事项等。

合同中涉及工程价款的事项较多，能够详细约定的事项应尽可能具体约定，约定的用词应尽可能唯一，如有几种解释，最好对用词进行定义，尽量避免因理解上的歧义造成合同纠纷。

2）合同价款的调整

建设工程合同价款在合同中约定后，任何一方均不得擅自改变。只是发生诸如法律法规变化、工程变更、招标工程工程量清单缺项、工程量清单项目特征不符、工程量偏差等影响工程价款的事项，发承包双方应当按照合同约定调整合同价款。

（1）法律法规变化

建设工程施工合同履行过程中经常出现法律法规变化引起的合同价款调整问题。

招标工程以投标截止日前 28 天，非招标工程以合同签订前 28 天为基准日，其后因国家的法律、法规、规章和政策发生变化引起工程造价增减变化的，发承包双方应当按照省级或行业建设主管部门或其授权的工程造价管理机构据此发布的规定调整合同价款。

但因承包人原因导致工期延误的，按上述规定的调整时间，在合同工程原定竣工时间之后,合同价款调增的不予调整,合同价款调减的予以调整。

(2)工程量清单项目特征不符

《建设工程工程量清单计价规范》(GB 50500—2013)中规定:"发包人在招标工程量清单中对项目特征的描述,应被认为是准确的和全面的,并且与实际施工要求相符合。承包人应按照发包人提供的招标工程量清单,根据其项目特征描述的内容及有关要求实施合同工程,直到项目被改变为止。"

清单计价规范的这一规定对招标人编制的清单中项目特征描述提出了要求。项目特征是构成清单项目价值的本质特征,单价的高低与其具有必然联系。因此,发包人在招标工程量清单中对项目特征的描述应被认为是准确的和全面的,并且与实际施工要求相符合,否则,承包人无法报价。

清单计价规范还规定:"承包人应按照发包人提供的设计图纸实施工程合同,若在合同履行期间出现设计图纸(含设计变更)与招标工程量清单任一项目的特征描述不符,且该变化引起该项目工程造价增减变化的,应按照实际施工的项目特征,按规范中工程变更相关条款的规定重新确定相应工程量清单项目的综合单价,并调整合同价款。"

当项目特征变化后,发承包双方应按实际施工的项目特征重新确定综合单价。例如:招标时,某现浇混凝土构件项目特征描述中描述混凝土强度等级为 C20,但施工图纸表明(或在施工过程中发包人变更)混凝土强度等级为 C30,很显然,这时应该重新确定综合单价,因为 C20 与 C30 的混凝土,其价格是不一样的。

(3)工程量清单缺项

施工过程中,工程量清单项目的增减变化必然带来合同价款的增减变化。而导致工程量清单缺项的原因大致有以下几种:一是设计变更,二是施工条件改变,三是工程量清单编制错误。

《建设工程工程量清单计价规范》(GB 50500—2013)对这部分的规定如下:

① 合同履行期间,由于招标工程量清单中缺项,新增分部分项工程量清单项目的,应按照规范中工程变更相关条款确定单价,并调整合同价款。

② 新增分部分项工程量清单项目后,引起措施项目发生变化的,应按照规范中工程变更相关规定,在承包人提交的实施方案被发包人批准后调整合同价款。

③ 由于招标工程量清单中措施项目缺项,承包人应将新增措施项目实施方案提交发包人批准后,按照规范相关规定调整合同价款。

(4)工程量偏差

施工过程中,由于施工条件、地质水文、工程变更等变化以及招标工程量清单编制人专业水平的差异,往往在合同履行期间,应予计量的工程量与招标工程量清单出现偏差,工程量偏差过大,给综合成本的分摊带来影响。如突然增加过多,仍然按原综合单价计价,对发包人不公平;而突然减少过多,仍然按原综合单价计价,对承包人不公平。并且,有经验的承包人可能乘机进行不平衡报价。因此,为维护合同的公平,应当对工程量偏差带来的合同价款调整做出规定。

《建设工程工程量清单计价规范》(GB 50500—2013)对这部分的规定如下:

合同履行期间,当予以计算的实际工程量与招标工程量清单出现偏差,且符合下述两条规定的,发承包双方应调整合同价款:

① 对于任一招标工程量清单项目,如果因工程量偏差和工程变更等原因导致工程量偏差超过 15% 时,可进行调整。当工程量增加 15% 以上时,增加部分的工程量的综合单价应予调低;当工程量减少 15% 以上时,减少后剩余部分的工程量的综合单价应予调高。

② 如果工程量出现超过 15% 的变化,且该变化引起相关措施项目相应发生变化时,按系数或单一总价方式计价的,工程量增加的措施项目费调增,工程量减少的措施项目费调减。

工程量清单计价的规定说明工程量偏差过大,综合单价应予调整,至于具体调整方式、幅度则应遵从合同约定。

【例 2-4】 某独立土方工程,招标文件中估计工程量为 100 万 m³。合同中约定:土方工程单价为 5 元/m³,当实际工程量超过估计工程量 15% 时,调整单价,单价调为 4 元/m³。工程结束时实际完成土方工程量为 130 万 m³,则土方工程款为多少万元?

解: 合同约定范围内(15% 以内)的工程款为:

$$100 \times (1 + 15\%) \times 5 = 115 \times 5 = 575(万元)$$

超过 15% 之后部分工程量的工程款为:

$$(130 - 115) \times 4 = 60(万元)$$

则土方工程款合计 $= 575 + 60 = 635$(万元)

当合同中没有约定时,工程量偏差超过 15% 时的价格调整方法,可参照如下方式:

① 当 $Q_1 > 1.15Q_0$ 时:$S = 1.15Q_0 \times P_0 + (Q_1 - 1.15Q_0) \times P_1$

② 当 $Q_1 < 0.85Q_0$ 时:$S = Q_1 \times P_1$

上面两个公式中:S——调整后的某一分部分项工程费结算价;

$\qquad Q_1$——最终完成的工程量;

$\qquad Q_0$——招标工程量清单列出的工程量;

$\qquad P_1$——按照最终完成工程量重新调整后的综合单价;

$\qquad P_0$——承包人在工程量清单中填报的综合单价。

采用上述两式的关键是确定新的综合单价,即 P_1 的确定方法。P_1 的确定可以是发承包双方协商确定,也可以与招标控制价相联系确定。当工程量偏差项目出现承包人在工程量清单中填报的综合单价与发包人招标控制价相应清单项目的综合单价偏差超过 15% 时,工程量偏差项目综合单价的调整可参考以下方式:

① 当 $P_0 < P_2 \times (1-L) \times (1-15\%)$ 时,该类项目的综合单价 P_0 按照 $P_2 \times (1-L) \times (1-15\%)$ 调整。

② 当 $P_0 > P_2 \times (1+15\%)$ 时,该类项目的综合单价 P_1 按照 $P_2 \times (1+15\%)$ 调整。

③ 当 $P_0 > P_2 \times (1-L) \times (1-15\%)$ 或 $P_0 < P_2 \times (1+15\%)$ 时,可不调整。

上面 3 个公式中:P_0——承包人在工程量清单中填报的综合单价;

$\qquad P_2$——发包人在招标控制价相应项目的综合单价;

$\qquad L$——计价规范中定义的承包人报价浮动率。

【例 2-5】 某招标工程实际施工中有少数分部分项工程的工程量出现了偏差,且超过了 15%。具体情况分别如下:

① 分部分项工程 A 招标控制价的综合单价为 350 元,投标报价的综合单价为 287 元,该工程投标报价下浮率为 6%,综合单价是否调整?

② 分部分项工程 B 招标控制价的综合单价为 342 元,投标报价的综合单价为 396 元,工程量变更后的综合单价如何调整?

③ 若在招标时分部分项工程 A 的工程量清单数量为 1 520 m³,施工中由于设计变更调整为 1 216 m³,其结算价格该如何计算?

④ 若在招标时分部分项工程 B 的工程量清单数量为 1 520 m³,施工中由于设计变更调整为 1 824 m³,其结算价格该如何计算?

解: ① 分部分项工程 A 价格偏差率:$287 \div 350 = 82\%$,偏差为 18%,超过 15%。

而 $P_2 \times (1 - L) \times (1 - 15\%) = 350 \times (1 - 6\%) \times (1 - 15\%) = 279.65$(元)

由于 287 元大于 279.65 元,所以该项目变更后的综合单价可不予调整。

② 分部分项工程 B 价格偏差率:$396 \div 342 = 115.79\%$,偏差为 15.79%,超过 15%。

而 $P_2 \times (1 + 15\%) = 342 \times (1 + 15\%) = 393.3$(元)

由于承包人的报价 396 元大于 393.3 元,该分项工程变更后的综合单价应调整为 393.3 元。

③ 分部分项工程 A 的工程量偏差:$1 216 \div 1 520 = 80\%$,工程量减少 20%,变动幅度大于 15%,但综合单价如①小题可不予调整,即仍为承包人的报价 287 元。

分部分项工程 A 的结算价款:$1 216 \times 287 = 348 992$(元)

④ 分部分项工程 B 的工程量偏差:$1 824 \div 1 520 = 120\%$,增加了 20%,大于 15%,且如②小题工程量偏差超过 15% 时的综合单价应调整为 393.3 元。

分部分项工程 B 的价款计算:

合同约定范围内(15% 以内)的价款为:

$$1 520 \times (1 + 15\%) \times 396 = 692 208.0(元)$$

超过 15% 之后部分工程量的工程款为:

$$[1 824 - 1 520 \times (1 + 15\%)] \times 393.3 = 29 890.8(元)$$

分部分项工程 B 的结算价款合计 $= 692 208.0 + 29 890.8 = 722 098.8(元)$

(5)暂估价

暂估价是指招标人在工程量清单中提供的用于支付必然发生但暂时不能确定价格的材料、工程设备的单价以及专业工程的金额。

发包人在招标工程量清单中给定暂估价的材料、工程设备属于依法必须招标的,由发承包双方以招标的方式选择供应商,确定价格,并应以此为依据取代暂估价,调整合同价款。实践中,恰当的做法是仍由总承包中标人作为招标人,采购合同应由总承包人签订。

发包人在招标工程量清单中给定暂估价的材料、工程设备不属于依法必须招标的,应由承包人按照合同约定采购,经发包人确认单价后取代暂估价,调整合同价款。

发包人在工程量清单中给定暂估价的专业工程不属于依法必须招标的,应按照工程变更价款的确定方法确定专业工程价款,并以此为依据取代专业工程暂估价,调整合同价款。

发包人在招标工程量清单中给定暂估价的专业工程,依法必须招标的,应当由发承包双

方依法组织招标选择专业分包人,并接受有管辖权的建设工程招标投标管理机构的监督,还应符合下列要求:

① 除合同另有约定外,承包人不参加投标的专业工程发包招标,应由承包人作为招标人,但拟定的招标文件、评标工作、评标结果应报送发包人批准。与组织招标工作有关的费用应当被认为已经包括在承包人的签约合同价(投标总报价)中。

② 承包人参加投标的专业工程发包招标,应由发包人作为招标人,与组织招标工作有关的费用由发包人承担。同等条件下,应优先选择承包人中标。

③ 应以专业工程发包中标价为依据取代专业工程暂估价,调整合同价款。

总承包招标时,专业工程设计深度往往不够,一般需要交由专业设计人员设计。出于提高可建造性考虑,国际上一般由专业承包人员负责设计,以纳入其专业技能和专业施工经验。这类专业工程交由专业分包人完成是国际工程的良好实践,目前在我国工程建设领域也已经比较普遍。公开透明地合理确定这类暂估价的实际开支金额的最佳途径就是通过总承包人与建设项目招标人共同组织的招标。

如某工程招标,将现浇混凝土构件钢筋作为暂估价,为 4 000 元/t,工程实施后,根据市场价格变动,将各规格现浇钢筋加权平均认定为 4 295 元/t,则应在综合单价中以 4 295 元取代 4 000 元。

暂估材料或工程设备的单价确定后,在综合单价中只应取代原暂估单价,不应再在综合单价中涉及企业管理费或利润等其他费的变动。

(6) 不可抗力

根据《中华人民共和国合同法》第一百一十七条第二款的规定:"本法所称不可抗力,是指不能预见,不可避免并不能克服的客观情况。"

因不可抗力事件导致的人员伤亡、财产损失及其费用增加,发承包双方一般应按以下原则分别承担并调整合同价款和工期:

① 合同工程本身的损害、因工程损害导致第三方人员伤亡和财产损失以及运至施工场地用于施工的材料和待安装的设备的损害,由发包人承担;

② 发包人、承包人人员伤亡由其所在单位负责,并应承担相应费用;

③ 承包人的施工机械设备损坏及停工损失,应由承包人承担;

④ 停工期间,承包人应发包人要求留在施工场地的必要的管理人员及保卫人员的费用,应由发包人承担;

⑤ 工程所需清理、修复费用,应由发包人承担。

不可抗力解除后复工的,若不能按期竣工,应合理延长工期。发包人要求赶工的,赶工费用应由发包人承担。

【例 2-6】 某工程在施工过程中,因不可抗力造成损失。承包人及时向建设方项目监理机构提出了索赔申请并附有相关证明材料,要求补偿的经济损失如下:

① 在建工程损失 26 万元。

② 承包人受伤人员医药费、补偿金 4.5 万元。

③ 施工机具损坏损失 12 万元。

④ 施工机具闲置、施工人员窝工损失 5.6 万元。

⑤ 工程清理、修复费用 3.5 万元。

试逐项分析审核以上经济损失是否都应补偿给承包人,分别说明理由。项目监理机构应批准的补偿金额为多少元?

解: ① 在建工程损失 26 万元的经济损失应补偿给承包人。理由:不可抗力造成工程本身的损失,由发包人承担。

② 承包人受伤人员医药费、补偿费 4.5 万元的经济损失不应补偿给承包人。理由:不可抗力造成承发包双方的人员伤亡,分别各自承担。

③ 施工机具损坏损失 12 万元的经济损失不应补偿给承包人。理由:不可抗力造成施工机械设备损坏,由承包人承担。

④ 施工机具闲置、施工人员窝工损失 5.6 万元的经济损失不应补偿给承包人。理由:不可抗力造成承包人机械设备的停工损失,由承包人承担。

⑤ 工程清理、修复费用 3.5 万元的经济损失应补偿给承包人。理由:不可抗力造成工程所需清理、修复费用,由发包人承担。

因此,项目监理机构应批准的补偿金额:26.4 + 3.5 = 29.5 万元。

3) 工程变更价款的确定

由于建设工程项目建设的周期长、涉及的关系复杂、受自然条件和客观因素的影响大,导致项目的实际施工情况与招标投标时的情况相比往往会有一些变化,出现工程变更。工程变更包括工程量变更、工程项目的变更(如发包人提出增加或者删减原项目内容)、进度计划的变更、施工条件的变更等。如果按照变更的起因划分,变更的种类有很多,如:发包人的变更指令(包括发包人对工程有了新的要求、发包人修改项目计划、发包人削减预算、发包人对项目进度有了新的要求等);由于设计错误,必须对设计图纸作修改;工程环境变化;由于产生了新的技术和知识,有必要改变原设计、实施方案或实施计划;法律法规或者政府对建设工程项目有了新的要求等。工程变更一旦出现,则工程价款也应随之变更。《建设工程工程量清单计价规范》(GB 50500—2013)提出了对工程变更价款的确定方法。

(1) 已标价工程量清单项目或其工程数量发生变化的调整办法

清单计价规范规定,因工程变更引起已标价工程量清单项目或其工程数量发生变化,则按照下列规定调整:

① 已标价工程量清单中有适用于变更工程项目的,应采用该项目的单价;但当工程变更导致该清单项目的工程数量发生变化,且工程量偏差超过 15%。此时,调整的原则为:当工程量增加 15% 以上时,其增加部分的工程量的综合单价应予调低;当工程量减少 15% 以上时,减少后剩余部分的工程量的综合单价应予调高。

② 已标价工程量清单中没有适用但有类似于变更工程项目的,可在合理范围内参照类似项目的单价。

③ 已标价工程量清单中没有适用也没有类似于变更工程项目的,应由承包人根据变更工程资料、计量规则和计价办法、工程造价管理机构发布的信息价格和承包人报价浮动率提出变更工程项目的单价,报发包人确认后调整。承包人报价浮动率可按下列公式计算:

招标工程:承包人报价浮动率 $L = (1 - 中标价/招标控制价) \times 100\%$

非招标工程:承包人报价浮动率 $L = (1 - 报价值/施工图预算) \times 100\%$

④ 已标价工程量清单中没有适用也没有类似于变更工程项目,且工程造价管理机构发

布的信息价格缺价的,应由承包人根据变更工程资料、计量规则、计价办法和通过市场调查等取得有合法依据的市场价格提出变更工程项目的单价,并应报发包人确认后调整。

(2)措施项目费的调整

工程变更引起施工方案改变并使措施项目发生变化时,承包人提出调整措施项目费的,应事先将拟实施的方案提交发包人确认,并应详细说明与原方案措施项目相比的变化情况。拟实施的方案经发承包双方确认后执行,并应按照下列规定调整措施项目费:

① 安全文明施工费应按照实际发生变化的措施项目调整,不得浮动。

② 采用单价计算的措施项目费,应按照实际发生变化的措施项目按照前述已标价工程量清单项目的规定确定单价。

③ 按总价(或系数)计算的措施项目费,按照实际发生变化的措施项目调整,但应考虑承包人报价浮动因素,即调整金额按照实际调整金额乘以承包人报价浮动率计算。

如果承包人未事先将拟实施的方案提交给发包人确认,则视为工程变更不引起措施项目费的调整或承包人放弃调整措施项目费的权利。

(3)工程变更价款调整方法的应用

① 直接采用适用的项目单价的前提是其采用的材料、施工工艺和方法相同,也不因此增加关键线路上工程的施工时间。

② 采用适用的项目单价的前提是其采用的材料、施工工艺和方法基本类似,不增加关键线路上工程的施工时间,可仅就其变更后的差异部分,参考类似的项目单价由承发包双方协商新的项目单价。

如某工程现浇混凝土梁为 C25,施工过程中设计调整为 C30,此时,可仅将 C30 混凝土价格替换 C25 混凝土价格,其余不变,组成新的综合单价。

③ 无法找到适用和类似的项目单价时,应采用招投标时的基础资料和工程造价管理机构发布的信息价格,按成本加利润的原则由发承包双方协商新的综合单价。

【例 2-7】 某工程项目的施工招标文件中表明该工程采用工程量清单计价方式,固定单价合同。合同约定,实际完成工程量超过估计工程量 15% 以上时允许调整单价。原来合同中有 A、B 两项土方工程,工程量均为 16 万 m^3,土方工程的合同单价为 16 元/m^3。实际工程量与估计工程量相等。施工过程中,总监理工程师以设计变更通知发布新增土方工程 C 的指示,该工作的性质和施工难度与 A、B 工作相同,工程量为 32 万 m^3。总监理工程师与承包单位依据合同约定协商后,确定的土方变更价单价为 14 元/m^3。试确定承包人可提出的上述变更费用。

解: 承包人的变更费用计算如下:

工程量清单中计划土方 = 16 + 16 = 32(万 m^3)

新增土方工程量 = 32 万 m^3

按照合同约定,应按原单价计算的新增工程量 = 32 × 15% = 4.8(万 m^3)

新增土方工程款 = 4.8 × 16 + (32 - 4.8) × 14 = 457.6(万元)

【例 2-8】 某工程招标控制价为 8 413 949 元,中标人的投标报价为 7 972 282 元,承包人报价浮动率为多少?施工过程中,屋面防水采用 PE 高分子防水卷材(1.5 mm),清单项目中无类似项目,工程造价管理机构发布有该卷材单价为 18 元/m^2,查项目所在地该项目定额人工费为 3.78 元,除卷材外的其他材料费为 0.65 元,管理费和利润为 1.13 元。则该项目综合单价如何确定?

解: 招标工程承包人报价浮动率

$$L = (1 - 中标价 / 招标控制价) \times 100\%$$
$$= (1 - 7\,972\,282/8\,413\,949) \times 100\%$$
$$= 5.25\%$$

该项目综合单价 $= (3.78 + 18 + 0.65 + 1.13) \times (1 - 5.25\%) = 22.32(元)$

发承包双方可按 22.32 元协商确定该项目综合单价。

④ 无法找到适用和类似的项目单价、工程造价管理机构也没有发布此类信息价格,由发承包双方协商确定。

3　建设工程造价审核

3.1　概述

3.1.1　造价审核类型与要求

从造价成果形式上来看,造价审核类型与造价编制类型相同,随着工程建设程序进展,有投资估算的审核、设计概算的审核、施工图预算的审核、招标控制价的审核和工程结算审核和竣工决算的审核。实务中造价审核工作最多的是工程结算审核,工程结算也可分为期中结算、终止结算和竣工结算等。从审核内容构成来看,造价审核有工程量的审核、施工资源基本消耗量的审核、施工资源单价的审核以及工程费用的审核,采用工程量清单招标工程还需对工程量清单进行审核。

工程造价审核是工程造价管理的关键环节,涉及国家及工程建设各参与方的经济利益。为保证造价审核质量,造价审核工作应由工程造价专业人员承担,尤其是国有资金投资的建筑工程,更应重视造价审核工作行为主体的工作质量。住房和城乡建设部第 16 号令《建筑工程施工发包与承包计价管理办法》中特别规定:"国有资金投资建筑工程的发包方,应当委托具有相应资质的工程造价咨询企业对竣工结算文件进行审核。"

工程造价咨询企业承担工程造价审核业务的,应有相应工程造价咨询资质。工程造价咨询企业应在成果文件或需确认的相关文件上签章,对成果质量或出具的报告承担相应法律责任。工程造价专业人员(注册造价工程师)应在各自完成的成果文件上签署执业印章,并承担相应责任。

对于工程结算工作,工程造价咨询单位和专业人员不可以接受同一项目工程结算编制与结算审核的委托。要求工程结算的编制与审核由不同的主体和人员来完成,以确保其公正性。除接受工程造价管理机构或建设单位上级管理机构的委托进行工程结算的审核或行政审计外,工程造价咨询企业不得接受建设单位的委托承担工程结算的再审查业务。工程造价咨询企业是经济鉴证类中介机构,其工程结算的审核结果具有权威性和合法性,因此,除其执业质量存在问题或争议被其工程造价管理机构认定需进行重新审核,或接受建设单位的上级管理机构委托的行政审计外,工程造价咨询企业不得再接受建设单位的委托,承担已经由其他工程造价咨询企业出具工程结算审核报告的再审核业务,以维护工程结算审核结论的唯一性,以及工程造价咨询企业的权威性。若建设单位对工程造价咨询企业出具的工程结算审核报告有异议的,可以向建设主管部门或行业组织进行投诉。

工程造价咨询企业和工程造价专业人员承担工程造价审核工作,应遵循合法、客观、公正和诚实信用的原则,这是工程造价审核的基本原则。其中合法原则包括主体合法、程序合法、依据合法、成果文件合法,是指工程造价审核单位和工程造价专业人员在进行造价审核时,应遵循国家相关法律法规及有关制度规定,拒绝任何一方违反法律法规、社会公德、影响社会经济秩序和损害公共或他人利益的要求。客观原则是指工程造价咨询企业和工程造价专业人员在进行造价审核工作时,应全面、准确、客观地出具相关成果文件,对存在问题应客观地进行表述。诚实信用的原则即工程造价审核单位及工程造价专业人员在工作过程中,应遵守职业道德守则,诚实信用地开展相关工作。

3.1.2 造价审核内容与一般程序

1) 造价审核内容

工程造价审核的工作内容与工程造价审核的类型密切相关,不同的工作阶段不同的造价审核,其工作内容有所不同。

设计概算的审核内容是:

(1) 审查设计概算的编制依据

① 合法性审查。设计概算采用的各种编制依据必须经过国家或授权机关的批准,符合国家的编制规定。未经过批准的不得采用,不得强调特殊理由擅自提高费用标准。

② 时效性审查。编制设计概算采用的定额、指标、价格、取费标准等各种依据,都应根据国家有关部门的现行规定执行。对颁发时间较长、已不能全部适用的应按有关部门规定的调整系数执行。

③ 适用范围审查。各主管部门、各地区规定的各种定额及其取费标准均有其各自的适用范围,特别是各地区间的材料预算价格区域性差别较大,在审查时应给予高度重视。

(2) 单位工程设计概算构成的审查

① 建筑工程概算的审查

a. 工程量审核。根据初步设计图纸、概算定额、工程量计算规则的要求进行审查。

b. 采用的定额或指标的审核。审查定额或指标的使用范围、定额基价、指标的调整、定额或指标缺项的补充等。其中,审查补充的定额或指标时,其项目划分、内容组成、编制原则等须与现行定额水平相一致。

c. 材料预算价格的审核。以耗用量最大的主要材料作为审查的重点,同时着重审查材料原价、运输费用及节约材料运输费用的措施。

d. 各项费用的审核。审查各项费用所包含的具体内容是否重复计算或遗漏、取费标准是否符合国家有关部门或地方规定的标准。

② 设备及安装工程概算的审查

设备及安装工程概算审查的重点是设备清单与安装费用的计算。包括:

a. 标准设备原价,应根据设备被管辖的范围,审查各级规定的价格标准。

b. 非标准设备原价,除审查价格的估算依据、估算方法外还要分析研究非标准设备估价准确度的有关因素及价格变动规律。

c. 设备运杂费审查,需注意设备运杂费率应按主管部门或省、自治区、直辖市规定的标准执行。若设备价格中已包括包装费和供销部门手续费时不应重复计算,应相应降低设备运杂费率。

d. 进口设备费用的审查,应根据设备费用各组成部分及国家设备进口、外汇管理、海关、税务等有关部门不同时期的规定进行。

e. 设备安装工程概算的审查,除编制方法、编制依据外,还应注意审查下列内容:采用预算单价或扩大综合单价计算安装费时的各种单价是否合适、工程量计算是否符合规则要求、是否准确无误;当采用概算指标计算安装费时采用的概算指标是否合理、计算结果是否达到精度要求;审查所需计算安装费的设备数量及种类是否符合设计要求,避免某些不需安装的设备安装费计入在内。

(3) 综合概算和总概算的审查

① 审查概算的编制是否符合国家经济建设方针、政策的要求。根据当地自然条件、施工条件和影响造价的各种因素,实事求是地确定项目总投资。

② 审查概算的投资规模、生产能力、设计标准、建设用地、建筑面积、主要设备、配套工程、设计定员等是否符合原批准可行性研究报告或立项批文的标准。如概算总投资超过原批准投资估算 10% 以上,则应进一步审查超估算的原因。

③ 审查其他具体项目,如审查各项技术经济指标是否经济合理;审查费用项目是否按国家统一规定计列,有无随意列项,有无多列、交叉计列和漏项等;具体费率或计取标准是否按国家、行业或有关部门规定计算。

竣工结算审核则包括下列工作内容:

(1) 审核竣工结算的内容与合同约定的项目范围、内容一致性。

(2) 审核竣工结算手续的完备性、资料内容的完整性,对不符合要求的应予退回,并应对资料的缺陷提出书面意见及要求,限时补正。

(3) 审核分部分项工程、措施项目或其他项目工程量计算准确性、工程量计算规则与计价规范保持一致性。

(4) 审核分部分项工程、措施项目或其他项目时应严格执行合同约定或现行计价规范的计价原则、方法。

(5) 对于工程量清单或定额缺项以及新材料、新工艺,应根据施工过程中的合理消耗和市场价格,审核结算送审报告中重组的综合单价或单价分析表。

(6) 审核变更签证凭据的真实性、有效性,核准变更工程费用。

(7) 审核索赔是否依据合同约定的索赔处理原则、程序和计算方法以及索赔费用的真实性、合法性、准确性。

(8) 审核分部分项工程费、措施项目费、其他项目费、规费和税金等结算价格时,应严格执行合同约定或相关费用计取标准及有关规定,并审核费用计取依据的时效性、相符性。

在竣工结算审核过程中,如发现工程图纸、工程签证等与事实不符时,应由发承包双方书面澄清事实,并应据实进行调整,如未能取得书面澄清,竣工结算审核报告编制人应进行辨别,并就相关问题写入竣工结算审核报告中。

(9) 提交竣工结算审核报告初步成果文件,包括编制与竣工结算送审报告相对应的审核对比表。

(10) 竣工结算审核报告初稿编制完成后,应召开由发包人、承包人及接受发包人委托审核的工程造价咨询单位共同参加的会议,听取意见,并进行合理的调整。

(11) 竣工结算审核部门负责人对竣工结算审核的初步成果文件进行检查校对,竣工结算审核报告审定人审核批准。

（12）发承包双方和竣工结算审核单位的法定代表人或其授权委托人应分别在"竣工结算审定签署表"上签认并加盖公章；在合同约定的期限内，提交正式竣工结算审核报告，须有编制人、审核人、审定人签署执业或从业印章，以及竣工结算审核单位盖章确认。

如果对竣工结算审核结论有分歧的，应在出具竣工结算审核报告前由发包人组织协调会；凡不能共同签认的，审核人可适时结束审核工作，并做出必要说明。

国有资金投资建筑工程的发包方，应当委托具有相应资质的工程造价咨询企业对竣工结算文件进行审核。对于发包人自行审核竣工结算送审报告的，其审核结果应得到承包人认可。

2）造价审核一般程序

工程造价审核一般可按准备、审核和定稿三个工作阶段进行。不同建设阶段、不同目的的造价审核程序细节上可能会略有不同，总体程序大致如下：

（1）准备阶段

准备阶段主要工作有：根据工程特点成立项目审核组织；收集、核对工程资料；了解熟悉合同范围、待审核工程内容、计价模式等；设计文件、实施过程资料及影响工程造价的其他相关基础资料；制定审核计划。

（2）审核阶段

按相应规定进行审核。如期中结算的审核需审核期中结算送审报告；根据建设工程设计文件及相关资料以及经批准的施工组织设计进行现场踏勘，完成书面或影像记录；按照施工合同约定的计量计价方式审核分部分项工程工程量、措施项目或其他项目的工程量及计价金额；按照合同约定的索赔处理原则、程序和计算方法，审核索赔费用；按照合同相关条款的约定，如未约定或约定不明的，则应依据现行国家标准的规定审核工程变更费用；对于工程量清单或定额缺项以及采用新材料、新设备、新工艺、新技术的新增项目，应根据施工过程中的材料合理消耗和市场价格，审核综合单价或单位估价分析表；汇总分部分项工程费、措施项目费、其他项目费，计算规费和税金，初步确定工程结算审核价格等并编制期中结算审核报告，形成初步成果文件。

（3）定稿阶段

造价审核初稿编制完成后，应由造价审核核定人员对造价审核的初步成果文件进行复查、校对并审核批准。如期中结算定稿阶段应核定结算范围、结算节点是否与施工合同相符；结算内容的真实性、完整性和关联性；计量计价方式和组价价格；工程变更、现场签证及工程索赔程序的有效性；对往期期中结算成果的修正情况；工程材料（设备）价差的调整；工程预付款、质量保证金的扣除等。

3.1.3 造价审核原则与依据

1）造价审核原则

工程造价审核工作除应遵循合法、客观、公正和诚实信用等基本原则外，对工程实施阶段的造价审核还应遵循"从约"原则。"从约"是指对工程实施阶段的造价审核应以合同的约定为原则，如竣工结算编制与审核都应区分施工合同类型及工程结算的计价模式，采用相应的编制方法，并应符合下列原则规定：

（1）采用总价合同的，应在合同总价基础上，对合同约定允许调整的内容及超过合同约定范围的风险因素进行调整。应该在合同价基础上对设计变更、工程洽商以及工程索赔等合同约定可以调整的内容进行调整。

（2）采用单价合同的，在合同约定风险范围内的综合单价固定不变，并应按承包人实际完成的合同工程量进行计算。单价合同的工程其竣工结算的工程量应按发承包双方在施工合同中约定方式予以计量，且按照实际完成的工程量确定，并应按施工合同中约定的方法对合同价款进行调整。

（3）采用成本加酬金合同的，应按合同约定的方法，计算各个分部分项工程以及设计变更、工程洽商、施工措施等内容的工程成本，并计算酬金及有关税费。

2）造价审核依据

工程造价审核依据等同于造价编制的依据。其中概算编制与审核依据涉及面较广，一般指编制项目概算所需的一切基础资料，且对于不同项目，其概算编制依据也不尽相同。设计概算文件的编制、审核人员必须深入现场进行调研，收集编制概算所需的定额、价格、费用标准以及国家或行业、当地主管部门的规定、办法等资料。

工程设计阶段、实施阶段的造价审核依据由于审核类型的不同也有所不同，如招标控制价的审核依据有：

（1）《建设工程工程量清单计价规范》（GB 50500—2013）；

（2）国家或省级、国务院有关部门及建设主管部门颁发的计价定额和计价办法；

（3）建设工程设计文件及相关资料；

（4）拟定的招标文件、招标工程量清单及有关要求；

（5）与建设项目相关的标准、规范、技术资料；

（6）施工现场情况、工程特点及常规施工方案；

（7）工程造价管理机构发布的工程造价信息（工程造价信息没有发布的参照市场价）；

（8）其他的相关资料。

中国建设工程造价管理协会《建设项目工程结算编审规程》（CECA/GC 3—2010）中规定工程竣工结算应根据下列依据编制和审核：

（1）完整、有效的竣工结算送审报告；

（2）施工合同、招标文件、投标文件；

（3）建设工程设计文件及相关资料，包括工程施工图及经批准的施工组织设计；

（4）设计变更、工程洽商、索赔与现场签证，以及相关的会议纪要；

（5）发包人及监理现场相关指令及联系单；

（6）经批准的材料设备的采购合同和劳务分包合同；

（7）工程材料及设备中标价或认价单；

（8）经批准的开、竣工报告或停、复工报告；

（9）承包人的现场签证和得到发包人确认的索赔金额；

（10）现场踏勘复验记录；

（11）建设期内影响合同价格的法律、法规和规范性文件；

（12）与竣工结算编制与审核相关的国务院建设行政主管部门以及各省、自治区、直辖市相关部门发布的建设工程造价计价标准、计价方法、计价定额、价格信息、相关规定等计价依据；

（13）其他相关依据。竣工结算编审依据中与工程造价相关的法律、法规有《中华人民共和国建筑法》《中华人民共和国合同法》《中华人民共和国招标投标法》《建筑市场管理条例》等。竣工结算编审常用到的计价依据为建设工程工程量清单计价规范、相关专业工程量计算规范、预算定额及相关配套的费用定额、价格信息、调价规定等。

施工图是由设计院出具并经过审图的用于指导施工的依据，施工图加设计变更是竣工结算编审的设计文件类依据；竣工图是由施工企业编制、加盖竣工图章、经监理方审核并由总监签名的用于竣工验收备案的资料；当提交竣工图作为竣工结算审核依据时，审核单位应审核竣工图与施工图、设计变更以及现场实物的对应性、一致性。

3.1.4　造价审核方法

建设工程的生产过程是一个周期长、数量大的生产消费过程，具有多次性计价的特点。因此采用合理的造价审核方法不仅能达到事半功倍的效果，而且将直接关系到审核的质量和速度。在工程建设前期如投资估算、设计概算的审核通常采用对比分析法、查询核实法、联合会审法等方法；而在工程建设的实施阶段的造价审核，如对于施工图预算的审核、招标控制价的审核和工程结算审核等，常采用全面审核法、重点审核法、对比审核法、分组计算审查法、筛选法等方法。

1）对比分析法

对比分析法主要是指通过建设规模、标准与立项批文对比，工程数量与设计图纸对比，综合范围、内容与编制方法、规定对比，各项取费与规定标准对比，材料、人工单价与统一信息对比，技术经济指标与同类工程对比等。通过以上对比分析，容易发现设计概算存在的主要问题和偏差。

2）查询核实法

查询核实法是对一些关键设备和设施、重要装置、引进工程图纸不全、难以核算的较大投资进行多方查询核对，逐项落实的方法。主要设备的市场价向设备供应部门或招标公司查询核实；重要生产装置、设施向同类企业（工程）查询了解；进口设备价格及有关费税向进出口公司调查落实；复杂的建安工程向同类工程的建设、承包、施工单位征求意见；深度不够或不清楚的问题直接向原概算编制人员、设计者询问。

3）联合会审法

联合会审前，可先采取多种形式分头审查，包括设计单位自审，主管、建设、承包单位初审，工程造价咨询公司评审，邀请同行专家预审，审批部门复审等。经层层审查把关后，由有关单位和专家进行联合会审。在会审大会上，由设计单位介绍概算编制情况及有关问题，各有关单位、专家汇报初审及预审意见。然后进行认真分析、讨论，结合对各专业技术方案的审查意见所产生的投资增减，逐一核实原概算出现的问题。经过充分协商，认真听取设计单位意见后，实事求是地处理、调整。

4）全面审核法

全面审核法就是按照设计图纸的要求，结合现行定额、施工组织设计或施工方案、工程合同或协议以及有关造价计算的规定和文件等，全面地审核工程数量、单价以及费用计算。这种方法实际上与编制工程造价的方法和过程基本相同。这种方法的优点是全面、细致，审查质量高、效果好;缺点是工作量大、时间较长,存在重复劳动。这种方法只适用于一些工程量较小、工艺比较简单且审查时间充裕的工程,或是在造价编制质量较差、发现错漏较多的情况下使用。在投资规模较大,审核进度要求较紧的情况下,这种方法是不可取的。但投资方为严格控制工程造价,仍常常采用这种方法。

5) 重点审核法

重点审核法即选择工程建设项目中的重点部分抽出进行审核的方法。这种方法类同于全面审核法,与全面审核法的区别仅仅是审核范围不同而已。重点审核法是"帕累托原则"在造价审核中的应用,其优点是突出重点,审核时间短、效果显著。通常的审核重点是工程量大或造价高的项目、补充单价的项目以及工程费用,其中工程量大或造价高的项目,对于土建工程来说,也可以理解成该工程是什么结构,重点就应审核什么,如结构为框架结构,其重点就审核基础工程、混凝土及钢筋混凝土工程。高层结构还应注意内外装饰工程的工程量审核,一些附属项目、零星项目(雨篷、散水、坡道、明沟、水池、垃圾箱)等,往往忽略不计。还需重点核实与上述工程量相对应的综合单价,尤其重点审核定额子目容易混淆项目的单价。另外对上述项目费用的计取、材料的价格也应仔细核实。

必须注意的是被抽查到的项目必须具有代表性,要能起到以点带面的效果。这需要审核人员有丰富的实践经验,并掌握有翔实的第一手资料。而对于审核经验不太丰富的人员,则应谨慎从事,认真分析原设计图纸,以选择工程量大或造价高的项目审核为主,以免因抽查项目不当造成审核结果的失真。

6) 对比审核法

在同一地区,如果单位工程的用途、结构和建筑标准都一样,其工程造价应该基本相似。因此在总结分析预结算资料的基础上,找出同类工程造价及工料消耗的规律性,整理出用途不同、结构形式不同、地区不同的工程的单方造价指标、工料消耗等指标。然后,根据这些指标对审核对象进行分析对比,从中找出不符合投资规律的分部分项工程,针对这些子目进行重点计算,找出其差异较大的原因的审核方法叫做对比审核法。对比审核法一般有以下几种具体方法:

(1) 相同或近似工程的对比分析

若要审核的工程与已有工程的设计有95%以上相同,即可把这两个工程的建筑面积与单位工程分部分项工程量的比值进行计算,若数量基本接近,说明待审核造价基本正确;若发现数量相差较大,就必须认真复算查找原因,加以更正。另外也需注意这两个工程之间设计与施工条件的差异而引起的工程造价的增减,使拟审核工程造价更趋于合理,也提高审核质量。

(2) 单方造价对比分析

任何一个工程,其经济指标都离不开每平方米造价这一主要指标,设计合理的相同性质的工程,其每平方米造价都在一定的范围内合理浮动。我们往往可以从这一指标的对比分析,获得对设计文件造价的正确的初步判断。

(3) 费用对比分析

任何一个工程的费用计算都可以分为分部分项工程费、措施项目费、规费等,以前的工程的费用计算则可分成直接费和间接费等部分,性质和内容相同的工程费用之间存在一定比例关系。可以把要审核的工程造价与已有工程预结算资料进行对比,如发现偏差较大,则可以从工程类别、取费标准等进行对比。如发现分部分项工程费偏差较大,则必须对分部分项工程采用其他方法进行审核。

(4) 分部工程和分项工程对比分析

审核内容包括各分部分项工程费占总分部分项工程费的比例,以及各分部工程包括的常规分项工程的内容和工程量。各分部分项工程占总分部分项工程费的比例存在一定的关系,一般造价管理部门也会定期发布各种典型工程的分部分项工程与工程造价之间的构成关系。造价审核人员平时也可将代表性工程的造价资料在审定之后自制工程造价分析表,将工程的结构形式、装饰情况等作扼要概述,把各分部分项工程所占的造价比例填列于表中,总结规律,以便日后对比审核时使用。

具体审核时,首先审核各分部工程,若某一分部工程造价差异较大时,就进一步审核其组成的分项工程。分项工程审核是工程造价审核的基础和重点,必须加以高度重视。对比审核分项工程时,就是检查项目的列项是否重复、漏项,定额套价是否正确,计量单位是否一致,工程量计算是否准确,在对比中发现问题解决问题,做到步步为营、各个突破。

(5) 工、料、机消耗指标的对比分析

建筑工程中各分项工程费最主要是由人工费、材料费、机械费组成的,每个工程造价在工程量计算完毕之后都需汇总人工、材料、机械的消耗数量。虽然这是工程造价编制的后期工作,但是工料机的准确性是由前面各分项工程的工程量计算结果、所采用的计价定额所确定的,于是在审核时正好应用"逆向思维"的方法,由工、料、机的计算结果进行对比,从而推断出前期各分项工程量的计算是否准确、是否对定额消耗量作了不应做的调整。

对比审核法可大大简化工程造价审核的工作量,减少工作时间,提高工作效率,避免重复计算。当然这种审核方法要求造价审核人员在长期工作中注意收集资料,积累经验,特别要注重对资料整理分析、有效取舍,从而提高工作效率。

7) 分组计算审查法

分组计算审查法就是把造价计算中的有关项目按类别划分为若干组,利用同组中的一组数据审查分项工程量的一种方法。建筑工程的造价项目较多,特别是建筑与装饰工程的分项工程少的几十个,多的数百甚至上千,逐项计算费时费力,也很难做到准确。而有些项目数据之间是存在一定相关关系,分组计算审查法正是抓住工程项目工程数量之间存在着相关关系的特点,打破按计价定额中分项工程顺序计算工程量的习惯,仅对存在数量关系的项目的工程量一次性地加以审核。一般地说,这些工程量之间有一个数据为几个分项工程重复应用的情况,如建筑装饰工程中建筑面积、场地平整、地面、楼板、楼面、天棚等可作为一组。在这一组中,地面与天棚的工程量基本一致,只需计算一个工程量即可;场地平整的工程量则可借助建筑面积来计算,如工程量清单计价规范中场地平整的工程量等于建筑物首层建筑面积。而江苏计价定额中规定的计算规则是建筑物外墙外边线各加两米计算,用公式可表示为"平整场地面积＝底层建筑面积＋2×底层外墙外边线周长＋16"。分组计算的优点是审查速度快、工作量小。

8) 筛选法

筛选法是统筹法的一种,建筑工程可通过找出分部分项工程在每单位建筑面积上的工程量、价格、用工的基本数值,归纳为工程量、价格、用工三个单方基本值表,当所审查工程的造价的建筑标准与"基本值"所适用的标准不同,就要对其进行调整。这种方法的优点是简单易懂,便于掌握,审查速度快,发现问题快。但解决差错问题尚需继续审查。

以上几种造价审核方法各有特点,在工作时具体采用什么方法应根据工程特点、审核条件研究确定。如有必要,可综合运用。

3.1.5 造价审核成果文件

为规范工程造价审核工作,保证工程审核成果文件的质量,对各不同类型的造价审核成果文件所应包含内容与文件格式都有一定的要求。我国住房和城乡建设部的《建设工程造价咨询规范》(GB/T 51095—2015)规定:按《建设工程工程量清单计价规范》计价方式的工程的竣工结算审核报告一般宜包括下列内容:

(1) 竣工结算审核报告封面;

(2) 竣工结算审核报告签署页;

(3) 竣工结算审核报告书;

(4) 竣工结算审定签署表;

(5) 建设项目、单项工程、单位工程竣工结算审核汇总对比表;

(6) 分部分项工程和单价措施项目清单与计价审核对比表;

(7) 综合单价分析表;

(8) 综合单价调整审核对比表;

(9) 总价措施项目清单与计价审核对比表;

(10) 其他项目清单与计价审核对比表;

(11) 材料(工程设备)暂估单价及调整结算审核对比表;

(12) 专业工程暂估价及结算价表;

(13) 计日工审核明细对比表;

(14) 总承包服务费计价审核明细对比表;

(15) 发包人供应材料设备审核对比表;

(16) 承包人供应材料设备审核对比表;

(17) 发包人供应材料设备超欠供审核表;

(18) 规费、税金项目清单与计价审核对比表。

《建设工程造价咨询规范》还给出了采用工程量清单计价的竣工结算审核报告宜选用的结算审核表格的种类及参考格式。其他造价审核如设计概算的审核、施工图预算的审核、招标控制价的审核、期中结算的审核等也都有相应的参考内容格式,在此不再一一罗列。同时,在本章后面的表述中,为节约篇幅,也不再过多关注表格格式问题。

3.2 工程量的审核

工程量即指建设工程的实物数量,是以物理计量单位或自然计量单位所表示各分项工程或构配件的数量,物理计量单位是指以度量表示的长度、面积、体积和重量等计量单位;自然计量单位是指建筑产品表现在自然状态下的简单点数所表现的个、根、块等计量单位。

工程造价随着工程量的增加而增加,工程量的准确与否直接影响着工程造价的准确性。

工程量的审核是工程造价审核的基础工作,具有工作量较大、烦琐、费时、细致等特点,约占审核整个工程造价工作量的 50%～70%,工程量的审核是工程造价控制的一项关键工作。

工程造价审核工作整体开展之前,审核人员需根据待审核对象特点,认真研读合同文件,正确理解把握合同条款约定,熟悉国家相关法律、法规及地方相关造价政策规定,这是提高工程审核工作质量的一个重要步骤。工程量的审核尤其需要审核人员在熟练掌握相关专业知识、法律法规、政策制度的基础上,认真细致、勤于调研、尊重实际,不少算、不漏算,才能保证工程量的审核工作去伪存真,审核结果严格合理。

工程量审核常用的方法有:经验审核法、重点审核法、全面审核法。

3.2.1 工程量计算依据的核定

工程造价审核的准备工作之一便是收集造价计算审核依据资料,完备、有效的资料是得出客观、真实、可信的结论的基本保证,也是做好工程造价审核的重要基础工作,工程量计算依据资料的审核是工程量审核工作正式展开前的基础准备工作。

1) 工程量计算依据完备性、有效性的核定

根据审核目标,对收集到资料进行整理、分类。首先需确认待审核方资料提交的完整性,避免在审核工作正式展开后,待审核方再反复提交补充资料(后期补充的资料其真实性往往有待考证,同时也极大影响审核工作效率)。如对于工程竣工结算,主要资料包括:工程设计图纸、工程竣工图纸、设计变更、经批准的施工组织设计、工程验收记录、工程施工合同、各种补充协议、材料、设备采购加工订货合同、工程预(结)算文件、现场勘察记录、会议纪要等,招标投标的项目要求提供中标通知书,招标文件,经过审查的工程招标控制价等相关资料。

其次,审核人员应对所有待审核工程量资料依据的合法性、有效性进行审核。在此阶段需注意检查相关资料是否是原件(所有工程造价审核资料必须是原件)、各资料相关手续是否完备。比如工程竣工图纸,建设工程竣工图是在竣工的时候,由施工单位按照施工实际情况绘制的图纸。因为在施工过程中难免会有变更,为了让建设单位或者使用者能比较清晰地了解各专业工程的实际情况(如土建工程中各结构最终真实布局,电气安装工程、给排水工程中管道的实际走向和其他设备的实际安装情况),国家规定在工程竣工之后施工单位必须提交竣工图。所有竣工图应由编制单位逐张加盖竣工图章并由各方负责人签署姓名,"竣工图章"应具有明显的"竣工图"字样,包括编制单位名称、编制人、审核人、技术负责人和编制日期以及监理单位等基本签署内容,各方负责人需对竣工图负责,合法、有效的竣工图章中的签名必须齐全,不得代签。

在对建筑工程桩基工程结算资料审核时,需检查其打桩原始现场记录,包括桩号、桩规格、原始地面自然标高、桩顶设计标高、送桩长度等,原始记录须有建设单位现场工程师、造价工程师、监理工程师及施工单位等共同的签字确认。

再比如设计变更资料应由原设计单位出具设计变更通知单和修改图纸,设计、校审人员签字并加盖公章,并经建设单位、监理工程师审查同意。重大的设计变更应经原审批部门审批,否则不应列入结算范围。

2) 工程量计算依据资料与工程项目相关性的核定

审查依据资料与工程项目相关性,即对已经采用的计算依据及资料与待审核工程的工

程量项目的相关性。对于由于种种原因未被采用的工程项目予以剔除(则该项目的工程量计算是否准确也无须详细审核);根据所采用的有效依据,与所需审核的工程量项目进行对照检查,对于未施工的工程或已经调整的工程项目及时剔除;对照计价定额项目,将已经综合、包含的工程项目而被重复立项的予以剔除。审核人员需熟悉所需审核工程依据的计价定额中分部分项工程的工作内容,熟悉定额每个项目中注明的综合价格中包括和不包括的项目内容,特别是一些综合定额项目。如江苏建筑工程计价定额中"混凝土散水"项目中已包含底层填土或挖土、夯实、垫层、混凝土散水等工作内容及相关费用,就是说明在列出"混凝土散水"后,无须重复列该散水的"人工挖一般土方""原土夯实""水泥砂浆垫层"等项目,一旦出现则应立即剔除。再比如楼地面工程中的"块料楼地面"项目,该分部分项定额中已经包含黏结砂浆结合层的厚度,则在计算楼地面项目时就不应该将"黏结砂浆结合层"部分再列为"找平层"计算,一旦出现也应立即剔除。

工程结算时,有的工程由于设计变更,调整了工程项目,在计算工程量时应计算变更增加项目的工程量,但需注意扣除设计文件内原有项目的工程量,避免工程量重复计算。

3) 结算项目界限的核定

对于结算造价审核,在群体工程或大型工程中,经常由两个或两个以上的施工单位共同承建,这就有可能存在混淆工程界限、交叉工程重复计费的现象。特别是建筑工程的交界工程,从基础、墙体、楼层找平、屋面防水、结构粉刷等项目,各施工单位都需报价,因此极易造成交界工程重复计算。因此,需将各单位的资料进行对比审核,分清界面,避免重复。

对于同一工程项目,若有两次以上价款结算或签订两份以上合同而产生两份以上结算时,在其造价资料审核时,要注意各次结算工程项目内容的界限与衔接,之前已结算的需用文字或图示标(说)明其范围和位置,之后结算则应在审核其资料前先核对之前各结算文件的已结时间段、位置和范围,避免重复。

工程量计算依据的核定工作需审核人员对经整理后的各类资料要认真阅读,仔细分析,通过对资料的分析并结合工程实际情况,再行确定可行的审核方法。对待相关资料时,审核人员除遵循实事求是的原则外,还应本着既要公平合理,又要切实可行,以尽最大可能再现和反映工程事实。

3.2.2 遵照规则审核工程量

所谓遵照规则审核工程量,即指审查工程量计算保证准确性、工程量计算规则与清单计价规范或相应计价定额保持一致性,这需要造价审核人员细心、耐心,更要有良好的图纸识读能力和应用能力,熟悉工程量计算规则。

1) 识图是工程量计算与审核的基础

工程施工图纸是工程量计算与审核的最主要依据之一,因此无论是编制还是审核工程造价,都必须熟练掌握工程的识图方法,正确理解设计意图,准确计算或审核工程量,因此,可以说识图是编制与审核工程造价的基础。

良好的识图能力要求造价审核人员在看过工程图纸后便能迅速建立起构件及建筑物的空间印象,能通过多张图纸迅速查找到我们需要的数据,能在脑海中勾勒出每个细部的构造,甚至能发现图纸中的矛盾及错误之处。

建设工程图纸的表达是有制图标准与规范的,且并非是一成不变,比如建筑工程结构施工图的表达方式,从传统的柱、梁、墙、板分离式表达,到现在的整体平法标注。平法标注的图集也从 03G 系列图集,发展到 11G 系列图集、再到 16G 系列图集。造价审核人员必须不断学习,才能正确掌握图纸的表达方式,准确理解设计内容,且不同的设计院出图也时常有一些本设计院的习惯表示方法;另外,不同专业的施工图在表示方法上可能又有所不同,比如建筑施工图与市政施工图的表示方法是不一样的。建筑工程中给排水管道长度,通常是直接以数字来表示,计量单位一般为毫米,而市政工程施工图中的管道则是以"管井中到管井中"的距离来表示,不是净长,且计量单位一般为米。所以,作为工程造价审核人员首先应具有良好的识图能力和适应能力。

2) 工程量审核基本思路流程

当前造价审核中常采用全面审核法,审核人员采用此方法时并非是将对方的计算结果从头至尾复核验算,较多的方式是双方都会算量,一方出量,一方审核。同一个工程,不同的人计算、采用不同的计算手段其结果通常是不同的,严格说来工程量是没有最正确的结果答案的,只有接近正确的结果。如某些地方招标人在编制工程量清单和招标控制价时,会委托两个不同咨询单位同时编制,然后互审,最终确定结果。因此,现实中就会出现"甲乙"双方甚至"甲乙丙"三方对量的过程。对量,并不是"乙方"需绝对服从"甲方"的过程,这是一个基于工程量计算规则下的工程量趋于双方接受的过程。

工程对量的基本思路是:审核方对出量方的某一分部分项工程量作出接受或否决的结果,如接受则认为对方工程量正确,如否定则不接受对方的工程量结果,双方展开核对。

核对程序:

(1) 首先总量核对。若双方总量误差在容许范围内,则接受,该分项工程通过;若双方总量误差在容许范围外,不能接受,对于建筑工程则需分部位或分楼层详细核对。

(2) 分部位或分楼层详细核对时,若双方在各部位或各楼层的量上误差均匀,则说明总量的误差是各部分误差积累的结果,可选择有代表性部位仔细分析问题所在,最终达成一致意见。

若双方在某一部位或某一楼层的量上有较大差异,则只要重点关注该部位或该楼层的工程量,没有问题的部位或楼层就可以通过。再次核对差异大的、有问题的部位或楼层,详细到各构件逐一核对,找出有问题的构件,分析问题原因所在,解决问题,双方达成一致意见。

3) 审核工程量计算规则是否准确

工程量审核应严格按照相应清单或定额的工程量计算规则。审核清单工程量则应按照各专业的工程量清单计算规范。工程量清单计算规范的计算规则编制原则一般是以工程实体的净尺寸计算,没有包含工程量因施工方案等引起的施工损耗。审核概算工程量则应按工程所在地各地相应的编制概算定额工程量的计算规则。而审核招标控制价或结算审核工程量则应按工程所在地各专业工程计价定额的工程量计算规则。

审核工程量时,应检查其遵守的计算规则是否正确。造价审核人员要想准确地审核各分部分项工程的工程量,首先需深入理解工程量计算规则。无论是各专业工程的工程量清单计算规范还是各专业计价定额的工程量的计算都有明确的计算规则,因而必须对工程量计算规则有相当透彻的理解。而在实际各方核对工程量数据的过程中,常发生争议的现象,这大多是因为对计算规则的理解不同所致。在理解计算规则的过程中,应结合图纸、建筑工程的特点及对施工过程的了解,对计算规则上的规定需要反复推敲、对比,以加深理解,并能做到运用自如。例如现行的《房屋建筑与装饰工程工程量计算规范》(GB 50854—2013)中挖沟槽土方、基坑土方的工程量计算规则是:"按设计图示尺寸以基础垫层底面积乘以挖土深度计算";而在《江苏省建筑与装饰工程计价定额》(2014)中则规定:"沟槽工程量按沟槽长度乘以沟槽截面积计算。沟槽长度:外墙按图示基础中心线长度计算,内墙按图示基础底宽加工作面宽度之间净长度计算。沟槽宽按设计宽度加基础施工所需工作面宽度计算。突出墙面的附墙烟囱、垛等体积并入沟槽土方工程量内",并且在挖土深度超过规定值时还应考虑放坡;但是在《江苏省建筑工程概算定额》(2005)(这也是江苏省最"新"的概算定额了,暂时没有更"新"的了)中,各种基础土方包括挖土、运土、回填土等内容都是根据典型工程测算情况以综合含量的形式综合在各种基础项目中,根本没有单独的"挖沟槽土方"或"挖基坑土方"项目,自然也没有相关的工程量计算要求。

另外,如果是施工单位编制的结算工程量,则往往在构造交接部位会重复计算,如建筑工程计算砖墙体积时,不扣除构造柱、圈梁、过梁、雨篷梁等混凝土体积,而后阳台梁、雨篷梁等又单独再计工程量;钢筋混凝土主次梁交接处、钢筋混凝土梁与圈梁交接处、圈梁与构造柱相交处等部位,不扣除交接处次梁或圈梁的混凝土体积;计算有梁板体积时梁按设计高度计算,而计算板时又按全面积考虑,不扣除梁板重叠部位,梁与板相交处工程量重复计算;钢筋计算时不扣保护层,构件交界处箍筋重复计算,还有的计算了钢筋损耗等。在审核工程量时,如不熟悉、不透彻理解工程量计算规则,多算、冒算的工程量就难以察觉。

利用统筹法审核工程量。传统计算建筑工程工程量时,常运用统筹法原理和统筹图图解来合理安排工程量的计算程序,以达到节约时间、简化计算、提高工效等目的。运用统筹法计算工程量,就是分析工程量计算中各分项工程量计算之间的固有规律和相互之间的依赖关系,统筹安排。其基本要点是:"统筹程序、合理安排;利用基数,连续计算;一次算出,多次使用;结合实际,灵活机动"。例如:某工程室内地面有地面垫层、找平层及地面面层三个分部分项项目,按计价定额顺序及工程量规则其计算分别为:

$$地面垫层体积 = 长 \times 宽 \times 垫层厚(m^3)$$
$$找平层面积 = 长 \times 宽(m^2)$$
$$地面面层面积 = 长 \times 宽(m^2)$$

这样,"长×宽"要进行三次的重复计算。而按照统筹法原理,根据工程量自身计算规律,按先主后次统筹安排,可将地面面层放在其他两项的前面,利用它得出的数据供其他工程项目使用。即:

$$地面面层面积 = 长 \times 宽(m^2)$$
$$找平层面积 = 地面面层面积(m^2)$$
$$地面垫层体积 = 地面面层面积 \times 垫层厚(m^3)$$

按上面程序计算,抓住地面面层这道工序,"长×宽"只计算一次,还把后两个分部分项工程的工程量带着算出来,计算的数字结果相同,减少了重复计算。

而利用统筹法审核工程量时的思想与此相同,也是充分考虑利用各分部分项数据间的内在联系而避免重复核算。如某造价咨询单位的人员在审核某项目的招标工程工程量清单时发现,该项目的清单工程量有几项明显有问题:"平整场地"的工程量是 812.68 m²,"满堂基础"(根据图纸,满堂基础外边超出外墙约 1 000 mm 左右,厚为 500 mm)的工程量为 487.61 m³,"瓦屋面"(根据图纸,该工程的屋面檐口均超出外墙面 500 mm,屋面坡度为 1∶2)的工程量为 1 782.74 m²。经详细审核发现原工程量清单编制人员在工程量计算时,"平整场地"项目工程量是正确的,另两项是计算错误:"满堂基础"工程量计算过程中误将一中间计算结果的"491.25 m²"抄写成 419.25 m²,"瓦屋面"工程量计算时将某处的"12×(9+5)"误写为"12×(9×5)"。

当然,随着工程量计算软件的普遍使用,现在这种简单的数学计算错误已经在工程量计算中越来越少见,但是工程量审核时充分利用各分部分项工程工程量数据间的内在联系来检查工程量的思路仍然适用、不会改变。

4) 注意工程量计量单位的一致性

审核工程量时还应注意:项目计量单位必须与工程量相匹配。对于工程量清单项目,计量单位与工程量是否匹配,将直接影响其单价的正确性。如建筑工程的清单中屋面保温项目的计量单位是"m²",工程量就应按平方米计算,若再按计价定额中常规计算方式以"m³"计算,匹配不一致单价就会错。而对于计价定额,工程量的计量单位则必须与计价定额中规定的计量单位一致,才能准确地套用计价定额中的综合单价。如在江苏省 2014 建筑与装饰工程计价定额中,在屋面保温项目中,"沥青玻璃棉毡""水泥珍珠岩块""沥青贴软木"等分项工程的计量单位是"m³",而"JQK 复合轻质保温隔热砖""聚苯乙烯挤塑板""JQK 复合轻质保温隔热瓦"等分项工程的计量单位却是"10 m²";现浇钢筋混凝土"整体楼梯"是以"10 m² 水平投影面积"作为计量单位,而现场或工厂预制"装配式楼梯"则以"m³"为计量单位,二者虽然同是混凝土楼梯项目,但由于所采用的制作方法和施工要求不同,其工程量计算的计量单位是有区别的。

工程量计量单位的错误比较低级,多是因为不小心造成,但一旦发生错误,其后果也不容忽视,所以无论是计算工程量还是审核工程量都应非常细心。

3.2.3 工程量审核与现场踏勘

工程量审核需重视施工现场踏勘,现场踏勘是指造价审核人员会同建设单位、监理单位及施工单位的相关人员共同对工程现场和周边环境等客观条件以及竣工工程实体情况进行的现场勘察及实测活动,目的是为核对该项目的工程预算或工程结算中的工程量以及各项费用获取必要的信息和数据。

1) 清单工程量审核的现场踏勘

工程量清单编制及招标控制价编制时,都需依据常规的、合理的施工组织设计或施工方案,而选用常规的、合理的施工组织设计或施工方案是需要进行现场踏勘的,因此,在审核工程量清单或审核招标控制价时,也需进行现场踏勘,以充分了解施工现场情况及工程特点。国内工程主要调查工程所在地的自然地理条件和工程施工条件:

(1) 自然地理条件:工程所在地的地理位置、地形、地貌、用地范围等;气象、水文情况,包括气温、湿度、降雨量等;地质情况,包括地质构造及特征、承载能力等;地震、洪水及其他自然灾害情况。主要考虑气象、水文、地质等情况这些因素对项目的实施可能产生的影响。

(2) 施工条件:工程现场周围的道路、进出场条件、交通限制情况;工程现场施工临时设施、大型施工机具、材料堆放场地安排情况；工程现场邻近建筑物与拟建工程的间距、结构形式、基础埋深、新旧程度、高度；市政给排水管线位置、管径、压力，废水、污水处理方式，市政、消防供水管道管径、压力、位置等；现场供电方式、方位、距离、电压等；工程现场通信线路的连接和铺设；当地政府有关部门对施工现场管理的一般要求、特殊要求及规定等。

自然地理条件和工程施工条件与工程所采取的施工措施直接相关，如某造价咨询单位在审核某市政工程的一个桥梁项目的工程量清单与招标控制价时，通过现场踏勘发现其施工地点所处的河流水位较低且流量很小，因此将该项目招标控制价的措施费中的"草袋围堰"改成了"土围堰"，随后的工程量也做了相应核减。

自然地理条件和工程施工条件与工程量清单编制的准确性、招标控制价的合理性也相关。如某体育馆工程建设单位编制的工程量清单中关于土方项目其项目特征都标明是三类土，后审核人员经现场踏勘发现，该工程所在地地点的土壤类别只能算是二类土，所以更正了项目特征，随之控制价中的相关计价定额项目也作了修改。

2）结算审核的现场踏勘

现场踏勘是工程结算审核重要环节，也是工程结算审核中的一个重要方法。深入工程现场可以增加感性认识，掌握第一手资料，从而为结算审核工作提供有力的证据，保证结算审核工作质量。

（1）熟悉结算资料，带着问题去踏勘。造价审核人员首先应熟悉结算资料、熟悉合同结算方式，将现场踏勘所需要落实的问题疑点、需关注的部位问题一一记录下来，带着问题去现场进行实际勘察测量，做到有的放矢，不致使现场踏勘成为走过场。

（2）核对实际施工是否符合设计文件。施工符合设计文件的含义主要有三层：一是施工范围是否变化；二是进一步分清工程交界面；三是核查是否照图施工是否偷工减料。

施工范围发生变化是指原项目招标时可能是全部范围，后因工程变更较多、装饰工程提高装饰等级等种种原因，有些建设单位可能会组织另行招标、分包。如某高校的一个图书馆改建项目的外墙原设计是涂料，后改为真石漆，如此变更避免了涂料外墙需要经常出新的麻烦，但此变更费用却超出了原设计费的12%，因此只能另行招标。这样，原招标范围内的外墙项目不再存在。对于由建设单位直接分包的项目，审核人员应会同建设单位、施工单位对有关项目进行现场查勘核实，准确界定各施工单位的施工范围及其造价。

结算审核时，对于群体工程和大型工程等有多家施工单位参建的项目需要重点关注，一定要注意书面资料和现场实际相结合。在踏勘现场时可以进一步弄清楚各单位之间的实际施工区域，避免重复计算。另外，对于政府投资审核项目，还需注意核对工程与现场踏勘时的工程是否相符。如某咨询单位在审核某水库申报的年度护坡加固工程预算时，经现场踏勘，发现其所申报的护坡加固工程预算的位置与其前一年已经获得审批但尚未实施的护坡加固工程位置重复，因此将其申报的本年度护坡加固工程预算做了核减处理。

工程量审核必须深入现场认真勘测，这对于提高工程量的审核效率有极大帮助。对于建筑工程来讲，通过现场踏勘建筑的外部做法及某些在图纸上看似很复杂的节点或细部构造都会有了较清晰的认识。有些节点或细部构造在平面图纸上表达起来会很复杂，有时需结合几张图纸才能表达清楚，而到现场看到实物，问题就变得简单很多，理解会更深刻，工程量审核时会得心应手。如土建工程结算审核时需审核建筑物的外墙刷涂料或粘贴面砖工程量，为增加建筑效果，建筑平面、立面变化常常较多，有很多造型，如果仅仅按照图纸计算或审核工程量都不是件容易的事。如果在踏勘现场时带上相机,将建筑物的各个外立面及某些复杂的造型用照相机拍下来,在计算相关工程量或核对工程量时,可以就某一图纸上表达不清楚的或双方有争议的部位,查看该部位的照片,在照片的帮助下再结合图纸,工程量计算则不会有误。这样就极大地提高了竣工结算审核工作的效率以及说服力。

必要时,审核人员还需在现场踏勘时仔细而准确地量取工程各个构部件的具体尺寸,并做好详细的记录。它是准确审核工程量的关键步骤之一,特别是对于维修工程项目现场测量记录不可轻视,因维修是在原有的工程基础上进行的,其工程量直接决定了维修工程的造价。

现场踏勘时需对照施工图核查实际施工是否符合设计要求,有无偷工减料、以次充好等现象。工程中实际使用材料的规格、品质、等级,在图纸上是不可能发现的。图纸规定与实际使用之间有没有差别,只能通过现场勘查才能发现,许多以次充好谋取利益的行为,大多出现在这个环节。因此审核人员必须清楚工程材料,这不是光简单地查看外观就可以的,工程中很多材料虽然外表一样,但材料型号、标准不一致,其价格很有可能出现较大差异。

跟踪审计的施工过程中的现场踏勘还需对实际施工情况做好记录,以备结算时与建设单位所报送的资料进行核对。诸如施工现场的安全防护措施的使用情况,现场周边是否按规定设置围挡,或是否需搭设、搭设多少以及围挡的类型等情况的记录,大型施工机械使用情况的记录等。如某商业项目,施工单位在其投标文件中说明有四台打桩机械进场施工,其报价文件中也计取了四台打桩机的大型机械进出场等费用,而现场踏勘记录中其实际进场施工的打桩机只有三台,因此在竣工结算时扣除了一台打桩机的大型机械进出场等费用。

(3)核对竣工图与实际施工情况。现场踏勘实地竣工现场情况与竣工图图示内容是否一致。对于竣工图,按照规定:凡按图施工没有变动的,则由施工单位(包括总包和分包施工单位),在原施工图上加盖"竣工图"标志后,即作为竣工图;凡在施工中,虽有一般性设计变更,但能将原施工图加以修改补充作为竣工图的,可不重新绘制,由施工单位负责在原施工图(新蓝图)上注明修改的部分,并附以设计变更通知单和施工说明,加盖"竣工图"标志后,即作为竣工图;凡是结构形式改变、工艺改变、平面布置改变、项目改变以及有其他重大改变,不宜再在原施工图上修改、补充者,应重新绘制改变后的竣工图,施工单位负责在新图上加盖"竣工图"标志并附以有关记录和说明,作为竣工图。而在现实中重新绘制的竣工图是极少的。

绝大多数工程虽说都是按图施工,但多少都会出现一些差异,特别是当出现少量未施工的内容与未完全施工的内容时,施工方一般是不会如实反映的,而建设方对此因为各种各样的原因而未能发现,如此的"竣工图"与实际施工情况往往是有区别的,高估冒算也会由此产生。通过现场踏勘,能很容易地发现这类问题,予以改正。如某咨询机构在审核某便道工程的竣工结算时,通过现场踏勘实测其便道竣工面积,发现其实测面积与竣工图面积出入很大,误差高达50%以上,因此对超出的工程量予以核减;在审核某居住小区的土建工程时,发现公共部位花岗岩地面项目有较大问题,该小区建筑基本是仅一层的楼梯间、电梯过道等部位处全部按设计铺设的花岗岩,二层以上楼梯间全是水泥砂浆的面层(图纸设计标注是花岗岩面层),最后结算时对超算的工程量予以核减;在审核建筑采暖外管工程结算时,通过现场踏勘实测,发现其外管实际敷设长度比其竣工图中标示的长度小很多,因此该工程结算时其工程量也按照现场踏勘实测值进行结算。

现场踏勘时还需注意竣工图中材料规格与工程实际施工材料规格是否一致。比如建筑工程楼地面的装饰材质、规格是否一致需要现场核实,要知道即使是相同材质的地砖,尺寸不同价格亦不相同;在园林绿化项目中,苗木的规格是否与图纸标注一致也需要现场核实,相同品种的苗木,其规格不同价格也相差很大。

最后,审核人员必须以规范的底稿格式对现场踏勘情况清晰记录,并要求建设方、施工方、监理单位等参加人员签字确认(这是固定证据),并据此对工程结算资料详细复核,确保结算资料的真实性。

3.2.4　利用辅助工具审核工程量

1) 计算机在工程中应用

随着计算机技术的迅猛发展,计算机给整个工程建设领域带来的影响变化可谓是天翻地覆。对于工程设计,随着计算机绘图技术的发展成熟,首先让设计人员"甩掉图板",不仅如此,计算机还帮助设计人员担负起计算、信息存储等项工作,减轻了设计人员的劳动,缩短了设计周期,提高了设计质量。而建筑信息模型(Building Information Modeling, BIM)则是基于最先进的三维数字设计和工程软件所构建的"可视化"的数字建筑模型,为设计师、建筑师、水电暖铺设工程师、开发商乃至物业维护等各环节人员提供"模拟和分析"的科学协作平台,帮助他们利用三维数字模型对项目进行设计、建造及运营管理。其最终目的是使整个工程项目在设计、施工和使用等各个阶段都能够有效地实现建立资源计划、控制资金风险、节省能源、节约成本、降低污染和提高效率,从真正意义上实现工程项目的全生命周期管理。

对于工程管理,工作内容相当复杂,计算机技术帮助人们收集、整理、统计和处理工程管理中的大量信息,且数据处理更完整、更准确、更高效。项目管理的过程也是一个 PDCA 的循环过程,计算机信息技术不仅可以快速、有效、自动而有系统地储存、修改、查找及处理大量的信息,而且能够对施工过程中因受各种自然及人为因素的影响而发生的施工进度、质量、成本进行跟踪管理。当前应用已经较为广泛的各种工程管理软件能有效帮助人们保证工程质量、缩短工期,降低成本。计算机网络技术的出现,更是彻底改变了工程管理传统封闭的局面,开放的信息资源管理平台,以图、文、声并茂,使用方便,访问信息快捷等特点,使远程项目管理得以实现。我国正着力推进的 BIM 技术则可以提供工程项目施工中所需的各种基础数据,如 BIM 可视化的模拟环境,帮助管理人员更可靠地判断现场条件,为编制进度计划、施工顺序、场地布置、物流等安排提供依据,辅助施工项目管理层决策的反应速度和精度,真正做到精细化管理。利用计算机根据工程造价计价依据进行工程预、结算的编制和审核,是目前工程造价管理中应用计算机最为直接、最为普遍、亦是技术开发最为成熟的应用。

工程造价电算化给造价工作带来了极大的方便,计算机在工程造价编制、审核以及造价管理中起着举足轻重的作用。早期的工程计价软件便使计价过程中最为烦琐耗时、易错的工料分析变得异常简单、准确,使得计价可采用人工、材料、机械的即时价格,不用再考虑何种价差调整方式才能较准确反映工程造价。简单的电子表格只要输入工程构部件基础数据就能出工程量,计算速度快,能保留手工工程量计算的格式且避免了简单的算术计算错误。现在各种工程量计算软件利用计算机容量大、速度快、保存久、便管理、可视强等特点,模仿人工算量的思路方法及操作习惯,将工程图纸输入或导入电脑,软件内嵌相应工程量计算规则、工程规范,电脑能完成自动算量、自动扣减、统计分类、汇总打印等工作。某软件公司宣称 1 万 m^2 的建筑工程的土建工程,利用其图形算量软件计算出准确完整的工程量可控制在一天以内;据某使用安装算量软件的单位称,杭州国际博览中心如果正常手工计算安装工程量,需 5 人 20 天,共计 100 个工作日,而运用某安装算量软件通过 CAD 电子文档建模,3 人 7 天,已经基本完成所有工作内容,共计 21 个工作日。工程算量软件在保证工作质量的前提下大大地提高了工程造价人员的工作效率。

工程造价软件不仅将造价人员从繁杂的手工算量工作中解放出来,还能在很大程度上提高算量工作效率和精度。理论上来看,BIM 技术在造价中也大有作为,如造价管理中的多算对比对于及时发现问题并纠偏、降低工程费用至关重要。多算对比通常从时间、工序、空间三个维度进行分析对比,不仅能够分析一个时间段的费用,而且能够将项目实际发生的成本拆分到每个工序中,并且能够按空间区域统计,分析相关成本要素。从这三个维度进行统计及分析成本情况,需要拆分、汇总大量实物消耗量和造价数据,使用 BIM 软件能够快速精准地多维度多算对比,当然真正实现 BIM 技术在工程中普遍应用可能还需再等待一段时间。

随着各种工程算量软件的不断完善、普及以及造价人员个人喜好,当前工程量计算途径形形色色:有人继续手工算量;有人喜欢用计价软件中的附带的电子表格;有人喜欢用简单的小软件;有人习惯用 CAD 平台的软件;也有人喜欢某些软件公司自主开发平台的软件等等,不一而足。同一个工程,可能计算结果是各不相同的,曾经在对量时有人说"这是计算机算的,不会错"或者"是某某软件算的,不会错",说这种话的人中有种情况是:自己不会软件计算,对计算机软件计算得到的结果有种莫名的崇敬心理。作为造价审核人员,对于该审核的工程量,无论是以何种方式途径得到的都应严肃对待、认真审核。

2)利用 CAD 设计文件审核工程量

目前建筑工程的设计文件几乎都采用了 CAD 技术,因此在工程造价审核时,可以要求建设单位提供设计图纸或竣工图纸的 CAD 文件,利用 CAD 软件自身的长度、面积等计算功能,可对工程中的部分工程量准确提取。如:某沿街商铺做玻璃雨篷,数量较多形状极不规整。玻璃雨篷按照工程量计算规则是计算其水平投影面积,施工单位造价人员算出的工程量与审核人员算出的工程量差异较大,且双方都认为自己算的更接近更准确。后双方一起根据原 CAD 设计文件,利用软件的面积测量功能,分段测量计算,最后得出双方都信服的结果。

我国当前采用工程量清单计价,招标人提供的清单工程量除另有说明外,所有清单项目的工程量都应以实体工程量为准,并以完成后的净值来计算。因此,从 CAD 设计文件中提取的工程量与工程量清单中对工程量的要求基本是一致的。但是这并非说明我们造价所需的工程量可以由设计文件提供、可由设计成果附带给出,无须造价人员计算以及审核。比如说建筑工程的"建筑面积":造价计算时,超高费、脚手架等项目计算都涉及建筑面积,而且几乎每个建筑设计文件都会给出"建筑面积"这一重要指标性数据。但是,也许是设计人员与造价人员在理解规则时思路的差异,现实中设计人员提供的建筑面积数据鲜有与造价人员按建筑面积计算规范算出的建筑面积一致的,设计人员给出的建筑面积只能"仅供参考"。

3)计算表格工程量的审核

这里的计算表格是一泛指,其种类很多,包括 Office 中的 Excel 表格、计价软件中附带的计算表格、专业软件公司开发的表格式计算软件、非专业软件公司自己开发的各具特色的工程量计算器等。但一般都只需要在软件表格中输入算量表达式或构件形状的基础数据，表格程序即可自动汇总计算，并能形成报表打印输出。计算表格软件至少可省去造价人员反复按计算器的工作，且计算正确。

计算表格软件实质上是用户手工算量方法的一种改进和延伸。工程量计算表达式仍完全由用户输入或者设定，并且最重要的是该方法的计算思路完全符合用户操作习惯。表格软件应用门槛低，容易上手，是对手工算量较大的改进。但该方法也存在很大的缺点，造价人员必须一边翻图纸一边往计算机中输入数据，同时需按手工计算的模式根据计算规则考虑扣减关系，并仍必须把每个构部件的工程量计算表达式罗列出来，计算还是较烦琐。表格软件在计算能力上总体是不如三维图形算量软件，只是造价计算过程中也有很多量用表格软件更方便获得。比如计算建筑工程雨水管的工程量，雨水管按照计算规则是计算长度，水斗和水口按照计算规则计算个数，雨水管的总长度等于个数乘以单根长度，水斗和水口的量与雨水管的个数一致。这些工程量从建筑图纸中很容易获得，直接数出来然后在表格软件中输入，清晰、直观、速度快，没有必要在三维图形算量软件画出雨落管，再得到相应工程量。再比如仿古建筑、园林工程中有各种木质柱、梁、桁条等涉及计算圆木体积，通常需按设计长度、直径（梢径）查木材材积表（GB/T 4814—2013《原木材积表》）。有些公司就在自己电脑的 Excel 中设置材积公式，造价人员需要计算相关体积时，只需在表格中对应位置输入长度、直径就可得到符合 GB/T 4814 标准的原木工程量，计算快捷、数据准确，结果可直接打印，造价人员不需要去翻查厚厚的书目。

在审核计算表格得到的工程量时，可完全不必复核简单的人为计算错误，只需审核原始数据输入的准确性。不过如果审核人员直接在别人计算成果上审核，则先验证下其计算表格内嵌公式的准确性是很有必要的。

4）算量软件工程量的审核

随着计算机技术的发展，现在的工程算量软件可以说已经非常成熟，在造价计算时采用算量软件已是很普通、很正常的一件事，尤其是建筑工程的三维算量软件在工程中使用已很普及，已成为工程量计算的主流。如广联达、斯维尔、鲁班等软件，这些软件基本都能在软件中内嵌符合全国各地地方计价定额工程量计算规则和《建设工程工程量清单计价规范》标准规则。软件还可通过识别 CAD 文件建模和手工建模两种建模方式，建立面向工程量计算的三维图形模型，可视性较好，以真正面向对象的方法，辅以开放的计算规则设置，方便准确地解决了建设工程工程量计算中的各类问题，大幅度提高建筑工程工程量计算的速度与精度。并且有大量教学视屏、售后帮助用户学习、使用，降低了三维软件的学习难度，使用户更易于接受。随着时代的发展、经济的腾飞，现在的工程项目越来越趋向于大型化、复杂化、综合化，而越是这样的项目用算量软件计算、审核工程量更能体现软件强大计算能力的优势。

准确快速计算工程量需要建立一个能完整准确反映设计的工程模型。然后将工程信息完整地输入或导入到工程模型中，这要从图纸的设计说明开始，因为设计说明中包含着很多工程的信息。这些信息使造价人员明白这个工程该怎样计算、需计算哪些工程量、应套用哪些定额子目（列项）。在使用软件计算时，这些信息标识应完整准确地体现在软件模型中。

算量软件可以按计算规则算出很多量，但是造价人员必须具备深厚的造价知识、基于手工的算量思维，清楚自己想要的量，才能够充分利用软件这个工具，快速准确地完成工程量的计算。例如,在算量软件中设置工程信息时基本都有一个要求:填写室内外地坪相对标高。室内外地坪相对标高不属于基础构件,但是我们应知道它会对土方工程量计算产生影响、会对室外装饰工程量计算产生影响。实践中当建筑四周的标高不同时,手工计算时室内外地坪相对标高取平均高度,而在软件计算时则会更加细致:当建筑物两侧室外地坪相对标高不同时室内外地坪相对标高取平均高度;当建筑物四周的室内外地坪相对标高都不同时室内外地坪相对标高应取加权平均高度。再如某咨询单位在一个建筑工程结算对量时发现施工方提交的工程量在主体结构部分误差较少,而在装饰部分偏差较多,而且是严重偏少。后来检查其计算模型发现,施工方的算量模型主体模型很好,设计图纸上的工程构部件在模型中都完美再现,但是装饰的很多信息是在设计说明中体现。该施工单位的造价人员对此领会不深刻,没能在模型中反映,还有是在模型中好些该装饰的部位有遗漏,因此该工程的结算对量最终演变成造价审核人员给被审核人员讲解造价知识。

造价审核人员很有必要掌握算量软件的使用。虽说造价审核人员只需对别人提交的造价成果进行审核,自己可以不计算操作,但是如果自己不懂软件操作,那么很容易对别人提交的整整齐齐的打印成果或漂亮的软件模型产生敬畏心理,更不用说对之加以审核了。比如某大学审计处的造价审核人员在对该校一老楼改造加接工程审核时,发现施工方报出的钢筋工程量偏大,相关工程量审核人员自己没有用软件计算只有部分计算简稿,而施工方造价人员声称自己已用软件做了多少年、做了多少工程等,中心思想是自己的量是对的,经得起检查。后造价审核人员就着施工方的算量软件进行查看,从最初的项目设置、工程信息设置等一一查看,后发现该模型中有两处较大问题:一是在三维模型图中发现该加接工程的某处莫名多了一块板,且每层都多这块板;二是在该模型中有若干雨篷单构件表格计算内容,每层都有相同的量(表格计算的项目在三维中不显示),而该工程中不存在这一项目。问题一经发现,施工方自然是承认了自己的错误,也说明这是失误、无意中造成、忘记删除什么的,当然其原因造价审核人员是不必去追究的。

当前的工程量计算软件品种众多,造价审核人员没必要也不可能对各种软件的操作都掌握。造价审核人员掌握一种软件的使用可以使自己在这场对量的博弈中心理上不处于弱势,再凭借自身深厚的专业素养,基本可以做到能应对任何风云。例如某造价咨询公司在审核某建设单位的建筑工程招标控制价时,发现双方在该工程的钢筋混凝土带型基础的量上相差较大,误差50%。咨询公司用 A 软件计算的工程量,建设单位用 B 软件计算的工程量(在此隐去软件名称),这两款软件市场占有率都不低,评价都还不错。僵持不是办法,于是检查双方的三维模型,模型都没问题;分段抽出基础查其工程量,发现双方每段的计算结果误差相同,都是相差50%。于是双方找出一段相同的基础,各自手算其工程量,结果双方手算工程量与咨询公司用 A 软件计算的工程量基本一致。这样,工程量审核结果自然按照审核方的工程量。所以,即使是不同软件的对量,造价审核人员也不必担心害怕,只要具备足够的造价知识,完全能够从容应对。另外一点,上述例中问题是 B 软件在设置计算规则时出现的失误,现该软件早已升级改正。这也说明一点,我们对软件计算结果不可盲目迷信,软件计算结果的准确性、可靠性还是依赖强大的人类。

无论是计算表格还是算量软件,都是属于"工具",造价审核人员应当增强责任意识,与时俱进,不断学习,掌握更多的审核知识与技巧,提高专业理论水平和实际业务操作能力,从而做到"兵来将挡,水来土掩",顺利完成工程量审核工作,以便于实现对工程造价的有效控制。

【例 3-1】 江苏某高等职业技术学校实训楼是建筑面积 10 561.99 m²,地上六层的框架结构。计划工期 360 天。某造价咨询单位为本工程编制工程量清单和招标控制价,在本工程土建工程招标工程量清单审核过程中发现一些问题,节选如表 3-1 所示,另有清单项目的漏项在此略过。

表 3-1　清单工程量对照表

序号	项目编号	项目名称	单位	审前工程量	审后工程量	增减审核
1	010401008012	填充墙 【项目特征】 1. 砖品种、规格、强度等级:A5.0,B06 级砂加气自保温砌块 2. 墙体类型:外墙 3. 填充材料种类及厚度:240 mm 厚 4. 砂浆强度等级、配合比:DMM5 专用水泥砌筑砂浆 5. 部位:一~四层外墙	m³	507.35	483.79	−23.56
2	010501002002	带形基础 【项目特征】 1. 混凝土种类:泵送商品混凝土 2. 混凝土强度等级:C40	m³	1 137.61	1 088.69	−48.92
3	010501004004	满堂基础 【项目特征】 1. 混凝土种类:泵送商品混凝土 2. 混凝土强度等级:C40	m³	14.21	0	−14.21
4	010503002009	矩形梁 【项目特征】 1. 混凝土种类:泵送商品混凝土 2. 混凝土强度等级:C30 3. 部位:−0.05 m	m³	134.15	163.20	+29.05
5	010506001003	直形楼梯 【项目特征】 1. 混凝土种类:泵送商品混凝土 2. 混凝土强度等级:C30	m²	361.28	394.65	+33.37
6	010902007004	屋面天沟、檐沟 【项目特征】 1. 材料品种、规格:20 厚 1:2.5 防水砂浆 2. 部位:雨棚、挑檐	m²	131.97	0	−131.97
7	010903002003	墙面涂膜防水 【项目特征】 1. 防水膜品种:聚氨酯涂膜 2. 涂膜厚度、遍数:1.8 mm 厚三遍 3. 部位:一~六层卫生间墙面	m²	1 516.47	0	−1 516.47
8	010904004003	地面变形缝 【项目特征】 1. 地面混凝土垫层分割缝 2. 建施说明 5.6.3	m	3 040.19	0	−3 040.19

续表 3-1

序号	项目编号	项目名称	单位	审前工程量	审后工程量	增减审核
9	011001004002	保温柱、梁 【项目特征】 1. 15 mm 厚 1∶3 水泥防水砂浆 2. 40 mm 厚复合发泡水泥板 I 型,粘贴面刷界面剂专用粘剂粘贴 3. 3 mm 厚聚合物水泥防水砂浆 4. 部位:外墙框架柱梁处	m²	1 118.82	0	−1 118.82
10	011101003004	水泥砂浆楼地面 【项目特征】 1. 20 mm 厚 1∶3 水泥砂浆找平层 2. 12 mm 厚 1∶2 水泥砂浆找平层 3. 10 mm 厚 1∶2 水泥砂浆面层 4. 部位:二层以上电梯机房	m²	76.19	0	−76.19
11	011102003006	细石混凝土楼地面 【项目特征】 1. 40 mm 厚 C20 细石混凝土 2. 20 mm 厚 1∶2 干硬性水泥砂浆黏结面层 3. 撒素水泥面 4. 部位:一层卫生间地面	m²	95.42	0	−95.42
12	011203001011	零星项目一般抹灰 【项目特征】 1. 墙体压入一层玻纤网格布 2. 建施说明 13.3.3	m²	9 123.41	0	−9 123.41

分析说明:在本案例中有少量清单工程量计算错误,另有相当部分是清单项目的多列,其原因主要表现为这些项目的工作内容在别的清单项目中已包含,如"011102003006 细石混凝土楼地面"的工作内容,在工程中已全部包含在"块料地面"项目中。还有少量是错列,如"010903002003 墙面涂膜防水",本工程中没有此项目。

3.3 基础资源消耗量的审核

基础资源消耗量是指工程造价编制时使用定额中的人工、材料、机械消耗量。对基础资源消耗量进行的审核主要是针对各分部分项工程项目定额使用的审核。对于招标工程,工程量清单是计价时的最主要依据,因此对招标工程项目的资源消耗量审核不仅要审核招标价中的定额使用情况,还需审核工程量清单的编制。

基础资源消耗量一般参照定额进行确定,在招标人编制招标控制价时一般按照政府颁发的计价定额消耗量;投标人编制投标报价时一般采用反映企业水平的企业定额,投标人没有企业定额时可参照政府颁发的计价定额消耗量进行调整。

3.3.1 工程量清单审核

根据工程量清单计价规范的规定:"使用国有资金投资的建设工程发承包,必须采用工程量清单计价。""非国有资金投资的建设工程,宜采用工程量清单计价。""招标工程量清单应由具有编制能力的招标人或受其委托、具有相应资质的工程造价咨询人编制。""招标工程量清单必须作为招标文件的组成部分,其准确性和完整性由招标人负责。""招标工程量清单是工程量清单计价的基础,应作为编制招标控制价、投标报价、计算或调整工程量、索赔等的依据之一。"从以上规定明确看出,工程量清单是由招标人来编制的。招标人在编制招标文件的同时,编制出拟建工程项目的工程量清单,随招标文件发送给投标人;投标人根据招标人提供的清单项目进行报价。工程量清单的编制质量直接影响投标报价、工程价款支付、后期工程结算,从而直接影响工程投资。

在招标投标过程中,工程量清单作为招标文件的一部分其作用是使各投标人在投标报价中具有共同的竞争平台;在工程实施过程中,以已标价工程量清单中的综合单价和发承包双方确认计量工程量为依据计算工程进度款;在工程变更增加新项目或索赔时,可选用或参照已标价工程量清单中的单价来确定新项目或索赔项目的单价。因此,工程量清单的准确性和完整性无论是对发包人的投资控制还是对承包人的投标报价及中标的项目管理都有十分重要的影响。

对工程量清单的审核应区分专业,在清单编制完成以后,除编制人要反复校核外,还必须要由其他专业人员再行审核。工程量清单的审核依据与工程量清单编制依据相同。审核方法应根据工程情况、清单编制情况、审核时间宽裕情况等综合确定,常用的是全面审核法或重点审核法。

1) 分部分项工程量清单的审核

对于招标工程的工程量清单的分部分项清单,较为常见的问题有三类:一是分部分项清单项目的重项、漏项;二是项目特征描述不清;三是工程量计算有误。

(1) 分部分项清单项目的重项、漏项的审核。分部分项清单项目的重项、漏项主要是指招标文件中提供的工程量清单没有很好地反映工程内容,与招标文件、施工图纸脱节,清单项目重复列、少列、漏列等。工程量清单重项、漏项会造成招投标过程中补遗工作量的增加,引发施工索赔,增加变更工程的处理难度。在清单计价模式下,工程量清单漏项问题如果被承包人发现并利用,在工程实施过程中,承包人可能会据此进行索赔,给发包方带来损失,增加发包人投资控制的风险;在工程量清单招标与固定总价合同的结合使用时,工程量清单漏项又增加了承包人的承包风险。

常见的工程量清单重项、漏项问题原因主要表现在以下几方面:工程量清单与招标文件内容不一致导致工程量清单缺项漏项;设计图纸中做法不明确的内容而清单编制人员没有及时沟通没有列入而导致的漏项;对施工方法、程序理解错误引起工程量清单漏项;清单编制时遗漏了数量较少的工作内容导致工程量清单漏项;编制清单时对招标文件答疑补充等材料疏忽导致工程量清单的漏项。

(2) 清单项目特征描述的审核。工程量清单的项目特征是区分清单项目的依据,是套用定额子目的主要依据,因此也是确定一个清单项目综合单价不可缺少的重要依据,是履行合同的基础。项目特征的描述不详细、不明确或不清晰,容易给投标人造成理解上的误差,使投标人在投标报价时难以把握并给今后的工程结算、价格调整、合同实施留下发生纠纷的活口。

分部分项工程量清单的项目特征应按各专业工程计量规范中规定的项目特征,结合技术规范、标准图集、施工图纸，按照工程结构、使用材质及规格或安装位置等，予以详细而准确的表述和说明。清单中的项目特征描述可以结合工程情况增加与减少，但要描述准确完整，以减少后期结算产生的争议。清单项目特征描述不准确主要包括描述不完整和描述错误。

项目特征描述不完整主要指对于清单计价规范中规定必须描述的内容没有进行全面的描述。对其中任何一项必须描述的内容没有进行描述都可能会影响综合单价的确定，因此凡是和造价有关的内容都应该描述。对工程量清单审核及编制时，项目特征描述内容应注意以下事项：

① 对于综合范围大、综合定额子目较多的清单项目，特征描述应详细清晰，界限明确，能逐条对应，尽量做到与定额一一对应描述到位，满足组价要求。

【例 3-2】《房屋建筑与装饰工程工程量计算规范》(GB 50854—2013)中"屋面保温"项目特征应描述为："1. 保温隔热材料品种、规格、厚度；2. 隔气层材料品种、厚度；3. 黏结材料种类、做法；4. 防护材料种类、做法"。

某招标工程中的某项屋面保温清单项目特征如下："1. 保温隔热材料品种、规格、厚度：40 mm 厚挤塑聚苯板(燃烧性能 B1 级)；2. 隔气层材料品种、厚度：隔离层；3. 找平层做法：20 厚 1∶3 水泥砂浆找平层；4. 防护材料种类、做法：页岩陶粒混凝土 2‰ 建筑找坡(最薄处厚 30 mm)；5. 部位：上人保温屋面"。

分析：该项目特征描述较为详细清晰，基本做到与该清单所综合的定额一一对应，且补充的内容"5. 部位"更便于投标人将该项目与设计文件对应，更有利于投标人报价。但是，其中的"2. 隔气层材料品种、厚度"，编制人只简单写了"隔离层"，很容易让人困扰：可作为隔离层的材质有很多的，如低等级砂浆、蛭石、云母粉、塑料薄膜、细砂、滑石粉、纸筋灰或干铺卷材等，这里是哪一种？翻开设计文件中该处构造做法说明也是简单的"隔离层"，没有材质要求说明。在江苏省建筑工程计价定额中有"石灰砂浆隔离层 3 mm"，因此该项目众多投标人在报价时也几乎直接套用了"石灰砂浆隔离层 3 mm"，似乎并没有困扰疑问。但这并不说明这样的描述是准确的，虽然是按设计要求的，但是设计在此不明确，清单编制人没有充分与设计沟通，给出这一"活口"，很容易引起后期结算的问题。

② 对于部分清单项目存在若干个不同计量单位、不同工程量计算规则时，清单编制者应结合拟建工程项目的实际情况，确定其中一个为计量单位，同一工程项目的计量单位应一致。而项目特征描述的内容应根据其计量单位的不同、工程量计算规则不同，针对性地对项目特征的内容进行选择性描述。

例如《房屋建筑与装饰工程工程量计算规范》(GB 50854—2013)中：010201001 预制钢筋混凝土桩，计量单位有"m/根/m^3"。当该工程设计施工图纸中，设计选用所有桩的断面及长度采用同一种形式时，清单编制可以采用计量单位"根"计算其工程数量，填写项目特征时，必须清晰描述桩截面、长度信息；当该工程设计施工图纸中，设计选用所有桩的断面相同，长度不一时，清单编制可以采用计量单位"m"计算其工程数量，填写项目特征时，必须清晰描述桩截面信息；当该工程设计施工图纸中，设计选用所有桩的断面及长度采用多种形式时，清单编制可以采用计量单位"m^3"计算其工程数量，填写项目特征时，桩截面、长度信息可不做描述。

因此,清单项目特征的描述应根据工程量清单规范中项目特征的要求,结合工程具体情况予以详细表述和说明,应避免描述不清或描述内容过多、重复的现象。

③ 必须描述体现项目特征和对计价有影响的内容。

虽然在工程量清单规范中给出了统一的项目特征描述内容,但是由于各人理解不同,对同一项目特征,不同的人会有不同的描述。作为工程量清单审核及编制人员,在项目特征描述内容上应把握体现项目特征区别的和对报价有实质影响的内容必须描述:涉及结构要求的内容,如混凝土强度等级、现拌还是预拌、泵送还是非泵送;涉及材质要求的,如油漆的品种、管材的材质;涉及正确计量计价的内容,如门窗洞口尺寸;涉及施工难易程度的内容,如抹灰面的墙体类型,是在砖墙面上还是在混凝土墙面上抹灰等。

项目特征描述的是工程实体的内容,它与施工方法、施工方案没有关系。施工中各工序的施工做法由施工规范约束,还应符合施工质量验收规范,清单项目特征描述中对采用何种施工方法、施工方案完成不作描述,对应由施工措施考虑的内容不作描述。对设计文件采用标准通用图集的,图集中已有明确详细说明,也可不作详细描述,只需注明图集索引号。

另外也有些是无法准确描述的可不详细描述,如挖土方项目中弃土外运的运输距离,在项目特征描述中可注明"由投标人自行确定"。

清单项目特征描述错误主要表现是清单项目特征的描述与设计文件不符。由于清单编制人的粗心,这类错误并不少见。例如某厂房工程的混凝土灌注桩,招标时清单项目特征中描述:"混凝土种类:微膨胀非泵送商品混凝土;混凝土强度等级:C30",而设计图纸中该灌注桩凝土强度为C40。以建筑工程"预制钢筋混凝土管桩"清单项目为例,在项目特征描述时,应从地层情况、送桩深度、桩长、桩外径、壁厚、桩倾斜度、沉桩方法、桩尖类型、混凝土强度等级、填充材料种类、防护材料种类等方面进行描述,其中任何一项描述错误都会造成对该清单项目特征的描述与实际工程要求不符。

(3) 清单工程量的审核

有关清单工程量的审核在本章第一节中已详述,这里主要讨论关于投标人对清单工程量的审核问题。问题是招标人提供的工程量清单中已经有工程量了,为什么投标人还需对清单工程量进行计算、复核?

工程量清单计价规范规定,实行单价合同的工程,工程价款结算时,结算的工程量必须以承包人完成合同工程应予计量的工程量确定。施工中进行工程计量,当发现招标工程量清单中出现缺项、工程量偏差,或因工程变更引起工程量增减时,应按承包人在履行合同义务中完成的工程量计算。即工程量按实结算,也就是通常所说的,在工程量清单模式下,发包人需要承担工程量的风险,但正因为此,工程量的正确与否,是发包方的风险也是投标方的机会,投标人通过对招标工程量清单的复核研究,为施工过程的索赔或者投标策略寻找机会、依据。工程索赔的契机在招投标阶段,主要是利用招标人招标文件的漏洞或错误,且集中在作为招标文件重要组成部分的工程量清单中。投标人在审核招标方提供的工程量清单时,要进行严格的审查,找到其中错误的地方或者漏洞,然后根据招标文件进行澄清,如果招标文件没有相关的说明,在施工过程中就可以作为索赔的依据。另外,对工程量清单的认真复核,投标单位也可以针对其中的问题作出相对应的报价策略,如不平衡报价的合理使用,使自己获取更大的收益。

对于实行总价合同的工程,工程价款结算时,结算的工程量除按照工程变更规定的工程量增减外,总价合同各项目的工程量应为承包人用于结算的最终工程量。即是除了工程变更引起工程量变化外,合同约定的工程量往往就是承包人完成的最终工程量,发承包双方不能以工程量变化作为合同价款调整的依据。虽然在《建设工程工程量清单计价规范》(GB 50500—2013)中提到如果合同价款是依据发包人提供的工程量清单确定时,发承包双方应依据承包人最终实际完成的工程量(包括工程变更、工程量清单错、漏)调整确定合同价款,但是为减轻后期价款结算负担,对于总价合同,现实中的招标人常常在招标文件中会要求投标人审核工程量清单、招标控制价,按招标文件要求投标报价,规定了双方的责任,并给出时间给投标人质疑,招标人会对投标人提出的工程量清单、招标控制价中的问题、错误进行澄清、改正。如果投标人没有审核工程量清单,则工程量清单有问题(主要是工程量)、招标控制价编制有问题时,由投标人自行负责。

在 2013 版的工程量清单计价规范中新增了投标人对招标人不按规范的规定编制招标控制价(其中包含工程量)进行投诉的权利,并规定当招标控制价复查结论与原公布的招标控制价误差>±3%的,应责成招标人改正。因此,投标人必须对招标工程工程量清单进行复核,这是对自身权益的一种保障,也是投标人在投标工作中最重要的工作之一。

投标人不仅要对清单工程量进行复核,还需在进行清单报价的同时,将施工方案及施工工艺引起的工程量增量考虑到综合单价中。招标人提供的工程量清单只包括了分部分项工程的实体工程量清单,但措施项目中涉及的工程量和施工方案造成的二次工程量招标人是不予提供的,这需要由投标人在投标时按照设计文件图纸及施工组织设计、施工方案进行二次工程量计算(可简单理解成定额工程量计算)。比如建筑工程中的基础土方工程量,工程量清单规范的要求是按基础垫层底面积考虑挖土深度计算,不考虑施工所需的工作面、不考虑挖土时施工组织设计要求的放坡;而投标人报价时所计算工程量则应按施工组织设计的要求或者是各地计价定额的要求考虑工作面、考虑放坡。因此,在工程量清单招标模式下,投标人不但仍然需要计算复核工程量,而且计算过程比传统的定额模式下还要复杂。

2)措施项目清单的审核

"措施项目"是相对于分部分项工程项目而言,对实际施工中为完成合同工程项目所必须发生的施工准备和施工过程中技术、生活、安全、环境保护等方面的项目的总称。措施项目清单的编制应考虑多种因素,应力求全面,因此,现行国家计量规范规定招标人编制措施项目清单应根据拟建工程的实际情况列出措施项目,且根据相关工程现行国家计量规范的规定编制,而在各专业工程工程量计量规范附录中给出了措施项目清单列表供招标人列项参考。影响措施项目设置的因素众多,除工程本身的因素外,还涉及水文、气象、环境、安全等因素,当因不同情况出现规范附录中没有的措施项目,清单编制人可以进行补充。

措施项目也同分部分项工程一样,编制工程量清单必须列出项目编码、项目名称、项目特征、计量单位。对于总价措施项目通常以"项"为单位。

鉴于工程建设施工特点和承包人组织施工生产的施工装备水平、施工方案及其管理水平的差异,同一工程、不同承包人组织施工采用的施工措施有时并不完全一致,因此招标人编制措施项目清单只需考虑一般情况,按常规施工方案编制。而投标人在投标报价时则可根据工程实际情况结合施工组织设计或施工方案,自主确定措施项目费,对招标人所列的除"安全文明施工费"以外的措施项目可以进行增补、删减,以体现招标项目"竞争"的本质。

对措施项目清单的审核思路基本同编制思路,注意尽可能全面、合理、明确列出费用项目,尽可能对措施项目描述合理。对于单价措施项目的审核基本同分部分项清单项目,对总价项目审核着重于该项目是否符合计取条件;如果清单中给出了费率标准,则审核其费率标准是否在费用定额给出的参考范围内、是否合理。

3)其他项目清单的审核

其他项目清单按照下列内容列项:暂列金额;暂估价,包括材料暂估单价、工程设备暂估单价、专业工程暂估价;计日工;总承包服务费。

(1)暂列金额。暂列金额作为工程造价费用的组成部分计入工程造价,中标后虽然列入合同价格,但并不是直接属于投标人,而是由发包人暂定并掌握使用,暂列金额是否支付、支付额度及用途,都必须经发包方工程师的批准。

暂列金额是否列项是由发包人自主确定,如果列项,清单编制人根据发包人意图、拟建工程特点给出相应金额。

暂列金额的计算,可根据工程设计文件的深度、设计质量的高低、工程施工的成熟程度来确定,一般可按分部分项工程费的 10%～15% 考虑,也可按工程总造价的 3%～5% 考虑,如果是在初步设计阶段,可按工程总造价的 10%～15% 考虑。

(2)暂估价。暂估价是在招标阶段预见肯定要发生,只是因为标准不明确或者需要由专业承包人完成,暂时又无法确定具体价格时采用的一种价格形式。

材料暂估价是指发包人由于特殊目的或要求,对工程消耗的某些材料,在招标文件中规定由招标人采购的材料或设备的暂估单价明细。

专业工程暂估价是由于某分部分项工程专业性太强,必须由专业队伍施工,则可列出该项费用(是必然发生但暂时不能确定价格)。

编制、审核暂估价清单时应注意:暂估价中的材料、工程设备暂估单价应先行根据工程造价信息或参照市场价格估算,列出明细表;专业工程暂估价应区分不同专业,具体价格可按有关计价规定估算、通过向专业队伍询价或招标获取,并列出明细表。

(3)计日工。计日工是对施工图纸、合同外的零星项目或工作采取的一种计价方式,包括完成该项作业的人工、材料、施工机械台班。所谓零星工作是合同范围外的或者因变更而产生的、工程量清单中没有相应项目的额外工作。

计日工计价基础是计日工表,计日工表中列出项目名称、计量单位和暂估数量。结算时,计日工的单价按投标人投标报价时的价格,最终数量按完成发包人发出的计日工指令的数量确定。

编制、审核工程量清单的计日工项目时,注意计日工表中的人工应按工种,材料和机械应按规格、型号详细列项,项目尽可能列全,并尽可能根据经验估出比较接近实际的数量,以防患于未然。

(4)总承包服务费。总承包服务费是在工程建设的施工阶段实行施工总承包时,由发包人支付给总承包人的一笔费用,承包人进行的专业分包或劳务分包不在此列。总承包服务费是为了解决发包人在法律、法规允许的条件下进行专业工程分包以及自行供应材料、设备,并需要总承包人对发包的专业工程提供协调和配合服务,对供应的材料、设备提供收发和保管服务以及施工现场管理时发生并向总承包人支付的费用。

发包人只需列出该项目及需协调和配合服务内容,投标人报价时可自主报价。对这部分费用,国家并没有具体规定,一般各个地区给出取费区间,如江苏省对"建设单位要求对分包的专业工程进行总承包管理和协调,并同时要求提供配合服务时,根据招标文件中列出的配合服务内容和提出的要求,按分包的专业工程估算造价的 2%～3% 计算"。发包人应当预计该项费用,并按投标人的投标报价向投标人支付该项费用。

如果发包人对承包人的工作范围与内容还有其他要求,也应该将其列项,如发包人要求承包人对某设备进行场外运输,为业主代培技术工人等,由投标人报价时考虑报价。

【例 3-3】 某人工湖景观改造工程工程量清单。

案例背景:Y 市区开挖的第一个人工湖于 2003 年建成,公园存在设施陈旧、不足,功能欠缺等问题,因而启动整体提升工作。这是 Y 市年度重点城建项目,也是迎接 2018 年江苏省省运会、省园博会的一项重要工程。计划在人工湖周边打造四大主题区,分别是体育运动区、湿地生态环境区、商业活力区和休闲游憩区,以及两个完整的跑道,改造面积约 10 万 m²。

该项目的招标文件、工程量清单及招标控制价由 A 造价咨询公司编制,由 B 造价咨询公司审核。B 造价咨询公司在审核工程量清单时发现存在一些问题。

存在问题:

1) 工程量清单项目漏项

(1) 湿地生态环境区某一道路穿过水塘,施工时必须修筑施工便道,清单中没有考虑。

(2) 商业活力区某道路一侧有三个预留井,因设计深度不够,没有详细尺寸,工程量清单中没有考虑。

2) 项目特征描述不完整:

(1) 本清单中所有涉及挖土方项目特征描述不完整(未注明挖土深度)。

(2) 本清单中所有涉及填土项目特征描述不完整(未注明密实度要求)。

(3) 序号为＊＊的混凝土路面项目特征描述不完整(嵌缝使用材料没有说明)。

(4) 序号为＊＊的混凝土管道铺设项目特征描述不完整(未注明管道埋设深度)。

(5) 序号为＊＊的雨水进水井口项目特征措施不完整(未注明定型井名称、尺寸)。

3) 工程量计算错误(略)

问题分析与处理:

1) 清单项目的漏项

(1) 根据《建设工程工程量清单计价规范》(GB 50500—2013)的要求,施工措施项目是为完成工程项目施工,发生于该工程项目施工前准备和施工过程中的技术、生活、安全、环境保护等方面的项目。措施项目清单编制必须根据相关工程现行国家计量规范的规定,需考虑多种因素,除工程本身的因素外,还涉及水文、气象、环境、安全等因素。编制施工措施项目清单的造价人员需熟悉工程量清单计价规范、施工工艺流程、施工规范,对完成道路施工必需的施工便道的漏项,易造成施工过程中产生变更与经济方面签证。A 造价咨询公司编制人同意清单审核意见,将漏项的措施项目补充完整。

(2) 清单中的预留井,是因设计深度不够在工程量清单中没有考虑详细尺寸,需与设计人员沟通,需补充相关资料,以便于准确计算其工程量列入分部分项清单项目中,或者是以暂估价的形式列入其他项目清单中。

2) 编制工程量清单时应根据工程量清单规范的要求、根据施工规范的要求,对项目特征的描述应该完整,以避免因项目特征描述不完整引起争议。A造价咨询公司造价编制人员结合工程实际情况,将编制的清单中项目特征描述不完整的内容补充完整。

3) 工程中有多处工程量计算错误的项目,A造价咨询公司针对错误项——改正(略)。

【例3-4】 某结构试验大楼工程量清单。

案例背景:某高校新建一栋结构试验大楼,五层框架结构,一楼布置一台6吨重吊车,另有数个大小不同的试验台座。现浇钢筋混凝土灌注桩基础,平屋顶,外墙以真石漆为主,局部有玻璃幕墙。该工程由某招标代理机构负责编制招标文件、工程量清单、招标控制价,由某造价咨询公司全过程跟踪审计。

存在问题:

咨询公司在审核工程量清单后,发现以下问题:

1) 工程量清单项目漏项:

(1) 清单未计入吊车梁及其相关项目内容。

(2) 楼面项目中缺"20 mm厚水泥砂浆找平层"。

2) 工程量清单项目重复:清单编号为010101003001挖沟槽土方,清单特征描述包含弃土运距5 km以内,另有清单编号为010103002001余方弃置运距5 km以内,工程量相同,是重复计算。

3) 分部分项清单计量单位有误。清单编号为010515001004现浇构件钢筋,项目特征中描述为"电渣压力焊",此项工程量为948 t。

4) 工程量计算错误:分部分项清单工程量多处出现错误,如清单编号010103001001回填土工程量为2 389.5 m³(本工程所有挖土量合计2 865.85 m³),其余略。

5) 工程量清单项目特征描述不当。

普遍将挖土项目、余方弃置和回填方项目的特征描述为运距5 km,未采用规范描述的"由投标人根据施工现场实际情况自行考虑,决定报价"。

6) 分部分项清单项目与暂估价重复。

在分部分项清单项目中列入了"011209002001全玻(无框玻璃)幕墙",与专业工程暂估价中的"全玻(无框玻璃)幕墙"重复。

问题分析与处理:

招标代理机构清单编制人员在得到工程量清单审核报告后,针对报告中所提问题,根据招标文件、工程图纸一一复核,最终对所有问题都进行了改正处理。

1) 工程量清单项目漏项:

(1) 根据图纸计算了吊车梁的混凝土工程量、钢筋,补充了吊车梁清单、钢筋量加入原有清单中对应的钢筋清单项目中、增加吊车梁模板。

(2) 在楼面项目分部分项项目特征中增加了"20 mm厚水泥砂浆找平层",以便于该清单项目的准确组价。

2) 工程量清单项目重复:

清单编号为010101003001挖沟槽土方,清单特征描述包含弃土运距5 km以内,另有清单编号为010103002001余方弃置运距5 km以内,工程量相同,确实是重复计算,删除"010103002001余方弃置运距5 km以内"。

3) 分部分项清单计量单位有误:在工程量清单规范中没有"电渣压力焊"这一清单

项,且现浇钢筋清单项目中未包含电渣压力焊这个工作内容,电渣压力焊是需要另外计取。本工程清单编制人是借用了现浇钢筋清单项目,但是工程计量单位应改成"个"。

对于工程量清单缺项,编制清单时可以补充清单项目,在工程量清单规范中规定补充项目的编码由本专业规范的代码 01 与 B 和三位阿拉伯数字组成,并应从 01B001 起顺序编制,同一招标工程的项目不得重码。补充的工程量清单需附有补充项目的名称、项目特征、计量单位、工程量计算规则、工作内容。不能计量的措施项目,需附有补充项目的名称、工作内容及包含范围。

4) 工程量计算错误:工程量量算需仔细、认真,本工程计算人员因种种原因出现了不少计算错误,经重新计算,已将工程量错误之处一一改正。

5) 工程量清单项目特征描述不当之处已改正。

6) 分部分项清单项目与暂估价重复:删除了分部分项清单项目中的全玻(无框玻璃)幕墙。

启示:工程量清单是工程量计价的基础,工程量清单项目漏项与重复、工程量计算的错误、清单项目特征描述的不准确、不完整等问题都会导致投标单位无法合理报价,也给投标人采用不适当报价方式提供了条件。所以招标人编制工程量清单时,应保证工程量清单的准确性与完整性,以避免工程合同履行过程中产生不必要的工程纠纷。

3.3.2 基础消耗量与计价定额的合理使用

目前国内各地、各专业的计价定额最终呈现出来的大多是某分项工程的综合价格,但其最核心的内容却是完成规定计量单位分项工程计价所需的人工、材料、施工机械台班的消耗量标准。定额不仅给出量,还规定了相应分项工程的工作内容、质量标准,是对工程建设标准规范的量化,在一定程度上起到了检验工程质量的作用。计价定额是编制设计概算、施工图预算、招标控制价、确定工程造价的依据,江苏省建筑工程定额的适用情况是:"国有资金投资的建筑与装饰工程应执行本定额;非国有资金投资的建筑与装饰工程可参照使用本定额;当工程施工合同约定按本定额规定计价时,应遵守本定额的相关规定。"定额一般是按目前国内大多数施工企业采用的施工方法、机械化装备程度、合理的工期、施工工艺和劳动组织条件制定的,反映的是社会平均消耗水平,除另有说明,一般是不可对定额进行调整或换算。

因此,造价审核中对人工、材料、施工机械台班等基础消耗量的审核主要表现为计价过程中清单组价是否合理、定额套用是否合理、定额调整换算是否准确,以及投标报价对定额的参照使用是否合适。

1) 清单组价合理性审核

清单组价是对工程量清单综合单价所综合的定额项目名称的确定,对分部分项工程量清单项目及单价措施项目清单项目,根据设计图纸及工程量清单,结合清单规范规定,分析每一清单子目所涵盖的项目名称、项目特征和工作内容,或根据招标人提供的工程量清单的项目名称、项目特征及工作内容进行的准确、详细的描述,依据或参照工程所在地区消耗量定额结合各企业标准的规定,确定每一清单项目应发生的工作内容和项目特征要求,选择合理组价的项目的定额子目名称;再根据所组价定额的工程量和相应定额的基础消耗量及工程所在地的市场价格(人工、材料、机械台班单价)或企业实际情况计算出定额子目单价,组合后形成一个清单综合单价。常用的组价公式如下:

$$清单综合单价 = \frac{\sum(定额分项工程量 \times 定额单价)}{清单工程量}$$

【例 3-5】 某工程散水项目招标工程量清单如表 3-2,试计算其综合单价。

表 3-2 散水项目招标工程量清单

序号	项目编码	项目名称	项目特征描述	计量单位	工程量
28	010507001001	散水、坡道	1. 垫层材料种类、厚度:60 mm 厚 C20 混凝土,100 mm 厚碎石 2. 面层厚度:20 mm 厚 1:2.5 水泥砂浆 3. 变形缝填塞材料种类:沥青砂浆	M2	56.60

解:(1)组价定额子目分析:

① 混凝土散水:江苏省建筑工程计价定额中的散水项目是按《室外工程》苏 J08—2006 编制,已包括挖(填)土、垫层、砌筑、面层,采用其他图集做法时,材料含量可以调整,其他不变。而本工程散水做法同图集,因此直接可用相应定额 13—163,且包含了散水清单项目特征中的第 1、2 两条,只是应注意计价定额中散水工程量计量单位是"10 m² 水平投影面积"。

② 变形缝:变形缝没有包含在计价定额散水项目中,需另计。而江苏计价定额中的变形缝是按长度计算的,因此计价时需按设计图纸计算,本工程中计算出变形缝长度为 9.0 m。

③ 原土打夯:根据计价规范散水、坡道项目的工作内容及常规散水项目施工方法,散水垫层施工前需进行素土夯实,所以需另计,工程量可同散水。

因此本工程散水清单项目可组价内容为:混凝土散水、变形缝、原土打夯。

另外,也有施工方案是在混凝土散水整体施工完成后,再用切割机切割成缝后完成变形缝的施工,因此组价项目中会有"切割机切缝"定额子目。

(2)综合单价计算:

① 13—163 混凝土散水 $622.39 \times 56.6/10 = 3\,522.73$(元)

② 10—171 伸缩缝 沥青砂浆 $186.26 \times 9.0 = 1\,676.34$(元)

③ 1—99 地面原土打底夯 $12.04 \times 56.6/10 = 68.15$(元)

④ 综合单价 $\dfrac{3\,522.73 + 1\,676.34 + 68.15}{56.6} = 93.06$(元/m²)

清单组价合理性审核主要应审核如下内容:

(1)综合单价组价套用的定额项目是否正确,其工作内容是否与设计图纸标准要求一致;

(2)组价内容是否包含了清单项目所描述的所有工作内容、是否在不同清单项目中重复;

(3)组价套用的定额计量规则是否与清单计量规则一致,如不一致,组价时需按照计价定额中工程量计算规则计算工程量(如例 3-5 中的变形缝);

（4）措施清单项目是否按合理施工方案进行组价、是否符合定额规定。

【例 3-6】 某饭店建筑工程清单组价合理性分析。

（1）某饭店建筑采用框架结构，地面以上五层，总建筑面积为 5 163.52 m²。屋顶主要为上人屋面，局部为不上人坡屋面，建筑设计说明中平屋面保温构造做法由上至下如下：

a. 50 厚 C30 细石混凝土刚性保护层加水养护，内配 φ4@150 双向钢筋，压实抹光；

b. 干铺塑料薄膜隔离层；

c. SBS 卷材防水层（4 厚）；

d. 20 厚 1：2.5 水泥砂浆找平层；

e. 60 厚挤塑保温板（B1 级）；

f. 20 厚 1：3 水泥砂浆找平层；

g. 页岩陶粒混凝土 2% 建筑找坡（最薄处 30 厚）；

h. 现浇钢筋混凝土屋面。

（2）对平屋面中该部分构造做法招标工程量清单中列出项目如表 3-3。

表 3-3　屋面防水、保温项目工程量清单

序号	项目编码	项目名称	项目特征描述	计量单位	工程量
88	010902001001	屋面卷材防水	1. 卷材品种、规格、厚度：SBS 弹性体改性沥青防水卷材（4 mm 厚） 2. 20 厚 1：2.5 水泥砂浆找平层 3. 部位：平屋面	m²	2 783.25
92	010902003002	屋面刚性层防水	1. 刚性层厚度：50 mm，压光 2. 混凝土种类：泵送商品混凝土 3. 混凝土强度等级：C30 4. 干铺塑料薄膜隔离层 5. 钢筋规格、型号：φ4@150 冷拔钢筋 6. 部位：平屋面	m²	2 783.25
102	011001001001	保温隔热屋面	1. 保温隔热材料品种、规格、厚度：60 厚挤塑保温板（B1 级） 2. 20 厚 1：3 水泥砂浆找平层 3. 页岩陶粒混凝土 2% 建筑找坡（最薄 30 mm） 4. 部位：平屋面	m²	2 783.25

（3）招标控制价中清单组价如表 3-4 所示。

表 3-4　屋面防水、保温项目清单组价

序号	项目编码	项目名称	计量单位	工程量
88	010902001001	屋面卷材防水	m²	2 783.25
	10—32	卷材屋面 SBS 改性沥青防水卷材　热熔满铺法　单层	10 m²	278.325
	13—15	找平层　水泥砂浆（厚 20 mm）　混凝土或硬基层上	10 m²	278.325
92	010902003002	屋面刚性层防水	m²	2 783.25
	10—80	刚性防水屋面　C30 泵送预拌细石混凝土　有分隔缝　40 mm 厚	10 m²	278.325
	[10—82]＊2	C30 泵送预拌细石混凝土每增（减）5 mm	10 m²	278.325
	13—26	水泥砂浆 加浆抹光随捣随抹厚 5 mm	10 m²	278.325

续表 3-4

序号	项目编码	项目名称	计量单位	工程量
	5—4	现浇构件　冷轧带肋钢筋	t	2.857 6
102	011001001001	保温隔热屋面	m²	2 783.25
	11—15	屋面、楼地面保温隔热　聚苯乙烯挤塑板(厚60 mm)	10 m²	278.325
	9—B15	屋面、楼地面保温隔热现浇陶粒混凝土	m³	834.975

解：本案例中清单组价合理性分析如下：

(1) 清单 010902001001 屋面卷材防水面，组价套用的定额正确，工作内容与设计图纸标准要求、与清单项目特征要求一致。需注意的是其中的"SBS 改性沥青防水卷材"的定额工程量数值与清单工程量完全相同可能不妥，因为江苏建筑工程计价定额中卷材屋面工程量还应包含女儿墙、伸缩缝等部位弯起的面积。

(2) 清单 010902003002 屋面刚性层防水项目中组价中有以下几点不妥之处：

① 套用定额"10—80 刚性防水屋面有分隔缝"是正确的，虽然设计中没有明确提出有分隔缝，但是刚性防水屋面在温度影响下容易产生不可逆的变形，从而造成防水表面产生裂缝而使防水失效，因此，屋面刚性防水必须设置分隔缝。

但是，在套用定额"10—80""[10—82]*2"后再套用"13—26"有重复，因为定额中的刚性防水屋面是按苏 J01—2005 图集做法编制的，工作内容中已包含了混凝土面层抹面。

另外，防水砂浆、细石混凝土、水泥砂浆有分隔缝项目中("10—80")均已包括分隔缝及嵌缝油膏在内，细石混凝土项目中还包括了干铺油毡滑动层("石油沥青油毡 350♯")，定额规定设计要求与图集不符时应换算，因此该油毡项目应在计价时扣除。

② "干铺塑料薄膜隔离层"组价时遗漏。

③ 屋面刚性层防水中的钢筋工程量计算有误。

(3) 清单 011001001001 保温隔热屋面项目中组价中有以下几点不妥之处：

① 遗漏 20 厚 1：3 水泥砂浆找平层。

② 页岩陶粒混凝土 2‰ 建筑找坡体积数量有误，应根据工程设计图纸考虑坡度计算(本项目是简单地以面积乘以最小厚度 0.3)。

2) 定额使用合理性审核

计价时人工、材料、机械等基础消耗量一般参照定额进行确定。在编制招标控制价时一般参照政府颁发的消耗量定额(全国各地表现方式略有不同，一般采用普遍使用的计价定额)；编制投标报价时一般应采用反映企业水平的企业定额，投标企业没有企业定额时可参照消耗量定额进行调整。

国家或省级、行业建设主管部门颁发的计价定额通常都明确规定：执行定额计价时，除规定允许调整、换算者外，一般不得因具体工程的人工、材料、机械消耗与定额规定不同而改变定额消耗量；投标单位编制投标报价时，若参照计价定额适度调整基本消耗量后作为自己的企业定额使用，在当前还没有哪个规定说不可以，因此投标报价中的基础消耗量不必强求与计价定额一致，并且对投标报价中价格评审往往针对总价以及综合单价整体而言；当工程施工合同约定按照某计价定额计价时，则应当遵守该计价定额的规定，即基础消耗量除允许外不可调整。

通常设计图纸中标注的做法和定额做法不同时,计价定额中的基本消耗量是允许调整的。如钢筋混凝土工程中,设计的混凝土强度等级和定额中给定的不同时,就应该对混凝土强度等级进行换算,其实质上就是调整了该定额中的水泥、砂石等材料用量。计价定额中对具体哪些定额子目允许调整、如何调整的规定一般在定额的总说明中、每章的分部分项工程的说明中或者是定额子目下的注或说明里,会有比较详细的规定和说明。因此,为准确、合理地套用定额正确计价,造价编制人员、造价审核人员应认真研读所用定额的总说明、各章节定额编制的内容与使用说明。

对定额使用合理性审核主要表现为以下几点:

(1)定额套用专业合理性审核。对于同一个分项工程项目在不同专业的计价定额中都有相应子目。如同样是挖土方,我省现行的建筑工程定额、市政工程定额、公路工程定额中都有相应的子目,具体套用何种定额应根据该土方工程所属工程范围、定额的规定。如果是某小区用地红线内的土方,通常应套用建筑工程定额;如果是小区以外的属于市政管理部门管理的土方工程应该套用市政定额;属于公路管理部门管理的工程应该套用公路定额。即定额套用应符合定额说明中的适用范围,只有相应定额中没有的才可以借用其他专业定额中相应的定额子目,或者根据工程合同中对定额套用的约定,按合同约定的定额来计价。

(2)定额子目与工程符合性审核。即审核所套用定额子目所对应的工程内容是否与工程设计要求的工程内容一致,定额子目的套用是否有错误、是否有重套现象。如江苏建筑与装饰工程定额中的金属结构构件,定额单价中已包括刷一遍防锈漆的工料,则不可再重复套用金属面防锈漆项目;再如地下室的混凝土墙或半地下室的挡土墙,不好套用上部直形墙定额子目(最主要是人工消耗量指标不同)。

(3)调整换算定额子目准确性审核。首先审核该项目定额是否允许调整换算,如果允许则审核换算的准确性,如调整换算的内容是否与设计图纸、设计变更及现场签证要求相符,是定额子目中人工、材料、机械的全部换算还是部分换算,换算的方法及采用的换算系数是否正确,换算的各类强度等级如混凝土、砂浆标号是否与标准相同等。

(4)补充定额合理性审核。由于新技术、新工艺、新材料的不断涌现,现行建设工程定额缺项不能满足需要的情况下,为了补充缺项所编制的定额称为补充定额。由施工企业提供测定资料,与建设单位协商议定,报请市建设工程造价管理机构核准后使用。

补充定额的工程量计算方法,与现行计价定额一致;补充定额中的人工、材料、机械消耗量,应以该工程的施工图纸、正常的施工条件、合理的施工方法、现行的施工及验收规范、质量评定标准、安全技术操作规程、施工现场文明安全施工及环境保护要求和有关规定为依据进行测定;补充定额中的人工、材料、机械价格均按该工程施工期间的市场价格,由发承包双方协商确定。

对补充定额的审核应注意审核补充的编制依据和方法是否正确,消耗量及价格是否合理。

3.3.3 投标项目中消耗量异常变动的审核

《建设工程工程量清单计价规范》(GB 50500—2013)中规定,"除本规范强制性规定外,投标价由投标人自主确定,但不得低于成本"。同时规定,"企业定额,国家或省级、行业建设主管部门颁发的计价定额和计价方法"等是编制投标报价的依据。因此,投标人编制投标报价时,对计价定额中的消耗量虽不必如同编制招标控制价般严格遵守,但是它也是投标报价的重要参考依据,是不适宜作大的调整变动的。相关部门颁发的计价定额反映的是社会平均水平,施工单位管理水平、生产技术水平无论怎样高超,浇 $1 m^3$ 混凝土构件都不可能只需 $0.9 m^3$ 混凝土消耗量。如果对投标报价项目中人工、材料、机械消耗量进行异常调整变动,势必会给评标、施工合同签署、合同履行与工程价款结算造成一定的困扰。

1) 招标阶段对消耗量异常变动的审核

建设工程的投标报价,是投标人按照招标文件的要求,根据该投标企业的实际管理水平和技术能力、各种环境因素等,对承建投标工程所需的成本、拟获取利润、相应的风险费用等综合考虑后提出的报价。投标报价是企业能否承揽到工程的一个关键性因素,同时也决定了承揽到工程后是否能有盈利,投标报价是最终工程价款结算基础。

招标评标阶段招标人组建的评标委员会应根据招标文件的评标规则对各投标人投标报价进行详细评审,对其中消耗量异常变动的价格也会作出评审,但是一般不会就此作出废标的结论。

投标报价中分部分项工程项目的综合单价组成与招标控制价相同,由人工费、材料费、机械费、管理费和利润组成,投标人可以依据企业定额和市场价格计算,也可以按计价定额规定计算,但是不得违背建设工程工程量清单计价规范、工程造价计价的相关政策及组价办法等规定。在对投标人的综合单价进行详细评审时,大多数地方的做法是将投标人投标报价中的综合单价与招标控制价中同一清单项目的综合单价进行对比,设置一常规合理偏差区间,超出这一区间的综合单价由评委利用其专业知识进行评判,判别其是否异常、是否低于成本、是否属于过度不平衡报价。对于异常的投标报价可作为扣分点,扣减一定分值。

在对投标人的综合单价进行详细评审时,有要求考察投标人投标报价文件中综合单价的主要消耗量指标及各种消耗量之间的比例关系是否符合有关行业技术标准的要求,实质是将投标人报价中综合单价的消耗量与计价定额中消耗量关系进行比较,如果投标报价的消耗量高,说明投标人管理水平、专业技术水平较低,或者是其不平衡报价的结果;如果投标报价的消耗量偏低,则不能满足完成一定计量单位的分部分项工程的实际消耗需求,说明投标人存在非理性竞争的嫌疑,报价有低于成本的可能。

在招标文件中没有明确规定"投标报价综合单价组价时消耗量偏差超过多少是重大偏差,作废标处理"的情况下,评标委员会不应当因为投标文件部分项目有过低的投标消耗量、过低的单价而认定投标报价低于成本。当投标人按招标人提供的工程量清单填报价格,其填写的项目编码、项目名称、项目特征、计量单位、工程量与招标人提供的一致时,评标委员会不宜直接判定该投标文件为废标。同样,评标委员会也不可因为投标文件部分项目有过高的投标消耗量、过高的单价而认定整个投标报价是高于成本。

但是评标委员会往往要求投标人对人工、材料、机械消耗量偏差大的项目给出详细分析资料,并记录在评标报告中,为后期合同的签订、工程管理、价款结算提供指引;同时,当评标委员会认为经评审认定所有不合理的偏差项目合价与评标基准值(如招标控制价中项目单价)的合价差值,其总额大于投标文件列明的利润总额时,评标委员会是可以认定投标人是以低于成本的价格投标,其投标文件可以认为是废标。

2) 价款结算时消耗量异常的项目

投标人的投标报价中部分项目的人工、材料、机械消耗量异常其原因不外乎两个:一是减少部分消耗量降低分部分项工程的综合单价,从而降低总投标报价以增加中标机会;二是提高部分消耗量抬高分部分项工程的综合单价,利用不平衡报价,希望在中标后取得超额收益。投标人如此行为存在着一定的风险。

(1) 投标时消耗量偏低的项目。由于投标报价时消耗量偏低以致综合单价较低的项目,视为投标人的让利,不能作为未来合同价款的调整因素。

在现行工程量清单计价规范 6.2.7 中规定:"招标工程量清单与计价表中列明的所有需要填写单价和合价的项目,投标人均应填写且只允许有一个报价。未填写单价和合价的项目,可视为此项费用已包含在已标价工程量清单中其他项目的单价和合价之中。竣工结算时,此项目不得重新组价予以调整。"连投标报价时"未填写单价和合价的项目"在竣工结算时,都不得重新组价予以调整,何况投标报价单价低的项目。因此即使是在价格可以调整的合同中,中标人也应自己承担在投标文件中自主报价低于市场价格所带来的风险。

对于投标综合单价较低项目的结算,按照合同规定在工程完工后,发承包双方应在合同约定时限内办理工程竣工结算。采用固定单价合同的项目,分部分项工程费应依据双方确认的工程量、合同约定的综合单价计算;如综合单价发生调整的,以发承包双方确认调整的综合单价计算。即投标综合单价在合同约定的范围和幅度内不作调整,超过约定范围和幅度的调整办法在合同中约定。

值得注意的是在计算调整额时,使用的是投标期基准单价而不是投标报价,基准单价的采用原则是"招标人应优先采用工程造价管理机构发布的单价作为基准单价,未发布的,通过市场调查确定其基准单价"。这也体现了采用工程量清单计价方式时,投标人需承担投标报价风险。

(2) 投标时消耗量偏高的项目。投标报价时消耗量偏高以致综合单价较高的项目,在中标后合同履行过程中由于不同的情形、不同的处置方式,中标人存在着获取超额利益的可能。

① 如果投标项目的消耗量适度偏高,或者投标项目的消耗量偏高但单价略低致使综合单价并不高得离谱的项目,即在招标人容许偏差范围内的项目(如某招标人给出容许偏差为招标控制价的综合单价的 10%),采用固定单价合同的项目在工程完工后,发承包双方应依据双方确认的工程量、合同约定的综合单价正常结算。这是正常适度的不平衡报价,适度的不平衡报价发包人通常能接受。

② 投标人部分投标项目的消耗量提高而使综合单价提高,或者将投标项目的消耗量提高而将材料单价降低,而在工程实施过程中通过材料变更等行为再提高单价而获取不正当超额利益,这种情况现实中比调低定额消耗量更为常见。如果中标项目中有这样的项目,而评标委员会在评标时对此没能提出评审建议,或者是招标人对评审建议没有引起重视在合同签订过程中没有对此进行调整防范,并且在后期工程价款结算时也认可了这种行为不再争取,那么合同第一,投标人就可能获得由恶意不平衡报价带来的超额利益。

但是对发包人而言,不平衡报价尤其是恶意不平衡报价将导致低价中标,高价结算,并且掩盖了工程项目的实际投资成本,增加工程项目的投资风险,因此有不少项目的业主对此也很重视,从工程招标开始就注意防范投标人的不平衡报价带来的投资风险。比如有些发包人在招标文件中就有相对防范措施:对投标报价的各组成部分分别设立招标控制价,而不只是对总价编制控制价;招标文件中规定工程量由承包人核对,有争议的在投标答疑前提出,除招标人要求或设计图纸变更外,不做增减;投标人需提供综合单价分析表,在询标时对典型不平衡报价解释其合理性;规定项目不合理报价偏差累计金额超过控制价多少时,评为废标;评标时,可以设置基准价,评标人筛选出若干价格过高的清单项,并把这些项进行记录作为施工合同一部分,在实际工程结算时如果实际完成工程量大于招标文件工程量,则超出部分按照评标时此清单项的基准价进行结算,而不是投标人的报价;合同条款中规定若清单分项工程变更过大,则应对该分项工程重新组价,并明确相应的组价方法;针对中标人报价不平衡的程度要求其加大履约担保的额度等。

　　发包人在合同签订阶段可以更加有效地采取对恶意不平衡报价的防范措施。比如针对投标人部分投标项目的消耗量过高问题,在合同签订前,发包人可按国家或省级、行业建设主管部门颁发的计价定额的规定对中标候选人或中标人的投标报价进行详细核实并修正;再比如合同条款中明确有关工程设计变更、增项、减项造成工程量变更而引起的综合单价的调整办法,投标人提高消耗量而采取的不平衡报价正是利用相关的工程变更而达到目的的,而在实际施工中变更又在所难免,所以为了不使其发挥作用就必须明确这部分的计价依据;再有是在合同条款中明确某些现有清单项目工程量大幅增加或者减少时的单价调整措施,投标人在报价阶段会对招标人的工程量清单进行了分析,并预测哪些项目工程量会增加、哪些会减少,从而进行不平衡报价。而招标人则对于那些工程量有可能大幅增减的项目要单独的注明其综合单价的调整办法,破解了投标人的招数,规避了风险,更便于后期的控制投资。

　　也有工程项目发包人直到工程项目结算时才发现投标人的报价问题,但是据理力争也能挽回部分损失。如某中标人在外墙面装饰抹灰项目中的主要材料消耗量提高至计价定额消耗量的5倍,而同时将材料单价予以大幅度下降,综合单价在正常范围。在随后的工程施工过程中按程序变更了墙面抹灰材料的品种。价款结算时,对于综合单价施工方提出根据"合同中有类似于变更工程的价格,可以参照类似价格变更合同价款",因此提出综合单价的计算方式:以投标报价中的消耗量乘以该墙面材料的市场询价再乘以投标时让利幅度(90%)。起初,发包方对这样的综合单价计算方式还是认可的,但是在看到此项目结算金额后不再淡定,称中标人的消耗量是定额量的5倍明显是不可能的,这是恶意的不平衡报价,是不正当竞争,是违法的,不同意如此结算,争议由此产生。后经市造价管理处协调处理,采用了计价定额消耗量、双方认可的市场价格予以结算。

　　③ 暂估价项目中的消耗量异常。工程量清单计价规范要求投标人在工程招标阶段,对因故不能确定准确价格的材料按发包人在招标工程量清单中给定的一个暂估价计入分部分项费中,而在工程结算阶段,则根据"给定暂估价的材料、工程设备属于依法必须招标的,应由发承包双方以招标的方式选择供应商,确定价格,并应以此为依据取代暂估价,调整合同价款";"给定暂估价的材料、工程设备不属于依法必须招标的,应由承包人按照合同约定采购,经发包人确认单价后取代暂估价,调整合同价款"。

　　如果投标人在投标报价时大幅度提高暂估价项目消耗量,则在工程结算时会获取非法超额利益,而发包人必然不会同意,由此产生结算争议。因为在现行的计价规范中没有明确规定暂估价项目中的消耗量的编制依据,没有制约条款,这对招标人是不利的。为了避免结算争议的产生,招标人可在招标文件中对暂估价项目的消耗量给出一合适界限区间,或者在合同中对暂估价的结算数量进行约定。当然,为避免结算争议,发承包方还应对暂估价最终结算价格的认定方式、调整价差导致综合单价增加或减少、是否调整相应的措施费、规费、税金等进行约定。

在事先没有约定情况下,如果发承包双方对暂估价结算量产生争议,造价审核人员也可借鉴现行工程量清单计价规范的 3.2.4 条款规定:"发承包双方对甲供材料的数量发生争议不能达成一致的,其数量按照相关工程的计价定额同类项目规定的材料消耗量计算。"

【例 3-7】 阳关花都小区道路人行道工程费用的审核。

案例背景:江苏 Y 市阳关花都小区道路人行道工程,由于本工程是小区道路实施后遗留的人行道工程,合同约定费用结算方式为按实结算:工程量按实际现场完成的工程量,套用《江苏省市政工程计价定额》(2014)进行定额计价,材料价格按市造价部门发布的指导价,没有指导价的按市场咨询价格,人工、机械价格按造价部门发布的指导价。施工完毕,费用由施工单位根据图纸结合实际施工情况进行计算上报建设单位,结算由建设单位委托某咨询公司进行审核。

道路工程设计做法:人行道面层采用 200 mm×100 mm×60 mm 面包砖,黏结层是 30 mm 1∶3 干硬性水泥砂浆,基层采用 120 mm 厚 C15 混凝土,100 mm 碎石垫层;缘石采用 280 mm×120 mm×1 000 mm 五莲红花岗岩火烧面,20 mm 1∶3 水泥砂浆。

结算审核过程中,施工单位、咨询单位对定额的套用有不同看法,后来意见统一,争议问题圆满解决。

争议问题分析:

(1) 面层材料的定额用量

人行道面层,施工单位套用定额为:2-373(换)铺设荷兰砖(定额计量单位:100 m²)。从定额子目名称来看,定额套用是正确的,但是该定额套用经过了换算,经查看发现定额材料消耗量发生了变化:原定额中主材由荷兰砖改为面包砖,材料消耗量由 97.752 m² 调整为 105 m²。定额中荷兰砖的规格为 200 mm×100 mm×(40~50)mm,现铺装的面包砖规格为200 mm×100 mm×60 mm,两种面砖所占的面积是相同的。

经现场查看,面包砖现场铺装采用密缝法施工,且施工单位加大了材料损耗量,因而调高了材料消耗量。根据市政工程质量检验评定标准 CJJ1-90 相关要求:"人行道面层铺砌必须平整稳定,灌缝应饱满,纵缝直顺允许误差 10 mm,横缝直顺允许误差 10 mm。"显然规范对人行道面层砖的铺砌施工缝作了明确要求,并且建设单位没有要求施工密缝施工。由此可见施工单位违反规范操作要求。因此,施工单位在人行道面层定额:2-373(换)中只能换面砖价格,不可改变面砖材料消耗量。

(2) 人行道基层定额子目套用

施工单位对"基层 120 mm 厚 C15 混凝土"定额套用方式是:

① 定额 2-365(换)C15 现浇混凝土人行道 70 mm

② 定额 2-401 C15 现浇侧石及人行道板基础 50 mm

咨询单位在审核过程中认为这样的定额套用方式不合理:首先,从施工方法来看,现场实际浇筑混凝土基层时,分两层进行施工的可能性不大。根据相关规范要求:混凝土浇筑层的厚度,如果采用平板振动器,不应大于 200 mm。显然人行道基层 120 mm 厚 C15 混凝土浇筑时厚度可以一次性浇到位,不需要人为分层浇筑施工;其次,查看定额工作内容,定额 2-365子目的工作内容是:①水泥混凝土,②浇人行道板;定额 2-401 子目的工作内容是:

人行道板的基础浇筑;再其次,查看定额的材料组成:定额2—365子目比定额2—401子目中多出草袋子和沥青砂两种材料。草袋子是路面面层养护所用的材料,质量要求较高,沥青砂是路面伸缩缝填缝用的材料。由此可见基础浇筑和面层混凝土浇筑要求的质量标准、工作内容都不一样。本工程套用用定额2—401子目更合适。

咨询单位对"基层120 mm厚C15混凝土"定额套用意见:套用定额2—401子目,将定额中的混凝土材料消耗量(厚度50 mm)可以按照等量调整为(厚度120 mm)的混凝土材料消耗量,相应机械台班量按比例调整,人工消耗量适当增加。

(3)定额重复套用问题

图纸道路做法中有"1:3水泥砂浆"做法,施工方认为这是面层和基层之间的承重连接层,施工时也确实实施了,应该单独套用定额子目。

咨询单位认为面包砖和花岗岩火烧面相关定额套用子目中已经包含安砌用水泥砂浆1:3的材料用量,不应再重复套用相关定额子目。理由如下:

① 图纸做法:1:3水泥砂浆是作为安砌用砂浆施工。

② 2—393定额子目工作内容:已经明确包含了安砌用砂浆工序,定额材料中包含了安装用砂浆材料消耗量。

③ 依据2014版计价定额问题说明:"问题:市政定额(2—388～2—393)中1:3水泥砂浆为勾缝砂浆,1:3石灰砂浆按01/04定额解释为侧平石的基础,现道路工程侧平石的基础设计为混凝土基础,1:3石灰砂浆应取消,原01/04定额有这类说明,现2014定额缺少相关说明。回复:2—388～2—393中1:3水泥砂浆为勾缝砂浆,1:3石灰砂浆为安砌砂浆,实际为混凝土基础则扣除安砌砂浆后另套相应定额。"

从上述说明结合本工程做法,无论是面包砖还是花岗岩火烧面面层,1:3水泥砂浆都是作为面层的安装用砂浆。而且2—373和2—393这两个定额材料中均包含安砌用的水泥砂浆。因此,虽然图纸上有这个工程量,施工时也确实实施了,但"1:3水泥砂浆"费用不可以重复计取。

【例3-8】 沿街商住楼招标控制价答疑。

案例背景:江苏省J市某沿街商住楼工程,结构形式为短肢剪力墙结构,地下1层,地上10层,建筑面积约7 080 m²,建筑总高度36 m。地上1层为层高4 m的商业用房,2～10层为层高3 m的居住用房,建筑檐口标高为31.6 m,室外地坪标高为—0.6 m。招标文件中说明,本工程采用固定总价合同,投标人的投标报价应为完成施工图纸的全部工程,若无相关设计变更,除招标文件及施工合同约定允许调整外,价格不予调整。建设单位采用邀请招标的方式选择承包商,有五家施工单位应邀投标。建设单位委托某咨询单位编制了招标文件、工程量清单和招标控制价。招标人要求投标人对工程量清单、招标控制价进行复核,并在规定时间内向招标人提出问题,问题属实则由招标人进行澄清、更正。

问题提出:

各投标人在规定时间内,对土建工程的招标控制价提出了一些问题,其中主要问题如下:

(1)投标人A提出,本工程类别有误,应为二类工程,而控制价中按三类考虑。

(2)投标人B提出,本工程挖土方组价方式错误,全部为机械挖土,没有考虑人工修整。

(3)投标人C提出,措施费计算有误,超高费、脚手架超高增加费计算有遗漏。

（4）投标人 D 提出，本工程中剪力墙中的暗柱应套用 T、L 型子目。

问题分析与解决：

（1）投标人 A 提出，本工程虽然从楼层数、檐口高度来看达不到二类工程的类别标准，但是根据江苏省费用定额中建筑工程类别划分说明的第 16 条："有地下室的建筑物，工程类别不低于二类。"所以本工程按照二类工程计取管理费和利润。

招标人、招标控制价编制人员又查阅了相关定额、文件规定后，同意在计价时按照二类工程考虑。

（2）投标人 B 提出，本工程挖土方组价方式错误，根据江苏省建筑工程计价定额土、石方工程的说明："机械挖土方工程量，按机械实际完成工程量计算。机械确实挖不到的地方，用人工修边坡、整平的土方工程量按人工挖一般土方定额（最多不得超过挖方量的 10%），人工乘以系数 2。"常规做法是挖土土方量的 90% 按机械挖土，土方量的 10% 按人工挖土，人工乘以系数 2。B 还提出，因本工程挖土深度达 4.8 m，因此还应考虑"挖土深度超过1.5 m 增加费"，套用相关定额。

招标人、造价编制人对此有点不自信了，特咨询了造价管理处专家。专家给出意见：挖土工作量中考虑部分人工是应该的，但是这里类似于借用定额，已经考虑了工作量差异给了 2 倍的人工消耗量，不可再考虑"挖土深度超过 1.5 m 增加费"，因此，挖土按"土方量的 90% 按机械挖土，土方量的 10% 按人工挖土，人工乘以系数 2"进行组价。

（3）投标人 C 提出，本工程超高费只计算了"超过 6 层部分的按其超过部分的建筑面积计算"的超高增加费，没有计算底层"如层高超过 3.6 m 时，层高每增高 1 m"的增加费。

脚手架部分只计算了按建筑面积计算的综合脚手架，根据江苏省建筑工程计价定额脚手架的说明，单位工程在计算了综合脚手架后，遇到有关还应另列项目计算："各种基础自设计室外地面起深度超过 1.50 m（砖基础至大方脚砖基底面、钢筋混凝土基础至垫层上表面），同时混凝土带形基础底宽超过 3 m、满堂基础或独立柱基（包括设备基础）混凝土底面积超过 16 m² 应计算砌墙、混凝土浇捣脚手架。砖基础以垂直面积按单项脚手架中里架子、混凝土浇捣按相应满堂脚手架定额执行；""层高超过 3.60 m 的钢筋混凝土框架柱、梁、墙混凝土浇捣脚手架按单项定额规定计算；"而本工程混凝土基础的深度、混凝土底面积都满足要求，应按此规定计算混凝土基础浇捣脚手架费用；底层层高为 4 m，因此也应按钢筋混凝土框架柱、梁、墙混凝土浇捣脚手架单项定额规定计算。

招标人澄清：超高增加费中"如层高超过 3.6 m 时，层高每增高 1 m"的增加费，定额考虑的是 20 m 以上的层高超高增加人工部分所对应的降效，20 m 以下部分是不考虑人工降效的。因此本工程 4 m 的底层是不可以计算这一费用的。

脚手架工程中在计算了综合脚手架后，按照江苏省定额规定，遇到混凝土基础超大超深、混凝土框架超过 3.6 m，确实应按投标人 C 所说计算单项脚手架，因此补充这两项单项脚手。

（4）投标人 D 提出，根据结构施工图，本工程中剪力墙中有若干暗柱两边之和小于2 m，应套用 T、L 型柱子目，而招标控制价中基本套用的是直形墙，不妥。

招标人澄清：暗柱属于剪力墙中的加强部位，本身属于混凝土墙体的一部分，若暗柱、端柱两边之和超过 2 000 mm，是按直形墙相应定额执行；只有两面突出墙体两边之和小于 2 m 的暗柱、端柱才按 L、T 型子目相应定额执行。所以本工程中暗柱定额套用是正确的,不用改。

【例3-9】 某仿古建筑项目招标控制价审核。

案例背景:江苏省 Y 市政府投资的低碳示范建筑项目位于该市老城区,由六栋三层框架结构、一栋一层砖木结构、一栋两层砖木结构的建筑组成。为彰显 Y 市文化古城的特点,该项目在低碳环保绿色的宗旨下,同时融合仿古建筑元素,外墙面、屋面等部位均采用仿古设计。该项目从项目立项后便开始了跟踪审核。在招标方案确定后,招标人通过招标方式选择 A 造价咨询机构编制工程量清单与招标控制价,跟踪审核单位在对招标控制价审核过程中,发现了一些问题并予以了解决。

(1)定额适用。A 咨询机构在定额选择时,将六栋框架结构建筑的基础、主体混凝土结构计价时套用《江苏省建筑与装饰工程计价表》(简称土建定额),按土建标准计费,其余项目套用《江苏省仿古建筑与园林工程计价表》(简称仿古定额),并按仿古建筑工程费用标准计费,理由是这六栋框架楼的外墙面、屋面盖瓦等工作内容与整体仿古工程做法是完全相同的;另外两栋砖木结构计价时全部执行了仿古定额,并因为这两栋建筑的施工内容绝大部分是运用仿古做法和材料进行,因此划归为完全的仿古建筑,不再拆分为土建和仿古两部分。

审核意见:根据仿古定额计算规则说明:"一般建筑工程中仿古部分的项目,执行《江苏省仿古建筑与园林工程计价表》,按仿古建筑工程费用标准取费,其他套用《江苏省建筑与装饰工程计价表》,按一般建筑工程费用标准取费。"计价表与费用计算规则应配套使用,编制控制价时按仿古专业和土建专业分别套用。

本项目六栋框架建筑除了基础和主体混凝土结构应套用土建定额外,其楼地面工程、墙柱面工程的做法和普通土建工程做法也是完全相同;另两栋砖木结构的基础部分做法也与一般土建工程基础做法相同,因此该部分应按土建定额套用。

因此,最终该项目每个单体工程均应分为两部分,分别套用仿古和土建定额:六栋框架建筑楼的基础、混凝土结构、楼地面、墙柱面以及两栋仿古建筑的基础部分套用土建定额,其余部分均套用仿古定额,并且按相应费用计算规则取费。

(2)工程类别的划分

A 咨询机构在招标控制价中确定工程类别时,将所有单体工程都是按照建筑和仿古两个专业分别取费,全部执行相应专业三类工程的管理费和利润费率。理由是本项目中是部分仿古,施工难度是不能跟殿、堂、楼、阁、榭、舫等仿古建筑相比,因此工程类别也不能完全按照费用定额中关于类别的划分标准,需降低等级。

审核意见:本项目所有土建部分均属于三类工程,但仿古部分应按照仿古工程的类别划分标准确定工程类别和取费标准。六栋框架结构建筑的建筑面积均超过 800 m^2,且设计有重檐,根据江苏省费用定额工程类划分标准,重檐建筑属于一类工程,因此应按照仿古一类工程取费;两栋砖木结构建筑面积介于 150~500 m^2,属于二类工程,应按照仿古二类工程取费。

(3)部分项目定额套用问题。经审核发现招标控制价中的部分定额子目套用不准确,例如:

① 本项目中所有单体的小青瓦屋面盖瓦项目均套用"走廊、平房蝴蝶瓦屋面"。仿古定额中将小青瓦屋面按屋面形式分为走廊平房、厅堂、大殿、四方亭、多角亭蝴蝶瓦屋面等项目,其中走廊平房是结构最简单的房屋,规模较小,木屋架结构为四界,或带前廊成为五界,

屋顶为人字坡屋顶;厅堂较平房复杂,一般木屋架在四界基础上,前面设轩后面设廊,房屋进深常为六界至九界;大殿较厅堂规模更大。本项目中,六栋框架楼显然不属于走廊和平房,但又未达到"大殿"的规模标准;两栋砖木结构仿古建筑屋面的木屋架是六界(即七架梁),应算作厅堂,因此本项目盖瓦均应套用"厅堂蝴蝶瓦屋面"项目。

② 本工程要求外立面参照本地区传统做法,外墙墙面采用青砖青灰砌筑,同时墙面上钉有铁扒锔(铁扒锔具有类似于现代建筑混凝土圈梁的加固作用),而招标控制价中外墙采用普通混合砂浆砌筑(二者价格相差较大),且未考虑铁扒锔。因此,招标控制价中此处作了调整:外墙青砖青灰砌筑;因铁扒锔无指导价且不能确定数量,暂不进入招标控制价,但在编制说明中注明,施工中如有发生,按实调整。

③ 本项目设计图中大门两侧垛头未标明具体做法,但立面图明确显示该部分为砖细,招标控制价中仅按普通墙体砌筑计算,这二者价格相差过大。因砖细门楼处垛头具体做法暂时未定,因此不能确定价格,最终以 20 000 元/座计入暂估价。

(4) 措施项目的设置。招标控制价中,措施项目考虑欠妥,仅计算了外墙砌筑脚手架和内墙抹灰脚手架,审核认为招标控制价编制应根据工程特点按仿古工程的常规施工方法来设置措施项目费,以下几项措施费通常也应考虑:

① 木构架工程脚手架。仿古定额规定"檐口高度超过 3.60 m 时,安装立柱、架、梁、木基层、挑檐,按屋面水平投影面积计算满堂脚手架一次。"而本项目中两栋木结构的建筑檐口高度均超过 3.60 m,其仿古大木结构安装过程中需考虑满堂脚手架搭设。另外,仿古大木结构安装也可能需要吊机进场,不过由于本工程木构架尺寸相对较小,也可以不使用吊机,而且吊机属于可以自行行走的工程机械,因此不必考虑其进出场费用,如产生可由投标单位自行将吊机使用费综合考虑在相应报价中。不过计算了满堂脚手架后不再计取内墙抹灰脚手架。

② 屋面檐口安装工程脚手架。本项目所有单体工程檐高均大于 3.60 m,需考虑屋面檐口安装工程脚手架,重檐屋面还需按每层分别计算。

③ 垂直运输。为保证材料的垂直运输,六栋框架结构的建筑应考虑垂直运输机械的使用,由于本项目框架结构建筑之间间距较小,可按每两栋框架建筑安装一台卷扬机考虑。

(5) 不平衡报价的防范。在设计图纸中,六栋框架结构的屋面基层均设计有"望砖铺设",招标控制价中也计算了望砖铺设项目,但审核阅读图纸后再结合实际常规做法,得出结论:常规做法中混凝土屋面板上是不需要铺设望砖的,该项工作内容在实施过程中很可能取消,该项目的存在为承包商采用不平衡报价提供了一个可行的契机,为有效地应对承包商的不平衡报价,审核建议:将"望砖铺设"项目以暂估价形式计入招标控制价。

3.4 工程造价中价格的审核

工程造价涉及的范围较广,很多因素对工程造价的影响都比较大,如工程数量、消耗数量、人材机单价、取费规定等,而其中人材机单价尤其是材料价格的影响具有较大的波动性,并且具有直接性,因此对工程价格的审核必须给予足够的重视。通常人工、机械单价在工程中有很多相似之处,价格审核应根据合同约定,同时需根据相关建设行政主管部门的政策性指导意见;对于材料价格的审核主要依据合同的约定进行,同时要结合具体的工程状况对材料使用的实际需求程度,材料的实际使用状况,建设行政主管部门的政策性指导意见来进行;而对工程中费用、取费方式的审核主要根据相关建设行政主管部门颁发的费用定额的主导思想。

3.4.1 人工单价的审核

1) 造价文件编制中人工单价的审核

在江苏省范围内的工程,造价编制时用的人工工资单价主要依据省住房和城乡建设厅发布的人工工资指导价。人工工资指导价是动态价格,由各市造价管理处结合本地市场实际情况测算,报省建设工程造价管理总站审核,由省住房和城乡建设厅统一发布并作为政策性调整文件。一般每年发布两次,当建筑市场用工发生大幅波动时,则会适时发布人工工资指导价。

根据相关规定,编制建设工程设计概算、施工图预算、招标控制价时,人工工资单价必须按照江苏省住房和城乡建设厅发布的本地当期人工工资指导价标准执行,人工工资指导价作为动态反映市场用工成本变化的价格要素,计入定额基价,并计取相关费用。因此,在审核设计概算、施工图预算、招标控制价时,需注意其中的人工工资是否是"当期人工工资指导价",应注意审核其工资标准的有效执行时间。

施工企业投标报价原则是自主报价,可以参考造价部门发布的人工工资指导价。因此,一般在审核施工单位的投标报价时,主要针对各投标企业的投标总价,兼顾各分部分项工程综合单价的报价偏差,评审其是否低于成本(当然也不能高于招标控制价),一般无须单独评审其人工单价。

2) 竣工结算中人工单价的审核

建设工程竣工结算中的人工单价即工程合同中的人工工资单价,一般是中标人投标报价中的人工工资价格。施工期间如果遇到建设市场人工费价格波动,由于人工工资单价是影响工程造价的较敏感因素,工程结算双方出于各自的不同立场对人工工资调整单价的取值常常会有不同意见,进而会引起争议。通常遇到建设市场人工工资调整,首先应按合同约定方式调整结算造价中的人工工资;如果合同中对此没有约定,则按当地造价部门发布的有关政策规定执行。造价审核时即按此规则进行审核。

全国各地对人工工资的调整政策不尽相同,江苏省为切实保障建设工程施工人员的合法权益,有效控制和合理确定建设工程造价,特发文给出我们江苏省建设工程人工工资单价实行动态管理的具体办法,即江苏省关于建设工程人工工资的政策性调整文件。

根据江苏省的政策规定,招标人的招标文件、施工合同必须明确计价中的所有风险内容及其范围,不得采用无限风险、所有风险或类似语句规定计价中的风险内容及其范围。在风险因素中,国家法律、法规、规章和政策变化,省级建设行政主管部门发布的建设工程人工工资指导价调整应由发包人承担;但承包人对人工费或人工单价的报价高于所发布人工指导价的除外。发包方应在招标文件及施工合同中考虑人工工资指导价调整因素,不得限制人工费用的合理调整。发承包双方应在施工合同中明确约定人工费调整方法。

施工合同没有约定时或约定不明确时,人工工资单价均按照施工期间对应的当期人工工资指导价进行调整,并扣除原投标报价中人工单价相对于基准日人工工资指导价的让利部分。具体可按如下办法执行：

（1）江苏省住房和城乡建设厅各期人工工资指导价发布之日之后实际完成的工程量部分人工单价按照施工期间对应的人工工资指导价进行调整，并扣除原投标报价中人工单价相对于基准日人工工资指导价的让利部分。其结算人工工资单价价差调整公式应为（当 $P_1 \geqslant P_0$）：

$$P = P_n - P_0 - (P_1 - P_0)$$

式中：P——结算人工单价调整价差；

$\quad\quad P_n$——施工期间当期人工工资指导价；

$\quad\quad P_0$——合同中让利之后的人工工资单价；

$\quad\quad P_1$——基准日人工工资指导价（招标工程以投标截止日前 28 天、非招标工程以合同签订前 28 天为基准日）。

（2）江苏省住房和城乡建设厅各期人工工资指导价发布之日之后实际完成的工程量部分人工单价按照施工期间对应的人工工资指导价进行调整，如施工合同中有未确定让利幅度的人工工资单价。其结算人工工资单价价差调整公式应为：

$$P = P_n - P_1$$

式中：P——人工单价调整价差；

$\quad\quad P_n$——施工期间当期人工工资指导价；

$\quad\quad P_1$——基准日人工工资指导价（投标截止日前 28 天）。

（3）人工费调整公式应为：$\sum$ 各分部分项工程及单项措施费工程中江苏省住房和城乡建设厅各期人工工资指导价发布之日之后实际完成的工程量×相应人工消耗量×P。

（4）各期人工工资指导价调整价差部分不下浮，计入定额基价，原则上根据投标报价口径计取相关费用。

因发包人原因造成工期延误的，延误期间发生的人工单价上涨差额由发包人承担；因承包人原因造成工期延误的，延误期间发生的人工单价上涨差额由承包人承担。

3.4.2 材料单价的审核

在建筑工程造价构成中，材料费占了较大的比重，一般土建工程中材料费占工程造价的 65% 左右；而在装饰工程及安装工程中，材料费用的比重占项目工程造价的 75% 左右；一些等级较高的装饰工程，其比重甚至达到 85% 以上。因此，如何正确有效地控制材料费用，合理确定材料价格，控制投资风险，是工程项目业主进行投资控制的重要任务之一。投标时如何合理确定材料单价、确定综合单价使投标总报价具有竞争力，工程实施时如何有理有据地计算材料结算价格获取自己合法利益，这是施工企业项目管理系统中的重要内容之一。

1）造价文件编制中材料单价的审核

编制建设工程概预算、招标控制价时，材料单价必须按照当地工程造价管理机构发布的工程造价信息中的指导价；工程造价信息中没有发布的则参照市场价。因此，在审核设计概算、施工图预算、招标控制价时，需审核工程中乙供材料价格是否按工程所在地造价管理机构发布的指导价执行，信息指导价中没有的材料价格是否是经市场询价取得，是否符合市行情,审核价格取定是否合理。

　　还应注意审核招标控制价中的暂估价。首先审核暂估价设置范围是否合适,材料通常应该是新型、非通用或其他原因暂时确实不能确定其价格的方可设为材料暂估价;其次审核暂估价标准的合理性,暂估价的价格标准应在充分进行市场调查的基础上合理确定,按照质量适度、成本最优原则合理确定其价格,以保证未来价格控制在合理范围内,降低价格风险;最后再检查招标文件中是否已详细描述暂估价项目特征、明确最终价格的认定方法、依据及结算处理原则,以避免项目实施中出现纠纷。

　　工程量清单规范规定:"发包人在招标工程量清单中给定暂估价的材料、工程设备属于依法必须招标的,应由发承包双方以招标的方式选择供应商,确定价格,并应以此为依据取代暂估价,调整合同价款;发包人在招标工程量清单中给定暂估价的材料、工程设备不属于依法必须招标的,应由承包人按照合同约定采购,经发包人确认单价后取代暂估价,调整合同价款。"

　　投标报价时材料单价可以参考造价信息中的指导价,结合诸如工期长短、付款条件、市场风险等多种因素后由投标人自主确定,投标人对投标报价中的材料单价有较大的自主权,只要不被评标委员会认定是"低于成本"的材料单价基本都在可行范围,这里的"成本"是投标企业的"个别成本"。

　　对投标报价中材料单价评审时的依据就是招标文件,一般发包人对材料单价过低的会有些限制条款。如某招标文件规定:"投标人填报的工程主要材料的单价明显低于同期市场或其他投标人的价格且不能提供证明资料的,应当否决其投标。"什么可以算是"证明资料"?如某招标文件中规定:"工程主要材料单价远低于同期本市造价管理部门发布的市场信息价的最低价格时,应附有材料供货单位的书面供应承诺。书面材料中要列出供货单位对材料的品牌、规格、质量等级、单价、数量等内容的承诺,并提供相关票据文件等证明资料。"也有发包人为限制不平衡报价,对过高、过低的材料单价都有限制,如某招标文件中规定:"在本招标项目中评标计分时,以取得投标总报价最高分的投标报价为样本,按单项材料费占整个项目工程的材料费的比值,从高至低选取前二十项进行评分。优:抽出的项目中有90%以上的项目单价来源有依据,且与材料价格基准价的差值的绝对值在5%以下范围内;""差:抽出的项目中有70%以下的项目单价来源有依据。关于材料价格基准价的确定:去掉30%的最高单价和10%最低单价后的平均值为基准价。""评标计分为差者,应当否决其投标。"

　　对投标报价中材料单价的审核还应结合材料品质。如某室内装饰工程,招标人对地砖、墙砖的报价要求是中档,并列举了5种市场上常见的参考品牌。中标单位报价中地砖、墙砖材料价格几乎都只有招标控制价中材料价格的一半,相差较大,评标专家没有提出质疑,这家施工单位因价格优势中标。合同签订后,发包方要求施工单位按参考品牌提供样品,施工单位这时提出其报价的品牌是"××牌",并未按参考品牌报价,并说你既然是"参考",则"不是强制",则我可自主报价,而且评委也没说什么,说明这样是可以的,并且都已经中标了,合同也已签订,就更没问题了。发包人看看设计方案中艺术作品般的效果图,再对比下施工单位提供的样品,再结合施工单位的"停工、堵门"的威胁,发包人为了保证工程质量、息事宁人,只得"变更"确定墙地砖品牌。这直接导致工程造价的大幅度增加。因此,评标委员会在评标时碰到异常的材料价格时,应该严格把关,至少应在评标报告中注明提请发包人注意。

　　对投标报价中材料暂估价的评审是检查其是否按照招标人确定的价格计入分部分项

费、专业工程暂估价是否按照招标人确定的项目与价格计入其他项目清单,是否有更改,一旦有更改则按招标文件的规定按废标处理。

2) 竣工结算中材料价格的审核

(1) 正常结算材料价格的审核。所谓正常结算材料意为工程合同正常履行的项目,是没有出现诸如工程变更、工程量偏差、物价变化等双方约定的需调整合同价款事项的项目,这类分部分项工程和措施项目中的单价项目按照现行工程量清单计价规范的规定,应依据发承包双方确认的工程量与已标价工程量清单的综合单价结算,即其中的材料单价应按双方合同约定价格、通常也是承包人投标时材料单价进行结算。

正常结算项目造价审核时也需再复核下其主要材料的规格、型号是否符合合同约定;材料的数量是否是工料分析表中的材料数量;材料价格是否按合同约定计取。

(2) 需调整价格的材料单价的审核。现行工程量清单计价规范中规定如有物价变化、工程量偏差、法律法规变化等事项,发承包双方应当按照合同约定调整合同价款。对于材料价格的变动,主要调整的就是材料单价。具体调整方式,首先按照合同约定进行调整,当合同中没有约定或约定不明确时可参照工程量清单计价规范中的相应方式进行调整。如综合单价发生调整的,以发承包双方确认调整的综合单价计算。

即如果施工期材料单价(人工单价、施工机械台班单价)虽有波动但在施工合同约定的风险范围内,投标综合单价(合同单价)不做调整。工程结算价款是按合同约定应予计量且为实际完成的工程量与投标综合单价的乘积。如施工期材料单价的市场波动超过施工合同约定的风险幅度时,在工程量清单计价规范中这样规定合同价款的调整:

① 承包人投标报价中材料单价低于基准单价:施工期间材料单价涨幅以基准单价为基础超过合同约定的风险幅度值,或材料单价跌幅以投标报价为基础超过合同约定的风险幅度值时,其超过部分按实调整。

② 承包人投标报价中材料单价高于基准单价:施工期间材料单价跌幅以基准单价为基础超过合同约定的风险幅度值,或材料单价涨幅以投标报价为基础超过合同约定的风险幅度值时,其超过部分按实调整。

③ 承包人投标报价中材料单价等于基准单价:施工期间材料单价涨、跌幅以基准单价为基础超过合同约定的风险幅度值时,其超过部分按实调整。

值得注意的是在计算调整额时,使用的是投标期基准单价而不是投标报价,基准单价的采用原则是"招标人应优先采用工程造价管理机构发布的单价作为基准单价,未发布的,通过市场调查确定其基准单价"。这也体现了采用工程量清单计价方式时,投标人需承担投标报价风险。

因此,假如某材料价格波动较大,按照工程量清单计价规范中的规定是可以调整材料单价,但是如果双方合同中约定不调整,则该材料价格也只能是不调整。毕竟在工程中真正履行的是合同,而不是规范、政策,或者是某某文件。

结算材料价格调整审核时应注意以下几点:

① 准确核定材料基准价。在判定某材料价格波动时,参照标准不是承包人的投标材料单价,而是基准价。基准价由招标人在招标文件中发布,通常是某时期工程造价信息中发布的材料价格。其具体时期由招标人确定,如以招标文件发出时间,或者是投标截止日期前28天,或者是合同签订时间前一个月等。招标人在招标文件中同时还应明确可以调整材料

价格的材料名称、规格、型号,及各方承担风险范围、幅度和调整办法。

② 材料价格的准确核定。建设工程施工工期较长,材料的价格随着市场供求情况而波动较大时,造价审核人员应根据施工情况,对施工过程中材料上涨或下降幅度超过风险部分的采用加权平均方式确定材料价格。确认材料真实价格是项重点工作,造价管理机构发布的信息指导价目中有的材料价格,应按各期指导价执行;信息指导价中没有的材料价格应注意开展市场调研,并注意价格与时间之间的关联,以掌握真实的市场信息,确保价格核定工作有据可依。

对需调整材料的用量,应按施工期经核定实际完成合同工程量的相应材料用量来确定。

③ 防范不平衡报价风险。常有投标人利用不平衡报价方法,在投标时将某分部分项中材料单价报高,使该项目综合单价变高,而施工中通过变更增加该项目工程量,从而获取高额利润。这种情况下承包人是不会主动要求进行价格调整的,而是需要造价审核人员对此进行合理干预。工程量清单计价规范规定当工程变更导致该清单项目的工程数量发生变化,且工程量偏差超过 15% 时,该项目单价应按规定调整。当工程量增加 15% 以上时,增加部分的工程量的综合单价应予调低;当工程量减少 15% 以上时,减少后剩余部分的工程量的综合单价应予调高。

④ 注意材料价格低向波动者的价格调整。市场价格波动大多是向高处涨的,但也有向低处跌的。材料价格的下跌同样也需进行价格调整,只是此时是合同价款的下调,承包人在编制结算时常会对此选择性地忽略,造价审核人员应对下跌的材料价格按合同约定予以调整。

3.4.3 施工机械台班单价的审核

1) 造价文件编制中施工机械台班单价的审核

在造价编制与审核过程中,施工机械台班单价与人工单价有很多相似之处,又略有区别。

根据相关规定,编制建设工程概预算、招标控制价时,施工机械台班单价必须按照江苏省造价管理机构发布的现行施工机械台班单价。因此,在审核设计概算、施工图预算、招标控制价时,只需注意其中的机械台班费用标准的执行时间即可。

理论上施工企业在对施工机械台班费用报价时是完全可以自主报价,只需参考造价部门发布的施工机械台班单价。但是,由于现行造价管理部门发布的施工机械台班价格与当前市场行情比较切合,也有反映定额机械费计算还略有不足;另一方面,投标报价的自主报价也必须有依据,有理有据地调整修改施工机械台班单价的七大组成的价格并非容易,因此现实工程中绝大多数投标人投标报价时,一般很少在施工机械台班单价上行使自主权,较多的做法是按照省造价管理机构发布的现行施工机械台班单价报价,或者只略作调整。因此,在审核各施工单位的投标报价时,虽然也要审核是否有过高或过低的报价,但一般在施工机械台班单价上没有大问题。

2) 竣工结算中机械台班价格的审核

建设工程竣工结算中的机械台班价格单价按工程合同中的单价进行结算,如果施工期间建设行政主管部门发布了施工机械台班单价的调整文件,则一般按文件规定调整。当然,如果合同中有关于施工机械台班单价的调整的不同约定的,则按其约定调整。

3.4.4　工程造价中费用的审核

1）工程类别的审核

按江苏省现行建设工程费用定额,分部分项工程费和单价措施项目费综合单价中的企业管理费、利润的计取是根据相应不同专业的工程类别按费用定额规定标准执行的,即一般称为工程取费标准。如市政工程的工程类别划分是根据不同的标段内的单位工程的施工难易程度,结合市政工程实际情况划分为"一类、二类、三类"三个等级标准,其中"道路、排水工程"的企业管理费的计算基础是相应项目的"人工费+除税施工机具使用费",费率标准分别为26%、23%、20%。因此可看出不同的工程类别对总造价的影响,而不同专业的费率也是不一样的。

在编制建设工程概预算、招标控制价时,应按照建设工程费用定额中确定的相应专业的类别标准计算企业管理费和利润。造价审核时应根据费用定额中工程类别划分标准及划分说明判别工程类别是否正确。对于某些工程施工难度很大的或者是工程类别标准中未包括的特殊工程,难以确定其工程类别时,应由当地工程造价管理机构根据具体情况确定,并报上级造价管理机构备案。

投标报价时,管理费、利润属于可竞争费用,投标人可以参照建设工程费用定额中确定的相应专业的类别标准计算,也可自主报价,但是如果其管理费、利润远低于计价规范标准时,评标委员会应要求投标人提供详细的分析资料证明其不低于成本。

2）工程中总价措施费的审核

措施项目采用分部分项工程综合单价形式进行计价的工程量,应按措施项目清单中的工程量,并按规定确定综合单价,其编制、审核方式基本与分部分项工程项目相同;措施项目中总价措施项目,是以"项"为单位的方式计价。

(1)安全文明施工措施费的审核

安全文明施工措施费是不可竞争性费用。根据我国相关建设法规,编制设计概算、施工图预算、招标控制价、工程结算以及调解工程造价纠纷时,都应当按照建设主管部门规定的标准方法计价,且应当依据工程所在地工程造价管理机构测定的相应费率,合理确定工程安全防护、文明施工措施费。

在审核造价文件中的安全文明施工措施费时,造价审核人员需知道我国各地对安全文明施工措施费的计取方式差别较大,同一地方不同专业计取标准各自又有所不同,因此需审核安全文明施工费的计取基础、计取费率标准是否正确,是否符合当地政策规定。

(2)造价文件编制中总价措施费的审核

在审核工程概预算、招标控制价中的总价措施费时,应审核措施项目的选用和计价是否合理,有无多计、漏计或重复计取的现象,是否符合常规施工程序与方法,是否符合招标文件要求;措施费计费基础是否正确、费率标准是否合适等。如某学校的首期工程,按照工期定额其工期应有286天,而招标人(当地教育局)要求该学校在当年9月1日投入使用,招标人要求施工工期为150日历天,按相关规定应有赶工措施费。但造价人员在编制招标控制价时没有考虑赶工措施费,招标过程中投标单位对此提出了质疑,但由于时间的限制,招标人没能修改招标控制价。在施工中该项目的承包单位频频提出增加赶工措施费,否则不能按期竣工,而该项目最终的投资目标未能实现。

措施项目中除了安全文明施工措施费以外都是可竞争性费用。投标人应依据招标人提供的措施项目清单和投标时拟定的施工组织设计或施工方案自主确定措施项目中的总价项目金额。在对投标报价文件中措施项目评审时,必要时应与其技术标中的施工方案进行对比。如果投标施工措施费远低于国家及省计价规范标准时,投标人应提供详细的分析资料证明其合理性。

(3)竣工结算中总价措施费的审核

竣工结算时对总价措施费的审核主要应依据合同约定和实际施工情况。通常由发包人原因造成工程延期的,由此引起措施费用增加的应给予调整;工程变更引起实际完成工程量增减,分部分项工程费超过合同约定幅度时,措施费用应给予调整;工程施工期间因国家法律、行政法规以及有关政策变化导致施工措施费用变化的,应予以调整。

3)工程其他项目费的审核

其他项目(包括暂列金额、暂估价、计日工、总承包服务费)的审核应根据合同约定,其中暂列金额则与工程实施中的工程变更、现场签证有关,计日工的出现也是与现场签证有关,因此对此类费用的审核要点详见本书3.5节。

4)规费、税金的审核

规费、税金都是不可竞争性费用,都应当按照当地政策来计算,其审核相对简单,主要是计算基础是否正确、费率标准是否按照适时规定。

【例3-10】 某学校新建工程施工阶段跟踪审核。

案例背景:某造价咨询公司接受委托对本市一处学校新建工程进行施工阶段跟踪审核。该工程计划建安造价约1亿元,主要包含教学楼、综合楼、食堂及室外操场等工程,计划工期300天。该工程承包模式为施工总承包,已按要求履行招标投标程序确定了总包单位并与之签订施工合同,合同约定本工程的结算方式为固定单价模式。本工程在跟踪审核过程中出现几个争议问题并妥善解决。

主要争议问题:

(1)在施工过程中,为满足该工程的交付节点,业主要求施工单位必须在300天内竣工并验收交付,要确保该工程获得市优并争创省优。针对此要求,施工单位提出收取赶工措施费及按质论价费的申请。

(2)由于本工程基坑较深,施工单位在实际施工过程中对所有基坑侧壁均做了混凝土护坡。由于本工程招标控制价编制时未考虑护坡费用,施工单位针对护坡费用提出签证。

(3)施工过程中,施工单位提出材料商要求材料到场即支付材料款的95%,否则不予供货。因为此材料是建设单位招标时提供的参考品牌,因此要求建设单位提前支付此部分的材料款。

(4)本工程工程量清单及招标控制价中"土方"项目要求由施工单位自主考虑弃土运距。实际施工过程中由于客观原因导致基坑开挖时土方无法外运。为保证工程进度,建设单位在工地围墙外侧租用了一块场地用于本工程土方堆放,同时要求调整本工程"土方"清单的综合单价。

(5)本项目施工过程中,施工单位请造价管理部门对该工程类别重新进行了核定,将综合楼工程由原三类工程核定为二类工程。

(6)建设单位认为施工单位的外墙面砖实际价格过低,要求调整面砖单价。

问题分析与解决：

（1）关于赶工措施费及按质论价费的问题

经查看定额工期，本工程的国家定额工期为410天，现在要求工期300天，只有定额工期的73％，业主自己提出工程的创优要求，而招标控制价及投标报价中未考虑赶工措施费及工程按质论价奖励费用。因此从表面依据看，施工单位确实可以要求计取此部分费用。但是经查看招标文件及施工合同后发现，招标文件中明确要求本工程的工期为300天，并且要求该工程创市优质工程。即虽然是业主方在施工过程中要求工期、要求创优，但这两项要求早在招标时就已经提出，并非在施工时才提出。

虽然招标控制价及投标报价中均未考虑赶工措施费及按质论价费，但是根据本工程"固定单价"的精神，施工单位应在投标时提出招标控制价未考虑赶工措施费及按质论价费的问题，并要求建设单位做相应调整。但是施工单位在招投标过程中并未提出此问题，根据合同精神就可理解为投标人的报价中包含了为满足工期和质量要求所必需的增加性费用。

因此跟踪审核方最终给出的建议是：赶工措施费不予考虑，如果施工单位能获得"扬子杯"，建设单位可以支付省优工程和市优工程的奖励费用差额部分。针对创优奖励费的问题建设单位及施工单位应根据协商结果签署补充协议，以便于后期结算。该建议被接受。

（2）关于基坑护坡费用问题

经查看设计图纸、招标文件及投标文件后发现，本工程设计中对基坑护坡没有提要求。根据住房和城乡建设部文件建质〔2009〕87号《危险性较大的分部分项工程安全管理办法》中规定基坑开挖深度超过5 m（含5 m）需要出具深基坑专项施工方案并进行专家论证。本工程中有一处地下消防水池基坑设计深度超过了5 m，在施工过程中，设计单位针对此部分基坑护坡补充了专项设计方案，做法为5 cm厚混凝土钢丝网护坡。

经查看施工单位的投标文件后发现，其在投标技术方案中对基坑考虑了护坡方案，且护坡做法也是5 cm厚混凝土钢丝网护坡，并给出了详细的施工方案图纸。

依据苏建价〔2014〕448号文相关规定"结算时，除工程变更引起施工方案改变外，承包人不得以招标工程措施项目清单缺项为由要求新增措施项目"，跟踪审核方认为施工单位的投标报价是基于技术方案形成的，因此普通基坑混凝土护坡的费用不予考虑。虽然消防水池部分有专项设计方案，但是由于专项设计方案中的做法和施工单位投标方案中的护坡做法一样，因此深基坑部分的护坡费用也不予考虑。

（3）关于提前支付材料款费用的问题

经研究施工合同发现，本工程进度款是按节点支付的。施工单位进场后预付10％，工程完成一半后支付到30％，工程基本结束后付到60％，竣工验收后付到70％。施工合同中并无关于材料款预付的条款规定。

针对以上情况，跟踪审核方提出：虽然此材料品牌是建设单位招标时提供的参考品牌，施工单位在投标报价时应充分了解此材料的市场价格及厂家要求的付款方式，并结合厂家报价及付款方式综合考虑自己的财务成本，形成最终的材料投标报价。个别要求到场即付款的材料，其财务成本本应视为含在施工单位的投标报价组成中。进度款支付时必须严格按照合同约定的付款条件执行。因此跟踪审核方对施工单位提出的此项材料款支付申请未予批准。

（4）关于土方运距费用问题

经调查，该土方堆场是由建设单位联系协调所取得，并以建设单位的名义和工程所在地的村组签订的场地租赁协议，租赁费用由建设单位支付。建设单位认为其不应同时支出场地租赁费用和施工方原报价中的土方外运费用，因此要求调整土方外运单价。

施工单位认为招标清单中只是要求投标人自主考虑土方外运费用，并没有明确说明外运距离，只要土方运出工地围墙就应视为外运。因此不同意调整土方外运单价。

跟踪审核方经研究合同及招投标文件后认为，虽然招标时要求施工单位自主考虑土方运距，但是根据现场实际情况分析可知，此土方堆场并非施工单位投标时考虑的堆场。在施工过程中，施工单位项目经理在工程例会中提出由于土方禁止出场，请求建设单位协调安排场地让其堆土。

因此跟踪审核方认为此部分土方不能按照投标报价的单价进行考虑，应视为施工条件及施工环境的变更，应根据实际运距并结合投标口径进行重新组价。

(5) 施工过程中，施工单位请造价管理部门对该工程类别重新进行了核定，因此提出工程结算问题，提出该部分项目的招标控制价是按三类工程计算的，因招标控制价是最高限价，所以投标时也只能按三类工程计价，而现在造价管理部门已核定为二类工程，因此，结算时应按二类工程费率调整，计取二类、三类工程费率的差价。跟踪审核单位不同意。

审核分析意见：本项目招标控制价是随招标文件同时发放的，是公开的。招标文件中说明：投标人对招标人公布的招标控制价有异议时，应在规定的时限内向招标人书面提出，招标人及时核实。经核实确有错误的，招标人调整招标人最高限价。而在整个招投标过程中，包括施工单位在内的各投标单位对均未对招标控制价、工程类别的问题提出异议。既然投标人在投标过程中从未对招标控制价的工程类别有异议，说明投标人对此是予以认可的。中标单位的投标价是投标人依据招标文件、招标工程量清单、工程设计文件及相关资料、施工现场情况及工程特点，结合自身的施工技术、装备和管理水平，依据有关计价规定自主确定，是投标人希望达成工程承包交易的期望价格。中标的投标价构成的合同价是招投标双方在工程价款方面达成的一致意见。

施工合同是工程建设过程中合同双方的最高行为准则，合同一经签订，双方必须全面地完成合同约定的责任和义务。造价管理部门对综合楼工程为二类工程的核定，只是反映了该工程实际的工程类别，并非合同价款调整依据。本工程合同中工程价款调整的约定："政策性调整、不可抗力、设计变更或招标人要求变动的内容"。很显然，因工程类别不同而涉及的价款调整，不在合同约定的价款调整范围内，故不应调整。

(6) 关于外墙面砖价格问题

经查看招投标文件发现招标文件、投标文件中外墙面砖材料单价均为 70 元/m²，材料消耗量也是一致，并且招标文件并未对面砖品牌做出要求，投标文件中也未提及材料品牌。

跟踪审核方又针对施工单位报送的样品进行了市场调研，发现施工单位报送的样品的市场价为 30 元/m² 左右，并且市场上符合设计要求的该类型面砖基本都处于这一价位。面砖实际价格确实过低，但是这并不是市场材料价格波动，跟踪审核方也没理由要求调整面砖单价。对合同的尊重是双方的，不是仅针对其中的某一方。

这一问题出现的根源在于招标控制价编制人员对材料市场价不熟悉，造成了建设单位造价控制上的被动局面。按照施工合同"固定单价"的合同条款，施工单位在提供的材料满足设计要求及相关规范的条件下掌握材料价格是否调整的主动性。进行跟踪审核的造价人员建议建设单位在今后工作中加强招投标阶段管理，选用较高水平的造价人员编制招标控制价,保证招标控制价的编制质量;同时遇到此类问题,积极友好地与施工单位协商解决。

【例 3-11】 某综合楼结算审核

案例背景:某综合楼工程为钢筋混凝土框架结构,整板基础,地上 6 层,1~3 层营业用房,4~6 层办公用房,总建筑面积 9 800 m²,首层外墙采用干挂花岗岩,其余外墙采用外墙面砖。本工程采用工程量清单方式公开招标,签订固定单价合同。工程招标时,首层的外墙干挂石材综合单价按暂估价考虑。施工过程中,经建设单位委托设计院二次深化设计后,再由施工单位施工。工程竣工后,某造价咨询有限公司接受建设单位委托对工程竣工结算造价进行审核。审核过程中,有几个争议问题,后经协调解决。

争议问题:

(1) 外墙干挂石材按建筑工程还是按单独装饰工程计取管理费和利润?

(2) 清单中未明确工程内容,应业主要求完成,是否应额外计算费用?

(3) 施工中采取了免粉刷措施,是否扣除粉刷项目费用?

问题分析与解决:

(1) 施工单位认为外墙干挂石材,从施工工艺到主管部门验收均按装饰标准执行,实际施工单位也是由专业装饰施工单位施工,主管部门文明费的考评也是按装饰工程予以核定,所以外墙干挂部分应按单独装饰标准取费(说明:根据江苏 2014 费用定额,单独装饰工程不分工程类别,营改增之前取费标准:企业管理费率 42%,利润 15%;营改增之后取费标准:企业管理费率 43%,利润 15%)。

审核咨询意见:在工程合同中,双方对外墙干挂石材的取费没有专门明确的约定,虽然在招标时将外墙干挂石材定为暂估价,其原因只是这部分需二次深化设计,招标时不能确定其价格,整幢楼除外墙干挂外的其余装饰部分均按建筑工程(土建)取费,外墙干挂石材也不应例外;且外墙干挂石材并不是由业主另行单独招标发包的项目,所以外墙干挂石材应按建筑工程计取管理费和利润。

(2) 施工单位认为工程量清单中、施工图纸中均未明确要求面砖需导角,投标报价时未考虑面砖导角。施工过程中,业主通知要求所有外墙面砖的阳角需导角,这是按建设单位额外要求所做工作,应按实增加相关费用。

审核咨询意见:不应计取面砖导角的费用。投标文件中,外墙面砖清单项目,施工单位是按《江苏建筑与装饰工程定额》13—123 外墙釉面砖的子目进行组价,且对该子目未做任何换算。造价审核单位特向造价管理部门咨询,造价管理部门对定额 13—123 的工作内容中子目的解释答疑是:该子目中已包含导角工作内容。因此施工单位报价的子目中已包含导角费用,业主要求的面砖导角不应另计费用,

(3) 综合楼中天棚梁粉刷,有专门的清单项目,施工单位投标报价中也有报价,但是实际并未施工,建设单位要求扣除粉刷项目费用。施工单位认为施工中天棚梁采取了免粉刷措施,不应扣除粉刷造价。

造价审核单位经调查认为虽然图纸和清单中天棚梁均需粉刷,实际天棚梁未粉刷,但其天棚梁的平整度、光滑度等均较好,属于施工单位采用新模板,加强模板牢固性,保证模板接缝平滑等施工方案后的效果,且天棚梁不粉刷,避免了天棚梁粉刷易脱落的质量通病,从客观公正的观点来看,粉刷项目费用全部扣除不太合理。造价审核单位提出协调方案:因天棚梁不粉刷,节约下来的粉刷费用由施工单位享受 60%,建设单位享受 40%。最终双方对

此结果均比较满意。

【例 3-12】 某 BT 项目结算审核

案例背景：某镇农民拆迁安置新社区工程为政府与总承包单位签订的 BT 项目，共由 5 个组团，51 栋单体建筑组成，其中新社区为框架结构住宅楼，共计 48 栋，面积为 8.9 万 m^2；商业中心工程共计 3 栋，面积为 2.6 万 m^2。该工程 BT 合同约定，土建工程结算按照《江苏省建筑与装饰工程计价定额》执行，材料价格执行《Y 市工程造价信息》中同期的信息指导价。某造价咨询公司受与政府合作进行土地一级开发平台机构的委托对该项目进行竣工结算审核。审核过程中，对部分施工措施项目费用的计取产生了较大争议，后经协调解决。

主要问题：

(1) 打桩机械场外运输费、组装拆卸费的计取问题。

(2) 措施费中，夜间施工、赶工措施、工程按质论价等费用计取合理性问题。

问题分析与解决：

(1) 总包单位认为本项目的 51 栋单体建筑，每栋建筑都应计取静力压桩机的大型机械设备进出场及安拆费。

机械进出场费(也称进退场费，场外运费)，是指施工机械整体或分体自停放场地运至施工现场，或由一个施工地点运至另一个施工地点，所发生的施工机械进出场运输及转移费用。安拆费，是指施工机械在施工现场进行安装、拆卸所需的人工费、材料费、机械费、试运转费和安装所需的辅助设施的费用。《江苏省施工机械台班费用定额》中规定：大型施工机械在一个工程地点只计算一次场外运费(进退场费)及安装拆卸费。大型施工机械在施工现场内单位工程或幢号之间的拆卸转移，按实际发生次数计算安装拆卸费，但机械转移费按其场外运输费用的 75% 计算。

本项目中各楼栋之间的直线距离约为 15 m，打桩机进场后只需按照计划顺序施工，无须在完成一栋单体后拆卸组装。施工监理资料证明，本项目共计有三台静力压桩机进场施工。

解决方案：静力压桩机的进出场按 3 台次 100% 计算，另幢号之间的转移按照进出场费的 75% 计算；安拆费按照实际发生的 3 台次计算。

(2) 总包单位要求计取的总价措施费均按费用定额中的上限计取，其中夜间施工按 0.1%、赶工措施按 2.0%、工程按质论价按 3% 计。咨询公司认为其不合理。

① 夜间施工增加费是指规范、规程要求正常作业而发生的夜间补助、夜间施工降效等费用。《江苏省建筑工程费用定额》(2014)中夜间施工的费率为 0~0.1%，具体费率应根据工程具体实施情况确定。本着实事求是的原则，咨询公司造价审核人员核查监理资料，将统计后的夜间施工时间和人数进行了测算，综合考虑各种因素后，将夜间施工增加费率定为 0.03%，得到了总包方认可。

② 赶工措施费是施工合同约定工期比定额工期提前，施工企业为缩短工期所发生的费用。而根据 BT 合同的约定"A、B、D 区商业街要求在 2015 年 7 月 31 日前交付使用，如按期交付，奖励 100 万，反之，不能按期交付，罚款也不变，执行原协议。"因此合同中的这一工期奖励条款，其实质已有对赶工的补偿，因此不适合再双重收取赶工措施费。

(3) 工程按质论价费是合同约定质量标准超过国家规定，施工企业完成工程质量达到有权部门的鉴定或评定为优质工程所必须增加的施工成本费。总包单位认为本工程获"市优质结构"奖项,就应该收取本项费用。而按照合同中对质量的要求是:"本项目工程质量应达到国家及省有关验收规范的标准和要求",由此发包方对本工程并无创优要求,这是总包单位的自主行为,因此该项费用没有理由取得。

最终解决方案是:夜间施工增加费费率按照 0.03% 计算;赶工措施、工程按质论价两项费用不予计取。

【例 3-13】 某住宅开发项目工程结算审核

案例背景:K 市(县级市)一住宅开发项目的某标段,该标段项目包含 1#、2#、5#、9#、13#住宅楼、地下车库及门卫、电房等,总建筑面积为 61 939.76 m²,主体结构形式为框架剪力墙结构。经邀请招标确定由 A 建设集团有限公司承建,合同约定的结算方式为固定总价合同加减变更签证。工程竣工后承包人向发包人报送了项目结算,发包人的成本合约部对结算进行了结算审核,承发包双方对结算审核结果存在较大的分歧。后发包人征得承包人同意将工程结算的争议部分委托给 S 市某造价咨询有限公司进行复审和协调。

主要问题:

(1) 材料价格调整标准依据的争议问题。

(2) 招标答疑要求不报价项目是否包含在固定总价合同内的争议。

(3) 部分天棚未按设计要求粉刷是否该扣减费用的问题。

(4) 分包单位桩基施工错位造成延期的问题。

问题分析与解决:

(1) 材料价格调整标准依据的争议问题。工程施工过程中材料价格有市场波动需调整材料价差。本工程施工合同专用条款中的材料价格调整专款写明施工期、基准期材料单价标准是《K 市工程造价管理》中发布的工程建设材料市场指导价。问题是 K 市没有发布材料指导价,只是发布了建筑材料市场信息价,K 市住建局也没有类似《关于发布建设工程材料指导价的通知》的文件,发承包双方在签订施工合同时都没有认真了解这个情况。发包人认为,既然本市没有材料指导价就应当顺序执行上一级行政管理部门发布的指导价(S 市材料指导价),而且 K 市不少工程项目的材料价格确定一般都是参照 S 市的材料指导价执行的,差不多属于交易惯例,本工程也应这样处理。承包人则坚持:在本工程招标时,招标人成本部负责人(目前已经离职)口头要求基准期材料价格按照 K 市发布的材料信息价执行(基准期 K 市发布的材料信息价水平高于同期 S 市材料指导价),但承包人不能提供证明材料。双方为此争执不下。

针对发承包双方此项争议,咨询公司在分析工程相关资料后给出了争议调解意见。本工程施工合同专用条款中对材料价格调整方式的约定貌似全面周全,但其约定的依据资料"K 市材料指导价"并不存在,在此情况下本工程材料价差的调整方式按照省建设厅《关于加强建筑材料价格风险控制的指导意见》的文件精神执行比较合适。该文件规定主要建筑材料差价的取定"应以工程所在地造价管理部门发布的材料指导价格为基准,缺指导价的材料以双方确定的市场信息价为准"。由此可见本工程的建筑材料价差的调整依据应是"以双方确定的市场信息价为准",而不应当是并没有在合同中约定的 S 市指导价。咨询公司为此还调查了本项目其他投标人报价价格情况,后本着公平公正原则为发承包双方重新议定材料调价取定依据标准作了协调工作。

(2) 关于招标答疑要求不报价项目是否包含在固定总价合同内的争议问题。本工程招标过程中招标人要求将空中花园的地面等内容取消不包含在报价内,但本工程承包人在报价时仍然将这一项包含在报价内,且招标人组织清标时也没能发现这个错误,最终招标人因承包人总价最低而向其发出了中标通知书,并按照招标文件要求与之签订了固定总价合同。发包人认为这项报价错误应在结算时应当予以扣减。

咨询公司在充分了解了本工程招投标过程及阅读相应的工程资料后提出调解意见。本工程承包人的总价是经过两次谈判后,在第一轮报价基础上又总价下浮一定金额后得出的,而且合同约定工程中工程量漏算、错算以及价格的风险主要由承包人承担,同时本固定总价合同是总价优先,发包人确认的是总价,而不是确认投标人的工程量清单,因此本工程中工程量漏算、错算以及单价计算的错误一般不能修正(如果是少算了,后果是承包人承担的)。经过协调发包人接受了调解意见。

(3) 关于住宅天棚与地库天棚未按设计要求粉刷扣减粉刷费用的争议,承包人认为工程已经竣工验收且本工程为固定总价合同,没有设计变更就不应当调整合同总价。

咨询公司认为承包人的这一项主张是不恰当的。本工程施工合同中明确约定本工程发承包范围是投标文件所包括的全部内容及招标范围内全部图纸内容和合同文件所要求的一切工作,本工程施工图明确要求住宅及地库天棚粉刷 6 mm 厚抗裂砂浆,承包人未按照施工图设计要求完成施工,其行为已经构成偷工减料。《中华人民共和国建筑法》第五十八条规定"建筑施工企业必须按照工程设计图纸和施工技术标准施工,不得偷工减料。工程设计的修改由原设计单位负责,建筑施工企业不得擅自修改工程设计。"第七十四条又规定"建筑施工企业在施工中偷工减料的,使用不合格的建筑材料、建筑构配件和设备的,或者有其他不按照工程设计图纸或者施工技术标准施工的行为的,责令改正,处以罚款;情节严重的,责令停业整顿,降低资质等级或者吊销资质证书;造成建筑工程质量不符合规定的质量标准的,负责返工、修理,并赔偿因此造成的损失;构成犯罪的,依法追究刑事责任。"承包人所谓的工程师已经批准其实际的施工方案并验收合格并不能免除承包人按照合同规定应负的责任和应当承担的义务。鉴于承包人的行为没有造成建筑工程质量问题,也没有造成发包人的损失,咨询单位建议比照本工程施工合同专用条款的约定,即"凡涉及合同价格减少的工程变更,承包人在工程变更完成后 14 天内不向工程师和发包人提出变更工程价款报告的视为承包人完全接受发包人在竣工结算前或者竣工结算时依据合同约定做出调减合同价款的决定"来处理这项争议,咨询公司的意见被发承包双方所接受。

(4) 本工程桩基分包施工单位由于桩位施工偏差导致工期延误恰遭遇材料涨价,总包单位提出垂直运输机械停滞损失补偿、工期顺延以及由于桩基施工延误导致的材料涨价损失的补偿。

根据我国建筑法规定,建筑工程总承包单位按照总承包合同的约定对建设单位负责,分包单位按照分包合同的约定对总承包单位负责,总承包单位和分包单位就分包工程对建设单位承担连带责任。根据《民法通则》第87条规定"负有连带义务的每个债务人,都负有清偿全部债务的义务,履行了义务的人,有权要求其他负有连带义务的人偿付他应当承担的份额。"即对于分包单位的施工造成的问题,总包单位也应承担相应责任,需向建设单位负责,更没理由向建设单位提出赔偿损失。

然而,咨询公司经调研了解到本工程的桩基工程承包人虽然是与总包单位签订了工程总分包合同,但实际是由发包人指定分包的。七部委30号令《工程建设项目施工招标投标办法》、住房和城乡建设部《房屋建筑和市政基础设施工程施工分包管理办法》中都有"招标人不得直接指定分包人"的规定,但是本工程发包人在工程招标时未遵守相关法规规定,直接指定了分包人。《最高人民法院关于审理建设工程施工合同纠纷案件适用法律问题的解释》第十二条规定:"发包人具有下列情形之一,造成建设工程质量缺陷,应当承担过错责任:(一)提供的设计有缺陷;(二)提供或者指定购买的建筑材料、建筑构配件、设备不符合强制性标准;(三)直接指定分包人分包专业工程。"由此可见,由于指定分包人的违约行为给发包人或第三方造成损害的,除非是总包单位向其发布了错误指示外,总包单位不承担责任,并且此过失应由发包人承担。

因此,本工程桩基施工单位由于桩位施工偏差导致工期延误和总包单位垂直运输机械停滞应当给予工期的顺延和损失补偿,而且由于桩基质量延误导致的总包单位的材料涨价损失也应予以补偿。发承包双方在签订合同时应当遵守法律法规的规定,在发生争议时要尊重客观事实,遵照公平、公正的原则来处理。发包人接受了咨询公司的调解意见。

【例 3-14】 某办公楼结算审核案例分析

案例背景:Y 市市区某办公业务用房复建工程,该建筑两侧有建筑物相邻,工程基础形式为独立基础,基础埋深 4.5 m,外立面装饰为真石漆,屋顶局部为水泥彩瓦,工程工期为150 天。工程采用工程量清单招标,合同约定为固定总价合同。招标文件中明确总价包含的风险范围是施工图设计及清单范围内的所有工程,政策性调整除外。

合同工程完成后,某咨询公司接受建设单位委托对竣工结算造价进行审核。在审核结算过程中,与施工单位产生了争议,后经多方协调,终达成一致意见,争议得到解决。

争议问题:

(1)施工期间材料价格下跌幅度较大,价差调整争议问题。

(2)土方外运距离调整争议。

(3)混凝土板中抗裂防水剂增加费用争议。

(4)施工期间停工费用补偿争议。

(5)变更材料价格确认问题。

问题分析与解决:

(1)根据《Y 市工程造价管理》中发布的材料指导价信息,本工程中钢筋价格在投标期2015 年 3 月份指导价为 2 630 元/t,施工期 2015 年 9 月份指导价为 2 183 元/t。施工单位坚持认为施工合同中未约定材料价格调整范围,因此钢筋价格不予调整;咨询公司认为材料价格涨跌幅超过基准价 5%,因此钢筋价格应当调整。

本工程的合同中确实没有明确约定材料涨跌是否调整价差,但是在招标文件中对有市场价格波动引起的调整规定:"材料、工程设备价格变化的价格调整按照发包人提供的基准价格,按下列风险范围规定执行:承包人在已标价工程量清单或者预算书中载明材料单价等于基准价格的,除合同条款另有约定外,合同履行期间材料单价涨跌幅以基准价格为基础超过±5%,其超过部分据实调整。"

结算时应执行这一条款,本案例工程中钢筋跌幅(2 630-2 183)/2 630×100%=17%>5%,因此,此处钢筋价格应进行调整,按照"合同履行期间材料单价涨跌幅以基准价格为基础超过±5%,其超过部分据实调整。"

(2)本工程招标工程量清单中对土方运距项目特征描述为:"由投标人自行考虑"。招标控制价中是按"土方外运5 km"计算,投标人报价也是按5 km考虑。后期施工过程中,施工单位对土方运输距离作了现场签证,确认实际土方运输距离为30 km。结算时施工单位认为建设单位、监理单位都已经在签证上签字确认同意按30 km进行结算,则应调整土方运输费用。咨询公司认为运距是在固定总价合同承担风险范围内,不再作出调整,按原标底运距执行,价格不作调整。

招投标答疑过程中投标单位没有对工程量清单提出疑问,表明投标人对工程量清单、对工程图纸的认可;招标文件中合同包含的风险范围是施工图设计及清单范围内的所有工程。因此虽然实际施工过程中运距超过招标控制价中的运距,但是招标人在招标过程中已经详细说明此部分的风险承担在让利中综合考虑。至于现场签证中建设单位、监理单位的确认,只是对这个事实情况进行证明,并不代表工程结算按此运距进行。

因此结算时不予调整运距、不调整价格。

(3)本工程一层地面建筑标高为−0.6 m,设计为架空现浇混凝土,设计图纸当中注明此处混凝土中有抗裂防水剂,而在招标工程量清单中项目特征描述没有标出抗裂防水剂。结算时,施工单位要求增加此费用。

这一要求貌似合理,因为清单计价规范中要求投标人根据招标工程量清单报价,且招标工程量清单中项目特征与实际不符时,应根据新的项目特征重新计算综合单价。但是,在本工程招标文件中规定:"无论招标工程量清单中项目特征描述是否准确,招标人要求投标人的投标报价应为完成施工图纸的全部工程,若无相关设计变更,除本招标文件及施工合同约定允许调整外,中标的综合单价不予调整。"所以,虽然抗裂防水剂是应该标注在清单的项目特征中,而本工程清单没有标出,施工图纸中又有此内容,且又没有形成设计变更,因此根据合同约定,中标的综合单价不能调整,即如果原投标单价没有计算抗裂防水剂的费用的话,不能够增加相应费用。

(4)施工单位提供一现场签证:"我项目部按甲方预定时间安排打桩机于2015年6月23日进场,准备开始打桩,由于地下线路、管路复杂无法施工,直至2015年8月18日才具备打桩条件,期间停滞57天,请予确认。"施工单位认为是建设单位要求施工单位桩机进场,桩机停滞台班应给予相应费用补偿,地下线路、管道复杂无法施工也应给予相应费用补偿;因建设单位原因导致工期拖延,还应给予工期补偿。

本工程原来设计的是深度达4.5 m的独立基础,考虑到周围两侧建筑物是年代久远的砖混结构,如果复建基础开挖到设计深度,对相邻建筑会有不可预测的影响,因而改为水泥搅拌桩加条形基础。施工单位进场后着手土方开挖等工作,土方开挖过程中建设单位要求基础下方管线迁移,并口头要求施工单位抢抓工期;此时施工单位误认为建设单位要求桩机等进场,于是桩机进场;而杆线、污水管道等迁移迟迟未完工,施工单位一直未能进行桩基施工;期间桩机停滞57天共57×3=171台班;而地下情况事先在投标过程中建设单位组织投标单位进行过现场查勘,并不存在地下线路、管道复杂无法施工等风险。

后期建设单位、监理单位、咨询公司、施工单位四方召开协调会,对推迟57天桩基施工原因进一步分析确认:其中30天是由于建设单位原因导致工期拖延,27天由于施工单位管理不到位等原因拖延工期。

经协调,桩机停滞台班费用补偿:其中台班单价根据机械台班定额规定,扣除桩机台班费用中的燃料、水费、电费等可变费用,数量是30个台班;给予施工单位30天工期补偿;地下线路、管道复杂无法施工原因不存在,此部分费用不予补偿。

（5）本工程建筑物东西两侧原设计的是散水,后建设单位要求变更为台阶,并且改铺五莲红大理石台阶 600 mm×600 mm×30 mm（火烧）。施工单位办理了变更签证,说明变更事项、五莲红大理石 600 mm×600 mm×30 mm（火烧）210 元/m²,建设单位、监理单位都有签字。结算时,施工单位要求台阶面层主材按 210 元/m² 结算,咨询单位不同意此价格。

咨询公司认为"五莲红大理石 600 mm×600 mm×30 mm（火烧）210 元/m²"严重偏离市场行情,且建设单位、监理单位只是在变更签证单上签了字,但并未说明是按 210 元/m² 结算。变更工程项目价格调整应符合市场行情（合同中未约定变更项目价格确定方式）,在《Y 市工程造价管理》指导价中有五莲红火烧板的价格,则应按指导价执行。2016 年 3 月份《Y 市工程造价管理》发布的指导价中"五莲红火烧板"价格为 72.5 元/m²,但是签证单中为"五莲红大理石 600 mm×600 mm×30 mm（火烧）",施工单位认为这是大理石,而不是花岗岩,指导价中发布的五莲红火烧板为花岗岩,是两种不同的材料,因为不能按照指导价进行结算。根据相关规定,大理石的成分组成,在室外使用遇到酸雨时会发生腐蚀,只能使用花岗岩。审核过程中取块样品带到专业石材加工厂咨询专业人员后给出解释:花岗岩的硬度相对大理石硬度较高,凡是有纹理的,称为大理石,以点斑为主的称为花岗岩。花岗岩分为光面花岗岩和火烧花岗岩（亦称火烧板）,室外台阶通常使用火烧花岗岩,其特性是硬度大,表面粗糙,防滑,并且断定样品为火烧板,由于厚度为 30 mm,价格在 70～80 元/m²,其正常规则大小板材对其价格影响很小。

经咨询相关专业人员,此处五莲红大理石 600 mm×600 mm×30 mm（火烧）与指导价中发布的材料为同一种材料,建设单位、监理单位也未签明按什么价格结算,因此最终施工单位也同意结算按指导价执行。

3.5 工程变更、现场签证的审核

建设工程规模大、技术性强、投资额大、工期长、材料设备价格变化快、工程项目的差异性大、综合性强、风险大,使得工程项目在实施过程中存在许多不确定变化因素;而工程设计文件是在工程开工前完成、工程合同是在工程开工前签订,不可能对工程项目遇到的所有的问题都作出合理的预见和约定;而且业主在工程实施过程中还会有许多新的决策。因此,工程变更、现场签证的发生不可避免。而且工程变更、现场签证往往与工程造价息息相关。因此,在对工程造价审核时,工程变更、现场签证的审核是尤为重要的一个环节。

3.5.1 工程变更的审核

1）工程变更的种类

所谓工程变更是指合同工程实施过程中由发包人提出或由承包人提出经发包人批准的合同工程任何一项工作的增、减、取消;施工工艺、顺序、时间的改变;设计图纸的修改;施工条件的改变;招标工程量清单的错、漏从而引起合同条件的改变或工程量的增减变化等。

根据导致工程变更的影响因素的不同,工程变更可分为以下类别:

（1）自然和社会经济条件引起的工程变更。如建设场地工程地质条件的变化通常引起建筑物基础或交通工程路基处理方案的改变;人力不可抗拒的自然灾害以及建设项目所在地社会经济条件的变化会造成建设项目工期的延误或停工等。

（2）设计方引起的工程变更。如因设计质量导致的设计差错或遗漏;设计文件与施工现场条件相互矛盾,无法按图施工等产生的变更等。

（3）承包方引起的工程变更。如承包商改变业主和监理工程师已批准的施工方案或由于承包商技术和管理方面的失误引起的返工等。

（4）业主引起的工程变更。如业主增加或减少或者取消合同中包括的任何工程项目的数量;业主改变原合同工期,要求承包商提前完工引起的加速施工,或者业主要求提高建设标准和扩大建设规模;业主方提供的招标工程量清单的错、漏引起合同条件的改变或工程量的变化等。

（5）监理工程师引起的工程变更。如监理工程师为优化设计而提出的设计变更方案;为节省投资或缩短工期而提出的新的施工技术方案;出于对工程进展有利指示承包商变更施工作业顺序或时间;因监理工程师工作失误或协调不力引起的工程变更等。

（6）工程所在地政府主管部门等第三方引起的工程变更。如政府主管部门按照法规要求增加环保或生态项目等。

（7）工程外部环境变化引起的工程变更。如夏季电力和生产生活用水供应紧张;市场某原材料供应严重短缺而不得以导致材料代换等。

工程变更意味着合同内的工程项目发生了变化,无论哪类工程变更,几乎都会引起工程施工成本多多少少的变化。由于变更因素责任方的不同,合同约定的不同,成本费用增加责任的承担者也有所不同,不是所有的工程变更费用、责任都由发包方来承担,造价审核时需引起注意。

2）工程变更真实、有效性的审核

造价审核中对工程变更首先应审核其真实性、有效性与完整性以及与造价的关联性,以便在结算审核时剔除不合理的、无效的工程变更单,提高结算审核效率与质量。

（1）依据工程发包方提供的关于工程变更管理办法,根据其中对工程变更程序、审批、签字权限确认,审核工程变更单的真实性、合法性、完整性、有效性。工程变更单需尽量要求提供原件,即使是复印件,也要求和原件进行核对;相应签字、盖章应齐全,如果是设计变更必须由设计单位出具变更文件,附变更构造详图,说明变更理由,并有设计单位项目负责人签字盖章。另外可通过实地勘察或通过查阅监理资料了解工程变更后续实施情况,以确认工程变更的真实性。

（2）工程变更的原因分析,包括:发生了哪些变更？变更产生的原因是什么？应该由谁对此承担责任？

工程变更的责任划分通常是这样的原则:由于承包方自身原因导致的工程变更、承包方的失误造成的工程变更,变更费用不予处理,由承包方自行承担,若对质量、工期、投资效益造成影响的还应进行反索赔;由设计部门错误或缺陷造成的变更费用,以及采取的补救措施,业主方承担;由于监理工程师原因引起的工程变更,其赶工费用或返工费用应由业主方承担;业主方引起的工程变更费用应由业主方承担;不可抗力、政府政策等第三方原因引起的工程变更费用按合同约定及有关规定承担相应责任。

（3）工程变更与造价的关联性,包括:变更对工程造价有无影响？招标文件、合同条款对此费用有无约定？如招标文件中规定此类变更由承包人承担,则该工程变更单造价结算审核时则是无效的。

（4）按时间顺序或变更单序号将承包方提供的工程变更单与发包方的工程变更记录进行核对,检查工程变更单的完整性,以防止有工程变更后费用减少的变更被"遗漏"。

3）工程变更的造价审核

工程变更的费用计算规则同合同约定。工程变更应视为原合同的一部分内容,所产生的费用计算与合同应保持一致,并根据合同约定、当地有关政策进行费用调整;工程变更造成的工期延误或延期,由监理工程师按有关规定办理;合理化建议的办理、奖励、提成另按合同约定及有关规定办理。

（1）变更工程量的审核。工程变更常常伴随着工程量的变更,有可能增加、也有可能减少,还有可能增加分部分项工程项目。造价审核人员在深入了解、掌握招标投标文件、招标工程量清单、工程合同、工程变更文件等依据资料基础上,才能准确核定变更工程工程量,做到不漏扣、不多增、不重复。

（2）变更工程价格的核定。对工程变更项目的价格的审核,必须有明确的依据,主要依据为合同约定及现行政策规定,详见本书2.5.4所述。如果发承包双方对审核结果意见不一致的,则遵循法律法规的规定,《最高人民法院关于审理建设工程施工合同纠纷案件适用法律问题的解释》第十六条第二款规定:"因设计变更导致建设工程的工程量或者质量标准发生变化,当事人对该部分工程价款不能协商一致的,可以参照签订建设工程施工合同时当地建设行政主管部门发布的计价方式或者计价标准结算工程价款。"

3.5.2　现场签证的审核

根据工程量清单计价规范,现场签证是指发包人现场代表（或其授权的监理人、工程造价咨询人）与承包人现场代表就施工过程中涉及的责任事件所作的签认证明。

1）现场签证的范围

在工程合同履行过程中,现场签证的范围一般包括:

（1）适用于施工合同范围以外委托承包人完成的零星工作的确认;

（2）在工程施工过程中发生变更后需要现场确认的工程量,如因设计变更需拆除已施工的部位;

（3）非承包人原因导致的人工、设备窝工及有关损失;

（4）符合施工合同规定的非承包人原因引起的工程量或费用增减,如因施工条件变化（土质情况、地下水、地下管线等）导致工程量增减;

（5）确认修改施工方案引起的工程量或费用增减;

（6）工程变更导致的工程施工措施费增减等。

现场签证是已经发生的不包括在施工合同内的施工项目的证明,其中也包含工程变更具体实施的签证。承包人应发包人要求完成合同以外的零星工作或非承包人责任事件发生时,承包人便可按合同约定及时向发包人提出现场签证。

如果合同对现场签证未作具体约定时,按照《建设工程价款结算暂行办法》的以下规定进行处理:承包人应在接受发包人要求的 7 天内向发包人提出签证,发包人签证后施工。若没有相应的计日工单价,签证中还应包括用工数量和单价、机械台班数量和单价、使用材料品种及数量和单价等。若发包人未签证同意，承包人施工后发生争议的，责任由承包人自负。

2) 现场签证规范性审核

现场签证规范性审核是检查现场签证的合规性、有效性、合理性。首先需检查各方签字、印章是否完备、是否真实，署名对象是否具有法律效力，有无模仿发包人现场代表笔迹、找人代签的情况发生，施工单位、工程发包单位签证的印章是否与合同、投标文件的相符，监理单位的相应签证印章是否一致等。在此环节，应严格按合同约定，执行确认的程序，凡是没有足够证据证明，只要欠缺某一签字或手续环节，或某一签证印章是模仿不符的，就可鉴定该签证是无效的。

其次，审查签证事件发生的合理性，应把签证事项放入整个工程的大环境中加以考虑，判断其是否属于重复签证，避免工程量的重复计算。这需借助造价审核人员精湛的专业知识，需对施工工艺要有全面的了解，还需熟悉合同、熟悉定额，看原合同中定额是否已包含，是否有需扣除的相关内容。

再次，审核现场签证事项的真实有效性，检查签证内容是否真实，是否有修改痕迹，重点检查施工单位是否擅自添加签证内容等。

3) 现场签证费用的审核

现场签证单产生的原因，有因工程变更产生的签证，有技术核定单产生的签证，有工程联系单（工程指令）产生的签证，以及其他现场原因产生的签证，因此在审核现场签证单造价时需注意不可重复计算。现场签证费用计算的计价包括两类：一是完成合同以外的零星工作时，按计日工作单价计算；二是完成其他非承包人责任引起的事件，按合同中的约定方式计算。

（1）完成合同以外的零星工作时，现场签证中应包括下列证明材料：零星工作名称、内容和数量；投入该工作所有人员的工种、级别、数量和耗用工时；投入该工作的材料类别和数量；投入该工作的施工设备型号、台数和耗用台时；监理人要求提交的其他资料和凭证等。

在确认签证规范有效，证明资料齐全后，则复核其与单价、与合同中约定相符即可。

（2）完成其他非承包人责任引起的事件，其基本原则是按合同中约定方式计算其费用，但仍需对其内容如工程量、价格进行复核。

① 防止重复计算。现场签证审核时不仅要注意可能与工程变更单等产生同一事件重复计算问题，还需注意可能与工程合同中原有分部分项工程之间产生交叉重复问题。

【例 3-15】 某市的河道治理堤防工程项目结算时，承包人提交了一份某编号的《现场签证单》，其内容为："堤基范围内清除垃圾，回填砂砾料 6 230 m³；回填垃圾 3 123 m³；动迁户遗留生活垃圾回填砂砾 2 224 m³。"并附简图及简易计算过程。现场签证单上施工单位、发包方驻工地工程师、监理方工程师的签字齐全。这是一份程序规范、符合要求的签证单。

但是，发包方结算审核时提出问题：

（1）《现场签证单》中写的"回填垃圾"，问题是在堤基高度范围内可以回填垃圾吗？

（2）《现场签证单》中注明的"堤基范围内清除垃圾，回填砂砾料"，是否存在工程量的重复计算？

问题分析与解决：

（1）"回填垃圾"经监理工程师核实，回填的是砂砾料。"回填垃圾"是写法上的失误，遗漏了一个关键字"坑",即"回填垃圾坑"。

(2) 签证单中虽有简图,但垃圾清除后的高程是多少没有标明,而高程直接涉及清基高程线是否包含在里面。而依据工程量计算规则要求,设计清基高程以上部分的填筑工程量已经在"堤防填筑"项目的工程量中包含并已经计量核定,则在计算垃圾坑填筑工程量时,应将清基高程以上部分的填筑量予以扣除。

后经监理工程师按照设计图纸的高程进行了认真复核计算,扣除了重复计量的部分。

总结与启示:造价审核人员造价审核时需时时启动自己专业知识,即使面对资料齐全程序规范的签证单,也不可盲从,遇到疑点需进一步核实。

② 现场签证单中工程量的复核。一般对于规范的签证单,其真实可靠性是有保证的,但由于专业限制、工作细致程度等种种原因,对于现场签证单中直接给出的工程量造价审核人员也需进行审核。其审核方法同一般造价编制时的审核方法,必要时还可对签证工程量进行现场丈量、核实,对签证项目的材料、施工措施、工程数量等也可逐一核对。而对隐蔽性工程实施后现场无法复核的项目,也需运用专业技术知识及工程实践经验来推断该签证项目的合理性。

【例 3-16】 某工程的屋面分项工程的施工中,由于设计变更,由瓦屋面变更为卷材防水屋面,需要增加屋面找平层,签证的内容是"屋面找平层平均厚 150 mm,面积为屋面的面积"。造价审核人员发现屋面结构层厚度为 100 mm,而屋面找平层用 150 mm 是否合规呢?从结构设计角度考虑,150 mm 厚的找平层会对结构造成影响,可能超出原考虑的设计荷载;再从建筑设计考虑,一般设计的建筑找平层厚度是 20 至 30 mm,所以 150 mm 不符合设计规则,也造成了不必要的材料浪费。经向施工单位工地负责人业务质询,工地负责人在回答的过程中漏洞百出,最后终于承认虚报工程量。

【例 3-17】 某工程在审核竣工结算资料时,发现某部位出现了工程变更,有一张有建施双方盖章的变更图;同时针对该变更内容又有一张手续齐全的现场签证单。签证单中只有一个工程量结果而无计算式,且无其他原始资料,有施工方、监理方、建设方三方代表签字盖章。但是按照变更图计算出来的工程量和签证结果却不一致,那么该工程量应以什么为准呢?

问题分析:对于现场签证单中的工程量签证,《最高人民法院关于审理建设工程施工合同纠纷案件适用法律问题的解释》第十九条规定:"当事人对工程量有争议的,按照施工过程中形成的签证等书面文件确认。承包人能够证明发包人同意其施工,但未能提供签证文件证明工程量发生的,可以按照当事人提供的其他证据确认实际发生的工程量。"根据该规定,如果是工程量签证,则应以工程量签证确定工程量。但是如果签证与设计变更反映的工程量不一致,则应以事实为依据,如果现场能够反映实际的工程量是与设计变更一致,按照物证(现场)效力优先于书证(签证)效力之规定,应以反映实际工程量的现场设计变更为准。

一般有了设计变更单是可以不再需要现场签证的,只有当设计变更文件不能正确反映整个变更涉及的工程量时,则需要现场签证加以补充,签证当事人应负责签证工程量的准确性;当然如果合同约定当发生了设计变更,双方应办理签证,则也应办理签证。

③ 签证单中时效性问题。现场签证的办理是有时间要求的,但现实中常常会出现事隔多日才补办签证的事例,这样办理的签证相关人员只能靠回忆签字,因此极易导致现场签证

内容与实际情形不符的情况。如某工程对镀锌钢管价格的签证单,签证单中既没有标明签署时间,也没有施工发生的时间,经查证该签证单是补签的,且是由于建设方原因没能按时签证。而按照当地造价信息公布的市场指导价,5月份DN5镀锌钢管单价与7月份的单价相差150元。合同约定竣工结算时此材料按公布的市场指导价执行,施工企业取7月份的镀锌钢管单价增加了工程价款。因此,工程发包方应加强工程变更、现场签证的管理控制,防止签证的随意性以及无正当理由拖延和拒签现象。

④注意签证费用与计日工中价格的重合。在现行工程量清单计价规范中,对计日工定义为完成"发包人提出的工程合同范围以外的零星项目或工作",包括完成该项作业的人工、材料、施工机械台班。计日工的单价由投标人通过投标报价确定,计日工的数量按完成发包人发出的计日工指令的数量确定。因此,很多现场签证事件中的人工、材料、施工机械台班单价即为承包人在投标报价中计日工的相应价格。审核人员应熟悉投标报价中关于计日工的人工、材料、施工机械台班单价的价格组成,注意签证单中的签证数量不可与计日工中价格组成相重复。

【例3-18】 某承包人按监理的《计日工通知》在申报河道料场围堰计日工工程量时,按投标文件中计日工的人工、材料和施工机械使用费的单价上报了《计日工工程量签证单》,同时申报了人工、材料和施工机械使用费共三项费用,见表3-5。

表3-5 计日工工程量签证单

序号	工程项目名称	计日工内容	单位	申报工程量	监理核准工程量
1	修筑料场围堰	工长	工时	20	20
2		挖掘机司机	工时	48	0
3		柴油	kg	840	0
4		挖掘机	台时	48	48

备注:

问题:监理工程师在批复工程量时,只批复了工长的工时和挖掘机台时,没有批复司机的工时和柴油量,为什么?

解答:监理工程师在审核该工程量时,查阅了现行工程量清单计价规范及招标文件中对计日工中施工机械使用费单价的规定。其中对于施工机械使用费是这样规定的:"施工机械使用费的单价除包括机械折旧费、修理费、保养费、机上人工费和燃料动力费、牌照税、车船使用税、养路费外,还应包括分摊的其他人工费、材料费、其他费用和税金等一切费用和利润。"按照规定:施工机械使用费中已包含了机上司机的人工费和燃料动力费。因此司机的工时和柴油量的申报就属于重复,应扣除。

【例3-19】 某环卫中心工程结算审核争议问题分析

案例背景:某建设单位通过公开招标的方式将市区某环卫中心工程发包给了某施工企业进行代建。该工程结构类型为多层框架结构,工程范围包含办公楼、垃圾处置中心等数栋图纸范围内的土建安装工程、室外附属市政工程。该工程为国有投资,代建合同中明确结算方式为固定单价合同。合同签订时间为2013年8月,合同竣工时间为2014年6月,2015

年10月某造价咨询公司接受建设单位委托对该项目进行工程结算审核。在审核过程中有部分款项较大的价格调整内容双方产生了些争议,后经沟通协调,争议得到较圆满解决。

争议问题:

(1) 代建人提供了植筋的技术核定单,该技术核定单是否予以认可并纳入结算?

(2) 代建人在实际施工时两栋楼共用一台塔式起重机进行垂直运输,垂直运输费如何结算的问题。

(3) 合同约定材料价格调整,具体调整是按照代建人投标时的材料单价还是招标时的指导价?

(4) 在施工过程中,点工工资标准是按工人实际工资还是按照零星点工指导价结算的问题。

(5) 某张现场签证单因变更要求增加模板、脚手架的问题。

问题分析与解决:

(1) 植筋的技术核定单问题。代建单位提供了植筋的技术核定单,但是未提供现场签证单。技术核定单不等同于现场签证单,是不可以作为直接结算依据的。技术核定单是施工单位发现按图施工时有技术问题,与监理单位先行商定后出具解决方案,经设计单位及相关单位(建设、监理)同意后执行,技术核定单不能作为设计图纸的一部分。

本工程技术核定单的出现是由于施工时没有及时预埋钢筋,以致没法照图施工,这不是设计图纸的问题,是施工方需要补救而采取的措施,且技术核定单仅代表建设单位、设计单位同意认可这种做法,不代表同意支付这笔费用。经解释,代建方理解接受。

因此,植筋费用不予计取。

(2) 共用塔吊结算问题。该项目投标时施工单位按照每栋楼一台塔式起重机报价,施工过程中,跟踪审计单位向建设单位提出了对多层建筑垂直运输方案优化的建议,即相邻的两栋多层建筑共用一台塔式起重机进行垂直运输,该建议被建设单位和施工单位接受。结算时,审核单位提出按优化后的实际施工的垂直运输方案计算:按实计取塔式起重机进出场及安拆费、计取塔式起重机基础、垂直运输费用。原来是每栋楼一台塔式起重机,现在按实是相邻的两栋多层共用一台,因此整个项目的垂直运输费扣减较多。施工单位不同意,提出:按照实际施工时的塔吊台数扣减其垂直运输费用,不符合委托代建合同关于合同结算的约定。咨询单位在跟踪审计过程中向委托人提出的对多层建筑垂直运输方案优化的建议的接受,不应该因此改变合同关于该项费用的结算方式的约定。审核中双方为此争执不下。

就该争议向市工程造价管理部门进行了咨询,专家解释如下:如果垂直运输的方案在施工时与投标时相比发生了变更,且合同双方就该费用的调整达成一致意见并约定了计算的方法,则结算时应当按照重新约定的方法计算该项费用;不然按照原约定执行。

带着专家意见,双方再次仔细研究该垂直运输方案变更时的会商意见,发现会商意见中委托人、代建人代表只是对方案的变更进行了确认,但未对垂直运输费是否调整有重新约定。咨询公司会同委托人、代建人就该项费用的结算重新进行会商,达成一致意见。

垂直运输费最后结算方案:塔式起重机进出场及安拆费按实计取、塔式起重机的基础按实计取、每栋楼的垂直运输费用仍然按照投标价执行。这也体现工程施工方案优化后成本降低合同主体各方共同受益的原则。

(3) 合同中约定材料价格调整范围为:水泥、黄沙、石子、商品混凝土及钢筋等主要材料,按工程主体施工期间加权平均价调整,但未约定具体调价方式。结算时双方对具体调整方式产生了不同理解:是按照代建人投标时的材料单价还是招标时的指导价进行调整?

由于合同中未对材料价差计算方式进行约定,本工程又是公开招标工程,则应按苏建价〔2008〕67文中相关规定计取材料差价。苏建价〔2008〕67文中规定:"主要建筑材料差价的取定:应以工程所在地造价管理部门发布的材料指导价格为基准(缺指导价的材料以双方确认的市场信息价为准),差价为施工期同类材料加权平均指导价格与合同工程基准期(招标工程为递交投标文件截止日期前28天)当月的材料指导价格的差额"。很显然,价差调整是按招标时的指导价调整,而不是代建人理解的政府指导价加权平均值所计算的材料单价减去承包方投标时的材料单价进行调整。最终代建人也同意按照〔2008〕67号文件的规定进行材料差价的计算。

在《建设工程工程量清单计价规范》(GB 50500—2013)中对合同中未约定材料价格调整方式的价差计算方法也有规定,与〔2008〕67文中相同的是价差调整时的参照标准不是承包人的投标材料单价,而是基准价。基准价通常是招标时的指导价,具体由招标文件规定。

(4)在施工过程中,建设单位抽调工人进行合同外工程零星作业,随后进行了现场签证。建设单位和监理方在现场签证单上注明:"抽调工人共计120人次,每人次平均作业1天时间",签证单中没签单价,合同中也没有约定。结算时代建人提出应按工人每日实际市场工资结算,建设单位不同意,要求按定额人工工资指导价结算。

对于零星点工的单价,在《江苏省建设工程费用定额》中是这样解释的,点工适用于在建设工程中由于各种因素所造成的损失、清理等不在定额范围内的用工。在工程费用取费标准及有关规定中提到:包工不包料、点工的管理费和利润包含在工资单价中,点工和包工不包料的社会保障费和公积金已经包含在人工工资单价中。即点工不再计取管理费、利润、规费等费用,而定额人工工资指导价是需要计取管理费、利润、规费等费用。这二者的价格可明显看出区别,工程施工时间是2014年5月,本地区人工工资指导价为79～86元/工日,而市场人工工资为200～300元/天。因此,点工按定额人工工资指导价计取不太合理。

根据建设单位及监理批复,每人次平均作业"1天时间",但是这"天"可以理解成一个工日(8小时),而不是市场人工工资中的"天",因为市场人工工资中的"一天"正常都大于8小时。另外,经过了解,建设单位当时在用工次数上也考虑了市场价高于点工指导价方面的因素。

因此,本着实事求是的原则,各方经协商一致,最终确定120个签证点工的工资应按照150元单价计入,不再计取其他费用。

(5)增加模板、脚手架的现场签证单中相关的签字、盖章均齐全,时间也较及时,签证事由真实。现场签证单内容为:因施工方案的调整(该调整是得到批准的),增加了外墙脚手架的工程量409 m²(附计算过程);因设计变更中混凝土工程量的增加,相应模板工程量增加202.5 m²(附模板接触面积计算过程)。

审核意见:①增加的外墙脚手架工程量不能给予计算,因为脚手架增加的原因是由于施工方自身施工方案调整的原因,并非由于工程中建筑面积增加、外墙工程量增加而引起,因此不能计算。且江苏省建筑与装饰工程定额中脚手架的费用属于包干性费用,即使是在做施工图预算时,某实际工程中的脚手架费用与按照定额规定计算出脚手架的费用比,多一点少一点都作不调整的。

造价审核人员对于属于措施费性质的签证也需要进行正确判断,如果是属于一个有经验的承包商应该预见到的施工措施,而在投标中漏报了、算少了,都将不能得到承认。

② 本签证单中模板工程量增加的要求是合理的,因为这是由于工程设计变更引起混凝土工程量增加而产生的,但是不能按签证单中计算的模板工程量增加,这不是因为模板工程量计算量不准确(签证单中模板接触面积计算是准确的),而是模板工程量的计算口径应与投标时相同,而本工程招标控制价、投标报价中的模板都是按照江苏省计价定额中的定额含量计算的。

因此,最后确定按江苏省计价定额中的定额含量,按变更后增加的混凝土构件类型分别计算本工程模板增加数量。

【例 3-20】 某拆迁安置小区工程竣工结算。

案例背景:某拆迁安置小区工程,建筑面积 34 059 m²,本工程采用的是代建合同,本建设项目合同约定结算方式为按实结算。代建内容包括:前期工程费(场地平整)、建筑安装工程费(土建、安装)、室外配套工程(道路、雨、污水系统、供电、供水、煤气、通信、有线电视、路灯、绿化)等建设项目所需的全部费用。工程完成后,建设单位委托某造价咨询公司为其进行结算审核。

由于本工程是按实结算,在施工过程中,建设单位全程没有派代表参与该工程,现场签证及材料价格定价只有代建单位签字,无建设单位认可,且施工中又存在设计变更、材料价格变化、人工工资调整等多种因素,所以在一定程度上加大了竣工结算审核时的工作难度。

争议问题:

(1) 土方运输签证问题。代建单位给分包的施工单位办理了土方运输现场签证,签证现场所有挖土土方外运 5 km,所有土方回填量回填时再外运 5 km 回来。

(2) 桩基偏位的设计变更单。桩基施工过程中,设计方出了张部分桩基偏位处理的设计变更单,施工方认为设计院出具的设计变更应由业主方承担相关费用,因此提出增加相关费用。

(3) 二次结构植筋问题。工程中二次结构设计图纸设计为预留钢筋,代建单位认为现场二次结构采用植筋,就应该按植筋费用结算。

(4) 墙面批界面剂问题。原图纸设计墙面抹灰前需批界面剂一遍,施工期间代建单位为节约成本,要求分包单位按刷一道素水泥浆施工,并下发了联系单,代建单位现不承认该联系单,认为应按原有设计批界面剂结算。

(5) 钢筋材料价格调整问题。合同约定材料价格按照施工期间的平均价,但是实际施工中,代建单位在刚开工时就购买了大部分钢筋,然而在施工期间钢筋价格不断下跌,下跌的幅度较大,代建单位认为应按照其购买时的价格来结算。

(6) 不锈钢栏杆价格问题。施工过程中,代建单位由于自身缺乏造价控制人员,对600 mm 高不锈钢栏杆作了价格签证,给分包的施工单位现场签证为 300 元/m,市场价一般180 元/m 左右,代建单位认为其已经按照签证价格给了分包,结算时应按照其签证的价格来结算。

由于结算双方分歧较大,且涉及的造价金额较大,造价咨询公司提出建议,三方(建设单位、代建单位、审核单位)共同协商,来解决以上问题。

问题分析与处理:

（1）土方运输签证问题。首先，现场签证中只有代建单位签字确认，没有经建设单位签字认可，这样的签证是可以不认可的，但是，考虑到本工程的特殊性，对本签证有效性不否认。但是对签证数量需再核实。

经现场考察，施工现场场地较为宽裕，有足够地方堆放土方回填土，因此施工单位的回填的土方运出去再运回来显然不合常理，且施工单位没有任何能证明回填土有运出去 5 km 的证据。

解决方案：所有回填土方量按场内转运 1 km 考虑，多余的土方按外运 5 km 计算。

（2）经了解，该设计变更单的出现是由于施工方定位错误导致部分桩位偏移，为保证基础受力不变、结构的安全，设计方出具了相应变更。因此变更产生的费用应由引起过错的一方即施工单位承担。

这表明不是所有设计方出具的设计变更都应由业主方来承担费用。

（3）二次结构植筋问题。工程设计图纸中有预留钢筋，而施工单位施工时没有预留钢筋而是采用植筋。植筋费用高于预留钢筋费用，植筋的做法施工更为方便。由于植筋只是施工单位为了施工方便而采用的施工技术措施，不应该由于施工单位的施工技术措施而增加建设单位的建造成本，因此不该按植筋费用结算。

（4）墙面批界面剂。依据提供的施工资料，在施工过程中由代建单位做了工程变更，将墙面刷界面剂变更为刷 801 胶素水泥浆一道。因此，应以该施工过程中的变更后做法为准，墙面考虑刷 801 胶素水泥浆一道作为界面处理。

（5）钢筋材料价格调整问题。代建单位出于风险管理考虑提前购买大量钢筋，以规避价格上涨的风险，然而正碰到材料价格下降的危机。合同中约定材料价格按照施工期间的材料价格平均价结算，就应该尊重合同，应该按施工期间的钢筋指导价的平均值结算，而不是按照其购买时的价格结算。该风险是由代建单位自身判断失误造成的，损失应由代建单位自己承担。

（6）不锈钢栏杆价格。不锈钢栏杆价格代建单位给分包的施工单位价格超过了一般市场价，这是代建单位自己的过失。代建单位和建设单位的结算应按合同约定，根据工程现场的所用材料及施工质量，依据市场价按实重新定价。

本案启示：

（1）建设单位无论采取何种建设模式，都应加强施工过程管理，在施工工程中应派人全程跟踪或者聘用项目管理公司进行管理，在施工过程中对施工质量、现场签证及设计变更进行确认，否则在竣工结算时将处于被动状态，争议问题较多，难以协调。建设单位应严格按照招投标法及清单计价规范的规定来进行招投标，这样在竣工结算时，矛盾会少很多，有利于竣工结算顺利进行。

（2）建设单位及参与工程建设的各个主体单位都应严格控制工程成本，对现场签证及材料价格定价要严格把关，以免造成不必要的损失。

（3）造价审核单位在结算审核过程中要尊重事实，客观公正，使建设单位和承包商的合法利益得到保护。

【例 3-21】　某项目施工阶段跟踪审核的现场签证处理。

案例背景：2015 年 2 月，某咨询公司通过招标方式承接了某住宅小区开发项目的跟踪审核任务。该项目规划用地面积 9.33 万 m²,总建筑面积 18.51 万 m²,概算总额111 068.7万元,其中建安费用 46 791.1 万元、基础设施工程费 8 540.5 万元、公共配套设施费 378.6万元,主要施工内容有建安工程、室外道路排水工程、景观绿化工程及其他配套工程。跟踪审计从 2015 年 2 月项目施工招投标开始至 2016 年 12 月基本结束。项目分阶段招投标(建安工程、市政工程、景观绿化工程及其他专业项目工程等),合同结算方式均为固定单价合同。桩基、土方等经业主同意实行专业分包,铝合金门窗、防火门、进户门、车库门、人防门、各种栏杆、遮阳、钢结构雨棚、太阳能等由业主单独招标确定施工单位。

跟踪审核合同约定的跟踪审核工作内容:①参与招标文件及标底文件的审核并发表意见;②参与施工合同的审核,重点是与造价有关的相关条款的审核;③参加部分工程图纸会审及技术交底;④参加工程现场例会及相关协调会,提出建议和看法;⑤参与工程变更(部分)、隐蔽工程验收(部分),参与现场勘测并及时做好记录;⑥对工程变更的费用进行测定和核定并签署意见;⑦参与有关暂定材料、暂定专业、暂定设备价格及后期变更增加项目费用、装饰材料定价等的咨询服务,出具咨询意见,为业主的决策提供参考;⑧参与协调施工过程中涉及造价争议问题的解决,从造价控制角度提出合理化建议,供业主参考;⑨对项目结算进行符合性检查,提出结算初审符合性检查复核意见;⑩对照本项目投资概算,及时掌握造价偏离信息,分析原因供业主参考;⑪为业主提供有关工程造价信息政策、法规等系列咨询服务;⑫向委托方提供跟踪审核档案资料。

咨询公司参与跟踪审核的相关造价人员对工作过程中的一些问题作了妥善处理。

争议问题:

(1) 施工单位提出变更、签证的处理。

(2) 施工中增加的措施项目、零星工作现场签证的处理。

(3) 业主协调产生的总分包之间施工矛盾增加费用签证问题。

(4) 特大暴雨产生的抽水、清淤等费用如何处理。

问题分析与处理:

(1) 施工过程中,施工单位提出了工程变更,主要有:①现浇板上部原设置温度筋的钢筋全部变更为双层双向拉通;②现浇板要求一次性成型(增加楼板板厚,取消楼面找平);③内墙粉刷增加玻纤网格布。这些变更都会增加造价,所以施工单位提出变更时也提出增加费用的要求。

跟踪审核在施工单位提出变更的过程中指出:这类变更要求是施工单位提出的,并非业主或设计方要求的变更,前两项是施工单位为了施工方便,减少钢筋下料的规格和尺寸、加快施工进度采取的措施,首先增加费用不予认可,其次如果实际这样施工最好能有设计方出具同意的变更手续。第③条原招标的设计图纸内墙粉刷没有网格布,在实际施工过程中政府部门出台了加强住宅楼墙面防裂的相关要求,质检站也按新的要求从严验收,所以施工单位提出为了防裂要求内墙粉刷增加玻纤网格布,业主也是同意。此要求的提出一方面是为了适应更严格的验收要求,另一方面防止裂缝是施工单位保证质量的基本要求,不加网格布施工单位还是要保证墙面不能出现裂缝,跟踪审计请业主考虑相关因素,建议此项所有增加的造价均由业主承担不太合适,是否考虑各承担一部分费用,后经承发包双方友好协商同意按 2.5 元/m²(增加网格布的粉刷面积)补贴给承包人。

(2) 施工过程中由于种种原因出现了些措施项目的增加,还有合同外的零星工作,施工

单位提出现场签证的要求,跟踪审核人员区分不同情况及时采取了相应措施:

① 施工单位在实际施工过程中增加了高压线防护架搭设,这是原招标工程量清单、招标控制价没有的,因此施工单位提出增加高压线防护架搭设的费用签证。

在本工程招标文件中规定:"投标人到现场实地勘踏,应充分了解工地位置、情况、道路、储存空间、装卸限制、相关专业施工队伍的配合与衔接及任何其他(包括且不限于:围墙的重新围护、临时高压线防护、施工临时设施、脚手架及现场运输设备、施工现场因政府部门规定而造成的各种限制条件等)足以影响承包价的情况,任何忽视或误解工地情况而导致的索赔或工期延长申请将不获得批准。"

据此,跟踪审核人员对施工单位提出临时高压线防护属于招标文件中明确指出不予增加费用的事项,因此不予签证。

② 施工单位提出地下室进行装饰施工时要增加照明费用的签证、筏板基础周边砖模实际施工采用的是 240 厚(投标中 120 厚)。

跟踪审核指出,地下室进行装饰施工时要增加照明、筏板基础周边的砖模,这是施工单位为了保证施工正常进行、保证工程质量采取的必要措施,已经包含于投标报价的措施项目费中,这里没有任何的工程变更,不存在需调整措施费的事项,因此不予签证增加费用。

③ 施工过程中,施工单位为了减轻对地下室顶板的荷载作用,对在其上面搭设的脚手架每隔几层采用悬挑脚手,施工单位提出增加悬挑脚手架费用的签证。

跟踪审核不同意这一费用的签证,理由同上一条,但是施工单位坚持要增加费用。后由业主组织请造价管理处专家出面协调系列争议问题时,造价站专家也给予了不增加此项费用的解释,最终是不予签证增加费用。

④ 施工单位提出地下室原混凝土垫层改为砂石垫层,要求增加机械转运费用的签证。

跟踪审核认为原地下室室内混凝土地坪实际施工也需要发生材料从地面经汽车坡道运输至地下室地面,现在只不过是运输材料发生变化,并不是投标不包含材料转运费,所以不予签证增加此费用。

⑤ 施工后期进行装饰时,施工单位发现部分装饰节点的建筑与结构不符,于是对该部分节点结构(装饰节点,非主体结构)进行凿除,提出增加凿除的费用签证。

跟踪审核认为图纸上的问题,建筑与结构的矛盾早在图纸会审时就应该提出,并在结构工程施工前就该将各专业之间的矛盾进行确认调整。现在到结构施工结束,直至装饰施工阶段才发现问题,这属于施工单位自身管理不到位引起的费用增加,不应由业主承担此费用,所以不予签证。

(3) 本项目有部分项目在总承包合同范围内,但是业主考虑为了加快工程进度、便于控制造价等诸多因素,将部分专业工程由业主参与协调分包给专业队伍施工,并签有相关的补充协议和备忘录。而在施工过程中产生了由于工序交叉作业或施工不到位导致下一步工序需要采取措施从而增加造价等问题。

① 土方施工单位在回填室外土方时,由于回填不实,导致总包单位增加重新夯填回填土的工程量,总包单位要求对此予以费用增加签证。

跟踪审核认为回填夯实是土方分包单位应该完成的施工工序,土方单位施工不到位,总包单位和工程参与方有义务要求其施工到满足下一道工序施工为止。但总包单位已经按总承包合同约定收取了总承包服务费,总包单位施工中增加的回填土工作量及重新压实工作量等事实虽然存在,但这些费用与业主无关,这是与土方施工单位之间的协调问题。

② 工程中由于是桩间挖土,挖掘机难以施工,施工单位只能人工开挖桩间土,并实施破桩头工作。因为投标报价中没有此项目,施工单位签证要求增加此费用。

跟踪审核查阅施工合同工作量界定范围,在土方施工分包协议中明确土方单位开挖至基底标高交由土建单位进行后续施工,结算按总开挖土方量乘以合同单价计算,破桩头由土方单位施工,单独定价。因此认为此费用施工单位应该向土方单位进行结算,与业主无关,未予签证。

(4) 2015年6月发生了特大暴雨,此时正是地下室底板钢筋绑扎结束、混凝土还没有浇筑期间,暴雨导致大量泥沙冲入底板形成淤泥,施工单位在绑扎好的底板钢筋下进行清理,发生了抽水、清淤等费用。施工单位提出了增加抽水、清淤等费用签证。

跟踪审核能确认现场这些工作量存在的事实,为了清理地下室底板淤泥、杂质施工单位花费了时间和费用。但是由此产生的损失由谁承担? 如何承担更合理? 跟踪审核为此作了研究。

当时施工现场的情况:由土方分包单位实施土方开挖,并负责边坡的稳定与安全。因为基坑开挖深度5～5.1 m之间,且是夏季施工,为了防止灾害天气突发,土建施工单位在此期间还提出应对基坑边坡进行防护,拿出了基坑边坡防护处理方案(砂浆找平护坡)并提交业主审批,但业主考虑到可能增加费用问题没有同意实施。

查阅本项目施工合同对不可抗力的界定,其中有"灾害天气"属于不可抗力,但是还确认以下情况:①本次施工期间的特大暴雨是否属于灾害天气;②虽然业主没有同意采取砂浆找平护坡,特大暴雨已经有预警,但施工单位在此暴雨来临之前有没有采取其他积极有效的应对措施(如油布覆盖边坡等);③知道有特大暴雨来临,施工单位应该预计到大暴雨会导致夹带泥沙侵入基坑,应该暂停地下室底板的钢筋绑扎,避免出现问题后导致清理困难。关于灾害天气界定施工单位已经提供了气象部门的证明材料,确实属于灾害天气;而第②、③点施工单位确实没有采取相应措施,也有相应责任。

后经协调,业主同意费用给予适当补贴,但不认可全部费用;工期顺延。

4 司法鉴定概述

4.1 司法鉴定的概念

4.1.1 司法鉴定的含义

在法治社会,诉讼活动的中心和主轴是审判,其中审就是认定案件事实,而法庭认定案件事实的基本手段就是证据。人类社会的证明活动经历了从神证到人证再到物证的三个发展阶段。目前,物证已经从一种技术手段转化为一种诉讼证据服务于司法审判活动。与此相适应,司法鉴定也实现了从技术侦查手段到诉讼证据,从技术检验到司法鉴定,从为侦查活动服务到保障司法公正的制度性措施的转变。

1) 鉴定的概念

鉴定(identification)一词可拆分为"鉴"和"定","鉴"是指仔细审视、察验或鉴别,表现为一整套连续性行为的活动过程。"定"为认定或判定,是在经过"鉴"的过程的基础上而作出的结果。"鉴"和"定"密不可分,"鉴"是"定"的前提与手段,"定"是"鉴"活动实施的目的和结果。

鉴定是指具有专门知识与技能的人员,经过一定的程序和科学实验,对特定客体的本质特征及其客体涉及的专门性问题进行分析、研究、鉴别并作出结论的活动。

2) 司法鉴定的概念

司法鉴定活动就是运用科技方法、专门知识、职业技能和执业经验为诉讼活动提供技术保障和专业化服务的司法证明活动,司法鉴定包括以下几层含义:

(1) 司法鉴定是在诉讼活动中进行的,主要为诉讼服务的活动。

第十届全国人民代表大会常务委员会第十四次会议通过的《全国人民代表大会常务委员会关于司法鉴定管理问题的决定》第一条规定:"司法鉴定是指在诉讼活动中鉴定人运用科学技术或者专门知识对诉讼涉及的专门性问题进行鉴别和判断并提供鉴定意见的活动。"因此,只有在诉讼活动中对案件的某些专门性问题进行鉴别和判断的活动,才属于法定意义上的司法鉴定。

(2) 司法鉴定的主体是司法鉴定人。

司法鉴定人是指在诉讼活动中,依法接受委托对诉讼涉及的专门性问题进行鉴别和判断并提供鉴定意见的人。鉴定人不属于司法工作人员,而是一种特殊的诉讼参与者,一种特殊的证人,西方国家称之为"专家证人"。作为一种特殊的证人,司法鉴定人必须具备解决相关诉讼涉及的专门性问题所必需的科学技术手段、专门知识、执业经验和职业技能,同时,也负有依法就提供的鉴定意见出庭作证的义务。

（3）司法鉴定的目的是解决诉讼涉及的专门性问题。

我国法律规定，对于诉讼涉及的专门性问题，需要进行鉴定的，应当依法进行鉴定。用于诉讼涉及的范围非常广，有些案件证明对象范围的事项专业性很强，仅凭侦查人员、检查人员或者审判人员的直观、直觉或者逻辑推理无法作出肯定或是否定的判断，必须依法运用科学技术手段或者专门知识对专门性问题进行鉴别和判断才能得出正确的结论。

（4）司法鉴定的方法是运用科学技术手段、专门知识、执业经验和职业技能进行鉴别和判断。

在实际操作过程中，司法鉴定作为诉讼活动中的一项重要的调查取证和证明活动，有些专门性问题是无法凭借直观、直觉或者逻辑推理而直接认识和判断的，必须借助于科学技术和专门知识进行鉴别和判断。科学技术和专门知识是司法鉴定解决诉讼涉及专门性问题的基本手段与方法。

（5）鉴定人应当提供鉴定意见。

鉴定人在鉴定工作完成后，应当依照法律规定及委托协议的约定，向委托人提供由鉴定人本人签名的书面鉴定意见。鉴定意见是由鉴定人运用科学技术手段、专门知识、执业经验和职业技能对诉讼中涉及的专门性问题进行鉴别和判断的基础上给出的结论性意见。

鉴定意见作为司法鉴定人的认识和判断，表达的只是鉴定人个人或鉴定组单方的意见。鉴定意见作为诸多证据中的一种证据，鉴定意见在案件审理过程中应当接受质询。而审判人员也应当结合案件的实际情况以及其他证据加以审查，综合判断鉴定意见能否作为认定案件事实的根据。在司法实践中，常常会出现一个案件中对某一事项有多个鉴定意见的现象，这就需要审判人员通过质询、审查和鉴定各个鉴定意见的科学性、可靠性和真实性，进而选择正确的鉴定意见。

4.1.2　司法鉴定的双重性与基本属性

1）司法鉴定的双重性

司法鉴定是一种运用科学技术手段、专门知识、执业经验和职业技能为诉讼活动，尤其是为司法审判活动提供技术保障和专业化服务的司法证明活动，其本质是科学性与法律性有机结合，体现在以下几个方面：

（1）司法鉴定活动的双重性

司法鉴定活动既是一种科学实证活动，同时也是一种诉讼参与活动。但需注意的是，司法鉴定活动不等于审判活动，鉴定意见也不等于审判结论，仅仅是在诉讼法和其他法律法规框架下的一种科学实证活动。

（2）司法鉴定机构的双重性

司法鉴定机构包括职权鉴定机构和社会鉴定机构。职权鉴定机构是一种专门设立的司法鉴定机构，大多为诉讼职能部门内设的鉴定机构。而社会鉴定机构则是由司法鉴定主管部门通过行政许可授权的、来自各行业的技术鉴定机构。

（3）司法鉴定人身份的双重性

司法鉴定人是指在诉讼活动中，依法接受委托对诉讼涉及的专门性问题进行鉴别和判断并提供鉴定意见的人。由此可见，首先，鉴定人是诉讼参与人，从事司法鉴定必须取得司法鉴定主管部门认可的司法鉴定人职业资格;同时,鉴定人也应当是本专业的科学技术人员,拥有本领域的专业知识和技术,取得本专业的职业资格,如造价工程师等。

(4)调整司法鉴定活动的规范具有双重性

调整司法鉴定活动的规范既包括司法机关出台的法律规范,也包括相关行业主管部门出台的行业管理规范和技术规范。

(5)司法鉴定运作的权力配置具有双重性

在司法鉴定的权力运行中,既涉及司法权的配置问题,又涉及行政权的配置问题。对涉及司法鉴定的启动、决定,鉴定意见的质证、认证和采信等属于司法权的调整范围,而对司法鉴定的管理、司法鉴定实施的规范等则属于司法行政权管理的范畴。

(6)司法鉴定制度具有双重性

司法鉴定制度既涉及司法制度,如司法鉴定的启动制度,鉴定意见的举证、质证、认证等制度都由诉讼法、证据法等法律调整。同时,司法鉴定的职业准入管理、鉴定机构的设立、授权、资质管理等又属于司法行政管理。

2)司法鉴定双重性的现实意义

(1)决定了司法鉴定作为法律性和科学性的统一的特殊科学鉴定,与其他普通的技术鉴定及行业鉴定具有明显的差异。

(2)决定了司法鉴定活动不同于侦查活动、检察活动以及审判活动,司法鉴定是一种对诉讼涉及的专门性问题进行鉴别和判断并提供鉴定意见的专门活动。

(3)决定了相关领域的专业技术职务任职条件既不等同也不得替代司法鉴定人的执业资格。相关法人、组织、机构和人员,未经司法鉴定主管部门的批准,不得享有司法鉴定权。人民法院在对外统一委托司法鉴定业务时,应当在司法鉴定主管部门登记公告的名册内,委托具有司法鉴定资格的司法鉴定机构与司法鉴定人进行鉴定工作。

(4)决定了司法鉴定的管理模式是一种行为管理,是一种兼具直接管理和间接管理的专门管理模式。

(5)决定了司法鉴定制度的改革目标和发展方向。首先,司法鉴定制度应当遵循司法体制改革的总体要求和发展方向,适应及配合诉讼制度改革的要求。司法鉴定是为诉讼服务的,旨在为裁判者在诉讼中正确理解证据和认定案件事实提供可靠的证据方法,因此,司法鉴定作为司法制度的重要组成部分,其科学与否是衡量诉讼立法完备程度的重要标志之一。此外,司法鉴定制度的改革和发展也要适应科学技术发展的要求,做到法律法规、行政规范和技术规范的协调和统一。

3)司法鉴定的基本属性

司法鉴定作为一种法定证据,除了应当具备证据的一般要求外,还具备以下有别于其他证据的属性:

(1)法定性

司法鉴定的法定性是指司法鉴定活动是诉讼参与活动,表现在不仅司法鉴定的主体需要有法定资格,而且从启动条件、鉴定实施、出具鉴定意见到出庭作证和质证、采信等都有明确的法律规定。

① 启动鉴定程序要严格遵守诉讼法的规定,如在刑事诉讼中,鉴定只能在诉讼过程中提起并由承办案件的司法机关决定,不能因个人意愿自由启动和实施。

② 司法鉴定机构必须经过司法鉴定主管部门批准和授权或经司法机关临时指聘。

③ 司法鉴定对象（鉴定客体）仅限于案件中经过法律或者法定程序确认的某些专门性问题。

④ 司法鉴定主体必须是取得司法鉴定许可的鉴定机构和具有司法鉴定人执业资格的自然人，而不是科研机构或业务部门、行业组织专业技术人员。同时，鉴定人作为诉讼活动的参与人，应当依法出庭作证并接受询问和质询。

⑤ 鉴定活动属于以科学技术手段核实证据的诉讼参与活动。

⑥ 鉴定意见是法定的证据种类之一。

（2）中立性

司法鉴定的中立性是司法鉴定活动的内在要求，只有中立，才能公正；只有公正，才有权威；只有权威，才能高效。司法鉴定机构和司法鉴定人在诉讼活动中保持中立地位，依法独立执业是保障司法鉴定活动客观公正的内在要求。

① 司法证明活动中，保持中立地位是程序公正的要求。

② 在进行科学技术活动时，排除人为因素干扰，保持中立性和独立性既是科学精神的体现和要求，也是保证结果客观真实的前提条件。

③ 按照程序正义的要求，司法机关不能既当裁判员又当运动员。

④ 司法鉴定作为一种证明和评价活动，在当事第一方和第二方之间保持中立地位是其权威性的基本保障。在技术检测和检验活动中，由于第一方评价（当事人为自己证明或作出评价，但因其直接的利害关系可信度最低）和第二方评价（由使用者进行证明或作出评价，也因为存在间接的利害关系甚至利益驱动）难以被对方当事人接受和认可，往往造成多次证明或评价。因此，只有第三方评价（即由无利害关系的第三方权威机构作出证明或评价）因其具有中立性，从而具有较高的证明力和权威性，具备被普遍接受和采信的基础，能够"一个证明，多方使用"。

基于中立地位和独立执业的要求，司法鉴定机构和司法鉴定人在实施司法鉴定活动时，既不是对司法机关负责，也不是对当事人负责，而是对法律负责，对科学事实负责，对所委托的鉴定事项负责，最终是对案件事实负责。因此，中立性是司法鉴定的基本属性，也是鉴定公正的前提和保障。就诉讼参与活动而言，中立性或独立性是司法鉴定人和鉴定机构执业活动的基础，它对鉴定机构和鉴定人提出的基本要求，又是以其机构和人员的相对独立为基础的。实现司法鉴定客观公正的宗旨，首先依赖于司法鉴定机构和司法鉴定人在诉讼活动过程中的中立地位，由此才能实现鉴定职能的独立。

（3）客观性

司法鉴定的客观性是科学规律和科学定理对司法鉴定提出的基本的规定性要求。鉴定意见的可靠性和可信性，来自并取决于两个方面：一个是正当法律程序的保障（保证司法鉴定的合法性和公信力）；另一个是鉴定意见的客观性。鉴定意见的客观性主要取决于三个方面：

① 科学性

司法鉴定是科学认识证据的重要方法和手段，司法鉴定以科学技术为支柱，司法鉴定的实施过程就是一个科学认识的过程，科学规律、科学定理、科学理论、科学知识，构成司法鉴定的基本理论和基本方法。这是鉴定意见与证人证言之间的根本区别。

② 专业性

鉴定意见的可靠性取决于它产生的过程和方式，更取决于它的专业化、职业化程度和专业技术水平。司法鉴定的专业性,主要是指专业技术机构的专业技术人员根据专业技术理论、知识和方法,采用专业设备和手段,按照专业技术程序规范和技术标准规范的要求,对专门性问题进行识别、比较、认定和判断,并得出专业性结论的活动。

③ 统一性

司法鉴定的统一性不仅表现在鉴定所采用的科学原理、技术方法和技术标准具有统一性,而且鉴定程序和鉴定机构及鉴定人资质要求也应当具有统一性,以保证鉴定的统一性和可检验性。

（4）公共性

根据社会优先原则,各种社会行为和个人行为都必须受到公共理性和公共原则的制约。由诉讼的公法性质和诉讼活动的复杂性决定了在刑事诉讼中,司法鉴定是诉讼活动顺利运行的保障。在民事诉讼中,司法鉴定活动不仅涉及当事人的权利,而且也涉及公共利益和社会其他利益的调整和补偿,同样具有很强的公共性。因此,《全国人民代表大会常务委员会关于司法鉴定管理问题的决定》才把司法鉴定纳入政府管理范畴,赋予司法行政机关行政许可的职责。

（5）社会性

司法鉴定是为诉讼服务的。从服务主体来看,司法鉴定不仅要为司法机关服务,也要为当事人服务;从诉讼范围来看,司法鉴定不仅为刑事诉讼服务,也为民事诉讼和行政诉讼服务。在刑事诉讼中,应当把为侦查机关提供控方证据的职权鉴定机构及鉴定人和为诉讼提供证据的社会鉴定机构及鉴定人区分开来,从而促进刑事诉讼活动控辩式审判方式得以有效进行。

（6）综合性

司法鉴定既是一项多学科多领域知识交叉的科学技术实证活动,又是诉讼参与活动,在一些重大疑难和特别复杂案件以及突发重大公共事件中,往往需要综合运用自然科学、社会科学和工程技术三大领域的理论、知识、方法和技术。

（7）主观性

鉴定意见的主观性是由鉴定对象的多样性、科技发展水平及鉴定主体(即鉴定人)认识水平的不同而决定的。如果采用的设备和技术标准不同、检测比对的标准体系不同、鉴定人认识水平和方法的不同、鉴定对象的不同及鉴定时间的不同,得出的鉴定结论之间就可能存在差异,这也是在诉讼过程中产生重复鉴定的客观因素之一。当然,与其他言词证据形式相比,鉴定意见的客观性程度大大超过其主观性,因而具有相对的合理性和更高的可靠性。

由于诉讼涉及面广,需要鉴定人运用的专业知识、技术手段和执业经验繁多,对如何排除虚假的鉴定结论,如何审核鉴定结果的范围,如何确定跨领域鉴定结果的效力问题,都需要法官进行决断。这需要通过完善司法鉴定制度加以保障。

4.2　司法鉴定的分类

规范司法鉴定的执业分类和确定司法鉴定的系统结构既是司法鉴定规范化建设的基础,也是规范司法鉴定管理工作的前提条件。

4.2.1 依据学科专业分类

司法鉴定学是研究诉讼活动中各种专门性问题鉴定的理论及技术方法的系列学科,它是自然科学与社会科学相结合而发展产生的一门综合性学科。根据司法鉴定执业活动运用的基本原理、专门知识和技术方法所属的学科专业,结合鉴定对象、鉴定要求和适用范围,司法鉴定学科可分为:

1) 法医学

法医学是以医学、生物学和物理学、化学等自然科学为基础,研究与解决涉及司法实践中有关人身伤亡和生理病理状况的科学,是法学与医学交叉的综合性学科。目前,法医学已发展出二十多门分支学科,包括:法医病理学、法医临床学、法医毒物学、法医生物学、法医人类学、法医遗传学、法医赔偿学和法医精神病学等。

2) 物证技术学

物证技术学是研究物证技术基本理论和基本方法的一门学科,主要研究领域涉及对物质、物体、物品、痕迹、文件等有形体及其反映形象、映像等。物证技术学又包括:

(1) 痕迹学

其检验的基本方法是运用痕迹形成原理、变化规律等理论知识,对发现、提取的痕迹进行检验、比对观察分析,为揭露犯罪、确认犯罪、确定罪证提供科学依据。痕迹学又分为指纹学、足迹学、工具痕迹学、枪弹痕迹学等。

(2) 笔迹学

笔迹是书写文字的表现形式,是人们书写习惯的反映。笔迹学主要研究领域涉及书写技能、书写习惯、书写语言、书写工具、书写形成时间、文字的结构以及笔迹特征等。

【例 4-1】 某工程项目进入招标投标程序,招标文件规定的评标方法为综合评分法。其总分值为 100 分,其中投标报价分值为 70 分,技术方案分值为 20 分,项目经理业绩分值为 5 分,质量承诺分值为 3 分,工期承诺分值为 2 分。招标文件提供了招标控制价,并规定建设单位期望价格不超过招标控制价的 92%。评标基准价 $C = K_1 \times A + (1-K_1) \times B$,其中 A 为各投标人投标报价的算术平均值,B 为建设单位期望价格,K_1 为权重系数,取 50%。各投标人投标报价等于评标基准价的得满分 70 分;偏离基准价的相应扣减得分。投标报价与基准价相比的偏差率,每高 1% 扣 1 分,每低 1% 扣 0.5 分。共有 9 家投标人参加本工程项目投标。在评标过程中,评委发现有五家投标人投标报价异常接近,均接近招标控制价的 92%。通过综合评审,这五家投标人之一综合得分排名第一,其投标报价比综合排名第二的投标人的投标报价高出三百余万元,评标委员会初步认定这五家投标人有串标的嫌疑。于是,对这五家投标人书面投标文件进行了认真的审查,通过仔细比对发现,五家投标人投标函中投标报价(招标文件规定投标函中投标报价需手工填写)的笔迹相似。于是,要求投标人予以澄清,各投标人均矢口否认相互串标。经请示招标办后将五家投标人的投标函送至市公安局进行笔迹鉴定,鉴定结论为五家投标报价均出自一人之手。因此,认定五家投标人相互串标事实成立,最终确认综合得分排名第一的投标人不得作为中标候选人。同时,招标办经过请示建设行政主管部门,给予这五家投标人两年内不允许在本地区参加投标的行政处罚。评标委员会确认由排名第二的投标人作为中标候选人,为建设单位节约了三百余万元的建设投资。

（3）司法化学

司法化学是研究与案件有关的物质化学组成成分和特征的一门学科。是为了确定案件中有物证意义的某些物质的成分、性质、含量或种类或显现肉眼看不出的痕迹，运用化学、生物学、药理学等基础理论和实验手段，分析与案件有关物质的组成、含量、结构、价态、相态、状态等，以揭露证实案件事实，提高案件办理质量。

（4）司法物理学

司法物理学主要研究物质的物理属性，通过运用仪器分析方法确定物质的种类、成分、含量等物质属性。

3）司法会计学

司法会计学是运用会计学、审计学、逻辑学、侦查学、证据学、鉴定学理论为基础，以司法会计为对象，研究和解决诉讼活动过程涉及有关案件的会计事实问题的一门学科。通过检查、计算、验证和鉴定对会计凭证、会计账簿、会计报表和其他会计资料等财务状况进行鉴定，为诉讼活动提供鉴定意见。其手段主要包括会计核查、会计鉴定、会计验证和会计审查等。

4）工程学

工程学是通过研究与实践应用数学、自然科学、经济学、社会学等基础学科的知识，应用在各行业中，达到改良各行业现有建筑、机械、仪器、系统、材料和加工步骤的应用方式、方法的一门学科。目前，我国专业划分类别有二十多个，涉及建筑、机械、材料、计算机等多个领域。

随着经济的高速发展，涉及工程领域的纠纷和诉讼案件日益激增，这就需要工程领域行业机构和专业人士对专门性问题提供技术保障和专业化服务的司法证明活动。

建筑工程司法鉴定是指依法取得有关建筑工程司法鉴定资格的鉴定机构和鉴定人，受司法机关或当事人的委托，运用建筑工程理论和技术，对涉及建筑工程质量、造价和安全等与建筑工程相关的专业性问题进行鉴定和判定，并提供鉴定意见的活动。建筑工程司法鉴定包括建筑工程质量评定、工程质量事故鉴定、工程造价纠纷鉴定等。

4.2.2　按鉴定执业范围分类

根据司法部 2011 年颁布的《司法鉴定执业分类规范》，司法鉴定执业分类和综合执业领域的内容如下：

1）司法鉴定执业分类

（1）法医临床司法鉴定的适用范围主要是自然人因外力导致的伤残后果及状况。主要内容有损伤程度、伤残等级、致伤物推定、致伤方式推定；致伤时间推定；损伤与疾病因果关系；生理状态及功能；劳动能力；诈伤及造作伤；医疗损害赔偿等鉴定事项。

（2）法医病理司法鉴定的适用范围主要是推断自然人是否正常死亡和非正常死亡的事实及状况。主要内容有死因与死亡时间；损伤时间；机械性损伤（钝器伤、锐器伤、火器伤、交通伤等）；机械性损伤的致伤物；机械性窒息；高温与低温损伤；电流损伤；杀婴与虐待儿童死亡；猝死与医疗损害有关的死因等鉴定事项。

（3）法医物证司法鉴定的适用范围主要是对案件真实情况有证明作用的物品及痕迹的状况。主要内容有种属来源；个体识别（如血痕、精斑、唾液斑、混合斑、毛发、软组织、硬组织等）；亲权鉴定（如三联亲子、二联亲子、同一父系遗传关系、同一母系遗传关系、祖孙关系、祖母孙女关系、同父异母姐妹关系、生物学同胞关系等）等鉴定事项。

（4）法医毒物司法鉴定的适用范围主要是毒物及中毒状况。主要内容有：挥发性毒物（如氰化物、醇类等）；气体性毒物；安眠镇定药物；毒品（如阿片类、苯丙胺类、大麻类等）；杀虫杀鼠剂（如杀虫剂、杀鼠剂等）；金属毒物等鉴定事项。

（5）精神疾病司法鉴定（法医精神病鉴定）的适用范围主要是自然人的行为能力和精神状态，同时包括与其相关的人体损伤程度鉴定、人体伤残等级鉴定。此外，有的还涉及被鉴定人的医学处理，对有违法行为者的治疗、监护、危险行为的预测和预防、精神卫生等方面的问题。主要内容有：精神状态鉴定（主要分为器质性精神疾病和功能性精神疾病）；法定行为能力评定（如刑事责任行为能力、民事责任行为能力、受审能力、参与诉讼能力、性自我防卫能力、服刑能力、受劳动教养能力等项能力评定）；劳动能力评定；精神损伤与因果关系评定等鉴定事项。

（6）文书物证司法鉴定的适用范围主要是以语言、文字、线条、符号、图像、数字、声音等依附于相关载体表达一定意义的书面资料。主要内容有：笔迹；印章印文；文书制作时间；印刷文书；证件证书；货币证券；文书制作工具；污损文书；书画等鉴定事项。

（7）痕迹物证司法鉴定的适用范围主要是形象痕迹以及整体分离痕迹和动作习惯痕迹。主要内容有：涉及外表结构形象（又分为人的外表结构痕迹，如手和足掌侧面、唇面及牙齿痕迹；物的外表结构痕迹，如鞋底、工具、枪支子弹、车轮外胎痕迹等）、整体分离痕迹、动作习惯痕迹的手印；足迹；工具痕迹；枪弹痕迹；车轮胎常见痕迹；人体其他肤纹痕迹；其他痕迹等鉴定事项。

（8）微量物证司法鉴定的适用范围主要是被害人现场地面、现场周围物体、犯罪嫌疑人、作案工具、赃物和其他物证的物质形态、物质成分、物质含量、物质结构等。主要内容有：综合物质物品（毒物、毒品、药物、油漆涂料、油脂斑痕、化妆品、食品、饮料、金属物、爆炸物、泥土、粉尘、纤维、纺织品、塑料、矿物质、农药、化肥、书写印刷粘贴物质等）；动物物质物品（家生动物与野生动物毛、骨、肉、血、皮、内脏及其制成品，动物伤亡等）；植物物质物品（家生植物与野生植物根、茎、叶、花和花粉及孢子、果实及其制成品；植物损害等）等鉴定事项。

（9）声像资料司法鉴定的适用范围主要是以图像、声音形式证明案件情况的证据材料，包括录音、录像、照片、胶片、光盘、计算机及其他高科技设备储存的材料等。包括传统的模拟式声像资料鉴定和数字式存储的声像资料鉴定。主要内容有：声像资料的客观性、真实性和关联性（如语言识别、图像识别等）；声像资料分析（如语言增强、语言人身分析、图像增强、图像人身分析、内容整理、噪音分析等）；真实性审查；声像资料采集设备等鉴定事项。

（10）电子数据司法鉴定的适用范围主要包括电子数字证据的获取和信息发现两个阶段。电子数字证据不仅来自计算机、通信设备、电子设备等各种存储设备，还包括网络通信数据包等载体。主要内容有：来源鉴定；同一鉴定；内容鉴定；功能鉴定；损失鉴定；符合鉴定等鉴定事项。

（11）司法会计鉴定（会计司法鉴定）的适用范围主要包括财务问题和会计问题。主要内容有：资产鉴定；负债鉴定；所有者权益鉴定；收入鉴定；费用鉴定；利润鉴定等鉴定事项。

（12）知识产权司法鉴定的适用范围主要包括侵犯知识产权的事实、状况及种类。主要内容有：专利权（如计算机软件、集成电路、布图设计、生物技术、技术标准和网络环境下的知识产权的权利范围等）；商业标志；著作权；商业秘密（如保护范围、构成要件等）；植物新品种；地理标志；技术合同（如合同内容等）；知识产权侵权损害赔偿数额等鉴定事项。

(13) 建设工程司法鉴定的适用范围主要包括建设工程所包含的土木工程、建筑工程、线路管道和设备安装工程及装修工程等领域。主要内容有:建设工程质量(工程地质勘察质量、设计质量、施工质量、使用维护状况及可靠性等);建设工程损害程度及因果关系(如建筑物、构筑物、道路、桥梁、建筑机具等);建筑工程原材料、构配件和设备性能质量(如结构构件材料、连接材料、装饰材料、防水材料、保温隔热材料、防火防腐材料、建筑节能材料及建筑构配件等);建筑机具安全性和使用功能(如塔式起重机、施工用脚手架等);建设工程合同及造价纠纷(如工程合同造价、概算造价、预算造价、决算造价、加固与修复造价等)等鉴定事项。

(14) 产品质量司法鉴定的适用范围主要包括进入流通或者有协议、合同约定的相关有形产品。主要内容有:食品质量;化工产品质量;机电产品质量;轻工产品质量;家用电器质量;烟花爆竹产品质量;纺织品质量等鉴定事项。

(15) 价格司法鉴定的适用范围主要是诉讼中涉及的各种有形和无形资产价格。主要内容有涉案物品、动产和不动产的交换价格、成本价格、账面价格、清算价格、市场价格等鉴定事项。

(16) 机动车司法鉴定的适用范围主要包括符合法定条件,具有预期功能,并依法生产、销售、流通和在道路上行驶的汽车及汽车列车、摩托车、拖拉机及拖拉机运输机组、轮式专用机械车、特型机动车、挂车和无轨电车、电动汽车等机动车辆在诉讼中涉及的相关问题。主要内容有:车辆特征鉴定(含性能、结构、参数鉴定);车辆质量和质量事故鉴定;交通事故车辆鉴定等鉴定事项。

2) 综合执业领域(包括道路交通、农业、电力、海事、文物、安全生产、环境、保险和火灾等领域)涉及的司法鉴定执业活动主要是上述所列各鉴定类别的综合运用。

(1) 农业司法鉴定的范围主要是种子(包括瓜果、蔬菜、花卉、粮食和经济作物等)、肥料、农药、薄膜等农业生产资料;田间农作物;植物新品种;水产品(如淡水、海水养殖等);畜牧业及其产品;兽药、饲料、草业、农机技术;农业环境污染等。主要涉及农产品质量安全(如水产品、禽产品、农作物、农作物死亡等);农作物种子;农药兽药;农业环境污染(水域、土壤、植物等);渔业污染等内容。

(2) 安全生产司法鉴定的范围主要是对各类矿山和危险品、药品、医疗用品的生产进行检测,查明造成安全事故的原因及因果关系等。主要涉及各类矿山特别是煤矿安全生产(如矿山开发引起的安全事故、开发工程质量、地质勘查及矿山事故、地质灾害成因和地质遗迹、探矿权和采矿权资料等);危险化学品安全生产;烟花爆竹安全生产;药品和医疗用品安全生产等内容。

(3) 文物司法鉴定的范围主要是评定文物的文化价值、经济价值和市场参考价格,确认文物损害及因果关系等。主要涉及字画类;玉器类;瓷器类;青铜类;综合类等内容。

(4) 电力司法鉴定的范围主要是造成电力生产事故的原因,电力损伤状况,事故与人身损害,财产损害的因果,电力设备质量等问题。主要涉及电力工程;电力可靠性;电力生产事故;电能质量;交易电量及计量;电力设施保护;电磁环境影响;电力人身伤害原因等内容。

(5) 海事司法鉴定的范围主要是海事活动中涉及的相关专门性问题。主要涉及海运事故责任与损失;船舶检验;水域污染与海洋经济生物损害;救助打捞等内容。

(6) 环境司法鉴定的范围主要是空气、水(不含海洋)、土壤、生物、大气、噪声等。主要涉及水环境(如环境监测、有害物鉴定、污染原因、因果关系、赔偿事实等);土壤环境;大气环境;动植物环境等内容。

(7) 道路交通司法鉴定的范围主要是因道路交通事故造成的人身和财物损害的事实及状况。主要涉及人身损害;机动车性能;机动车损害;相关物品损害;财产损害;交通事故原因;因果关系等内容。

(8) 保险司法鉴定的范围主要是涉及寿险和财险的有关事实及状况。主要涉及人身保险和财产保险等内容。

(9) 火灾司法鉴定的范围主要是因火灾事故造成的人身、财产损害事实及状况。主要涉及火灾事故原因;人身损害;财产或物品损害;环境损害;因果关系等内容。

4.2.3　按鉴定客体分类

鉴定客体包括检材和样本,其鉴定可分为:

1) 活体(人体)鉴定

包括损伤程度、伤残等级的评定,生理、心理状态检验和个体特征检验。

2) 尸体鉴定

包括尸体外表检验和尸体解剖检验。

3) 人体物质鉴定

人体物质鉴定的种类范围较广,主要有组织细胞类、体液类、分泌液类和排泄物类等。

4) 肤纹类鉴定

包括指纹、脚纹等人体皮肤乳突线花纹及其他皮肤花纹鉴定。

5) 声纹鉴定

声纹鉴定是应用声谱仪将讲话的声音转变成一种纹形的可见图形,比对被鉴定人的声音与嫌疑人的声音是否同一。

6) 运动习惯类鉴定

人的运动习惯是司法鉴定认定人身同一的重要方面。可以作为鉴定客体的运动习惯主要有:书写运动习惯、语音习惯、行走运动习惯、工艺习惯四大类。

7) 物体表面形态及结构类鉴定

即运用痕迹学的原理和方法,根据物体的外表结构、形态特征形成的痕迹进行鉴定。鉴定的主要对象有赤脚印、鞋印、袜脚印、工具痕迹、玻璃破碎痕迹、纺织物接触物痕迹、牲畜蹄迹等。

8) 枪弹痕迹鉴定

即运用痕迹检验的一般原理、技术方法以及枪支、枪弹、内外弹道等科学知识,对枪弹发射后留在弹头、弹壳和目标物上的痕迹、射击残留物进行分析鉴定。该鉴定一方面可以判断发射枪种、枪支,从而去寻找持枪人;另一方面可以确定射击距离,判明案件性质,从而达到揭露犯罪、证实犯罪的目的。

9) 文书资料、票券类鉴定

(1) 文书资料鉴定

文书资料鉴定是运用文件检验学的理论和方法,检验各种刑事、经济和民事案件中的文件物证,确定文件与案件事实、与当事人或嫌疑人的关系的一种技术侦查和司法鉴定手段。文书资料鉴定包括:

① 笔迹鉴定是根据人的书写技能习惯特征,在书写的字迹与绘画中的反映,鉴别书写人的专门技术。主要任务是通过笔迹的同一认定检验,证明文件物证上的笔迹是否为同一人的笔迹,证明文件物证上的笔迹是否为某嫌疑人的笔迹。

② 印刷文件鉴定。包括货币票证鉴定、书报和书写纸印品鉴定等。

③ 非印刷文件鉴定。包括印章印文鉴定、打印文件鉴定、誊写文件鉴定、复印文件鉴定、污损文件鉴定等,还包括消退、擦刮、添改、补贴等变造文件的鉴定,涂抹、褪色、烧毁、书写压痕等模糊记载的显现,字迹与印文的形成时序的鉴别,文件制成时间的分析判断等。

④ 文件材料鉴定。包括纸张检验、墨水、印油、复写纸等字迹材料检验,胶水、糨糊等黏合剂检验。

⑤ 人相检验。包括证件人相鉴定、通缉人相鉴定、无名尸体人相鉴定等。

（2）票券类鉴定

即应用文件检验的基本原理与方法,对票券类文件进行鉴别。票券类鉴定范围较广,主要是对伪造货币、证券、商标等进行鉴定,判断伪造制作方法等问题。

10）物品、物质类鉴定

即应用物理学、化学、生物学等方法和技术,对与案件有关的物质或物品进行鉴别,以确定物质的种类及其异同。

11）情况类客体鉴定

主要是对事实情况的鉴定,其目的是确定可能引起法律后果事件的真伪、事件或行为发生的原因。情况类客体鉴定涉及有关文书真伪的鉴定,爆炸、火灾、交通事故原因的鉴定,行为人实施不法侵害时实际精神状态的鉴定等。

情况类客体鉴定方法包括以下几种:

（1）调查了解与事件发生原因有关的情况

鉴定人应向委托机关详细了解事件发生前后的经过情况,造成的后果,采取了哪些处理措施,查阅有关记录,形成对发生事件的初步印象。

（2）勘查现场

查看案件发生地点、了解周围环境,注意观察现场周围的物质分布特点,收集与事件发生有关的物体或物质微粒,以备作检测研究。

（3）询问有关人员

在情况鉴定中,围绕事件发生的原因对有关知情人员进行询问,并须与行为人正面接触交谈,全面掌握行为人的情况,以便为正确评判行为人承担法律责任做好准备。

（4）模拟实验

模拟实验在情况鉴定过程中扮演关键角色,如在爆炸、火灾和交通事故鉴定中,通过模拟试验,将取得的结果和数据,与案件现场的结果和数据进行对比分析,就可以为确定事件的发生原因提供必要的依据。

（5）鉴定意见应用

由于情况类鉴定意见是依据鉴定人对事实了解后综合分析作出的,因此,鉴定意见不能作为证据使用,只能对案件事实起到证明作用,或为其他鉴定起到辅助作用。

12）其他涉案客体鉴定

包括心理状态类鉴定、精神心理状态类鉴定、气味类鉴定等。

4.2.4 按鉴定所处的程序分类

1) 初次鉴定

由于初次鉴定客体的鉴定条件最完备、最客观,要充分应用这些条件,尽可能使初次鉴定更加完整、仔细。因此,委托时要选择设备条件好、人员素质高的鉴定机构和能胜任这一鉴定事项的鉴定人。

2) 补充鉴定

专门性问题经初次鉴定后,对其中的个别委托,需要进行修订或补充,使原鉴定意见更加完备。如原鉴定委托事项有遗漏,或又发现新的检材,或有新的情况需要补充,或原鉴定文书措辞有误或鉴定意见表述不确切,或鉴定文书中对鉴定要求答复不完整等情况均可以进行补充鉴定。补充鉴定一般由原委托鉴定机构的鉴定人进行,或由原鉴定机构的其他鉴定人进行。

3) 重新鉴定

《司法鉴定程序通则》第 31 条规定,"有下列情形之一的,司法鉴定机构可以接受办案机关委托进行重新鉴定:(一)原司法鉴定人不具有从事委托鉴定事项执业资格的;(二)原司法鉴定机构超出登记的业务范围组织鉴定的;(三)原司法鉴定人应当回避没有回避的;(四)办案机关认为需要重新鉴定的;(五)法律规定的其他情形。"接受重新鉴定委托的司法鉴定机构的资质条件,一般应当高于原委托的司法鉴定机构。

4.3 司法鉴定的功能与作用

4.3.1 司法鉴定的功能

1) 司法鉴定是法官对认识专门性问题的有力补充

在法治社会,诉讼活动的中心是审判,法官开庭审理案件主要是认定案件事实,正确适用法律,作出公正裁决。而认定案件事实必须建立在大量翔实可靠的证据之上。理想状态下,法官面对证据时,只需根据自身经验即可作出正确的判断。但是,由于现代社会的高速发展,科学技术日新月异,使得司法实践中案件事实涉及的信息量远远超出了一般的生活常识范围及普通人所认知的程度。由于社会分工的不断细化,专业知识不断向"高精尖"发展,法官就无法也不可能成为各专业领域的行家里手,单凭法官自身经验和知识就可以认定案件事实、作出正确裁决就异常困难。因此,在诉讼活动过程中引入现代科学技术,运用科技手段正确解读案件事实的专门性问题,以帮助法官厘清案件事实,作出正确裁决已成为必然之选择。司法鉴定就是依据超出一般认知范围的专业知识,对专门性问题作出鉴别和判断,从而弥补法官在专门性问题上认知的欠缺。这也使得司法鉴定在诉讼活动过程中已经成为辅助法官认定案件事实的一项制度性保障措施。

值得注意的是,在诉讼活动过程中,当法官面对专门性问题时,往往将自身拥有的审判权部分交给了鉴定人,这不仅造成了鉴定权的越位,也使得鉴定人成为专门性问题的实际判断者。这就需要严格限定司法鉴定的权限和工作范围。首先,司法鉴定仅针对诉讼案件中的事实性问题,而对于可能涉及的法律性问题,司法鉴定人不得对此进行判断并发表意见。其次,司法鉴定的实施仅限于诉讼中涉及的专门性问题,司法鉴定人不得干预、取代属于事实裁判者的任何职权。

2)扩充法官的认知对象

在诉讼活动过程中,法官对于案件事实的认知,主要借助于相关证据所反映出的各种信息。只有保证案件所涉及的证据客观真实翔实,才能满足法官认识案件事实的要求。司法鉴定是司法鉴定人利用自身的专业能力、知识结构及执业经验,通过科学技术手段,获取鉴定对象中与案件事实相关的客观信息,对诉讼涉及的专门性问题形成专业判断。司法鉴定人在实施鉴定工作后,向法官提供的结论性意见,这有助于扩展案件事实裁判者认识对象的范围。使得法官的认知对象不仅包括诉讼双方所提供的认识对象以及法官自身在案件审理过程中获取的其他认识对象,更促使法官可以从司法鉴定意见中吸收、获取有价值的各类信息,使得法官的认知对象得到进一步扩展。

3)对其他证据的证明力进行印证和补强

司法鉴定是一种融司法实践和科学技术实践为一体的活动,也是一种极为重要的证据调查与诉讼证明活动。通过运用科学技术手段进行鉴别和判断,使原本隐藏于物证、书证、视听资料等证据资料中的相关事实信息得以暴露,从而为法庭查明案件事实提供依据。在司法实践中,作为证据的如书证、物证、视听资料等,如果单凭法官认定其是否真实有效、法庭审理案件是否采纳该证据等难度较大,这就需要通过具备专门知识与技能的专业人员鉴别和判断来确认其证明力,从而发挥其在诉讼活动中的证明作用。同时,司法鉴定还可以为诉讼活动中的部分实体性以及程序性主张提供意见与支撑。在案件庭审过程中,各诉讼主体为了能够胜诉,往往会不断提出各种实体性以及程序性主张,这就需要鉴定人从专业角度对各诉讼主体提出的诉讼主张进行司法鉴定,司法鉴定提供专业性解释与说明,帮助控辩审各方更好地判断、理解其他方的意见。

4.3.2 司法鉴定的作用

司法鉴定的基本任务是鉴定人运用科学技术或专门知识对诉讼涉及的专门性问题进行鉴别和判断并提供鉴定意见,为诉讼活动提供科学依据。其作用包括:

1)为行政执法和行政处罚活动提供学科依据

例如,在建筑工程出现质量事故后,就需要对质量事故的大小、事故产生的原因及责任承担者等专门性问题进行鉴定,从而为行政主管部门认定事故等级、确定责任部门的处罚方式和力度提供依据。

2)为侦查机关开展侦查活动提供线索

对涉嫌构成犯罪的案件,如重大质量事故、安全事故,往往需要通过司法鉴定确认案(事)件是否达到刑事案件的立案标准。

3)为检察机关审查起诉提供科学证据

如有必要,检察机关可以通过司法鉴定意见审查核实案情和有关证据,确定批捕和公诉的依据。

4)为审判机关依法审理和判决提供科学证据

司法鉴定意见是审判机关认定法律事实的重要依据,是审查核实案内其他证据的重要手段,也是审判人员进行科学、公正判决的重要依据。

4.3.3 常见的司法鉴定的内容

1) 物的同一认定

即通过对案件中有关物品、物质、物体的鉴定,确定其与另外的一定物的关系,以便确定物与物之间是否为同一体。如印章印文的鉴定,就是确定某一痕迹或物品是否为某一物形成。

2) 鉴定客体的种属范围或种属异同认定

凡是物质、物品的鉴定大多要根据案件中的痕迹、物质、物体,以及某种现象或事实来确定其种类范围,或者确定其与样品在种属类别上的异同以及种属类型。例如通过笔迹鉴定来确定所提供的文书制作材料是否真实。

3) 事件因果关系的确定

通过对物质现象和有形痕迹的鉴定查明某一现象或者某一事件形成原因,以便使下一步工作沿着正确的方向进行。例如,司法鉴定中对涂改资质证书等级的鉴定也包含了对这一事件有因果关系的即越级承揽工程的调查和鉴定。

4) 案件事实的有无和真伪的确认

通过对客体的鉴定,可以确定被怀疑对象的某种事实是否存在,以保证鉴定工作、侦查工作的继续开展。例如,在工程造价鉴定过程中,通过对承包人提供的材料购货发票的税务章信息,按发票的代码和号码输入税务网站发票真伪查询系统,将得到的信息与承包商提供的购货发票对照,以确定发票的真伪。

5) 证据来源、出处的认定

根据对被鉴定客体的鉴定,寻找其最初来源地,以便确定和缩小范围。例如,在工程质量鉴定过程中,对某一建筑材料生产厂家的鉴定。

6) 事实程度的鉴定

案件存在某些事实,但这些事实的大小、多少以及程度的高低等需要经过技术鉴定才能确定。如对建筑工程质量事故的大小、严重程度的鉴定等。

4.3.4 司法鉴定的基本原则

司法鉴定是鉴定人向委托人提供鉴定意见的一种活动,一种依据法律规定开展的科学实证活动。司法鉴定的法律属性决定了其在整个活动过程中必须严格遵守我国《刑事诉讼法》《民事诉讼法》和《行政诉讼法》等法律规定。同时,作为一种科学实证活动,司法鉴定又有自身的规律和特点,必须尊重科学,遵守技术操作规范。因此,司法鉴定应充分体现其法律和科学的双重特征的统一,既反映司法鉴定的基本性质,又能更好地指导司法鉴定的具体实施。司法鉴定主要应遵循以下几个基本原则:

1) 依法鉴定原则

指司法鉴定活动从程序到实体,从形式到内容,从技术手段到技术标准都必须严格遵守相关法律法规及技术规范的规定。依法鉴定主要体现在以下几个方面:

(1) 鉴定主体依法成立

鉴定主体合法是鉴定活动依法开展的前提条件。作为鉴定主体,鉴定机构必须具备法律法规规定的条件,经法定机关审核,批准登记直至公告;鉴定人必须是按照规定具备鉴定人资格的自然人,经法定机关审核、批准登记和名册公告,取得相应执业范围的鉴定人执业证书。鉴定人和鉴定机构具备法定条件,取得执业证书,方可开展司法鉴定活动,无合法资格的机构和人员出具的鉴定文书,不具备相应的法律效力。同时,鉴定人在执业过程中还必须严格遵守职业道德和执业纪律并自觉接受监督,对故意出具虚假鉴定意见或因鉴定失误造成损失的,应当追究其相应的民事责任直至刑事责任。

（2）鉴定事项依法委托和受理

鉴定事项必须由诉讼法规定的主体,包括司法机关、当事人等,依据法律规定提出委托,鉴定机构和鉴定人受理鉴定事项,必须符合依法登记的执业业务范围。受理鉴定事项,应当由委托人与鉴定机构签订委托合同,明确双方权利义务。

（3）鉴定活动依法实施

首先,鉴定材料的来源必须合法,以保证鉴定意见真实合法。其次,鉴定的程序必须合法,如鉴定人的人数必须符合鉴定要求,鉴定人必须遵循回避、保密、时限等规定,必须履行规定的检测、检查、鉴别步骤等。最后,鉴定的方法必须合法,不得违背规定采用的司法鉴定有关技术标准或技术规范。

（4）鉴定意见依法出具与审查

鉴定文书的格式和内容必须符合鉴定标准的规定。鉴定人出具鉴定意见后,委托人对鉴定意见提出疑问的,鉴定人必须予以澄清和说明。同时,鉴定人出庭接受质证也已经成为鉴定意见接受审查的一种法定方式。

2）独立鉴定原则

即鉴定机构和鉴定人在司法鉴定过程中不受外界的干扰,不为他人的意见和意志所左右,独立自主地对鉴定事项作出科学判断,最终提出鉴定意见,在鉴定书上签名或盖章,并对鉴定结果负责。同一个鉴定活动如有多人参与,鉴定人必须以个人名义出具意见,而持不同意见的鉴定人必须在鉴定书中载明真实情况。

独立鉴定原则体现在以下几个方面:

（1）鉴定人独立于委托人

诉讼公正理念要求鉴定实施主体必须独立于申请、决定主体,独立于包括当事人、司法及行政机关在内的委托主体和监督管理者,只有这样,鉴定人才能客观真实作出鉴定意见。因此,鉴定人必须坚持实事求是的科学态度,在开展鉴定活动时,不受委托人利益的影响,不被委托人的意见所左右,独立、自主作出鉴定判断和出具鉴定意见。鉴定人在受理及实施鉴定活动时,如发现与委托人、委托事项或者案件有利害关系的,应当依法回避。

（2）鉴定人的鉴定意见独立于司法鉴定行政主管部门及司法鉴定机构

一方面,司法鉴定行政主管部门依据法律法规对鉴定单位和鉴定人进行管理监督,对鉴定活动进行监督管理并不意味其可以替代鉴定人进行分析判断。另一方面,司法鉴定机构在受理鉴定委托后,指定或选择鉴定人进行鉴定活动,依照规章制度对其进行监督管理,当遇到复杂疑难问题时,鉴定机构可以组织相应专家给出咨询意见,但最终鉴定意见必须由鉴定人出具。鉴定机构不能干预或强制要求鉴定人违背自己的意愿出具与其真实意见相左的鉴定意见。

（3）鉴定人独立于其他鉴定人

独立鉴定同样适用于鉴定人与鉴定人之间。诉讼（或委托）机关对原鉴定意见持有不同意见,或发现鉴定有明显的差错,或与其他证据有较大的矛盾,或未能满足委托单位的要求,或被告、原告对鉴定意见有意见等,经诉讼机关重新指定或聘用有专门知识的人重新鉴定。鉴定人在进行司法鉴定时必须运用自身掌握的科学技术和鉴定知识,通过对鉴定客体进行验证,正确应用鉴定技术标准,对鉴定事项作出独立客观的判断。鉴定人特别是重新鉴定人在鉴定过程中,不轻易听信其他鉴定人的意见,更不应该盲目听从其他鉴定人的指挥,要充分发挥自身主观能动性,以体现鉴定意见的客观公正的原则。当然,当不同鉴定人意见相左时,如何去伪存真,筛选出符合客观事实的鉴定意见,最终通过庭审质证得以实现。

3) 客观鉴定原则

司法鉴定活动必须遵循客观规律,以科学技术为手段,以科学性为本质特征,摒弃主观臆断,客观真实地证明案件事实。客观鉴定包括以下两层含义:

(1) 司法鉴定活动的程序应当符合客观规律

鉴定人在鉴定活动过程中应该依据科学原理,借助先进的科学技术,采用规范化、标准化的方法和程序,认真细致地对鉴定客体进行全面检查,对案件事实进行客观验证。

(2) 出具的鉴定意见应该客观真实

鉴定人要实事求是,如实反映客观事实,按照鉴定客体的本来面貌作出符合实际的分析判断和客观的鉴定意见。要做到证据材料客观真实,数据准确,推理严密合理,恰如其分地阐明各个征象之间的内在联系,对鉴定事项按照科学思维而不是主观臆断地进行分析判断,以保证鉴定意见客观真实。

4) 公正鉴定原则

鉴定人在司法鉴定过程中,应当保持中立的地位,鉴定机构必须独立于侦查、起诉和审判机关,鉴定人居于中立地位,以公平正义为价值追求,坚持以事实为依据,以法律为准绳,秉持正当性,不偏袒任何一方,以科学之神圣,仗法律之权威,再现案件事实真相,确保扬善抑恶,维护社会公正。公正鉴定有以下几点基本要求:

(1) 司法鉴定主体应该保持中立

鉴定主体保持中立,是确保司法鉴定客观公正的重要前提和必要条件。

(2) 鉴定法律关系中权利义务应对等

在司法鉴定法律关系中,诉讼当事人、司法鉴定机构和鉴定人、委托鉴定的司法机关等各方共同构成了司法鉴定法律关系主体,保持各方权利义务关系对等,做到权利与义务、职权与责任相平衡、相协调,是贯彻公正鉴定原则的基本要求。

(3) 司法鉴定过程要公开

鉴定的委托与受理、鉴定活动的实施、鉴定文书的出具等鉴定流程中,除了涉及国家秘密、商业秘密、个人隐私等情况外,应当向委托人、有关当事人公开,做到以公开为原则,以不公开为例外。司法鉴定活动的公开不仅可以强化当事人参与的积极性,切实维护当事人的主体地位和合法权益,使当事人能够进一步了解鉴定意见的形成过程,从而增强当事人对鉴定意见的认可度,提升司法鉴定的社会公信力。同时,鉴定程序的公开能够方便接受社会各界对司法鉴定的监督,增强鉴定活动的透明度,强化鉴定公正的外部制约。

(4) 鉴定意见必须客观真实

司法鉴定活动最终是出具鉴定意见,鉴定意见对诉讼结果往往起到至关重要的作用,有时会直接影响到判决或裁定的实体内容。因此,鉴定机构和鉴定人必须保证鉴定意见与案件事实相符,鉴定意见应该真实客观,以保证鉴定公正。

4.4 司法鉴定的基本原理

4.4.1 司法鉴定物质转移原理

1) 物质的类型

物质是自然科学和社会科学领域的一个基本概念,是指独立于人的意识之外的客观存在。

随着现代科学技术的发展,司法鉴定中的物质对象分为以下三类:

(1) 实物型物质。它是有形的,可以通过视觉、触觉系统直接感受或通过科学仪器观察到的物质实体。如各种建筑材料检查、施工中隐蔽工程的验收等。它是司法鉴定中最常见的对象。

(2) 痕迹型物质。它是实物型物质(含物品、物体)的外表形态结构及其组成部分,由于机械作用、理化作用和自然变化,形成于载体物上的痕迹。如工具痕迹、碎片痕迹、笔迹、图像、印刷字迹等,这些是司法鉴定最为广泛的物质对象。鉴定此类物质,主要不是确定其理化成分,结构特点和生物特性,而是在寻找其形成痕迹的"物"或"人",或者判明痕迹形成的原因。

(3) 信息型物质。它是随着电子技术的发展而出现的新的物质类型。如视频与声频录音带和录像带、光碟等储存的信息,计算机系统及网络系统有关部位留存的电磁痕迹及其内容。它是由光电转化、声电转化、光化学转化、电磁转化形成的转化物质痕迹,其中许多物质痕迹在一定的条件下可以还原。

2) 物质转移原理

物质转移是指物体的物质或信息被其他客体物承载、交换、吸收、转化,而在其他客体物上存留一定的物质、信息的物质运动过程,包括物质实体的自身转移、物质实体外表结构形态的形象转移、信息物质的吸收或转化等转换形式。

鉴定中的物质转移原理是:证据是一种信息,而信息是物质的一种表现,鉴定中的证据信息是一种客观存在,它可以在不同客体间以不同的方式进行交换、转移、传递,并在其承载客体上存留相应信息,从而可被获取和运用。

司法鉴定中涉及的鉴定对象(或专门性问题),都是行为人的刑事行为、民事行为、行政行为导致的结果。行为主体的物质性运动必然在一定的时间、空间条件下实施,从而改变事物的原有状态,引起有关物质按照自己的运动特点转移。

3) 物质转移的条件

(1) 转移客体的条件。一般需要在两个以上客体之间进行,如工程重大安全事故的调查,在调查事故发生的原因时,可通过对事故现场有关的细微物质的粘附、脱落等物体的转移来寻找违章行为等导致事故发生的原因。

(2) 外力作用条件。包括行为人的作用,自然界相关因素的作用,参与转移物之间的理化作用、机械作用等。外力作用的方式,可以是接触、吸收、传递、化合、分解等多种。物质转移的结果必然导致参与转移的一方,双方或者各方产生一定变化。例如,电子数据是由于人的行为产生自动转移的结果,其数据图像或痕迹不仅留存于计算机中,同时还保留于登录所途经的网络站点之中。

4）物质转移原理于司法鉴定的意义

（1）有利于及时全面地获取鉴定材料

鉴定材料,主要是指被鉴定的物质对象,同时也包括供鉴定比较的样本或样品。这些材料都是客观存在的,是不可能完全被自然因素或人为因素消灭、掩盖、隐藏、破坏的。司法人员和鉴定人应该坚信证据材料存在的必然性,根据物质转移原理,运用科学技术手段和方法,通过对现场、物体等反复进行勘验、检查、发现、固定和提取,从而掌握证据材料,以作出客观真实的鉴定意见。

（2）有利于对司法鉴定活动实行分类管理

司法鉴定执业分类,是鉴定机构与鉴定人执业许可的依据,是诉讼当事人和司法机关申请与决定鉴定范围和要求的依据,也是确定鉴定意见类证据效力的一个条件。而司法鉴定执业分类的一个重要标准,就是鉴定对象形成的方式与性质。物质转移原理的核心问题就是鉴定材料形成的方式问题。物质的三种转移形式,实质就是鉴定材料的不同形成方式。

（3）有利于科学选择鉴定方法

司法鉴定领域研究物质转移原理的目的之一就是寻找鉴定材料形成的规律性。鉴定要求一般是根据其对象所属学科的科学原理和鉴定材料形成方式决定的,而鉴定方法又是由鉴定要求产生的。只有掌握物质转移的一般规律,才能科学地确定鉴定要求,从而选择合理可靠的鉴定方法。如对于由物质交换原理形成的鉴定材料,大多要求通过鉴定解决定性、定量问题,鉴定方法多选用理化检验、生化检验方法;对于由物质复制转移形成的如物的外表形态和结构或人的行为习惯形成的鉴定材料,主要通过鉴定解决同一认定问题,鉴定方法多选用数理统计、模拟仿真、对比分析法等;对电子信息转化或传递原理产生的鉴定材料,鉴定主要是为了达到恢复事实、显示事实、辨明事实真伪的目的,鉴定方法多选用电子技术鉴定手段来实现。

4.4.2 司法鉴定同一认定原理

1）概念

司法鉴定中的同一,是指司法鉴定客体的自身同一,即被鉴定客体与其自身为同一物,这种同一只能是鉴定客体自身的同一,而不是两个客体甚至多个客体之间的同一。

司法鉴定中的客体,是指与案件事实相关,能据以证明案件情况,需用专门技术进行鉴定的物体（含物质、物品）、人身以及某些事实与物质现象。

所谓客体自身是指具体的人或物各方面物质特性的唯一性表现,如人的外貌特征、书写习惯特性等与其自身同一,印章、脚印特性与自身同一。

客体自身同一通常有两种情形:一种是客体物的组成部分与其自身为同一个整体物,如人体物质同一,断离物、分离物与其整体物的同一;另一种是客体物的若干反映形象（痕迹或复制品、声音、图像等）为其自身所形成。如检材指纹与样品指纹,检材笔迹与样本笔迹,为同一人的指纹、书写习惯所形成。

同一认定是一种对鉴定客体所作出的判断,这种判断是关于客体同一问题的判断,是由鉴定人针对鉴定客体作出的,并且这种活动是在诉讼过程中发生的。同一在司法鉴定中所起的作用就是判断出现顺序不同的客体是否为同一客体的问题。

同一认定具备以下五个特征:

(1) 同一认定的主体必须是具有专门知识的鉴定人;

(2) 同一认定的客体只能是与案件有关联的人或物;

(3) 同一认定的目的是解决客体自身是否同一问题;

(4) 同一认定的方法是以客体特征的比较为基础;

(5) 同一认定活动属于判断型的认识过程。

2) 同一认定的分类

(1) 按认定的客体划分,同一认定包括人身同一认定、物体同一认定和分离物同一认定

人身同一认定主要是依据人的某一方面的特性、技能习惯或人体某一部分物质特性去认定案件中需要确定的人。包括指纹同一认定、书写习惯同一认定、人体外貌同一认定、语音习惯同一认定及 DNA 认定等。

物体同一认定是以先后出现的物体是否同一为目的的同一认定,其客体是具体的物体和物品。在同一认定的过程中主要依据物体的各种特征来判断其是否同一。如印文印章的同一认定。

分离物同一认定是指解决先后发现的两个或若干部分是否属于同一整体问题而进行的同一认定。

(2) 按鉴定依据划分,同一认定包括客体外表形态同一认定、行为习惯同一认定和物质成分同一认定

客体外表形态同一认定的目的是通过比较客体反映形象特征来确定检材和样本是否为同一客体外表形态特性的反映。包括指纹鉴定、鞋印鉴定、工具痕迹鉴定、印文鉴定等。

行为习惯同一认定是认定习惯与人的关系,即根据习惯的异同确定检材和样本是否是受鉴定人相应习惯的反映。包括生理活动习惯、心理活动习惯、技能动作习惯以及某些特殊行为习惯等。目前,只有书写动作习惯(笔迹)和语音习惯(声纹)可以作为司法鉴定客体。

物质成分同一认定主要是依据物质的形貌、结构、排列组合、含量比例等方面的特征进行鉴定。鉴定方法包括物理鉴定、化学鉴定、生物学鉴定等,其中仪器分析是重要的检测手段。

3) 同一认定的步骤

(1) 分别检验阶段

分别检验是寻找检材和样本中各自存在的特征,为下一步的比较检验作准备的过程。即在分别检验中要先检验被寻找客体的特征反映体,然后再检验受审查客体或其特征反映体。其目的就是通过分别考察和研究被寻找客体与受审查客体的特征反映体,并且认识它们的基本特征和特性。

(2) 比较检验阶段

比较检验是通过比较被寻找客体和受审查客体的特征,确定两者的符合点和差异点的过程,为肯定或否定客体自身同一提供依据的过程。

在实际工作中,比较检验的方法包括:

① 特征对照法。即把检材和样本的特征分别抽取出来,逐个进行比对分析,找出符合

点和差异。通常用于检验静态痕迹、字迹等。

② 特征接合法。即把检材和样本的特征,制成等大的照片或图像,从特征最明显的地方裁开,左右相交拼接,观察两者特征是否吻合。通常用于检验动态痕迹。

③ 特征重合法。即把检材和样本需要比较的特征,通过一定的方法将其重合起来,观察它们的重合性,从而判断特征异同。通常用于检验形状相对固定的特征反映体,如印章、印文鉴定等。

（3）综合分析阶段

综合分析是指分析在比较检验阶段确定的符合点和差异点,确定其性质,并以此为基础对客体作出是否同一的结论。对特征符合点进行判断,主要是对每个符合点的价值进行评断,并且在此基础上评断特征组合中符合点的总数是否达到了特定化的程度。如果达到,则该符合点就是本质性的符合,反之,则是非本质性的符合。对差异点进行判断,主要是对差异点进行深入的评断,找出造成差异点出现的原因,分析其是本质性差异还是非本质性差异。并且在此基础上评断差异点的总和是否达到了特定化的程度。

综合评断要求把客体特征的符合点和差异点进行综合评断,通过对检材和样本的特征组合的差异点和符合点的评断,如果客体特征的符合是本质性的而其差异点是非本质性的,则证明客体自身的同一;如果客体特征的符合是非本质性的而其差异点是本质性的,则客体自身并非同一。

4.4.3 司法鉴定种属认定原理

1）种属认定的概念

种属认定是根据同一认定原理和方法,确定客体种属范围,或者确定客体间是否同类、同种的一种鉴定类型。其实质就是对客体间相似或相同问题作出科学判断,即分析某一客体的特征,根据分析结果把该客体限制在一定的范围内。

种属认定主要应用于物证鉴定,鉴定结果只能表明检材与样本属性是否相同,或者单独确定受检客体的种属范围。

2）种属认定的范围

种属认定客体的范围主要包括以下几种:

（1）人的种属。即认定人体物质种属和人体外貌形态的种属。

（2）动物的种属。即通过动物体的皮、骨、肉、血、毛、内脏等物质或整体形态认定动物的种属。

（3）植物种属。即根据植物体的根、茎、叶、花、果实等物质或其整体认定植物的种属。

（4）非生物或其他生物的物质、物品种属。

（5）物质现象的种属范围认定。

（6）判定某种事物、事件产生的时间、空间范围。

（7）认定机械、工具或其制作物的种属。

3）种属认定的作用

种属认定是同一认定的必经阶段。同时,种属认定也是对案件事实认识的重要手段,无论是在鉴定工作的过程中还是在其他方面,种属认定都起了不可替代的作用。具体来说,种属认定的作用有：

（1）确定和缩小客体范围

鉴定工作的目的之一就是对案件事实所涉及的客体进行同一认定，所以在鉴定工作中首要任务就是把客体所处的范围确定并且尽量缩小。而种属认定作为同一认定的前提，可以通过对有关客体的种属的认定来确定和缩小鉴定客体的范围，不仅为鉴定工作指明方向，而且还提高了鉴定工作的效率。

（2）为确定鉴定客体的双联性提供证据

所谓客体的双联性是指案件中的各种物质性客体必须一方面与案件中的人、事、物、时、空确定联系，另一方面也与受审查的人、事、物、时、空确定联系。种属认定恰恰可以在鉴定过程中帮助证明在案件中的物质性客体具备这种双联性的关系，从而可以帮助证明各种各样的案情。

（3）查明某些案件事实

种属认定可以帮助认定案件的性质，有助于判断案件发生、发展的各种原因；同时，种属认定可以将案件事实的某些细节部分暴露出来，有利于案件鉴定工作的顺利实施。

4）种属认定的步骤

（1）明确送检内容和要求

在检查检材和样本的基础上不仅要了解具体的案情，而且要在此基础上结合实际决定是否能够满足请求的问题，送检的内容和要求以及鉴定机构自身的条件是否符合种属认定的条件。

（2）实施检验

在运用科学仪器和专门技术方法对检材和样本进行检验之前，应当利用检材的有关特征，包括检材的外观特征、发现检材的地点和环境、检材提取后可能发生的变化等判断检验工作的大致方向，以缩小检验范围，提高检验的效率。

（3）根据检验记录撰写鉴定书

严格按照检验记录的内容撰写鉴定意见，做到依据事实，鉴定书的内容与鉴定过程得到的结果相符，确保鉴定意见真实可靠。

4.5 司法鉴定的程序

4.5.1 司法鉴定程序的概念

司法鉴定程序是指司法鉴定机构和司法鉴定人进行司法鉴定活动应当遵循的方式、方法、步骤以及相关的规则和标准。

为了规范司法鉴定机构和司法鉴定人的司法鉴定活动，保障司法鉴定质量，保障诉讼活动的顺利进行，司法部于 2007 年 10 月 1 日起颁布施行《司法鉴定程序通则》（2016年修订）。《司法鉴定程序通则》是司法鉴定管理制度的重要核心制度，直接关系到司法鉴定工作的正常运行及其鉴定意见的质量，关系到司法鉴定工作程序是否合法规范，鉴定的技术方法、手段是否科学先进可靠，鉴定所适用的标准是否正确、有效，鉴定意见所依据的数据是否准确、客观、科学。

根据《司法鉴定程序通则》，司法鉴定程序包括司法鉴定的委托与受理、司法鉴定的实施和司法鉴定意见书的出具三个环节。

4.5.2　司法鉴定的委托与受理

1）司法鉴定的委托

（1）司法鉴定委托的概念

司法鉴定委托是指司法鉴定的委托主体向司法鉴定的受理主体提出进行某项司法鉴定活动的要求。

为了规范人民法院对外委托和组织司法鉴定的工作，最高人民法院规定，人民法院司法鉴定机构负责统一对外委托和组织司法鉴定。

在诉讼案件中，在当事人负有举证责任的情况下，司法鉴定机构也可以接受当事人的司法鉴定委托。当事人委托司法鉴定时一般通过律师事务所进行。

人民法院司法鉴定机构依据尊重当事人选择和人民法院指定相结合的原则，组织诉讼双方当事人进行司法鉴定的对外委托。诉讼双方当事人协商不一致的，由人民法院司法鉴定机构在列入名册的、符合鉴定要求的鉴定人中，选择有资格的鉴定人。人民法院司法鉴定机构对外委托鉴定的，应当指派专人负责协调，主动了解鉴定实际进展情况，及时处理可能影响鉴定的问题。

司法鉴定机构应当统一受理司法鉴定的委托。司法鉴定机构接受鉴定委托，应当要求委托人出具鉴定委托书，提供委托人的身份证明，并提供委托鉴定事项所需的鉴定材料。委托人委托他人代理的，应当要求出具委托书。鉴定委托书应当载明委托人的名称或者姓名、拟委托的司法鉴定机构的名称、委托鉴定的事项、鉴定事项的用途以及鉴定要求等内容。委托鉴定事项属于重新鉴定的，应当在委托书中注明。委托人应当向司法鉴定机构提供真实、完整、充分的鉴定材料，并对鉴定材料的真实性、合法性负责。委托人不得要求或者暗示司法鉴定机构和司法鉴定人按其意图或者特定目的提供鉴定意见。

（2）司法鉴定委托的条件

委托司法鉴定需要具备的基本条件为：

① 诉讼当事人提出鉴定申请或者承办案件的司法机关根据办案实际需要；

② 案件审理过程中涉及认定事实中存在专门性问题；

③ 有明确的鉴定事项；

④ 具备鉴定所需的检材和条件；

⑤ 进行该项鉴定的技术已经比较成熟，获得公认，鉴定意见能对诉讼涉及的专门性问题作出鉴别和判断。

（3）司法鉴定委托的主体

根据《司法鉴定程序通则》（修订版（司法部令第132号），2016年5月1日实施）的规定，"司法鉴定机构应当统一受理办案机关的司法鉴定委托"，"委托人委托鉴定的，应当向司法鉴定机构提供真实、完整、充分的鉴定材料，并对鉴定材料的真实性、合法性负责。司法鉴定机构应当核对并记录鉴定材料的名称、种类、数量、性状、保存状况、收到时间等"。

由此可见，司法鉴定委托的主体应当包括受理案件的司法机关、仲裁机构，以及作为诉讼当事人的委托人,包括法人、其他组织及个人等。

(4) 司法鉴定委托的程序

根据《司法鉴定程序通则》的规定,受理案件的司法机关、仲裁机构在案件审理过程中出于案件涉及认定事实中存在专门性问题及办案实际需要委托司法鉴定机构对诉讼涉及的专门性问题进行鉴别和判断并提供鉴定意见的活动时,司法鉴定机构应当受理。

对于鉴定委托人委托鉴定的,应当向司法鉴定机构提供真实、完整、充分的鉴定材料,并对鉴定材料的真实性、合法性负责。

鉴定委托人应持委托书到司法鉴定机构当面委托,特定情况下,也可以通过函件方式进行委托。

鉴定委托书应当载明委托人的名称或者姓名、拟委托的司法鉴定机构的名称、委托鉴定的事项、鉴定事项的用途以及鉴定要求等内容。

2) 司法鉴定的受理

(1) 司法鉴定受理的概念

司法鉴定受理,是指司法鉴定机构或鉴定人对侦查机关、人民检察院、人民法院以及诉讼当事人的鉴定委托事项经审查,对符合鉴定条件的委托予以接受并由双方签订鉴定委托协议的过程。司法鉴定受理是司法鉴定实施的前提。

(2) 司法鉴定受理的程序

司法鉴定机构应当自收到委托之日起七个工作日内作出是否受理的决定。对于复杂、疑难或者特殊鉴定事项的委托,司法鉴定机构可以与委托人协商决定受理的时间。

司法鉴定机构应当对委托鉴定事项、鉴定材料等进行审查。对属于本机构司法鉴定业务范围,鉴定用途合法,提供的鉴定材料能够满足鉴定需要的,应当受理。

① 初审

初审由鉴定人负责,内容包括:

Ⅰ. 核对委托人(代理人)身份

决定受理的,应当复印委托人(代理人)的身份证明,或者收取委托人的介绍信,并作为司法鉴定业务档案卷宗材料附属材料归档。

Ⅱ. 审核鉴定委托书

审核委托鉴定事项是否明确,用途和要求是否合法,是否属于本鉴定机构的鉴定范围,是否属于重新鉴定,委托人是否签字或盖章。司法鉴定委托书作为司法鉴定业务档案卷宗材料序号1归档。

Ⅲ. 审核鉴定材料

审核鉴定材料的种类、数量、性状、保存情况,鉴定材料是否真实、完整、充分。鉴定材料作为司法鉴定业务档案卷宗材料归档。

Ⅳ. 商议委托鉴定事宜

明确鉴定时限、鉴定事项、鉴定费的收取标准、鉴定文书的送达方式、需要退还的鉴定材料及退还方式、需要补充的鉴定材料及时间要求。

Ⅴ. 提出是否受理意见

经初审,符合受理条件的,应填写《司法鉴定受理审批表》,报鉴定机构负责人审批。司法鉴定受理审批表作为司法鉴定业务档案卷宗材料附属材料归档。

② 审批

审批由鉴定机构负责人或指定的鉴定人负责,内容包括听取初审人的意见,审查鉴定材料,签署是否受理意见。

鉴定机构负责人在《司法鉴定受理审批表》中签署意见,决定是否受理,以及鉴定时限、鉴定事项、鉴定人、承办人、鉴定费等事项。

③ 受理

受理由承办人负责。

决定当场受理的,收取鉴定费用。鉴定机构财务人员收取委托人鉴定费后,应当出具税务凭据。收费凭据复印件作为司法鉴定业务档案卷宗材料归档。办理受理登记手续,鉴定机构应当按照司法部示范文本格式,与委托人签订一式两份的《司法鉴定协议书》,双方各执一份。司法鉴定协议书作为司法鉴定业务档案卷宗材料归档。

对于鉴定材料不完整、不充分,不能满足鉴定需要的,司法鉴定机构可以要求委托人补充;经补充后能够满足鉴定需要的,应当填写一式二份的《司法鉴定委托材料收领单》,其中一份交委托人(代理人),一份连同收取的其他鉴定材料由承办人保存。司法鉴定委托材料收领单作为司法鉴定业务档案卷宗材料附属材料归档。告知补充材料内容,待鉴定材料补充齐全后,按当场受理的程序办理。

司法鉴定机构决定不予受理鉴定委托的,应当向委托人说明理由,退还鉴定材料。

(3) 司法鉴定机构不受理司法鉴定的情形

具有下列情形之一的鉴定委托,司法鉴定机构不得受理:

① 委托鉴定事项超出本机构司法鉴定业务范围的;

② 发现鉴定材料不真实、不完整、不充分或者取得方式不合法的;

③ 鉴定用途不合法或者违背社会公德的;

④ 鉴定要求不符合司法鉴定执业规则或者相关鉴定技术规范的;

⑤ 鉴定要求超出本机构技术条件或者鉴定能力的;

⑥ 委托人就同一鉴定事项同时委托其他司法鉴定机构进行鉴定的;

⑦ 其他不符合法律、法规、规章规定的情形。

(4) 司法鉴定受理的形式

司法鉴定机构决定受理鉴定委托的,应当与委托人在协商一致的基础上签订司法鉴定协议书。司法鉴定协议书应当载明委托人名称、司法鉴定机构名称、委托鉴定事项、是否属于重新鉴定、鉴定用途、与鉴定有关的基本案情、鉴定材料的提供和退还、鉴定风险,以及双方商定的鉴定时限、鉴定费用及收取方式、双方权利义务等其他需要载明的事项。

司法鉴定协议书应当载明下列事项:

① 委托人和司法鉴定机构的基本情况;

② 委托鉴定的事项及用途;

③ 委托鉴定的要求;

④ 委托鉴定事项涉及的案件的简要情况;

⑤ 委托人提供的鉴定材料的目录和数量;

⑥ 鉴定过程中双方的权利、义务;

⑦ 鉴定费用及收取方式;

⑧ 其他需要载明的事项。

在进行司法鉴定过程中需要变更协议书内容的,应当由协议双方协商确定。

委托人不得要求或者暗示司法鉴定机构和司法鉴定人按其意图或者特定目的提供鉴定意见。

司法鉴定机构对符合受理条件的鉴定委托,应当即时作出受理的决定;不能即时决定受理的,应当向委托人出具《司法鉴定委托材料收领单》,在收领委托材料之日起 7 日内对是否受理作出决定,并通知委托人;对于不符合受理条件的,决定不予受理的,应当退回鉴定材料并向委托人说明理由;对通过信函提出鉴定委托的,司法鉴定机构应当在收到函件之日起七个工作日内作出是否受理的决定,并通知委托人;对疑难、复杂或者特殊鉴定事项的委托,可以与委托人协商确定受理的时间。

4.5.3 司法鉴定的实施

司法鉴定的实施,是指司法鉴定人具体进行司法鉴定的活动。司法鉴定的实施是司法鉴定程序的核心环节,是确保司法鉴定工作质量的关键。

1) 司法鉴定实施的基本条件

(1) 鉴定主体要求

我国相关法律法规对司法鉴定的实施主体的委托程序、资质、人数和回避等均有明确的规定,可以通过指定或选择两种方式确定某鉴定事项的鉴定人。司法鉴定机构受理鉴定委托后,应当指定本机构中具有该鉴定事项执业资格的司法鉴定人进行鉴定。委托人有特殊要求的,经双方协商一致,也可以从本机构中选择符合条件的司法鉴定人进行鉴定。一般以鉴定机构指定为主。为了维护独立鉴定原则,委托人不得要求或者暗示司法鉴定机构、司法鉴定人按其意图或者特定目的提供鉴定意见。

司法鉴定机构对同一鉴定事项,应当指定或者选择两名司法鉴定人共同进行鉴定;对疑难、复杂或者特殊的鉴定事项,可以指定或者选择多名司法鉴定人进行鉴定。

司法鉴定实施过程中鉴定主体应当严格遵守回避制度。司法鉴定人本人或者其近亲属与委托人、委托的鉴定事项或者鉴定事项涉及的案件有利害关系,可能影响其独立、客观、公正进行鉴定的,应当回避。司法鉴定人曾经参加过同一鉴定事项鉴定的,或者曾经作为专家提供过咨询意见的,或者曾被聘请为有专门知识的人参与过同一鉴定事项法庭质证的,应当回避。在执行回避制度时,司法鉴定人自行提出回避的,由其所属的司法鉴定机构决定;委托人要求司法鉴定人回避的,应当向该鉴定人所属的司法鉴定机构提出,由司法鉴定机构决定。委托人对司法鉴定机构是否实行回避的决定有异议的,可以撤销鉴定委托。

(2) 鉴定对象要求

司法鉴定对象是司法鉴定检验、检测、分析等实施活动所指向的目标。我国司法鉴定体制建立在刑事鉴定的基础上,但随着 DNA 技术、图像增强技术、仪器自动化技术、计算机指纹系统、痕迹自动检索系统和人工智能系统等许多尖端技术在民事诉讼、行政诉讼及很多非诉讼活动如民事仲裁中的广泛应用,司法鉴定的范围也发生了较大的变化,现代科学技术攻克了许多过去不能鉴定的专门性问题。如今的司法鉴定不仅包括传统的痕迹鉴定、笔迹鉴定和文件真伪鉴定、文书材料鉴定等,还包括如今的 DNA 亲子鉴定,书写时间鉴定,测谎检测,产品质量的检验,证件、证书、票证鉴定以及动、植物物质鉴定,边防出入境检查等。在司法实践中,专门性问题涉及领域的范围非常广泛,包括物证技术学、法医学、司法精神病学等专业学科领域内的问题。因此,鉴定对象涉及的领域也非常广泛。

为保证司法鉴定的顺利实施,司法鉴定对象在种类、质量、数量上需要满足鉴定实施的要求。在种类方面,送检的鉴定对象必须是经过法律确认的人体、物体、事件过程、功能状态等。鉴定的对象可以分为三类:一是人体或与人体有关的物质如血液、毛发、手足印、语音等;二是存在于自然界的各种物质或环境、地理、地貌等;三是由人的脑力或体力劳动创造的各种物质产品,如文字、图像、票据、建筑物、机械设备等。但这些鉴定对象需得到法律的确认,未经法律确认不能作为法定证据使用。在鉴定对象的质量方面,对于不同鉴定种类有不同要求。在鉴定质量与鉴定数量上其要求一般也存在相关性。鉴定对象的质量高的,其数量要求可以相对低些。随着鉴定技术的进步,对鉴定对象数量的要求也会有所降低。

对鉴定对象是否符合鉴定要求的审查、判断工作从鉴定受理时便已开始。必要时,需要先行接受部分或全部检材作先期检测,以便判断鉴定对象是否具备鉴定条件。所以,对鉴定对象是否符合鉴定要求应当由鉴定人作出判断,从而作出是否受理该司法鉴定、是否需要补充材料、受理后能否进行鉴定、是否需要终止鉴定等的决定。这些工作都应当由具有鉴定资格的鉴定人独立进行。

2)司法鉴定实施的基本程序

司法鉴定实施程序是指司法鉴定机构和鉴定人为完成鉴定任务,实施鉴定活动必须遵守的一系列秩序、步骤、方法、标准、要求规范,从而使鉴定活动与鉴定结论符合法律要求与科学要求。司法鉴定的实施主要依照下列程序进行:

(1)准备阶段

鉴定机构一旦确定,鉴定工作即可展开,在正式鉴定开始,鉴定机构需做好以下准备工作:

① 通知鉴定人

鉴定人的确定一般有两种方式:一是委托人与委托鉴定机构在《司法鉴定协议书》中约定鉴定人;另一种方式是由司法鉴定机构负责人直接指定司法鉴定人。

鉴定机构经办人应当通知指定或者选定的鉴定人,对同一鉴定事项,鉴定机构应当通知两名鉴定人共同进行鉴定;对疑难、复杂或者特殊的鉴定事项,可以指定或者选择多名鉴定人进行鉴定。

② 移交鉴定材料

经办人向鉴定人移交送鉴全部材料,并履行交接登记手续。

③ 明确鉴定具体事项

经办人与鉴定人商定鉴定的具体时间、地点等有关事项。

④ 通知委托人

经办人将与鉴定人商定的鉴定事项通知委托人或委托人的代理人,落实《司法鉴定协议书》约定的鉴定时间、地点等事项。

⑤ 做好鉴定相关准备

根据鉴定事项,准备鉴定所需的仪器设备、按照鉴定工作内容,协调检验或检查等相关工作。

(2)鉴定阶段

① 制定鉴定方案

鉴定人在接受鉴定工作后需制定鉴定方案。鉴定方案是鉴定人实施鉴定的步骤和方法。鉴定人应在熟悉案件情况及鉴定资料,明确鉴定要求的基础上,根据案件实际情况制定相应的鉴定步骤和方法。鉴定方案的技术路线一般要求采用经典的、成熟的、标准的方法。对于工程造价鉴定,应当按照现行的工程量清单计价规范及其他规范、标准的要求来确定鉴定方法。

② 鉴定前沟通交流

由司法鉴定人负责向委托方承办人、当事人介绍参与鉴定的鉴定人员组成,司法鉴定人告知委托方承办人、当事人有申请回避的权利,确认是否申请回避。同时,听取委托方承办人、当事人的意见,就回避情况及委托方承办人、当事人的意见记入司法鉴定人与委托方承办人、当事人的《司法鉴定谈话记录》。

③ 鉴定实施

根据鉴定的对象、鉴定的内容和鉴定的方法,检材取样、准备相应的仪器设备,对鉴定对象采取分别检验、比较检验等方法进行现场检查或检测。进行鉴定相关检验或检查时,除了鉴定人要求或经鉴定人同意留置现场外,其他无关人员应当离场。鉴定人应当对鉴定过程进行实时记录,制作《鉴定检验(查)记录》并签名,作为司法鉴定业务档案卷宗材料归档。

④ 综合评断

综合评断是对比较检验发现的相同点和差异点在同一认知中的作用进行全面、综合的分析、研究和判断。在标准执行方面,鉴定应首先采用国家和行业标准;无国家或行业标准的,应当采用法律认可的其他标准。对鉴定机构自行制定的标准和规范,必须组织专家认证并经应用检验后由鉴定机构以内部文件形式颁布执行。

⑤ 鉴定的记录与复核

鉴定方法、鉴定过程、鉴定结果均应用文档、照片、图谱、绘图、录像、计算机等方式客观、真实地记录与固定。具体要求为:

鉴定人应及时填写原始记录,不得事后补记。原始记录一律用钢笔逐项填写,要求字迹端正、数据翔实、计算过程完整准确。记录完毕后鉴定人应签署姓名。

原始记录不得涂改和擦改,确需要修改的应用双线划去,在上方填写正确内容,同时加盖鉴定人章。同一页记录中不能多次更改。

因检验偶然失误或检测结果超差或更改多于 3 次而作废的原始记录页,应写明作废原因并加盖作废章。

复核人必须认真复核检测数据,复核完毕后应在原始记录上签名。

⑥ 鉴定意见

鉴定结果确认并经过复核后,鉴定人就可以发表鉴定意见,草拟司法鉴定意见书。鉴定人应当在鉴定意见上签名。司法鉴定文书草拟后,司法鉴定人应签字确认。

4.5.4 司法鉴定文书的编写与签发

1) 司法鉴定文书的概念

司法鉴定文书是司法鉴定人依照法律规定的条件和程序,运用专门知识或者技能对诉讼、仲裁等活动中所涉及的专门性问题进行科学鉴别和判定后制作的规范化文书的总称。

2）司法鉴定文书的特征

（1）制作主体的特定性

司法鉴定文书必须由具有相应执业资格的司法鉴定人制作。

（2）制作程序的合法性

司法鉴定文书的产生过程必须符合法律、法规与司法鉴定程序等有关规定。

（3）文书内容的科学性

司法鉴定文书阐明的是自然科学现象，是对客观事实本质属性的真实记载。

（4）文书形式的规范性

司法鉴定文书必须按照统一规定的格式规范制作，使用国家标准计量单位、符号和文字，纸张、打印和版面符合规定的要求。

3）司法鉴定文书的分类

（1）根据司法鉴定文书的性质和作用进行的分类

根据司法鉴定文书的性质和作用，司法鉴定文书可以分为司法鉴定书、司法鉴定检验报告书、司法鉴定书证审查意见书、司法鉴定咨询意见书四种。其中，司法鉴定书是基本文书，其他三种文书是其派生文书。

① 司法鉴定书（缩略语为"鉴"）

司法鉴定书是司法鉴定人对所委托的专门性问题得出鉴定结论后出具的鉴定文书。出具司法鉴定书的基本条件是提供的资料系统完整、送检材料齐全、实验条件（技术方法和设备）完备、能得出鉴定结论。

② 司法鉴定检验报告书（缩略语为"检"）

司法鉴定检验报告书是司法鉴定人对所委托的检验对象进行检验后出具的报告书。出具司法鉴定检验报告书的基本条件是通过检验特定检验对象后，不加任何分析说明，直接客观反映检查、测试所见或实验结果。

③ 司法鉴定书证审查意见书（缩略语为"证"）

司法鉴定书证审查意见书是司法鉴定人根据所委托审查的书面资料，通过分析、比较而出具的审查意见书。出具司法鉴定书证审查意见书的基本条件是一般不对具体的对象进行直接的检验，而是对书面材料的一种客观审查。

④ 司法鉴定咨询意见书（缩略语为"咨"）

司法鉴定咨询意见书是司法鉴定人对委托咨询或者难以形成鉴定结论的专门性问题出具的分析意见书。出具司法鉴定咨询意见书的基本条件是因为资料不完整、检材不符合条件、技术条件限制等而不能得出鉴定结论。

（2）根据司法鉴定程序进行的分类

根据司法鉴定程序，司法鉴定文书可以分为司法鉴定书、补充鉴定书、复核鉴定书、重新鉴定书四种。

① 司法鉴定书

司法鉴定书是接受委托方的初次委托后所出具的司法鉴定文书。

② 补充鉴定书

凡发现新的相关鉴定材料和客体的、原鉴定项目有遗漏的、原鉴定结论不够全面充分准确的，经委托方委托，可由原司法鉴定人或者其他司法鉴定人作补充鉴定，并出具补充鉴定书。补充鉴定书是对原司法鉴定书的补充,要一并装订和使用。出具补充鉴定书应注明"××鉴定补充鉴定书"。

③ 复核鉴定书

凡对原鉴定结论有异议而需要委托资质较高的司法鉴定机构对鉴定结论进行审核的,可由进行审核的司法鉴定人出具复核鉴定书。

④ 重新鉴定书

在司法鉴定过程中,凡不符合司法鉴定程序的、送检的材料虚假或者失实的、原鉴定结论不科学准确的、当事人或者委托方不同意司法鉴定结论而需要委托再鉴定的,可由原司法鉴定人以外的司法鉴定人出具重新鉴定书。

4) 司法鉴定文书制作要求

司法鉴定文书的制作是司法鉴定过程中的一个重要环节,其制作质量直接影响到司法鉴定文书的使用,制作司法鉴定文书的基本要求如下:

(1) 基本概念清楚,使用统一的专业术语。

(2) 文字简练,用词准确,语句通顺,描述确切无误。

(3) 使用国家标准计量单位和符号,使用国家标准简体汉字。

(4) 内容系统全面,实事求是,分析说明逻辑性强,文体结构层次分明,论据可靠充分,结论准确无误,不允许使用有歧义的字、词、句。

(5) 必要时应附有图表、照片、参考文献等说明性附件。

5) 司法鉴定文书格式

(1) 司法鉴定书的格式

司法鉴定书一般由编号、绪言、资料(案情)摘要、检验过程、分析说明、鉴定结论、结尾、附件等部分组成。

① 编号(包括机构名称、日期和编号)

包括司法鉴定机构缩略名、年份、专业缩略语、文书性质缩略语及序号。

年份、序号采用阿拉伯数字标识,年份应标全称,用方括号"[ ]"括入,序号不编虚位。编号由"专业名缩略语+司法鉴定文书性质缩略语+编号"组成。如:"××司鉴中心[20××]鉴(检)字第×号",并在文书的编号处加盖防伪"司法鉴定技术专用章"钢印。

② 绪言

一般包括以下内容:委托单位;委托日期;委托事项;鉴定对象;送检材料;鉴定日期;鉴定地点。

③ 资料摘要

主要是对委托书附件(如司法机关立案卷宗、书证复核材料、旁证材料)、口述材料(如被告人供述、当事人陈述)等的摘要。所有摘要均需注明出处,重点摘录有助于说明鉴定(检验、书证审查、咨询)结果的内容,引用材料应客观全面。

④ 检验过程:检验过程是司法鉴定文书的核心,其检查和测试结果直接关系到鉴定结论。包括:

Ⅰ. 检材处理和检验方法:经典方法只列方法名称,新方法须具体说明。

Ⅱ. 检查和测试所见:指通过肉眼、各种技术测试方法、专用设备等,观察、检查或检测到的客观事物的真相。

⑤ 分析说明

分析说明是司法鉴定文书的关键部分,是检验司法鉴定书质量好坏的标志之一。分析说明是根据上述资料摘要以及检查和测试结果,通过阐述理由和因果关系,解答鉴定(检验、书证审查、咨询)事由和有关问题,必要时应指明引用理论的出处。

⑥ 鉴定结论(检验报告、书证审查意见、咨询意见)

根据客观事实检查的结果和说明之理由,得出有科学根据的结论(或意见)及其依据。

⑦ 结尾

在文书的最后签署司法鉴定人(检验报告人、书证审查意见说明人、咨询意见说明人、补充意见说明人、复核鉴定人、重新鉴定人)的技术职务,并签名。

在司法鉴定人签名处加盖相应的司法鉴定章(司法鉴定检验报告章、司法鉴定书证审查意见章、司法鉴定咨询意见章)。同时需附上《司法鉴定人执业证》证号,文书制作日期,日期处加盖司法鉴定机构司法鉴定专用章。

本司法鉴定意见书各页之间应当加盖司法鉴定机构的司法鉴定专用章红印,作为骑缝章。

⑧ 附件

包括图、照片、音像资料、退还的检材和参考文献等。

司法鉴定意见书中需要添加附件的,须在鉴定意见后列出详细目录。

(2)司法鉴定检验报告书的格式

一般不需要司法鉴定书格式中的"资料摘要和分析说明"部分。出具司法鉴定检验报告书的有物证检验、尸体检验、毒物检验、文件检验、影像(声纹)检验等专业。

(3)司法鉴定书证审查意见书的格式

一般不需要司法鉴定书格式中的"检验过程"部分,而重点在于分析说明。出具司法鉴定书证审查意见书的有法医病理学、法医临床学等专业。

(4)司法鉴定咨询意见书的格式

基本格式同司法鉴定书格式。

(5)其他司法鉴定文书格式

① 补充鉴定书

补充鉴定书在司法鉴定书格式的基础上还要增加以下格式:

补充鉴定说明:阐明补充鉴定理由和新的委托鉴定事由;

补充资料摘要:在补充新资料摘要基础上,还要包括原鉴定书的基本内容等。

再次检验过程:在补充检查、测试等基础上,还要包括原检验过程的基本内容等。

补充鉴定结论:在原鉴定结论的基础上,提出补充性鉴定结论。

② 复核鉴定书

复核鉴定书在司法鉴定书格式的基础上还要增加以下格式:

复核鉴定说明:阐明复核鉴定的理由和新的委托鉴定事由。

复核资料摘要:在摘抄原鉴定书资料摘要的基础上,添加新的资料摘要。

复核检验过程:记录重复原检验过程和与原检验过程检材的不同处理方法、不同的检查方法及不同的测试方法及其结果。

复核鉴定分析说明:对复核结果进行分析,如与原鉴定结论或意见有不同的,要针对性地说明理由。

复核鉴定结论或意见:写出鉴定结论或意见及其依据。

③ 重新鉴定书

基本格式同"司法鉴定书"格式。

6) 司法鉴定文书纸张、字体和字号

(1) 纸张

① 规格:A4。

② 专用纸张:首页封面用套红的鉴定文书专用纸张(根据司法鉴定文书的性质而分别选用司法鉴定书、司法鉴定检验报告书、司法鉴定书证审查意见书、司法鉴定咨询意见书),其余页内芯用白纸。

(2) 打印

① 打印:单页、单栏。

② 页边距:左右、上下边距各空 2 cm(首页上边距空 4 cm,左边距留出装订线)。

(3) 字体和字号

① 大标题:2 号黑体,居中排列。

② 编号:4 号仿宋体,居右排列。

③ 文内标题:一级标题用 3 号黑体,段首空 2 字;二级标题用 4 号黑体,段首空 2 字。

④ 正文:4 号仿宋体,两端对齐,段首空 2 字,行间距为 1.5 倍行高。

⑤ 文内编号:用"一、(一)、1、(1)"表示;页号位于页面下端,居中,须连续编号。

⑥ 表格用统一的三线表,图表说明和表内文字用 5 号仿宋体。

⑦ 附件:同正文要求。

7) 司法鉴定文书的签发

(1) 制作鉴定文书

根据司法部《关于转发司法部〈司法鉴定文书示范文本〉的通知》(新司通〔2007〕79 号)文件规定的格式和要求制作司法鉴定文书。鉴定人核实后在鉴定文书底稿上签名。

(2) 复核人复核

将制作的司法鉴定文书送司法鉴定机构指定的复核人复核签字。

(3) 机构负责人签发

将鉴定人核实后的鉴定文书送机构负责人审核、签发。

(4) 送鉴定人确认签名或者盖章

将司法鉴定机构负责人审核、签发后的司法鉴定文书(正本)送鉴定人签字或者盖章,加盖司法鉴定机构鉴定专用章。

(5) 送达鉴定文书

按《司法鉴定协议书》约定的方式和需提供司法鉴定文书的份数送达鉴定文书,并退还应退的鉴定材料,并由委托人(代理人)签收。

另一份司法鉴定文书应作为本例司法鉴定业务档案卷宗材料归档。

5 工程造价的司法鉴定

5.1 工程造价司法鉴定的概念

5.1.1 工程造价司法鉴定的定义

工程造价司法鉴定是指依法取得有关工程造价司法鉴定资格的鉴定机构和鉴定人受司法机关或当事人委托,依据国家的法律、法规以及中央和省、自治区及直辖市等地方政府颁布的工程造价规范、标准和定额,运用其专业知识,针对某一特定建设项目的施工图纸及竣工资料,对建筑工程诉讼案件中所涉及的造价纠纷进行分析、研究、鉴别并做出结论的活动。

工程造价司法鉴定作为一种独立证据,是工程造价纠纷案调解和判决的重要依据,在建筑工程诉讼活动中起着至关重要的作用。

5.1.2 工程造价鉴定的含义

根据《建设工程造价鉴定规范》(GB/T 51262—2017,2018 年 3 月 1 日起实施),工程造价鉴定(construction cost appraisal)是指鉴定机构接受人民法院或仲裁机构委托,在诉讼或仲裁案件中,鉴定人运用工程造价方面的科学技术和专业知识,对工程造价争议中涉及的专门性问题进行鉴别、判断并提供鉴定意见的活动。

根据工程造价鉴定规范,工程造价鉴定有以下几方面含义:

1) 工程造价鉴定的性质

由于在工程实践中出现的工程经济纠纷一般为民事案件,大多出现在民事诉讼活动中,因此,工程造价司法鉴定是在诉讼过程中进行的。法律之所以将诉讼法中的"鉴定"规定为"司法鉴定",不是由于鉴定活动本身具有司法职能,而是因为鉴定活动是在诉讼的审判活动中进行的。只有在诉讼活动中尤其是审判活动中,对涉案工程价款进行的鉴别、判断、计算的活动,才属于法律意义上的工程造价司法鉴定。

2) 鉴定主体

包括两层含义:

(1) 鉴定机构(appraisal corporation),是指接受委托从事工程造价鉴定的工程造价咨询企业。

鉴定机构归属于建设行政主管部门管理的中介机构,对于诉讼中的当事人是处于中立地位,是特殊的诉讼参与人。承办工程造价鉴定业务的鉴定机构必须是按照《工程造价咨询企业管理办法》取得工程造价咨询资质,经省级司法行政机关审核登记,取得《司法鉴定许可证》,在登记的司法鉴定业务范围内,开展司法鉴定活动的企业。

鉴定机构应在其资质等级许可的范围内,接受国家、政府等有权机关(主要是法院)的书面委托开展鉴定活动,因此,超出执业资质等级和范围许可出具的鉴定意见书无效,并承担相应责任。

(2)鉴定人(appraiser),是指接受鉴定机构指派,负责鉴定项目工程造价鉴定的注册造价工程师。

鉴定人员必须具有解决当事人争议的工程造价问题所具有的从业资质、专业技术知识、职业技能,必须是按照《注册造价工程师管理办法》注册于该鉴定机构中的执业造价工程师。未取得注册造价工程师资格,或虽然取得注册造价工程师资格、但因故意犯罪或者职务过失犯罪受过刑事处罚的、受过开除公职处分的人员,不得从事鉴定业务。

鉴定人接受委托后,就负有依法提供工程造价鉴定结论和出庭作证的义务。

3)造价鉴定其他相关方

(1)委托人(truster)

根据《建设工程造价鉴定规范》,委托人是指委托鉴定机构对鉴定项目进行工程造价鉴定的人民法院或仲裁机构。

非人民法院或仲裁机构的其他机构或单位、个人委托工程造价咨询企业从事相关工程造价确定事项活动的不属于造价鉴定,只属于造价咨询工作。

(2)当事人(concerned parties)

是指鉴定项目中的各方法人、自然人或其他组织,包括建设单位、施工单位及其他工程项目实施主体。

(3)当事人代表(representative of concerned party)

是指鉴定过程中,经当事人授权以当事人名义参与提交证据、现场勘验、就鉴定意见书反馈意见等鉴定活动的组织或专业人员。

4)鉴定客体

(1)鉴定项目(appraisal project)

指对其工程造价进行鉴定的具体工程项目。工程造价鉴定的鉴定对象是与具体工程项目造价有关的工程事实。

(2)鉴定事项(appraisal subject)

是指鉴定项目工程造价争议中涉及的问题,通过当事人的举证无法达到高度盖然性证明标准,需要对其进行鉴别、判断并提供鉴定意见的争议项目。

5)鉴定的目的

工程造价司法鉴定的目的是解决诉讼过程中对于工程价款的争议问题,由于工程建设本身的建设周期长、规模结构复杂、专业性强,因此工程造价的确定是一门专业技术性很强的活动,审判人员无法凭直觉、直观或者逻辑推理就可以做出肯定或否定判断,它必须由具备专业资质、有执业资格的鉴定人依法运用专业知识、资料、方法和对所涉问题进行鉴别、判断才能得出正确的鉴定结论。

6)鉴定依据(appraisal reference)

指鉴定项目适用的法律、法规、规章、专业标准、规范、计价依据;当事人提交经过质证并经委托人认定或当事人一致认可后用作鉴定的证据。

计价依据包括由国家和省、自治区、直辖市建设行政主管部门或行业建设管理部门编制发布的适用于各类工程建设项目的计价规范、工程量计算规范、工程定额、造价指数、市场价格信息等。

工程造价司法鉴定还应当依据合同当事人工程合同的约定、通用或专用条款的规定,采用工程造价专业的计价方法进行工程量、价、费用的计算形成总的工程价款,给审判法庭提供客观公正的证据。

7)鉴定成果

工程造价鉴定成果即鉴定人出具的鉴定意见(appraisal conclusion),是指鉴定人根据鉴定依据,运用科学技术和专业知识,经过鉴定程序就工程造价争议事项的专门性问题作出的鉴定结论,表现为鉴定机构对委托人出具的鉴定项目鉴定意见书及补充鉴定意见书。

工程造价司法鉴定人在完成鉴定工作后,应当按照法院委托的范围和要求,为法院提供本人签名盖章的书面鉴定意见(鉴定报告)。鉴定意见在诉讼法上称为"鉴定结论",是指鉴定人运用科学技术、专门知识、执业经验、职业技能对诉讼中的专门性问题进行鉴别和判断,并在此基础上给出结论性意见。

5.1.3 工程造价鉴定的主要内容

工程造价鉴定涉及的内容非常广泛,大致可分为以下四个方面:

1)工程量的鉴定

主要是对涉案建设工程的工程量的查勘、计算结果是否真实准确进行鉴定。

2)价格鉴定

主要是对涉案建设工程的价格,包括人工、材料、机械台班价格进行鉴定。

3)套价取费鉴定

包括对涉案工程项目子目清单的套用是否准确,取费是否合理进行鉴定。

4)造价流程鉴定

包括对涉案项目工程造价程序的合法合规性进行鉴定。

5.1.4 工程造价鉴定的特点

1)专业性强

对于一般的司法鉴定,鉴定人依据专门的知识就能完成对鉴定材料的检验和鉴定工作。由于建筑工程工期长、施工过程复杂、定价过程特殊,所以工程造价计价依据和计价办法处于指导价与市场价并存、行业标准多元化的境地。同时由于建设工程具有单件性特点,不能够采用标准化生产技术进行施工,所以每个建设工程都会体现出个体差异,如设计、施工、材料,自然条件都会因工程而异。因建设工程个体差异性,进行工程造价司法鉴定工作不仅需要鉴定人员具有相关的专业知识,还涉及对法律适用的选择,专业性问题和法律适用问题相互结合。工程造价鉴定人员既需要运用专门知识对工程造价进行专业性判定,又需要对法律适用问题进行选择。

2)鉴定事项复杂

(1)工程的隐蔽性强

建筑工程造价纠纷一般在竣工验收、交付使用、进行竣工结算过程中发生,因此,进行工程造价司法鉴定工作一般在工程完工阶段展开。这时许多确定工程造价的重要信息资料如钢筋分布、基础埋深等隐蔽工程也已全部或部分完工，导致鉴定人在鉴定过程中无法查看现场的真实状态，这就要求鉴定人要有很强的专业认知水平和观察、判断分析能力，借助专业知识，通过查看隐蔽工程验收记录、监理日志、施工签证等间接资料对已完工程的造价进行鉴定。

（2）鉴定依据多

鉴定人进行造价鉴定时，必须依据建设工程施工合同、补充协议、工程变更和现场签证，以及经双方当事人认可的其他有效合同文件资料，遵循现行工程量清单计价规范及其他造价相关文件的规定进行工程造价鉴定。鉴定依据多，工作量大，内容复杂。

（3）鉴定证据的矛盾性

鉴定工作涉及对工程量的复核、综合单价的套用、定额换算、费率计取、材料量统计、设计变更手续、增减施工内容签证与实际情况对比等工作。当事人各方为了各自的利益，往往提交证据材料时，只提供有利于己方的资料，同时恶意排斥对方提供的证据材料，形成了双方各执一词，证词相互矛盾的局面。这就需要鉴定人抽丝剥茧，去伪存真，最终向法院提供客观真实的鉴定结论，以维护当事人各方的合法权益。

（4）影响因素复杂

由于建筑工程本身的单件性、独特性和复杂性，影响工程造价的因素众多，如结构形式、承包方式、施工方法、材料选用、建设工期、自然条件等不同，工程都会有所差异。同时，由于项目参与者较多，各相关方基于自身利益而产生博弈现象，这使得鉴定人在建筑工程造价司法鉴定中对一些问题的判断显得异常复杂和困难。

3）造价鉴定的双重性

（1）工程造价司法鉴定制度的双重性

工程造价鉴定制度既涉及司法制度，如司法鉴定的启动制度，鉴定意见的举证、质证、认证等制度都由诉讼法、证据法等法律调整。在工程造价鉴定过程中需遵守司法鉴定程序制度，包括司法鉴定的启动、对外委托程序、施工现场勘验、听证、鉴定人出庭等制度。

同时，工程造价鉴定的职业准入管理、鉴定机构的设立、授权、资质管理等又属于行政管理，鉴定机构和鉴定人的准入、监督、管理必须符合国家相关法律法规以及工程造价鉴定实务中的专业技术以及行业制度的规定。

（2）工程造价鉴定机构、鉴定人的双重性

从事工程造价鉴定的鉴定机构一方面是建筑行业从事工程造价咨询的社会中介机构，要求鉴定机构拥有有效的、与工程造价鉴定项目规模相适应的专业工程造价咨询资质，其活动具有社会化和经营化，而且其出具造价报告的专业人员即鉴定人需具备造价工程师执业资格。另一方面，工程造价鉴定机构从事司法鉴定活动又必须具备司法鉴定制度所要求的更严格的司法鉴定机构专业资质，需经省级司法行政机关审核登记，取得《司法鉴定许可证》后，才能在登记的司法鉴定业务范围内，开展司法鉴定活动。

工程造价司法鉴定的性质决定了其作为一种法律程序与专业技术相统一的特殊的工作过程和要求，它既不同于一般的工程造价咨询行业，可以应单方当事人要求参与造价鉴定，也不同于传统的法医学、文检类的鉴定过程和要求。由于法院对鉴定机构实行准入制度，只有进入法院司法鉴定机构名册的工程造价咨询机构，才可以从事工程造价鉴定活动，为法院审判服务。

同时,工程造价鉴定人作为诉讼参与人,其执业资格的身份也具有双重性,首先,鉴定人必须是按照《注册造价工程师管理办法》注册于该鉴定机构中的执业造价工程师,未取得注册造价工程师资格不得作为鉴定人从事工程造价鉴定活动;其次,鉴定人必须得到司法鉴定主管部门的认可,因故意犯罪或者职务过失犯罪受过刑事处罚的、受过开除公职处分的人员,不得从事鉴定业务。

(3) 造价司法鉴定活动的双重性

一方面工程造价鉴定是一种诉讼参与活动,但又不同于审判,是审判中的一个环节,是在司法鉴定程序中的活动;另一方面它是一种基于专业知识、专业技能的运用和专业判断从而得出实体内容的鉴定结论。但需注意的是,工程造价鉴定活动不等于审判活动,鉴定意见也不等于审判结论,仅仅是在诉讼法和其他法律法规框架下的一种科学实证活动。

工程造价司法鉴定应当与现有的司法鉴定管理制度、司法鉴定实施程序相结合,并适应建筑行业工程造价专业的技术规范和工作程序与方法。

(4) 调整工程造价鉴定活动的规范具有双重性

调整工程造价鉴定活动的规范既包括司法机关出台的法律规范,也包括相关行业主管部门出台的行业管理规范和技术规范。

(5) 司法鉴定运作的权力配置具有双重性

在司法鉴定的权力运行中,既涉及司法权的配置问题,又涉及行政权的配置问题。对涉及司法鉴定的启动、决定,鉴定意见的质证、认证和采信等属于司法权的调整范围,而对司法鉴定的管理、司法鉴定实施的规范等则属于司法行政权管理的范畴。

4) 鉴定结果的重要性

证据是司法公正的前提和基础,司法鉴定作为证据制度的重要内容,鉴定结果就显得尤为重要。工程造价纠纷一旦进入司法鉴定程序,作为案件审理的一项重要证据,鉴定意见的科学公正非常重要。工程造价的鉴定结果不仅仅影响着争议价款的准确性,更能影响一个企业的发展导向,严重的可能会直接造成企业破产倒闭,相关人员被追究行政责任甚至刑事责任等。

5.1.5　工程造价鉴定的基本原则

鉴于我国的工程造价鉴定的特殊性要求,一个重要的现实问题,即工程造价鉴定所要遵循的基本原则,必须加以确定。一个科学、合理的原则是保证工程造价鉴定公正性、合法性的基础,也是确保诉讼案件的审判质量公正、客观的前提条件。根据建设工程纠纷案件的特殊性,工程造价鉴定既要有一般性的原则,又要制定应特殊要求的特别原则。

1) 一般性的原则

(1) 合法性

工程造价鉴定的合法性是指工程造价鉴定活动是诉讼参与活动,表现在不仅工程造价鉴定的主体需要有法定资格,而且从启动条件、鉴定实施、出具鉴定意见到出庭作证和质证、采信等都有明确的法律规定。该原则是判断鉴定行为法律效力和鉴定意见证据效力的基础,具体要求鉴定主体自身合法、鉴定资料的内容及取得合法、鉴定行为合法、鉴定程序合法、鉴定意见书合法等。

启动鉴定程序要严格遵守诉讼法的规定,鉴定只能在诉讼过程中提起并由承办案件的司法机关决定,不能因个人意愿自由启动和实施。

承办工程造价鉴定业务的鉴定机构必须是按照《工程造价咨询企业管理办法》取得工程造价咨询资质,经省级司法行政机关审核登记,取得《司法鉴定许可证》,在登记的司法鉴定业务范围内,开展司法鉴定活动的企业。

鉴定机构应在其资质等级许可的范围内,接受国家、政府等有权机关(主要是法院)的书面委托开展鉴定活动,因此,超出执业资质等级和范围许可出具的鉴定意见书无效,并承担相应责任。同时,鉴定人作为诉讼活动的参与人,应当依法出庭作证并接受询问和质询。

鉴定意见是法定的证据种类之一,能否作为证据材料,将由法官根据情况自由裁量。

(2)独立性

由于工程造价鉴定意见书是对争议项目最终造价的确认,这与争议当事人的经济利益直接或间接相关。因此,工程造价鉴定机构和鉴定人在鉴定过程中应当秉承事实,站在中立的立场上,不受他人的意见所左右,独立行事,不偏不倚,不因当事人和法庭内外因素而影响最终鉴定意见的公正客观。鉴定主体需要以事实为依据,以法律为准绳,凭借专业的鉴定知识,在保证鉴定意见的客观、公正的基础上,科学、独立地完成鉴定工作,保证鉴定结果客观真实。

工程造价鉴定作为一种证明和评价活动,在纠纷当事人之间保持中立地位是鉴定机构和鉴定人权威性的基本保障。在造价确定过程中,由于施工单位作出的竣工结算报告和建设单位(或建设单位委托的工程造价咨询单位)作出的竣工结算审核报告(因存在直接或间接的利害关系甚至利益驱动)难以被对方当事人接受和认可,往往造成多次证明或鉴定。因此,只有第三方出具的工程造价鉴定意见(即由无利害关系的第三方工程造价鉴定机构作出的鉴定)因其具有中立性,从而具有较高的证明力和权威性,具备被普遍接受和采信的基础,能够"一个证明,多方使用"。

就诉讼参与活动而言,中立性或独立性是鉴定人和鉴定机构执业活动的基础,它对鉴定机构和鉴定人提出的基本要求,又是以其机构和人员的相对独立为基础的。基于中立地位和独立执业的要求,工程造价鉴定机构和鉴定人在实施鉴定活动时,既不是对司法机关负责,也不是对当事人负责,而是对法律负责,对科学事实负责,对所委托的鉴定事项负责,最终是对案件事实负责。因此,中立性是工程造价鉴定的基本属性,也是鉴定公正的前提和保障。

(3)客观性

工程造价鉴定意见的可靠性和可信性,来自并取决于两个方面:一个是正当法律程序的保障(保证司法鉴定的合法性和公信力);另一个是鉴定意见的客观性。鉴定意见的客观性主要取决于三个方面:

① 科学性

司法鉴定是科学认识证据的重要方法和手段。司法鉴定以科学技术为支柱,其实施过程就是一个科学认识的过程,科学规律、科学定理、科学理论、科学知识等构成司法鉴定的基本理论和基本方法。这是鉴定意见与证人证言之间的根本区别。

② 专业性

鉴定意见的可靠性取决于它产生的过程和方式,更取决于它的专业化、职业化程度和专业技术水平。工程造价鉴定的专业性,主要是指工程造价咨询机构的工程造价人员根据专业技术理论、知识和方法,采用专业手段,按照工程量清单计价规范和其他技术标准规范的要求,对工程造价进行识别、比较、认定和判断,并得出专业性结论的活动。

③ 统一性

司法鉴定的统一性不仅表现在鉴定所采用的科学原理、技术方法和技术标准具有统一性,而且鉴定程序和鉴定机构及鉴定人资质要求也应当具有统一性,以保证鉴定的统一性和可检验性。

鉴定人要用客观、科学的态度去审视鉴定意见,以客观事实为基础,鉴定人不能罔顾事实,凭主观臆断,也不能听命于当事人。

（4）公正性

所谓公正原则是指鉴定机构在进行工程造价鉴定时,必须以科学、客观严谨的态度去面对鉴定工作,并在民事诉讼实践里,保持一个中立的鉴定人地位,公平、公正地根据鉴定材料做出鉴定意见,并保证鉴定意见的客观与真实度,避免当事人的合法利益受损。作为工程造价鉴定中最重要的原则之一,该原则要求鉴定人立场、鉴定行为、鉴定程序、鉴定方法以及最后的鉴定意见公正合理,提高法院对鉴定意见的采信度。

2）特别原则

（1）从约原则

工程造价鉴定主要是围绕工程造价的争议展开的,而工程造价的影响因素很多,除了设计文件、工程量清单计价规范、计价表、材料价格信息外,施工合同对工程造价的影响巨大,工程造价是双方当事人在权衡利弊之后,相互竞价磋商后订立的最终交易价格,是属于合同内容的一部分,同时,合同中还会约定工程价款调整的前提、程序和方法。因此在确定工程造价时,不能以市场的平均价格来评估,故需要在维护市场价格机制的公平与效率的前提下遵循司法原则。所以,进行工程造价鉴定时,应当遵循从约原则确定工程造价。

需注意的是,在工程造价鉴定实践中,有些鉴定单位在鉴定过程中常常会对已经承发包双方确认的签证文件予以否定,或者对签证文件中的内容进行"加工处理",出现鉴定结果与签证文件所载事实不符的情形。《最高人民法院关于审理建设工程施工合同纠纷案件适用法律问题的解释》（法释〔2004〕14 号,下称《司法解释》）第 16 条第一款规定:"当事人对建设工程的计价标准或者计价方法有约定的,按照约定结算工程价款。"第 19 条规定:"当事人对工程量有争议的,按照施工过程中形成的签证等书面文件确认。"

签证文件是双方当事人在合同履行过程中按照合同约定达成的新的一致意见,其实质就是双方的补充协议,对双方均具有约束力。一份签证文件,当它的内容是真实的,签字的人是有权限的人,签订过程不存在不法行为,那么它就应当是一份合法有效的签证文件,即补充协议,鉴定单位不是这份补充协议的当事方,其仅仅是作为一个第三方受到委托来鉴定这个事实,没有任何权利及法律依据可以擅自否认签证文件或是变更其中的内容。

（2）取舍原则

鉴定人员在进行工程造价鉴定时,需要双方当事人提供证据材料,如工程技术文件及档案、设计图纸、地质资料、施工日记、设计变更联系单、隐蔽工程验收记录、开竣工报告、质量等级评定表等。基于自身的利益驱动,各方提供的证据材料往往相互矛盾,甚至会存在当事人伪造证据的现象,这难以被对方当事人接受和认可。同时,由于当事人自身平时疏于管理,提供的证据不够完善,导致影响工程造价的关键证据缺失。还有或由于案件自身原因——过于复杂和特殊等因素,均会影响鉴定意见的客观公正。此时,鉴定人员需要针对案情的具体情况选择相应的计算方法,通过科学运算得出鉴定意见以供法院审理取证时进行取舍。合理遵循取舍原则能够有效避免因鉴定意见的采纳不当或者未审先定而影响案件的最终裁决。

需注意的是,鉴定人对证据资料的梳理取舍时,不能越俎代庖,该由法院判断的法律问题而由鉴定人决定。简言之,不能以鉴代审。

《司法解释》第23规定:"当事人对部分案件事实有争议的,仅对有争议的事实进行鉴定,但争议事实范围不能确定,或者双方当事人请求对全部事实鉴定的除外。"据此,工程造价鉴定并不是全盘鉴定,而只是针对有争议的事实进行鉴定。实践中,有的鉴定机构和鉴定人会超出双方的争议事实范围,对无争议事实范围也作出鉴定。鉴定机构和鉴定人应当杜绝此类现象的发生。

另外,工程造价的鉴定是对有争议的"事实"进行核查、确认,而不是对与争议相关的合同或其相关法律问题作出评判,如有的鉴定机构和鉴定人以鉴代审,在未经法院判决的前提下,违背从约原则,擅自确认承发包双方提交的施工合同无效,抛开合同约定的结算方法,以其他计价方法进行工程造价鉴定,从而使得工程造价鉴定意见书的证明力和权威性受到严重影响。

5.1.6　工程造价审核与工程造价鉴定的区别

1) 委托方式不同

工程结算审核一般由业主自行委托给工程造价咨询单位,双方按照各自的目的和要求签订技术咨询服务合同,按照咨询合同要求履行各自职责,最终咨询成果归业主享有。工程造价鉴定一般由法院直接委托或随机抽取的方式确定鉴定单位,鉴定单位按照法院委托的鉴定内容和要求,运用其自身专业技术知识并结合相关法律、法规知识,按照委托要求出具鉴定报告,经法院审查和采纳后作为定案依据。

2) 当事人的关系不同

工程造价审核的当事人双方关系一般不处于对立状态,通常是业主方按照合同约定,委托工程造价咨询单位进行结算审核业务,审核过程中对不明确的事项可以提出,通过双方提供资料或澄清事实或协商,达成一致意见,作为计算工程造价的依据。而工程造价鉴定一般发生在当事人双方对造价产生争议,矛盾已经到不可调和的状态而诉诸法律,因此当事人双方关系处于对立状态,无法对不明事项达成一致意见。这就要求鉴定机构根据现有的所有资料,通过专业技能得出正确的鉴定结论。

3) 程序不同

工程造价审核按照工程造价管理部门发布的工程造价咨询企业执业操作规范开展工程结算审计活动,程序较为简单,大体分为三个阶段:一、业务准备阶段,包括签订咨询合同、制定实施方案、接受资料、现场踏勘、事前会商等;二、业务实施阶段,包括工程量计量、套价、相互核对、审计协商、出具报告等;三、业务终结阶段,包括咨询成果交付、资料交接、服务回访、资料归档等。

相对于工程造价审核,工程造价鉴定增加了听证和质证的过程,其程序为:接受委托→

查阅案卷→收集证据→现场勘测→鉴定记录→听证勘误→出庭质证。

4）处理问题的立场不同

工程造价结算审核单位一般是接受发包人的委托，对承包人提交的竣工结算报告进行审核，并提取相应的报酬。虽然《工程造价咨询企业管理办法》（住房和城乡建设部令第24号，2015年05月04日施行）第5条规定，"工程造价咨询企业从事工程造价咨询活动，应当遵循独立、客观、公正、诚实信用的原则，不得损害社会公共利益和他人的合法权益。任何单位和个人不得非法干预依法进行的工程造价咨询活动"。但是造价咨询单位毕竟是发包人单方委托，在实际操作过程中很难完全摆脱发包人的各种干预和指令。同时，咨询单位往往按照审核工程所核减金额收取报酬，审核工作直接和其利益相关，因此，工程造价结算审核单位很难保持独立、客观、公正、诚实信用的立场。

工程造价鉴定是鉴定机构和鉴定人接受人民法院或仲裁机构的委托从事工程造价鉴定工作，鉴定机构与争议当事人双方均没有合同关系，鉴定报酬也是根据《司法鉴定委托书》中的约定，由委托人或申请鉴定当事人支付，这样就可以保证鉴定机构和鉴定人站在公正的立场上独立客观公正地从事工程造价鉴定工作。

5）成果处理方式不同

工程造价结算审核经发包人、承包人及工程造价咨询公司达成一致意见，由咨询公司出具工程造价定案表并经各方确认，再由咨询公司根据定案表结果出具咨询成果报告。由财政支出的项目的工程造价还要通过财政主管部门的审核。

工程造价鉴定鉴定人出具鉴定意见书应当由法官进行审查，同时鉴定结论应当在法庭上出示，以便让当事人全面了解可能作为认定事实根据的有关证据材料，使其有机会对此加以质疑和抗辩。

鉴定结论应当经过当事人质证，对鉴定结论的客观性、真实性和可靠性进行质疑。也应当由当事人进行辩论。在此过程中，凡是当事人及其代理人对有关鉴定结论提出质疑或辩论时，法官应对有关鉴定结论进行价值评估，必要时，应决定由原鉴定人对有关专门性问题进行补充鉴定，或者另行委托其他鉴定人进行重新鉴定。

除鉴定结论应当由当事人及其诉讼代理人进行质证、辩论外，鉴定人还应当接受当事人的询问。

在工程造价鉴定实践中，工程造价鉴定成果可能会给出两个甚至多个结论，因为双方当事人提供的证据材料可能会存在差异，或在相同的证据条件下，对鉴定结果也存在不同的理解标准。在此情况下，鉴定人要根据现有证据材料，按不同的标准从专业角度作出不同的结论。出具的鉴定意见书不需要当事人签字，最终由法官判断取定。

5.2　工程造价司法鉴定的程序

为了规范司法鉴定活动，保障司法鉴定质量，保障诉讼活动的顺利进行，司法部于2007年10月1日起颁布施行《司法鉴定程序通则》（2015年修订）。住房和城乡建设部于2017年推出了《建设工程造价鉴定规范》（GB/T 51262—2017），并于2018年3月1日起正式实施。根据《建设工程造价鉴定规范》，工程造价鉴定程序包括工程造价鉴定的委托与受理、工程造价鉴定的实施和工程造价鉴定文书的出具三个环节。

5.2.1　工程造价鉴定的委托与受理

1）委托与受理流程

工程造价鉴定的委托与受理的流程如图 5-1 所示。

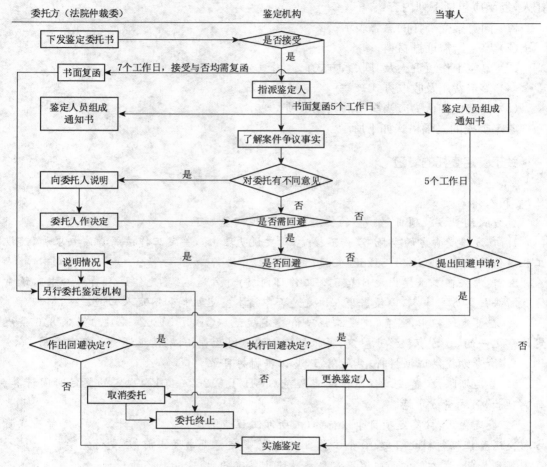

图 5-1　鉴定委托与受理流程

2）鉴定项目的委托

委托人（人民法院或仲裁机构）依据尊重当事人选择和委托人指定相结合的原则,组织诉讼双方当事人进行造价鉴定的对外委托。诉讼双方当事人达不成一致意见的,由人民法院或仲裁机构在列入名册的、符合鉴定要求的造价鉴定机构中,选择有资格的造价鉴定机构。委托人委托鉴定机构从事工程造价鉴定业务,不受地域范围的限制。

委托人委托造价鉴定事宜,应向鉴定机构出具书面鉴定委托书,鉴定委托书应载明委托的鉴定机构名称、委托鉴定的目的、范围、事项和鉴定要求、委托人的名称等,并提供委托鉴定事项所需的鉴定材料。

委托造价鉴定事项属于重新鉴定的,人民法院或仲裁机构应当在委托书中注明。委托人应当向造价鉴定机构提供真实、完整、充分的鉴定材料,并对鉴定材料的真实性、合法性负责。委托人不得要求或者暗示造价鉴定机构和造价鉴定人按其意图或者特定目的提供鉴定意见。

3)鉴定项目委托的接受、终止

鉴定机构应在收到鉴定委托书之日起7个工作日内,决定是否接受委托并书面函复委托人,复函应包括下列内容:

(1)同意接受委托的意思表示;

(2)鉴定所需证据材料;

(3)鉴定工作负责人及其联系方式;

(4)鉴定费用及收取方式;

(5)鉴定机构认为应当写明的其他事项。

鉴定委托的复函格式如下所示:

关于鉴定委托的复函

＊＊价鉴函〔20＊＊〕＊＊号

致(委托人):

我方收到贵方就项目(案号)的鉴定委托书,现回复如下:

1. 我方接受贵方的委托书(如不接受,简要说明理由),鉴定工作按照贵方要求和《建设工程造价鉴定规范》GB/T 51262—2017规定的程序进行。

2. 我方将在本函发出之日起5个工作日内,向贵方送达《鉴定组成人员通知书》,请贵方及时告知各方当事人,以便当事人决定是否申请本鉴定机构和鉴定人回避。

3. 在鉴定过程中,遇有《建设工程造价鉴定规范》(GB/T 51262—2017)第3.3.6条规定情形之一的,我方有权终止鉴定,并根据终止的原因及责任,酌情退还有关鉴定费用。

4. 请贵方提供证据材料,见所附《送鉴证据材料目录》。

5. 鉴定期限按《建设工程造价鉴定规范》(GB/T 51262—2017)规定的鉴定时间计算。如需延长,另向贵方申请。

6. 鉴定费用:按鉴定项目争议标的(或所涉工程造价)_____％计算。鉴定费应在贵方移交送鉴证据材料之日起10个工作日内支付,鉴定意见书发出前,应支付完毕。

鉴定期间,贵方单方面取消鉴定委托或终止鉴定的,鉴定费将不予退还。

7. 联系方式:

联系地址:

邮政编码:

联系人:

联系电话:

传真:

电子邮箱:

鉴定机构(公章)

年　　月　　日

鉴定机构接受鉴定委托,对案件争议的事实初步了解后,当对委托鉴定的范围、事项和鉴定要求有不同意见时,应向委托人释明,释明后按委托人的决定进行鉴定。

鉴定机构收取鉴定费用应与委托人根据鉴定项目和鉴定事项的服务内容、服务成本协商确定。当委托人明确由申请鉴定当事人先行垫付的,应由委托人监督实施。

4)鉴定委托的拒绝

有下列情形之一的,鉴定机构应当自行回避,向委托人说明,不予接受委托:

(1)担任过鉴定项目咨询人的;

(2)与鉴定项目有利害关系的。

有下列情形之一的,鉴定机构应不予接受委托:

(1)委托事项超出本机构业务经营范围的;

(2)鉴定要求不符合本行业执业规则或相关技术规范的;

(3)委托事项超出本机构专业能力和技术条件的;

(4)其他不符合法律、法规规定情形的。

不接受委托的,鉴定机构应在收到鉴定委托书之日起 7 个工作日内通知委托人并说明理由,退还其提供的鉴定材料。

5)鉴定终止

鉴定过程中遇有下列情形之一的,鉴定机构可终止鉴定:

(1)委托人提供的证据材料未达到鉴定的最低要求,导致鉴定无法进行的;

(2)因不可抗力致使鉴定无法进行的;

(3)委托人撤销鉴定委托或要求终止鉴定的;

(4)委托人或申请鉴定当事人拒绝按约定支付鉴定费用的;

(5)约定的其他终止鉴定的情形。

终止鉴定的,鉴定机构应当通知委托人,说明理由,并退还其提供的鉴定材料。

终止鉴定通知函格式如下所示:

终止鉴定函

＊＊价鉴函〔20＊＊〕＊＊号

致_____（委托人）:

贵方委托我方进行工程造价鉴定的_____项目(案号:＊＊＊＊),因存在《建设工程造价鉴定规范》(GB/T 51262—2017)第3.3.6条第_____项原因,致使鉴定无法继续进行,我方要求终止鉴定,并退还所有鉴定材料。

鉴定机构(公章)

年　月　日

6)鉴定工作的回避

(1)鉴定机构回避

鉴定机构应在《鉴定人员组成通知书》中载明以下回避声明:

① 没有担任过鉴定项目的咨询人;

② 与鉴定项目没有利害关系(除本鉴定项目的鉴定工作酬金外)。

鉴定机构有不符合上述情形之一而未自行回避的,且当事人向委托人申请鉴定机构回避的,由委托人决定其是否回避,鉴定机构应执行委托人的决定。

（2）鉴定人回避

鉴定人应载明以下回避声明：

① 不是鉴定项目当事人、代理人的近亲属；

② 与鉴定项目没有利害关系；

③ 与鉴定项目当事人、代理人没有其他利害关系。

鉴定人或鉴定人的辅助人员有不符合上述情形之一，可能影响鉴定公正的，应当自行提出回避。鉴定人主动提出回避并且理由成立的，鉴定机构应予批准，并另行指派符合要求的鉴定人。

若有上述情况未自行回避，经当事人申请，委托人同意，通知鉴定机构决定其回避的，必须回避。

当事人向委托人申请鉴定人回避的，应在收到《鉴定人员组成通知书》之日起 5 个工作日内以书面形式向委托人提出，并说明理由。

在鉴定过程中，鉴定人有下列情形之一的，当事人有权向委托人申请其回避，但应提供证据，由委托人决定其是否回避：

① 接受鉴定项目当事人、代理人吃请和礼物的；

② 索取、借用鉴定项目当事人、代理人款物的。

委托人应向鉴定机构作出鉴定人是否回避的决定，鉴定机构和鉴定人应执行委托人的决定。若鉴定机构不执行该决定，委托人可以撤销鉴定委托。

5.2.2　工程造价鉴定的实施程序

1）工程造价鉴定工作的组织

鉴定机构接受人民法院或仲裁机构的委托后，应指派本机构中满足鉴定项目专业要求、具有相关项目经验的鉴定人进行鉴定。

鉴定机构对同一鉴定事项，应指定两名及以上鉴定人共同进行鉴定。对争议标的较大或涉及工程专业较多的鉴定项目，应成立由三名及以上鉴定人组成的鉴定项目组。以上两种情况，鉴定机构均须指定其中一人为主鉴定人。

鉴定人必须具有解决当事人争议的工程造价问题所具有的从业资质、专业技术知识、职业技能，必须是按照《注册造价工程师管理办法》注册于该鉴定机构中的执业造价工程师。

根据鉴定工作需要，鉴定机构可安排非注册造价工程师的专业人员作为鉴定人的辅助人员，参与鉴定的辅助性工作。

2）送达《鉴定人员组成通知书》

鉴定机构应在接受委托，复函之日起 5 个工作日内，向委托人、当事人送达《鉴定人员组成通知书》，载明鉴定人员的姓名、执业资格专业及注册证号、专业技术职称等信息。

《鉴定人员组成通知书》格式如下所示：

鉴定人员组成通知书

＊＊价鉴函〔20＊＊〕＊＊号

_____ :

根据《建设工程造价鉴定规范》（GB/T 51262—2017）的有关规定，现将贵方委托的

_____ 案（案号：＊＊＊＊）一案的鉴定人员组成名单通知如下：

鉴定人员组成表

	姓名	专业及注册证号	职称
鉴定人			
	姓名	专业及资格证号	职称
辅助人员			

1. 本鉴定机构声明：

(1) 没有担任过鉴定项目咨询人；

(2) 与鉴定项目没有利害关系(除该项目的鉴定费用外)。

2. 鉴定人声明：

(1) 不是鉴定项目当事人、代理人的近亲属；

(2) 与鉴定项目没有利害关系；

(3) 与鉴定项目当事人、代理人没有其他利害关系。

如果当事人对本鉴定机构和以上鉴定人申请回避,请在收到本通知之日起 5 个工作日内书面向委托人或本鉴定机构提出,并说明理由。

3. 本鉴定机构和鉴定人承诺：

遵守民事诉讼法、仲裁法及仲裁规则的规定,不偏袒任何一方当事人,按照委托书的要求,廉洁、高效、公平、公正的作出鉴定意见。

鉴定机构(公章)

年 月 日

3) 鉴定准备

在接受委托人工程造价鉴定委托后,鉴定机构和鉴定人应全面了解、熟悉鉴定项目情况,对送鉴证据进行认真分析研究,了解各方当事人争议的焦点和委托人的鉴定要求,包括鉴定范围、事项、要求和期限。

对于委托人未明确鉴定事项的,鉴定机构应提请委托人确定鉴定事项。

(1) 鉴定方案

在熟悉鉴定项目情况后,鉴定人应当根据鉴定项目的特点、鉴定事项、鉴定目的和要求制定鉴定方案。

鉴定方案是鉴定人实施鉴定的步骤和方法。鉴定人应当在熟悉鉴定项目情况、鉴定资料条件,明确鉴定要求的情况下,根据鉴定项目的实际情况制定相应的鉴定方案。

方案内容包括鉴定依据、应用标准、调查内容、鉴定方法、工作进度及需由当事人完成的配合工作等。

鉴定方案应经鉴定机构批准后执行,鉴定过程中需调整鉴定方案的,应重新报批。

(2) 鉴定期限

鉴定期限由鉴定机构与委托人根据鉴定项目争议标的涉及的工程造价金额、复杂程度等因素在表 5-1 规定的期限内确定。

表 5-1 鉴定期限表

争议标的涉及工程造价	期限(工作日)
1 000 万元以下(含 1 000 万元)	40
1 000 万元以上 3 000 万元以下(含 3 000 万元)	60
3 000 万元以上 10 000 万元以下(含 10 000 万元)	80
10 000 万元以上(不含 10 000 万元)	100

如果鉴定机构与委托人对工程造价鉴定期限另有约定,按照约定执行。

鉴定期限从鉴定人接收委托人移交证据材料之日起的次日开始计算。

根据最高人民法院〔2001〕23 号《人民法院司法鉴定工作暂行规定》中第 5 章第 21 条规定:一般司法鉴定应当在 30 个工作日内完成,疑难的司法鉴定应当在 60 个工作日内完成。主鉴定人应根据委托人的鉴定期限,安排好鉴定的具体时间:

① 阅卷、熟悉图纸、设计变更、现场签证、了解合同、协议等所需的时间;

② 现场实地勘测所需的时间(较复杂的工程可能多次勘测);

③ 计算工程量、套取定额及计取材料价差所需要的时间;

④ 鉴定过程中对遇到的问题进行集中研究所需的时间;

⑤ 编写鉴定意见征求意见稿及与当事人就征求意见稿交换意见所需的时间;

⑥ 征求意见稿的修正及编写正式鉴定意见书所需的时间。

如果工程造价鉴定事项复杂,疑难、特殊的技术问题较多,争议较大,导致鉴定需要较长时间的,鉴定人应当请示委托人,申请延长鉴定时间。经与委托人协商并经委托人同意后,鉴定期限可以延长,但每次延长时间一般不得超过 30 个工作日,且每个鉴定项目延长次数一般不得超过 3 次。

在鉴定过程中,经委托人认可,等待当事人提交、补充或者重新提交证据、勘验现场等所需的时间,不应计入鉴定期限。

(3) 鉴定资料的收集

鉴定程序启动后,鉴定资料的提供就至为关键。建设工程案件较为复杂,从设计到竣工结算经过多个工序环节,所以用于造价鉴定的材料也多。通常情况下,鉴定涉及的材料包括:

① 当事人的起诉和答辩状、法庭庭审调查笔录;

② 工程招投标文件,包括中标通知书、招标文件、投标文件及标前答疑文件等;

③ 工程施工合同、补充合同及相关补充协议文件等;

④ 工程施工设计图(变更图)、图纸会审纪要、工程预(结)算报告及预决算答疑文件等;

⑤ 工程验收资料(包括开工报告、隐蔽工程验收记录、竣工验收记录、质量等级评定表等)、技术联系单、工程现场签证、收方资料等;

⑥ 工程施工组织设计、施工及监理日记、地质资料、施工形象进度记录和施工过程中的相关技术(变更)措施方案等;

⑦ 双方约定工程材料及价格的相关资料,如双方认定的主要材料、设备采购发票、加工订货合同及甲供材料的清单等;

⑧ 鉴定调查会议笔录（询问笔录）、现场勘察记录等；

⑨ 工程质量存在问题相关的说明意见书等；

⑩ 当事人双方认定的其他与工程造价鉴定有关的资料，如损失（停工）费用计算书、停工设备数量及时间、租赁合同、工资表等。

由于上述材料大部分为当事人保管，取证难度大，其中对工程签证等证据，当事人往往也缺乏保存的意识。如果鉴定所需的材料不齐全，这将成为鉴定时间长的主要原因。

鉴定材料一般可通过以下渠道获得：

① 鉴定人自备

鉴定人自备的鉴定材料主要是鉴定人进行工程造价鉴定的依据，包括适用于鉴定项目的法律、法规、规章和规范性文件如标准、规范、定额等。若鉴定项目工程合同约定的标准、规范不是国家或行业标准，则应由当事人提供。

同时，鉴定人应自行收集与鉴定项目同时期、同地区、相同或类似工程的技术经济指标以及各类生产要素价格，为工程造价鉴定提供价格依据。

② 委托人移交

委托人移交的证据材料宜包含但不限于下列内容：

i. 起诉状（仲裁申请书）、反诉状（仲裁反申请书）及答辩状、代理词；

ii. 证据及《送鉴证据材料目录》；

iii. 质证记录、庭审记录等卷宗；

iv. 鉴定机构认为需要的其他有关资料。

《送鉴证据材料目录》格式如表 5-2 所示：

表 5-2　送鉴证据材料目录

选择项	序号	材料名称	选择项	序号	材料名称
☐	1	起诉状（仲裁申请书）	☐	16	工程变更单
☐	2	反诉状（仲裁反申请书）	☐	17	工程洽商记录
☐	3	答辩状、代理词	☐	18	工程会议纪要
☐	4	地质勘察报告	☐	19	工程验收记录
☐	5	工程招、投标文件	☐	20	单位工程竣工报告
☐	6	施工组织设计	☐	21	单位工程验收报告
☐	7	中标通知书	☐	22	工程质量检测报告
☐	8	工程监理合同	☐	23	工程计量单
☐	9	建设工程施工合同（补充协议）	☐	24	工程结算单
☐	10	开工报告	☐	25	进度款支付单
☐	11	施工图设计文件审查报告	☐	26	工程结算审核书
☐	12	施工图纸（或竣工图纸）	☐	27	合同约定的主要材料价格
☐	13	图纸会审记录	☐	28	甲供材料、设备明细
☐	14	设计变更单	☐	29	侵权损害赔偿的有关资料
☐	15	工程签证单	☐	30	当事人存在争议事实

注：1. 需提供的证据材料在选择项的方框内打"√"；

　　2. 委托人送鉴证据应注明质证认定情况，复印件由委托人注明与原件核对无误。

鉴定机构接收证据材料后,应开具接收清单。

委托人向鉴定机构直接移交的证据,应注明证据材料质证及证据认定情况,未注明的,鉴定机构应提请委托人明确质证及证据认定情况。

鉴定机构对收到的证据应认真分析,必要时可提请委托人补充证据。要求补充证据的函件格式如下所示:

提请委托人补充证据的函

＊＊价鉴函〔20＊＊〕＊＊号

致_____(委托人):

根据贵方的委托,我方正在开展_____项目(案号＊＊)的鉴定工作,鉴于本项目鉴定工作的需要,请提交(或补充提交)如下证据(请注明证据认定情况):

1. ＊＊＊＊＊＊＊＊＊＊＊

2. ＊＊＊＊＊＊＊＊＊＊＊

……

除上述证据以外,请贵方根据项目情况转交鉴定可能需要用到的其他证据,以免鉴定工作发生偏差而影响鉴定质量。

鉴定机构(公章)

年　　月　　日

注:本函一式二份,委托人一份,鉴定机构留底一份。

如果鉴定机构收取的复制件,鉴定人应当认真核对,确保复制件与证据原件的一致性。

③ 当事人提交

鉴定工作中,委托人可要求当事人直接向鉴定机构提交证据的,鉴定机构应提请委托人确定当事人的举证期限,并应及时向当事人发出函件要求其在举证期限内提交证据。函件格式如下所示:

要求当事人提交证据材料的函

＊＊价鉴函〔20＊＊〕＊＊号

致_____项目当事人_____:

根据委托人_____的委托,我方正在开展该项目的鉴定工作,依据有关规定和本项目鉴定工作的需要,经委托人授权,请贵方在____年____月____日____时前提交(或补充提交)如下证据:

1. ＊＊＊＊＊＊＊＊＊＊＊

2. ＊＊＊＊＊＊＊＊＊＊＊

……

如在上述期限内不能提交所列证据或提交虚假证据的,将承担相应的法律后果。

除上述证据以外,请主动举证与该项目相关的其他证据,以免鉴定工作发生偏差而影响当事人的利益。

鉴定机构(公章)

年　　月　　日

注:本函一式____份,报委托人一份,送当事人____方各一份,鉴定机构留底一份。

鉴定机构收到当事人的证据材料后,应出具收据,写明证据名称、页数、份数,证据材料为原件或者复印件以及签收日期,由经办人员签名或盖章。

鉴定机构收到当事人提交的证据材料后,应及时将收到的证据移交委托人,并提请委托人组织质证并确认证据的证明力。

若委托人委托鉴定机构组织当事人交换证据的,鉴定人应将证据逐一登记造册,由当事人签领。并组织当事人对交换的证据进行确认,当事人对证据有无异议都应详细记载,形成书面记录,请当事人各方核实后签字确认。鉴定人将签字后的书面记录报送委托人。

若一方当事人拒绝参加交换证据的,鉴定机构应及时将此情况通报委托人,由委托人决定证据的交换。

若一方当事人拒绝参加对证据的确认,应将此报告委托人,由委托人决定证据的使用。

若当事人因客观原因无法在规定期限内完成举证工作,应当及时通知鉴定人申请延长举证期限。鉴定人收到通知后应告知当事人在举证期限届满前向委托人提出申请,由委托人决定是否准许延期。

（4）鉴定证据的补充

鉴定过程中,鉴定人可根据鉴定需要提请委托人通知当事人补充证据,对委托人组织质证并认定的补充证据,鉴定人可直接作为鉴定依据;对委托人转交,但未经质证的证据,鉴定人应提请委托人组织质证并确认证据的证明力。

当事人逾期向鉴定人补充证据的,鉴定人应告知当事人向委托人申请,由委托人决定是否接受。对当事人拒绝补充证据的,鉴定人也应告知委托人,由委托人决定解决办法,鉴定人应按委托人的决定执行。

（5）鉴定工作的监督与管理

鉴定机构应按照委托书确定的鉴定范围、事项、要求和期限,根据本机构质量管理体系、鉴定方案等督促鉴定人完成鉴定工作。同时,应按照工程造价执业规定对鉴定人鉴定工作进行审核。

鉴定机构应建立科学、严密的管理制度,严格监控证据材料的接收、传递、鉴别、保存和处置。

鉴定人应建立《鉴定工作流程信息表》（格式参见《建设工程造价鉴定规范》（GB/T 51262—2017)附录 D),将鉴定过程中每一事项发生的时间、事由、形成等进行完整的记录,并进行唯一性、连续性标识。《鉴定工作流程信息表》格式如表 5-3 所示。

表 5-3 鉴定工作流程信息表

案号：＊＊＊＊　编号：＊＊＊＊

序号	时间	事项	记录种类	记录编号
	年 月 日			
	年 月 日			
	年 月 日			
	年 月 日			
	年 月 日			
	年 月 日			
	年 月 日			

鉴定中需向委托人说明或需要委托人了解、澄清、答复的各种问题和事项,鉴定机构应及时制作联系函送达委托人。

(6) 质证

质证指在诉讼或仲裁活动中,一方当事人及其代理人对另一方出示的证据的合法性、与本案争议事实的关联性、真实性,是否有证明力,是否可以作为本案认定案件事实的根据,进行的说明、评价、质疑、辩驳、对质、辩论以及用其他方法表明证据效力的活动及其过程。

通过质证程序使审理更加公开,法院或仲裁机构能够正确地认定证据,从而保障当事人的程序权利。《最高人民法院关于民事诉讼证据的若干规定》(以下简称《证据规定》)第 47 条规定:"证据应当在法庭上出示,由当事人质证。未经质证的证据,不能作为认定案件事实的依据。"

① 质证的主体

质证的主体,是指在质证过程对证据予以说明、质辩的主体。质证的主体范围包括当事人、诉讼代理人和第三人。法院是证据认定的主体,不是质证的主体。

② 质证的客体

质证的客体是证据,其范围是当事人向法院提出的证据,包括根据当事人的申请由法院调查收集的证据。在质证时,根据当事人申请由法院调查收集的证据作为提出申请的一方当事人提供的证据。

③ 质证的程序

在法庭审理中,质证按照以下程序进行:

i. 原告出示证据,被告、第三人与原告进行质证;

ii. 被告出示证据,原告、第三人与被告进行质证;

iii. 第三人出示证据,原告、被告与第三人进行质证。

④ 质证中应当注意的几个问题:

i. 当事人在证据交换过程中认可并记录在卷的证据,无须进行质证,可以作为认定案件事实的依据,但审判人员应当在庭审中对此说明。当事人在证据交换过程中已经认可的证据即表明当事人双方对该证据的证明力没有异议。

ii. 涉及国家秘密、商业秘密和个人隐私或者法律规定的其他应当保密的证据,不得在开庭时公开质证。《证据规定》规定商业秘密的案件不得公开质证,因此涉及商业秘密的案件法院即使没有准许当事人不公开审理申请的,也不能公开质证。

iii. 对书证、物证、视听资料进行质证时,当事人有权要求出示证据的原件或者原物。但以下两种情况除外:一是出示原件或者原物确有困难并经人民法院准许出示复制件或者复制品的;二是原件或者原物已不存在,但有证据证明复制件、复制品与原件或原物一致的。

iv. 质证一般采取一证一质,逐个进行的方法;也可以在对方同意的情况下,对一组有关联的证据一并予以质证。当案件有两个以上独立的诉讼请求的,当事人可以分别围绕其诉讼请求逐个予以质证。法庭应当将当事人的质证情况记入笔录,并由当事人核对后签名或者盖章。已经质证的证据一般不得重复质证。

工程造价鉴定证据材料的质证,由委托人组织,以确认证据的证明力。

(7) 证据的采用

① 事实明确或经当事人认可的证据

鉴定机构应提请委托人对以下事项予以明确,作为鉴定依据:

i. 委托人已查明的与鉴定事项相关的事实；

ii. 委托人已认定的与鉴定事项相关的法律关系性质和行为效力；

iii. 委托人对证据中影响鉴定结论重大问题的处理决定；

iv. 其他应由委托人明确的事项。

经过双方当事人质证认可，并经过委托人确认具有证明力的证据，或在鉴定过程中，当事人经证据交换已经对方认可无异议后报委托人记录在卷的证据，鉴定人应当作为工程造价鉴定的依据。

需注意的是，对需存档、对工程造价有影响的司法鉴定依据，必须取得原件。若委托方提供的是复印件，鉴定人必须把复印件与原件进行核对，核对无误后在复印件上注明："经与原件核对无误（签名）"，主要是考虑防止诉讼当事人伪造证据。

② 当事人有异议的证据

如果当事人对证据的真实性提出异议，或证据材料内容本身存在彼此矛盾，鉴定人应及时提请委托人对证据材料的真实性进行认定，并按照委托人认定的证据作为鉴定依据。

如委托人未及时认定证据材料是否真实有效，或同一事项的同一证据，当事人对其理解不同发生争议，委托人根据需要要求鉴定人按照不同的理解，从不同角度出具多种不同鉴定意见。此时鉴定人首先应征求当事人对于有争议的证据的意见，并将各方对有争议的证据的意见记录在案，并经各方签字认可，将该部分有争议的证据分别鉴定并将鉴定意见单列，供委托人判断使用。

但需要注意的是，鉴定人在出具不同鉴定意见时，应当遵循实事求是，客观公正的原则，切忌带着自己的主观感情色彩出具鉴定意见，更不能以鉴代审，避免对法官或仲裁员作出正确判断产生不利影响。

对于当事人对证据提出异议，而鉴定人认为可以通过现场勘验解决的，应提请委托人组织现场勘验。

如果当事人对证据的关联性提出异议，鉴定人应提请委托人决定。委托人认为是专业性问题并请鉴定人鉴别的，鉴定人应依据相关法律法规、工程造价专业技术知识，经过甄别后提出意见，供委托人判断使用。

同一事项当事人提供的证据相同，一方当事人对此提出异议但又未提出新证据的；或一方当事人提供的证据，另一方当事人提出异议但又未提出能否认该证据的相反证据的，在委托人未确认前，鉴定人可暂用此证据作为鉴定依据进行鉴定，并将鉴定意见单列，供委托人判断使用。如果在此期间当事人提供了新的证据，经过委托人质证后，由鉴定人根据证据材料的真实性提出鉴定意见，供委托人判断使用。

③ 当事人不参加证据交换、确认

如果一方当事人不参加经委托人授权、鉴定人组织的证据交换、证据确认的，鉴定人应及时将情况报告委托人，并提请委托人作出决定。鉴定人按委托人的决定执行；委托人未及时决定的，鉴定人可暂按另一方当事人提交的证据进行鉴定并在鉴定意见书中说明这一情况，供委托人判断使用。

(8) 鉴定事项调查

① 询问笔录的要求

鉴定人在实施工程造价鉴定过程中，出于鉴定的需要，鉴定人有权询问当事人、证人，以了解与鉴定事项有关的情况。

鉴定人询问当事人、证人时,应当制作询问笔录并对所需要的证据进行复制。询问笔录格式如下所示:

询问笔录

案号:＊＊＊＊编号:＊＊＊＊

一、时间:＊＊＊＊年＊＊月＊＊日＊＊时

二、地点:＊＊＊＊＊＊＊＊

三、询问人:

记录人:

见证人:

四、被询问人:

姓名:

年龄:

性别:

工作单位及职务:

住址及电话:

问:我们是鉴定机构鉴定人(出示证件),我们就_____案接受_____的委托,需要通过您了解一下与本案的有关情况,希望您能据实回答我们提出的问题,以利维护当事人的合法权益。您愿意接受我们的询问吗?

答:……

……

签名:

电话:

② 询问笔录(或勘验记录)应注意的问题

i. 注明时间、地点、勘验人或询问人、临场人或被询问人、记录人;

ii. 记清问答情况、当事人承认确认或争议情况及关键语句,记准勘测数据。如需绘制勘测图时应做到清晰准确;

iii. 结束时当事人查阅笔录后签字(不识字的按规定宣读笔录内容后按手印);

iv. 记录必须存档备查。

(9)现场勘验

现场勘验主要是通过现场实地勘测、绘制勘测图、拍照、摄录像、文字记录等手段反映鉴定项目的真实情况。

在鉴定过程中,如果一方或多方当事人要求鉴定人对鉴定项目标的物进行现场勘验的,鉴定人应告知要求方当事人向委托人提交书面申请,经委托人同意后实施。现场勘验由委托人组织,鉴定人应当参加。

如果鉴定人认为根据鉴定工作需要进行现场勘验时,鉴定人应当通过鉴定机构提请委托人同意,并由委托人组织现场勘验。

鉴定人按委托人要求通知当事人进行现场勘验的,应填写现场勘验通知书,通知各方当

事人参加,并提请委托人组织。现场勘验通知书格式如下所示:

现场勘验通知书

＊＊＊＊价鉴函〔20＊＊〕＊＊号

致＿＿＿＿＿＿＿项目当事人＿＿＿＿＿＿＿:

根据委托人＿＿＿＿＿＿＿的委托,我方正在进行该项目的鉴定工作,由于鉴定工作的需要,委托人决定现场勘验,请贵方在＿＿＿＿＿年＿＿＿月＿＿＿日＿＿＿时派授权代表到＿＿＿＿＿＿＿(地点)参加现场勘验工作。

如贵方在上述时间不能派员参加现场勘验工作,不影响现场勘验工作的进行,但将承担相应的法律后果。

鉴定机构(公章)
年　　月　　日

如果一方当事人拒绝参加现场勘验,不影响现场勘验的进行,也不影响鉴定人采用勘验结果进行鉴定。

鉴定项目标的物因特殊要求,需要第三方专业机构进行现场勘验的,鉴定机构应说明理由,提请委托人、当事人委托第三方专业机构进行勘验,委托人同意并组织现场勘验,鉴定人应当参加。

勘验现场时,鉴定人应制作勘验笔录或勘验图表,记录勘验的时间、地点、勘验人、在场人、勘验经过、结果,由勘验人、在场人签名或者盖章。对于绘制的现场图表应注明绘制的时间、方位、绘测人姓名、身份等内容。必要时鉴定人应采取拍照或摄像取证的方式,留下影像资料。

勘验笔录格式如表5-5所示:

现场勘验记录

案号:＊＊＊＊编号:＊＊＊＊

现场勘验记录

20＊＊年＊＊月＊＊日＊＊时,在法官(仲裁员)＊＊＊组织下,鉴定人＊＊＊、＊＊＊,工作人员＊＊＊、＊＊＊,会同本案当事人代表＊＊＊及委托代理人＊＊＊,本案当事人代表＊＊＊及委托代理人＊＊＊,共同到达本工程现场,对＊＊＊＊进行了勘验,现记录如下: 1. ＊＊＊＊＊＊＊＊＊ 2. ＊＊＊＊＊＊＊＊＊ 3. ＊＊＊＊＊＊＊＊＊			
委托人签名:	当事人签名:	当事人签名:	鉴定人签名:
年　月　日	年　月　日	年　月　日	年　月　日

注:1. 如当事人缺席,应如实记载说明;
　　2. 如绘有勘测图,应注明附勘测图＿＿＿份。

当事人代表参与了现场勘验,但对现场勘验图表或勘验笔录等不予签字,又不提出具体书面意见的,不影响鉴定人采用勘验结果进行鉴定。

(10) 鉴定意见

鉴定意见可分为确定性意见、推断性意见和供选择性意见,鉴定人出具鉴定意见时,应

当根据下列情况,给出不同的鉴定意见:

① 当鉴定项目或鉴定项目中部分内容事实清楚,证据充分,应作出确定性意见。

② 当鉴定项目或鉴定项目中部分内容客观事实较清楚,但证据不够充分,应作出推断性意见。

③ 当鉴定项目合同约定矛盾或鉴定项目中部分内容证据矛盾,委托人又不明确作出决定的,可分别按照不同的合同约定或证据,作出选择性意见,供委托人采用。

在鉴定过程中,对鉴定项目或鉴定项目中部分内容,当事人相互协商一致,达成的书面妥协性意见应纳入确定性意见,但应在鉴定意见中注明。

重新鉴定时,对当事人达成的书面妥协性意见,除当事人再次达成一致同意外,不得作为鉴定依据直接使用。

(11) 复杂鉴定的处理

在工程造价鉴定过程中,如果鉴定人认为鉴定事项特别复杂;疑难、特殊技术等问题较多,或出具鉴定意见时,鉴定人与鉴定人之间存在重大分歧,可以向本机构以外的相关专家进行咨询。但最终应由鉴定人作出鉴定意见,鉴定机构出具鉴定意见。

(12) 补充鉴定

有下列情形之一的,鉴定机构可以根据委托人的要求进行补充鉴定:

① 委托人增加新的鉴定要求的;

② 委托人发现委托的鉴定事项有遗漏的;

③ 委托人就同一委托鉴定事项又提供或者补充新的证据材料的;

④ 其他需要补充鉴定的情形。

补充鉴定是原委托鉴定的组成部分。鉴定人应当在补充鉴定意见书中注明与原委托鉴定事项相关联的鉴定事项;如果鉴定人出示的补充鉴定意见与原鉴定意见明显不一致的,鉴定人应说明理由。

鉴定意见出具后,通过出庭作证,或自行发现有缺陷的,鉴定机构应及时通过补充鉴定,出具补充鉴定意见。

(13) 重新鉴定

有下列情形之一的,鉴定机构可以接受委托进行重新鉴定:

① 原鉴定机构或鉴定人不具有鉴定资格的;

② 原鉴定机构承接的鉴定业务超出其业务范围;

③ 原鉴定人按规定应回避没有回避的;

④ 委托人或当事人对原鉴定意见有异议,并能提出合法依据和合理理由的;

⑤ 法律规定或者委托人认为需要重新鉴定的其他情形。

接受重新鉴定委托的鉴定机构的资质,一般应相当于或高于原委托的鉴定机构;参与重新鉴定的鉴定人应具有专业对口的注册造价工程师执业资格。

进行重新鉴定,鉴定机构有下列规定情形的,必须回避:

① 担任过鉴定项目咨询人的;

② 与鉴定项目有利害关系的。

进行重新鉴定,鉴定人有下列情形之一的,必须回避:

① 是鉴定项目当事人、代理人近亲属的;

② 与鉴定项目有利害关系的；

③ 与鉴定项目当事人、代理人有其他利害关系，可能影响鉴定公正的。

④ 参加过鉴定项目同一鉴定事项的初次鉴定的；

⑤ 在鉴定项目同一鉴定事项的初次鉴定过程中作为专家提供过咨询意见的。

（14）出庭作证

鉴定人应当在约定的鉴定期限内作出鉴定意见。在开庭时，经委托人通知，鉴定人应当依法出庭作证，接受当事人对工程造价鉴定意见书的质询，回答与鉴定事项有关的问题。

为了保证出庭作证能够顺利进行，在开庭前，鉴定机构可向委托人申请，要求当事人事先提交开庭时鉴定人所需回答的问题，以及当事人对鉴定意见书有异议的内容，以便于鉴定人事先作出准备。

鉴定人出庭前应精心准备，针对当事人事先提交的问题及对鉴定意见书有异议的内容，熟悉和准确理解相关专业领域内的法律、法规和标准、规范的具体规定，以及鉴定项目的合同约定等内容，以保证出庭作证回答问题时能够客观公正、专业权威。

鉴定人出庭作证时，应当携带鉴定人的身份证明，包括身份证、造价工程师注册证、专业技术职称证等，在委托人要求时出示。

鉴定人出庭作证时，应依法、客观、公正、有针对性地回答与鉴定事项有关的问题。对与鉴定事项无关的问题，可经委托人允许，不予回答。

鉴定人因法定事由不能出庭作证的，应当事先向委托人申请并经委托人同意后，可以书面形式答复当事人的质询。

未经委托人同意，鉴定人拒不出庭作证，导致鉴定意见不能作为认定事实的根据的，支付鉴定费用的当事人要求返还鉴定费用的，应当返还。

5.2.3　工程造价的鉴定

1）鉴定项目的划分

由于鉴定项目涉及面广，内容繁多，因此，当鉴定人承接鉴定工作，对案件争议的事实有了初步了解后，为保证鉴定工作的顺利开展，首先需要对鉴定项目进行分类。

鉴定项目可以参照工程估价中项目的分类方法。对于鉴定项目众多，内容繁杂的，可划分为分部分项工程、单位工程、单项工程，最终由鉴定人分别进行鉴定后汇总。

2）鉴定过程中的和解

鉴定过程中，鉴定人可从专业的角度，充当调解者的角色，给出一些和解建议，促使当事人对一些争议事项协商达成妥协性意见。妥协性意见应当形成书面文件，当事人各方签字（盖章）确认。

鉴定过程中，当事人之间的争议通过鉴定逐步减少或鉴定结论趋于明朗，当双方当事人均有和解意向时，鉴定人应当从专业的角度促使当事人达成调解，并将此情况及时报告委托人，便于争议的顺利解决。

3）合同争议的鉴定

（1）合同争议中鉴定人的地位

在诉讼活动过程中，当法官面对专门性问题时，往往将委托人自身拥有的审判权部分交给了鉴定人，这不仅造成了鉴定权的越位，也使得鉴定人成为专门性问题的实际裁判者。这就需要严格限定鉴定的权限和工作范围。首先,鉴定仅针对诉讼案件中的事实性问题,对于可能涉及的法律性问题,司法鉴定人不得对此进行判断并发表意见。其次,司法鉴定的实施仅限于诉讼中涉及的专门性、事实性问题,司法鉴定人不得干预、取代属于事实裁判者的任何职权。

因此,在工程造价鉴定过程中,鉴定人对工程合同争议的鉴定仅仅是局限于工程合同中关于工程造价方面专业性问题,对涉及工程造价纠纷给出专业性的答复和解释。但对于可能涉及的法律性问题,如合同的效力,鉴定人不得对此进行评判并发表意见。

【例 5-1】 固定总价合同能否申请工程造价鉴定?

案例背景 某工程通过招标投标确定承包商,合同约定采用固定总价合同。施工过程中出现了大量变更,结算时承包商要求按照单价合同结算,双方产生争议。承包商提起诉讼,法院受理后委托一家鉴定机构进行工程造价鉴定。

问鉴定机构应该如何处理?

案例分析 《最高人民法院关于审理建设工程施工合同纠纷案件适用法律问题的解释》(法释〔2004〕14 号,自 2005 年 1 月 1 日起施行,以下简称《合同纠纷司法解释》)第 22 条规定:"当事人约定按照固定价结算工程价款,一方当事人请求对建设工程造价进行鉴定的,不予支持。"

因此,当鉴定机构接到委托人的委托后,首先应当查看起诉状中请求对工程造价鉴定要求是对整个项目的工程造价进行鉴定,还是对涉及变更部分进行鉴定。

如果当事人是请求对工程变更部分进行造价鉴定,且委托项目属于鉴定机构业务经营范围,则书面函复委托人接受委托并对争议部分工程造价实施鉴定。

如果当事人是请求对整个工程进行造价鉴定,则鉴定机构应当书面函复委托人,告知此委托违反《合同纠纷司法解释》第 22 条的规定,根据《建设工程造价鉴定规范》(GB/T 51262—2017)3.3.5 条第 4 条规定,不接受委托鉴定事项。

(2) 合同争议鉴定原则

① 如果工程合同有效,当事人之间发生争议,委托人委托工程造价鉴定,鉴定人应根据合同约定进行鉴定,不得任意改变合同当事人合法的合意。

【例 5-2】 发承包人共同询价的价格与市场实际价格不符如何处理?

案例背景 业主对某项目进行招标,招标文件中对工程中某种材料的规格、品牌作出明确规定,并要求投标人按暂定价格投标报价。某投标人中标,与业主签订工程施工合同。合同中约定采用固定单价合同,并在合同履行过程中,就该材料共同进行市场询价,由双方签字认可。但事后业主得知承包商与业主共同签证的材料价格与市场实际价格不符,双方认可的材料价格远远高于市场实际价格,故提出材料价格应当按照实际市场价格重新计算。双方产生争议而申请工程造价鉴定。

问鉴定机构应该如何处理?

案例分析 《合同纠纷司法解释》第 16 条规定,"当事人对建设工程的计价标准或者计价方法有约定的,按照约定结算工程价款"。因此,材料价格应当按照承包商和业主共同确定的价格进入结算总价。

② 如果工程合同无效,当事人之间发生争议,委托人委托工程造价鉴定时应该告知鉴

定人合同的效力情况,以及鉴定人应当如何鉴定。鉴定人应根据相关法律的规定或委托人的决定进行鉴定。

③ 在鉴定项目工程合同计价依据、计价方法约定不明或没有约定的情况下,当事人之间发生争议,鉴定人可参照鉴定项目所在地同时期适用的计价依据和计价方法进行鉴定。

如果施工合同中对建设工程价款的计价标准或者计价方式没有约定或者约定不明,对造价鉴定机构而言,除非施工合同中明确约定了工程价款套用工程定额予以确认,否则造价鉴定机构应以市场价作为工程造价鉴定的依据。《合同法》第 62 条规定:"当事人就合同内容约定不明确,依照本法第 61 条的规定仍不能确定的,适用下列规定:(二)价款或者报酬不明确的,按照订立合同时履行地的市场价格履行;依法应当执行政府定价或者政府指导价的,按照规定履行。"因此,采取市场价作为鉴定依据具有合同法上的法律依据。

其次,定额标准是各地建设主管部门根据本地建筑市场建筑成本的平均值确定的,是完成一定计量单位产品的人工、材料、机械和资金消费的规定额度,是政府指导价范畴,属于任意性规范而非强制性规范。

再次,以定额为基础确定工程造价没有考虑施工企业的技术专长、劳动生产力水平、材料采购渠道和管理能力,这种计价模式不能反映施工企业的施工、技术和管理水平。

最后,定额标准往往跟不上市场的价格,而建设行政主管部门发布的市场价格信息,更贴近市场价格,更接近建筑工程的实际造价成本。

因此,以市场价作为造价鉴定机构进行造价鉴定的依据既符合法律规定,亦符合公平原则。

④ 在鉴定项目工程合同对计价依据、计价方法约定条款前后矛盾的情况下,当事人之间发生争议,鉴定人应及时告知委托人,提请委托人决定工程造价鉴定适用条款并以此实施鉴定。如果委托人未明确答复,则鉴定人应按不同的约定条款分别鉴定,出具不同的鉴定意见,供委托人判断使用。

⑤ 在鉴定项目当事人分别提出不同的工程合同签约文本的情况下,鉴定人应就各合同文本的效力问题提请委托人决定适用合同文本,鉴定人按照委托人确定的合同文本的约定实施鉴定工作。如果委托人未明确各合同文本的效力,鉴定人可按相关法规规定或按不同的合同文本约定分别进行鉴定,出具不同的鉴定意见,供委托人判断使用。

⑥ 一方当事人对双方或多方当事人已签字确认的工程洽商、变更、索赔提出异议的,按以下规定进行鉴定:

i. 当事人一方仅提出异议但未提出证据的,按原证据进行鉴定;

ii. 当事人一方提出异议并提出新证据的,应当对该证据进行核查,核查结果足以推翻原证据的,按新证据进行鉴定;不足以推翻原证据的,仍按原证据进行鉴定;或按两个证据进行鉴定,供委托人判断选择使用。

⑦《建设工程工程量清单计价规范》(GB 50500—2013)第 3.4.1 款规定:"建设工程发承包,必须在招标文件、合同中明确计价中的风险内容及其范围,不得采用无限风险、所有风险或类似语句规定计价中的风险内容及范围。"

在实施工程造价鉴定过程中,如果当事人在施工合同中有上述约定,鉴定人应当视当事人是否主张变更该风险承担方式而定。如果当事人提出主张,则鉴定人应当提请委托人注意此约定与《建设工程工程量清单计价规范》(GB 50500—2013)相悖,由委托人作出是否适用该风险承担方式的决定,鉴定人应按照委托人的决定进行鉴定。如果当事人未主张,鉴定人应根据合同自由原则,不改变合同当事人的合意,按合同约定进行鉴定。

4)鉴定的实施

(1)鉴定方法

鉴定人应当根据鉴定项目证据材料是否完整、充分、详细,优先选择能准确进行工程估价的鉴定方法,如施工图预算,或工程量清单计价等。如果受证据所限,可采用概算、估算的方法进行鉴定。

工程造价鉴定一般分以下几种情况:

① 鉴定资料齐全,鉴定工作条件较好。这种情况为最理想,一切可按正常鉴定程序进行鉴定。

② 鉴定资料不齐全,鉴定工作条件较差。鉴定人应该以书面形式通知原被告双方在规定的时间内补齐鉴定所需的资料。

③ 鉴定资料几乎没有,鉴定工作条件很差。这种情况在工程造价鉴定中时有发生,主要是由于建筑工程的建造周期较长,很多单位的档案管理较差,很难提供完整的竣工图及结算资料,或者原建筑物已改变使用用途,为新装修覆盖或正在使用中很难进行现场勘测。

如果出现鉴定项目设计图纸不全,当事人双方又均无法提供的情况,可根据工程项目名称去设计单位调阅原设计图纸。

如果鉴定项目无设计图纸或无设计单位,可采用以下方法进行鉴定:

i. 现场勘测:建筑标的物存在的情况下,通过现场测量鉴定项目的外部尺寸,钻孔探测混凝土强度等级、钢筋保护层厚度等手段计算工程量,作出鉴定。

ii. 推断性鉴定:建筑标的物已经隐蔽的情况下,鉴定人可根据工程性质、是否是其他工程的组成部分等进行专业分析,作出推断性意见。

iii. 无损检测:对无法探测内部材料的厚度、标号的建筑物,可采用无损检测方法。但该方法费用较高,如需采用,鉴定人应当事先提请委托人决定并经当事人双方同意。

iv. 参照法:可根据同类型同地点同时期的工程项目比较。在同一地区,如果存在已有工程的用途、结构和建筑标准都与鉴定项目高度相似,其工程造价应该基本相似。因此在总结分析预结算资料的基础上,找出同类工程造价及工料消耗的规律性,整理出用途不同、结构形式不同、地区不同的工程的单方造价指标、工料消耗指标。然后,根据这些指标对审核对象进行分析对比,从中找出不符合造价规律的分部分项工程,针对这些子目进行重点计算,找出其差异较大的原因的审核方法。常用的分析方法有:

* 单方造价指标法:通过查阅同类型同地点同时期的项目单方造价,结合本鉴定项目的建筑面积(通过现场勘查、计算)可直接确定鉴定项目的造价。

* 分部工程比例:如基础,砖石、混凝土及钢筋混凝土、门窗、围护结构等各占定额直接费的比例。

* 专业投资比例:根据土建、给排水、采暖通风、电气照明等各专业占总造价的比例来确定鉴定项目各专业工程的造价情况。

* 工料消耗指标:即对主要材料每平方米的耗用量的分析,如钢材、木材、混凝土、砖、人工等主要工料的单方消耗指标。

需注意的是,如采用参照法,鉴定人应当事先提请委托人决定并经当事人双方同意。

ⅴ. 否定性鉴定：如果建筑标的物已经消失，当事人又无法提供证据证明自己的主张，同时也没有其他旁证证明该当事人主张的情况下，鉴定人应作出否定性鉴定。

特别需强调的是，无论鉴定人采用何种方法鉴定，其鉴定只能在委托人授权要求的鉴定范围内进行，不能超越鉴定权限和范围从事鉴定工作。

（2）额外项目的鉴定

在鉴定项目施工图或合同约定工程范围以外，承包人以完成了发包人通知的零星工程为由，要求结算价款，但未提供发包人的现场签证或书面认可文件，鉴定人应按以下规定进行鉴定：

① 发包人认可或承包人提供的其他证据可以证明的，鉴定人应作出肯定性鉴定；

② 发包人不认可，但该工程可以通过现场勘验确认，鉴定人可作出专业判断，进行鉴定；

③ 发包人不认可，该工程标的物已经消失，鉴定人可作出否定性鉴定。

（3）鉴定过程中争议的处理

鉴定过程中，鉴定人、当事人对鉴定范围、内容、要求等有疑问和分歧的，鉴定人应及时提请委托人解释，并将结果告知当事人，排除疑问。

当当事人双方的举证相互矛盾时，应当由委托人来判定，但在实际鉴定工作中，由于工程造价的专业性，基本上还是采取鉴定人出具判定意见，委托人最终确定的方式。

鉴定人应当按照下列原则进行判定：

① 工程设计图有矛盾以设计规范为标准（必要时可向专业设计人员咨询）；

② 计取费用等级有争议，可根据施工合同、施工单位取费证或建筑物类别等为标准；

③ 建筑材料价格有争议时，应以同期的市场价格信息为准；

④ 施工措施有争议时，以实际实施的施工方案或双方认可的施工组织设计为准。

（4）造价鉴定核对工作

鉴定人宜采取先自行计算再与当事人核对等过程逐步完成鉴定；委托人、鉴定人认为鉴定项目明晰，不必要与当事人核对的，鉴定机构可直接出具鉴定意见书征求意见稿。

鉴定项目需要当事人核对的，鉴定机构应在核对工作前向当事人发出造价鉴定核对工作通知函，通知当事人参加造价核对工作。鉴定核对工作通知函格式如下所示：

邀请当事人参加核对工作函

＊＊价鉴函〔20＊＊〕＊＊号

致_____ 项目当事人_____：

根据委托人_____ 的委托，我方正在进行＊＊项目的鉴定工作，由于鉴定工作的需要，请贵方派员携带委托书于_____ 年____ 月____ 日____ 时到_____（地点）参加造价核对工作，核对期约需____ 天，具体时间安排待贵方派出的造价核对工作人员见面后再行商定。

如贵方在上述时间不能派员参加造价核对工作，不影响鉴定工作的进行，但将承担相应的法律后果。

鉴定机构（公章）
年   月   日

注：本函一式____ 份，报委托人一份，送当事人____ 方各一份，鉴定机构留底一份。

当事人不愿意参加核对工作的,不影响鉴定工作的进行。

在鉴定核对过程中,鉴定人应请当事人代表对每天核对后的结果作签字确认。当事人代表不予签字确认的,鉴定人可对每一个鉴定工作程序的阶段性成果提请所有当事人提出不同意见或签字确认,当事人既不提出书面意见又不签字确认的,不影响鉴定工作的进行。

(5)鉴定意见书征求意见稿

鉴定机构在出具正式鉴定意见书之前,应向当事人或提请委托人向各方当事人发出鉴定意见书征求意见稿和征求意见函。征求意见函应明确当事人的答复期限及其不答复将承担的法律后果。征求意见函格式如下所示:

工程造价鉴定意见书征求意见函

＊＊价鉴函〔20＊＊〕＊＊号

致(当事人):

根据委托人的委托,经过前段时间的工作,我方已经形成项目鉴定意见书的征求意见稿,经委托人同意,现将该项目的鉴定征求意见稿送达贵方,请在_____年____月____日____时前将意见反馈给我方。

如贵方在上述期限内不能提交反馈意见,可能将被视为贵方认可该项目的鉴定意见,承担相应的法律后果。

鉴定机构(公章)

年 月 日

注:本函一式____份,报委托人一份,送当事人方各一份,鉴定机构留底一份。

鉴定人收到当事人对鉴定意见书征求意见稿的复函后,应当根据复函中的异议及其相应证据对征求意见稿逐一进行复核,修改完善,直到对复函中未解决的异议都能解答时,再向委托人出具正式鉴定意见书。

(6)鉴定意见书

鉴定机构和鉴定人在完成委托的鉴定事项后,应向委托人出具鉴定意见书。

根据案情需要,鉴定人应当按照委托人的要求,根据当事人的争议项目列出鉴定意见,便于委托人判决或裁决。

鉴定项目组实行合议制,在充分讨论的基础上用表决方式确定鉴定意见。鉴定合议会应作详细记录或纪要,记录表决情况,鉴定项目组意见不一致时,鉴定意见按多数人的意见作出,少数人的意见也应如实记录。

鉴定意见书的格式详见第6章第1节内容。

5)计量争议的鉴定

(1)计量争议基本原则

在鉴定项目图纸完备,当事人就计量依据发生争议,鉴定人应以现行相关工程国家计量规范、规定的工程量计算规则计量;无国家标准的,按行业标准或地方标准计量。但是,当事人在合同专用条款中明确约定了计量规则的除外。

【例5-3】 招标工程量清单编制说明根据工程的具体情况对《建设工程工程量清单计

价规范》中计算规则进行了调整是否有效？

案例背景　某工程总建筑面积约110万 m²，由7栋塔楼和大面积的内圈商业组成，其中地下三层（局部四层）。基坑面积约13.8万 m²，开挖深度约15 m至24 m。基坑支护采用地下连续墙加支撑方式。通过招投标，由承包人负责施工，在竣工结算时，承发包双方就地下连续墙的工程量产生争议，争议焦点在地下连续墙的墙深：承包人主张严格执行08清单规范的计算规则，地下连续墙深度按槽深计算。而建设单位委托的造价咨询公司即审核单位认为应按《清单编制说明》中关于墙深的说明执行。承包人就此申请工程造价鉴定。

争议焦点　争议焦点在于地下连续墙计算规则。承包人主张严格执行08清单规范的计算规则，地下连续墙深度按槽深计算。理由如下：《建设工程工程量清单计价规范》（GB 50500—2008）附录A建筑工程工程量清单项目及计算规则表A.2.3地基与边坡处理中地下连续墙计算规则为"按设计图示墙中心线长乘以厚度乘以槽深以体积计算"。

审核单位认为应按《清单编制说明》中关于墙深的说明执行，理由如下：本项目招标《工程量清单编制说明》第5条"本清单部分项目特征在《建设工程工程量清单计价规范》（GB 50500—2008）基础上进行了调整，故工作内容也做相应调整，请投标人在投标报价时关注"；《工程量清单编制说明》第16条"清单编制中地下连续墙清单工程量＝连续墙设计有效长度（即：85国家高程1.1 m～设计连续墙底标高）×设计墙厚×地墙中心线长，投标单位在报价时应注意清单所描述内容、设计图纸及招标文件要求进行报价，而在报价中需计算黄海高程1.1～1.9 m部分的混凝土浇筑费用，该黄海高程1.1～1.9 m部分的混凝土浇筑费用作为本分部分项工程的组价内容；若实际施工中承包人未施工至黄海高程1.9 m，则未施工部分所涉及的相关费用按该项目组价内容在竣工结算时予以扣除"。

承包人主张严格执行清单规范的计算规则，地下连续墙深度按槽深计算；审核单位认为招标《工程量清单编制说明》中已经提醒潜在投标人本项目的清单特征已在规范基础上进行了调整，且《清单编制说明》第16条明确提出地下连续墙深度按有效长度计取。承包人以投标过程中未接收到《清单编制说明》为由，否定审核单位意见。

鉴定意见　鉴定人受法院委托对该争议进行工程造价鉴定。鉴定人了解该鉴定项目争议焦点后，鉴定人询问了承包人、发包人及审核人员并制作了询问笔录，以了解与鉴定事项有关的情况。

经咨询发包人，发包人肯定《清单编制说明》随工程量清单一起发放至各个投标人。但承包人对此不予认可，要求发包人举证此《清单编制说明》一起发放的证据或相关书面资料。由于项目时间较久，招标过程中的相关资料的缺失或不完整，发包人无法提供《清单编制说明》随工程量清单一起发放至各个投标人的证据材料，争议进入僵持阶段。

鉴定人通过调查发现，该项目在当地建设工程交易中心进行招标投标，而当时此项目招标时已经实行网上公示，经查阅招投标网站公示信息，确有此项目招投标信息。下载相关文件查阅后，足以证明当时《清单编制说明》发放至每个投标人。证明承包人在投标过程中对《清单编制说明》内容是完全知情的。虽然《建设工程工程量清单计价规范》（GB 50500—2008）对地下连续墙计算规则有明确规定，但发包人在发放招标文件时，《清单编制说明》随工程量清单一起发放至各个投标人，《清单编制说明》中明确约定了地下连续墙计量规则，提醒潜在投标人本项目的清单特征已在规范基础上进行了调整，且《清单编制说明》第16条明确提出地下连续墙深度按有效长度计取。经过调查了解到承包人在标前答疑会上也未就此提出异议。

最终,鉴定人出具鉴定意见书,提出按造价咨询公司审核意见执行,此项核减地下连续墙工程量约 5 000 m³。

(2) 已签认的计量异议

一方当事人对双方当事人已经签认的某一工程项目的计量结果有异议的,鉴定人应按以下规定进行鉴定:

① 当事人一方仅提出异议未提供具体证据的,按原计量结果进行鉴定;

② 当事人一方既提出异议又提出具体证据的,应复核或进行现场勘验,按复核后的计量结果进行鉴定。

【例 5-4】 工程量计量争议。

案例背景 某汽车站候车楼工程分为 A、B、C 三个区,A 区为框架一层,层高为 4.5 m;B、C 区为框架二层,B 区候车厅层高为 7.5 m,其余层高均为 6.0 m,建筑面积 5 746.93 m²。某承包人承担该项目施工并与建设单位签订施工合同,合同明确结算方式采用固定总价加变更方式。工程顺利通过竣工验收并投入使用。结算时双方当事人对最终的工程造价产生争议,后承包人提请法院申请工程造价鉴定。

争议焦点 争议焦点主要集中在以下几个方面:

1. 地基下沉,土方回填工程量问题

在施工过程中,出现了地基下沉而导致回填土方量增加,对此承包人向发包人提交了工程签证,建设单位同意计算;施工单位认为签证已经各方签字,代表建设单位已同意增加土方回填工程量;但造价审核单位认为地基下沉可能是承包人施工不当造成的,因此产生的工程量增加应由承包人自行负责。

2. 所有室内柱梁及天棚粉刷扣减问题

造价审核单位在审核过程中,通过咨询发包人得知,由于有天棚吊顶,因此,吊顶以上部分所有室内柱梁及天棚底部均未粉刷,所以在工程量中都进行了相应的扣减,但承包人不同意,认为无论是工程联系单还是竣工图中并未反映粉刷不做,因此不应扣减粉刷工程量。

鉴定意见 鉴定人受法院委托对该争议进行工程造价鉴定。鉴定的第一步就是对工程竣工资料的审核。工程竣工资料通常有以下内容:

(1) 工程承包合同、补充合同或补充协议书;

(2) 设计变更图纸、设计变更签证单;

(3) 施工过程中的有关签证、会议纪要、与工程造价有关的隐蔽工程资料;

(4) 编制的工程结算书;

(5) 工程量计算书、钢筋翻样计算书;

(6) 施工单位的计价手册;

(7) 中标通知书;

(8) 招标文件、投标文件;

(9) 竣工图纸;

(10) 单位工程竣工验收证明书;

(11) 其他与工程造价有关的文件资料。

在审核中,我们发现只有工程增加的变更资料,工程减少的变更资料极少。我们与建设单位进行了沟通,建设单位的回复是施工过程中向承包人发过工程减少的工程通知单,并提供了工程通知单,缺少工程减少变更资料可能是承包人未报。我们与建设单位一一核对,补齐了资料。

关于地基下沉问题,关键在于找出下沉的原因以确定责任方。通过查看地基勘探资料,特别通过现场勘测发现,与之相邻的二十几层的商业楼并未下沉,但仅仅只有二层楼的候车楼却发生下沉问题,询问了监理单位和跟踪审核单位,结果证实地基下沉是由于承包人施工不当造成的。在事实面前,承包人承认这是施工过程中操作不当,引起的地基下沉。

对于室内柱梁面及天棚底部粉刷扣除问题,鉴定人查阅了竣工图和工程签证单,都没有这方面的记录。通过调研装修承包人,装修人员证实在进行装修时,所有室内柱梁面及天棚底部粉刷均未施工。承包人坚持没有记录就不应该扣。进行现场勘测时,发现候车楼早已进行了装潢,投入了使用,无法还原当时的真实场景。就在一筹莫展之际,鉴定人发现候车楼南面有一家店面转租,进行重新装修,吊顶已拆除,到达现场发现独立柱及天棚底均未粉刷,墙面只粉刷到梁下口,鉴定人拍照,记录在案并经过各方签字确认。

最后,鉴定人出具了鉴定意见书,否决了承包人要求增加土方回填工程量的要求,同时同意按审核单位关于所有室内柱梁及天棚粉刷工程量扣减的意见。

(3)总价合同计量异议

当事人就总价合同计量发生争议的,总价合同对工程计量有约定的,按约定进行鉴定;没有约定的,仅就工程变更部分进行鉴定。

6)计价争议的鉴定

(1)工程量变化引起的价格争议

鉴定项目一方当事人以工程变更导致工程量数量变化为由,要求调整综合单价发生争议的,或对新增工程项目组价发生争议的,鉴定人应按以下规定进行鉴定:

① 合同中约定了调整内容的,应按合同约定进行鉴定;

② 合同中没有约定或约定不明的,应提请委托人决定并按其决定进行鉴定,委托人不决定的,按现行国家计价规范的相关规定进行鉴定。

《建设工程施工合同(示范文本)》(GF-2017-0201)第10.4.1款(变更估价原则)规定:

"除专用合同条款另有约定外,变更估价按照本款约定处理:

① 已标价工程量清单或预算书有相同项目的,按照相同项目单价认定;

② 已标价工程量清单或预算书中无相同项目,但有类似项目的,参照类似项目的单价认定;

③ 变更导致实际完成的变更工程量与已标价工程量清单或预算书中列明的该项目工程量的变化幅度超过15%的,或已标价工程量清单或预算书中无相同项目及类似项目单价的,按照合理的成本与利润构成的原则,由合同当事人按照第4.4款(商定或确定)确定变更工作的单价。"

Ⅰ.合同中已有相同项目的综合单价的确定

对"已标价工程量清单或预算书有相同项目"的判定,该项目变更应同时满足以下特点:

① 变更项目与合同中已有项目性质相同,即两者的图纸尺寸、施工工艺和方法、材质完

全一致；

② 变更项目与合同中已有项目施工条件一致；

③ 变更工程的增减工程量在执行原有单价的合同约定幅度范围内；

④ 合同已有项目的价格没有明显偏高或偏低；

⑤ 不因变更工作增加关键线路工程的施工时间。

Ⅱ. 合同中有类似项目的综合单价的确定

合同中已有的单价类似于变更工程单价时，可以将合同中已有的单价间接套用，或者对原单价进行换算，改变原单价组价中的某一项或某几项，然后采用，或者是对于原单价的组价，采取其一部分组价使用。

这分两种情况考虑：

情况一：变更项目与合同中已有的工程量清单项目，两者的施工图纸改变，但是施工方法、材料、施工环境不变。

其综合单价的确定可采用以下两种方法：

ⅰ. 比例分配法：在这种情况下，变更项目综合单价的组价内容没有变，只是人材机的消耗量按比例改变。由于施工工艺、材料、施工条件未产生变化，可以原报价清单综合单价为基础采用按比例分配法确定变更项目的综合单价，具体如下：单位变更工程的人工费、机械费、材料费的消耗量按比例进行调整，人工单价、材料单价、机械单价不变；变更工程的管理费及利润执行原合同确定的费率。

在此情形下，变更项目综合单价＝投标综合单价×调整系数。 (5-1)

采用比例分配法，特点是编制简单和快速，有合同依据。但是，比例分配法是等比例地改变项目的综合单价。如果原合同综合单价采用不平衡报价，则变更项目新综合单价仍然采用不平衡报价。这将会使发包人产生损失，承受变更项目变化那一部分的不平衡报价。所以比例分配法要确保原单价是合理的。

ⅱ. 数量插入法：不改变原项目的综合单价，确定变更新增部分的单价，原综合单价加上新增部分的单价得出变更项目的综合单价。变更新增部分的单价是测定变更新增部分人、材、机成本，以此为基数取管理费和利润确定的单价。

$$变更项目综合单价 ＝ 原项目综合单价 ＋ 变更新增部分的单价$$
$$变更新增部分的单价 ＝ 变更新增部分净成本 ×（1 ＋ 管理费率 ＋ 利润率） \quad (5-2)$$

情况二：变更项目与合同中已有项目两者材质改变，而人工、材料、机械消耗量及施工方法、施工环境相同。

在此情形下，由于变更项目只改变材料，因此变更项目的综合单价只需将原有项目综合单价中材料的组价进行替换，替换为新材料组价，即变更项目的人工费、机械费执行原清单项目的人工费、机械费；单位变更项目的材料消耗量执行报价清单中的消耗量，对报价清单中的材料单价可按市场价、信息价进行调整；变更工程的管理费执行原合同确定的费率。

$$变更项目综合单价 ＝ 报价综合单价 ＋（变更后材料价格 － 合同中的材料价格）$$
$$× 清单中材料消耗量 \quad (5-3)$$

Ⅲ. 合同中"无相同项目或无类似项目"的综合单价的确定

合同中没有适用或类似单价的变更，该项目变更应符合以下特点之一：

① 变更项目与合同中已有的项目性质不同,因变更产生新的工作,从而产生新的单价,原清单单价无法套用;

② 因变更导致施工环境不同;

③ 变更工程的增减工程量、价格在执行原有单价的合同约定幅度以外;

④ 承包人对原合同项目单价采用明显不平衡报价;

⑤ 变更工作增加了关键线路工程的施工时间。

"无相同项目或无类似项目"的综合单价常用以下三种确定方法:

i. 计日工定价法(分解变更工作)

估算人工、材料、机械台班的消耗数量,依据工程量清单中计日工单价确定变更价款。由于计日工清单中难以涵盖所有项目内容,另外对发生的计日工数量的准确计算也存在一定困难,因此该方法不适用于清单项目繁多的大型工程变更。

ii. 定额组价法

发、承包人根据国家、工程项目所在地及行业颁布的定额标准和工程造价管理机构发布的信息价格编制变更工程项目的预算单价,然后根据承包人投标报价浮动率确定变更工程综合单价。

$$变更项目综合单价 = 变更项目预算单价 \times (1 - 承包人报价浮动率) \qquad (5-4)$$

iii. 实际组价法

先由承包人实施变更工程,计算实际使用人工、材料、机械台班的数量,再确定变更工程综合单价的方法。其中清单中已有的人工、材料、机械台班内容执行原单价,没有的执行市场价格或造价管理部门公布的指导价,管理费及利润按原分摊比例分摊到综合单价。

"无相同项目或无类似项目"的综合单价的确定如图 5-2 所示。

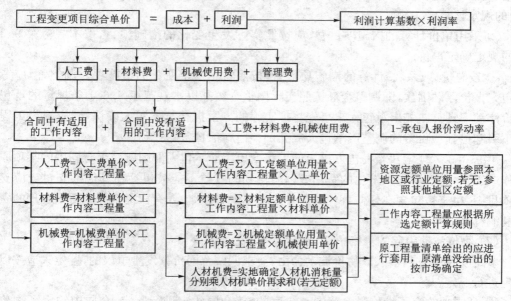

图 5-2 "无相同项目或无类似项目"的综合单价的确定

《建设工程工程量清单计价规范》(GB 50500—2013)"9.3 工程变更"中第 9.3.1 款规

定:"因工程变更引起已标价工程量清单项目或其工程数量发生变化时,应按照下列规定调整:

① 已标价工程量清单中有适用于变更工程项目的,应采用该项目的单价;但当工程变更导致该清单项目的工程数量发生变化,且工程量偏差超过15%时,该项目单价应按照本规范第9.6.2条的规定调整。

② 已标价工程量清单中没有适用但有类似于变更工程项目的,可在合理范围内参照类似项目的单价。

③ 已标价工程量清单中没有适用也没有类似于变更工程项目的,应由承包人根据变更工程资料、计量规则和计价办法、工程造价管理机构发布的信息价格和承包人报价浮动率提出变更工程项目的价,并应报发包人确认后调整。承包人报价浮动率可按下列公式计算:

招标工程:承包人报价浮动率 $L=(1-$ 中标价/招标控制价$)\times100\%$ (5-5)

非招标工程:承包人报价浮动率 $L=(1-$ 报价/施工图预算$)\times100\%$ (5-6)

④ 已标价工程量清单中没有适用也没有类似于变更工程项目,且工程造价管理机构发布的信息价格缺价的,应由承包人根据变更工程资料、计量规则、计价办法和通过市场调查等取得合法依据的市场价格提出变更工程项目的单价,并应报发包人确认后调整。"

第9.3.2款规定:"工程变更引起施工方案改变并使措施项目发生变化时,承包人提出调整措施项目费的,应事先将拟实施的方案提交发包人确认,并应详细说明与原方案措施项目相比的变化情况。拟实施的方案经发承包双方确认后执行,并应按照下列规定调整措施项目费:

① 安全文明施工费应按照实际发生变化的措施项目依据本规范第3.1.5条(措施项目中的安全文明施工费必须按国家或省级、行业建设主管部门的规定计算,不得作为竞争性费用)的规定计算。

② 采用单价计算的措施项目费,应按照实际发生变化的措施项目,按本规范第9.3.1条的规定确定单价。

③ 按总价(或系数)计算的措施项目费,按照实际发生变化的措施项目调整,但应考虑承包人报价浮动因素,即调整金额按照实际调整金额乘以本规范第9.3.1条规定的承包人报价浮动率计算。如果承包人未事先将拟实施的方案提交给发包人确认,则应视为工程变更不引起措施项目费的调整或承包人放弃调整措施项目费的权利。"

第9.3.3款规定:"当发包人提出的工程变更因非承包人原因删减了合同中的某项原定工作或工程,致使承包人发生的费用或(和)得到的收益不能被包括在其他已支付或应支付的项目中,也未被包含在任何替代的工作或工程中时,承包人有权提出并应得到合理的费用及利润补偿。"

(2)物价波动引起的价格争议

鉴定项目一方当事人以物价波动为由,要求调整合同价款发生争议的,鉴定人应按以下规定进行鉴定:

① 合同中约定了计价风险范围和幅度的,按合同约定进行鉴定;合同中约定了物价波动可以调整,但没有约定风险范围和幅度的,按现行国家计价规范的相关规定进行鉴定。但已经采用价格指数法进行了调整的除外。

② 合同中约定物价波动时不予调整合同价格的,应对实行政府定价或政府指导价的材料按合同法的规定进行鉴定。

《建设工程施工合同(示范文本)》(GF-2017-0201)11.1 款(市场价格波动引起的调整)规定:"除专用合同条款另有约定外,市场价格波动超过合同当事人约定的范围,合同价格应当调整。合同当事人可以在专用合同条款中约定选择以下一种方式对合同价格进行调整:

第 1 种方式:采用价格指数进行价格调整。

a. 价格调整公式

因人工、材料和设备等价格波动影响合同价格时,根据专用合同条款中约定的数据,按以下公式计算差额并调整合同价格:

$$\Delta P = P_0 \left[A + \left(B_1 \times \frac{F_{t1}}{F_{01}} + B_2 \times \frac{F_{t2}}{F_{02}} + B_3 \times \frac{F_{t3}}{F_{03}} + \cdots + B_n \times \frac{F_{tn}}{F_{0n}} \right) - 1 \right] \quad (5\text{-}7)$$

公式中:ΔP——需调整的价格差额;

$\quad$ P_0——约定的付款证书中承包人应得到的已完成工程量的金额。此项金额应不包括价格调整、不计质量保证金的扣留和支付、预付款的支付和扣回。约定的变更及其他金额已按现行价格计价的,也不计在内;

$\quad$ A——定值权重(即不调部分的权重);

$\quad$ $B_1, B_2, B_3, \cdots, B_n$——各可调因子的变值权重(即可调部分的权重),为各可调因子在签约合同价中所占的比例;

$\quad$ $F_{t1}, F_{t2}, F_{t3}, \cdots, F_{tn}$——各可调因子的现行价格指数,指约定的付款证书相关周期最后一天的前 42 天的各可调因子的价格指数;

$\quad$ $F_{01}, F_{02}, F_{03}, \cdots, F_{0n}$——各可调因子的基本价格指数,指基准日期的各可调因子的价格指数。

以上价格调整公式中的各可调因子、定值和变值权重,以及基本价格指数及其来源在投标函附录价格指数和权重表中约定,非招标订立的合同,由合同当事人在专用合同条款中约定。价格指数应首先采用工程造价管理机构发布的价格指数,无前述价格指数时,可采用工程造价管理机构发布的价格代替。

b. 暂时确定调整差额

在计算调整差额时无现行价格指数的,合同当事人同意暂用前次价格指数计算。实际价格指数有调整的,合同当事人进行相应调整。

c. 权重的调整

因变更导致合同约定的权重不合理时,按照第 4.4 款(商定或确定)执行。

d. 因承包人原因工期延误后的价格调整

因承包人原因未按期竣工的,对合同约定的竣工日期后继续施工的工程,在使用价格调整公式时,应采用计划竣工日期与实际竣工日期的两个价格指数中较低的一个作为现行价格指数。

第 2 种方式:采用造价信息进行价格调整。

合同履行期间,因人工、材料、工程设备和机械台班价格波动影响合同价格时,人工、机械使用费按照国家或省、自治区、直辖市建设行政管理部门、行业建设管理部门或其授权的工程造价管理机构发布的人工、机械使用费系数进行调整;需要进行价格调整的材料,其单价和采购数量应由发包人审批,发包人确认需调整的材料单价及数量,作为调整合同价格的依据。

① 人工单价发生变化且符合省级或行业建设主管部门发布的人工费调整规定,合同当事人应按省级或行业建设主管部门或其授权的工程造价管理机构发布的人工费等文件调整合同价格,但承包人对人工费或人工单价的报价高于发布价格的除外。

② 材料、工程设备价格变化的价款调整按照发包人提供的基准价格,按以下风险范围规定执行:

a. 承包人在已标价工程量清单或预算书中载明材料单价低于基准价格的:除专用合同条款另有约定外,合同履行期间材料单价涨幅以基准价格为基础超过 5% 时,或材料单价跌幅以在已标价工程量清单或预算书中载明材料单价为基础超过 5% 时,其超过部分据实调整。

b. 承包人在已标价工程量清单或预算书中载明材料单价高于基准价格的:除专用合同条款另有约定外,合同履行期间材料单价跌幅以基准价格为基础超过 5% 时,材料单价涨幅以在已标价工程量清单或预算书中载明材料单价为基础超过 5% 时,其超过部分据实调整。

c. 承包人在已标价工程量清单或预算书中载明材料单价等于基准价格的:除专用合同条款另有约定外,合同履行期间材料单价涨跌幅以基准价格为基础超过 ±5% 时,其超过部分据实调整。

d. 承包人应在采购材料前将采购数量和新的材料单价报发包人核对,发包人确认用于工程时,发包人应确认采购材料的数量和单价。发包人在收到承包人报送的确认资料后 5 天内不予答复的视为认可,作为调整合同价格的依据。未经发包人事先核对,承包人自行采购材料的,发包人有权不予调整合同价格。发包人同意的,可以调整合同价格。

前述基准价格是指由发包人在招标文件或专用合同条款中给定的材料、工程设备的价格,该价格原则上应当按照省级或行业建设主管部门或其授权的工程造价管理机构发布的信息价编制。

③ 施工机械台班单价或施工机械使用费发生变化超过省级或行业建设主管部门或其授权的工程造价管理机构规定的范围时,按规定调整合同价格。

第 3 种方式:专用合同条款约定的其他方式。"

【例 5-5】 约定的材料价差偏差幅度是以招标控制价还是以承包人投标价为基准?

案例背景 某市政道路改造工程,道路设计全长约 2 650 m,机动车道、非机动车道为沥青混凝土面层、停车位为倍力砖铺面、人行道为彩色混凝土面层;道路下现状雨污水管道保留不变。该工程为工程量清单招标,施工合同价款约定为固定单价结算方式,并明确不包括的风险范围:1. 设计变更;2. 政策性调整;3. 材料单价偏差在 −5% ~ +10% 范围以外部分可以调整,具体方式参照(苏建价〔2008〕67 号文件);4. 不可抗力。结算时双方当事人对最终的工程造价产生争议,后承包人提请法院申请工程造价鉴定。

争议焦点 双方当事人造价纠纷焦点主要集中在橡胶沥青价格。由于橡胶沥青价格在当地造价管理部门提供的工程造价信息中缺项,招标控制价则按成品价 20 元/m² 计取,承包人投标报价时橡胶沥青的投标价为 16.4 元/m²,实际施工当月的市场价为 21.5 元/m²。施工单位坚持应根据施工当月的采购价与投标价相比较,材料价差偏差幅度为:[(21.5−

16.4)÷16.4]×100％＝31.10％,其偏差远远超过施工合同约定的－5％～＋10％的范围,需调整橡胶沥青的成品价;而发包人委托的造价审核单位认为材料价差调整的基准单价应以指导价为准,没有指导价的以信息价为准,缺项的材料单价则以经双方认可的市场价为准。"

争议分析　材料价差调整的方式有多种,有公式法、简易指数法、工程造价信息法等。鉴定人查看施工合同发现,合同约定材料价差调整的具体方式参照当地工程造价管理部门发布的《关于加强建筑材料价格风险控制的指导意见》规定执行,该文件规定工程材料价差调整方式为工程造价信息法。鉴定人咨询当地建设工程造价管理站,材料价差调整的基准单价应以当地造价管理部门提供的工程造价信息中指导价为准,没有指导价的以信息价为准,缺项的材料单价则以经双方认可的市场价为准。2013版《建设工程工程量清单计价规范》附录 A.2.3 第 1 款规定,"承包人投标报价中材料单价低于基准单价:施工期间材料单价涨幅以基准单价为基础超过合同约定的风险幅度值,或材料单价跌幅以投标报价为基础超过合同约定的风险幅度值时,其超过部分按实调整。"

由于本工程采用工程量清单招投标,且施工单位在招标答疑时并没有提出异议,对招标控制价中橡胶沥青的价格视同双方认可,则橡胶沥青价差调整的基准单价应以招标控制价中的材料单价为准。否则若以中标价调差,则让利越多,越易中标,结算时调差也越多,显然不合理,对其他未中标的投标人也不公平。

解决结论:以招标控制价中橡胶沥青单价对比施工当月市场价进行价差调整。经计算,橡胶沥青单价的涨幅为[(21.5－20)÷20]×100％＝7.5％＜10％,未超出合同约定－5％～＋10％的范围,故橡胶沥青价差调整费用不予计取。

【例 5-6】 价格波动是否需要调整固定总价合同的争议

案例背景　2010 年 11 月 26 日国家财政资金投资的某项目经公开招投标程序后,发包人与承包人签订施工总承包合同。合同形式为以工程量清单为基础的固定总价合同。

2011 年 12 月 18 日发包人与承包人签订关于主要材料钢筋、混凝土及人工调整的补充协议,作为结算调整的依据。

2013 年 5 月 10 日工程结算审核单位依据补充协议条款调增上述材料涨价费用 70.417 8 万元。

2016 年 7 月 1 日地方投资评审中心财务决算评审报告评定上述材料价差调整包含在固定总价约定的物价浮动风险范围内。

2016 年 9 月 30 日发包人回复意见对上述评定结论不予认可,争议问题提交财政部评审中心复核评审。

争议焦点　固定总价合同中的人工和材料价格变化是否可以依据地方行政文件调整?对此问题业内存在两种截然相反的观点:

赞同调价的认为:建设工程物资价格、人工价格的异常波动,即使是一个有经验的承包人(施工企业)在投标时或者签订合同时也是不能预料的,属于"情势变更"情形;所以,发包人以"固定总价"为由,要求承包人承担因"物价浮动"的全部风险,是违反合同法的公平原则的。持这种观点的人主张,超过一定幅度的涨价风险应当由发包人承担。在价格异常波动时,承包人可以请求仲裁机构或者人民法院按照各地方建设行政主管部门发布的调价文件来调整因涨价造成的合同价格的价差。

反对调价的认为：当发生价格异常波动情形时，对"固定总价"合同进行调整没有法律依据。首先，合同订立的基本原则就是当事人意思自治，只要合同不违反法律、行政法规的强制性规定，就应当予以遵守和履行，而"一次性包死价"合同内容并不违反现行法律和行政法规的强制性规定，所以应当得到全面履行；其次，我国现行法律和行政法规还没有对"情势变更"和"价格异常波动"做出明确规定，在合同订立后出现价格异常变动时，直接依据情势变更原则来对"固定总价"合同价格进行调整尚缺乏法律依据；再次，目前各个地方建设行政主管部门发布的关于调整合同价格风险范围和幅度的文件，尚不具备强制调整合同价格的法律效力，效力远低于法律、行政法规的强制性规定。所以，强行对"固定总价"合同价格进行调整，违背了当事人订立合同的真实意思表示，也违反了合同法的诚实信用原则，缺乏法律依据。

相关司法意见

1. 最高人民法院《关于审理建设工程施工合同纠纷案件适用法律问题的解释》（法释〔2004〕14 号）第 16 条规定：

"当事人对建设工程的计价标准或者计价方法有约定的，按照约定结算工程价款。因设计变更导致建设工程的工程量或者质量标准发生变化，当事人对该部分工程价款不能协商一致的，可以参照签订建设工程施工合同时当地建设行政主管部门发布的计价方法或者计价标准结算工程价款。"

2. 最高人民法院 2002 年《关于审理建设工程合同纠纷案件的暂行意见》第 27 条规定：

"建设工程合同约定对工程总价或材料价格实行包干的，如合同有效，工程款应按该约定结算。因情势变更导致建材价格大幅上涨而明显不利于承包人的，承包人可请求增加工程款。但建材涨价属正常的市场风险范畴，涨价部分应由承包人承担。"

3. 2011 年《山东省高级人民法院关于印发全省民事审判工作会议纪要的通知》（鲁高法〔2011〕297 号）第 3.5 款规定：

"建设工程施工合同约定工程价款实行固定价格结算，在合同履行中，发生建筑材料价格或者人工费用过快上涨，当事人能否请求适用情势变更原则变更合同价款或者解除合同。如果建筑材料价格或者人工费用的上涨没有超出固定价格合同约定的风险范围，当事人请求适用情势变更原则调整合同价款的，不予支持；如果建筑材料价格或者人工费用的上涨超出了固定价格合同约定的风险范围，发生异常变动的情形，如继续履行固定价格合同将导致当事人双方权利义务严重失衡或者显失公平的，则属于发生了当事人双方签约时无法预见的客观情况，当事人请求适用情势变更原则调整合同价款或者解除合同的，可以依照最高人民法院《关于适用〈中华人民共和国合同法〉若干问题的解释（二）》第 26 条和最高人民法院《关于当前形势下审理民商事合同纠纷案件若干问题的指导意见》的相关规定，予以支持。"

4. 2008 年《江苏省高院关于审理建设工程施工合同纠纷案件若干问题的意见》（苏高法审委〔2008〕26 号）第 9 条规定：

"建设工程施工合同约定工程价款实行固定价结算的，一方当事人要求按定额结算工程价款的，人民法院不予支持，但合同履行过程中原材料价格发生重大变化的除外。"

5. 2012 年《北京市高级人民法院关于审理建设工程施工合同纠纷案件若干疑难问题的解答》（京高法发〔2012〕245 号）第 12 条规定：

"建设工程施工合同约定工程价款实行固定价结算，在实际履行过程中，钢材、木材、水泥、混凝土等对工程造价影响较大的主要建筑材料价格发生重大变化,超出了正常市场风险的范围,合同对建材价格变动风险负担有约定的,原则上依照其约定处理;没有约定或约定不明,该当事人要求调整工程价款的,可在市场风险范围和幅度之外酌情予以支持;具体数额可以委托鉴定机构参照施工地建设行政主管部门关于处理建材差价问题的意见予以确定。

因一方当事人原因导致工期延误或建筑材料供应时间延误的,在此期间的建材差价部分工程款,由过错方予以承担。"

案例分析

(一)根据合同专用条款 23.2 条"本合同是以工程量清单为基础的固定总价合同。构成本合同一部分的工程量清单中所填写的固定总价应视为一次性包干固定合同价款,经承包人标价的工程量清单中的总价为固定总价,除本合同另有约定外一律不得进行调整"。

1. 合同价款中包括的风险范围:d. 物价浮动;

2. 风险费用的计算方法:风险费用已经包括在经过承包人标价的工程量清单(或承包人投标报价书)中。

由此说明固定总价合同已对物价浮动是否调整进行了约定。约定为物价浮动由承包人在投标报价中自行考虑,而不是未进行约定。

(二)根据招标答疑文件第 36 条"本工程将来施工阶段的各项价格是否均可以根据国家政策性文件调整而调整。答:详见招标文件"。

由此说明,招、投标人对施工阶段的各项价格,是否"根据政策性文件进行调整",是由潜在中标人在投标时进行考虑的。

(三)根据苏建价〔2009〕10 号文第 7 条"如果已经签订的施工合同约定了材料差价调整办法的,按合同约定的条款执行。未约定的,经发承包双方协商一致,可按本指导意见签订补充协议"。

由此说明已经签订的施工合同,如果合同约定了材料差价调整办法的,首先要按合同约定的条款执行。

(四)根据合同专用条款 3.2 条"适用法律和法规需要明示的法律、行政法规:《中华人民共和国建筑法》《中华人民共和国合同法》《中华人民共和国担保法》《中华人民共和国招标投标法》《建设工程质量管理条例》《建设工程安全生产条例》、工程相关文件以及国家及项目所在地现行的其他法律、法规、条例、规范等相关规定"和苏建价〔2009〕10 号文关于材料价差调整文件(发布日期为 2009 年 5 月 28 日),本项目招标日期为 2010 年 11 月。

由此说明地方性指导文件在招标人投标之前已发布,不属于投标基准期之后新增国家政策性文件调整的范围,投标人投标时应考虑受本地方规定的约定。

(五)《中华人民共和国招标投标法》第 46 条规定:"招标人和中标人应当自中标通知书发出之日起 30 日内,按照招标文件和中标人的投标文件订立书面合同。招标人和中标人不得再行订立背离合同实质性内容的其他协议。"

《最高人民法院关于审理建设工程施工合同纠纷案件适用法律问题的解释》第 21 条规定:"当事人就同一建设工程另行订立的建设工程施工合同与经过备案的中标合同实质性内容不一致的,应当以备案的中标合同作为结算工程价款的根据。"

投标人与招标人签订的补充协议应认为是违背了合同约定的实质性内容。

（六）根据立法法的规定,我国法律体系由宪法、法律、行政法规、地方性法规、自治条例和单行条例、规章等组成。法律层级排序依次为宪法＞法律＞行政法规＞地方性法规、自治条例和单行条例＞规章;规范性文件在《立法法》中无相关规定。

法律、行政法规发布的具有法律性及强制性规定予以调整。而该案例中施工单位提出的人工及材料调差依据是地方市住房与城乡建设委员会发布的行政规范性文件,不论从发布主体还是文件性质看,属于一种管理性强制性规定,其效力低于法律、行政法规的强制性规定。

（七）最高人民法院《关于审理建设工程施工合同纠纷案件适用法律若干问题的解释》第13条规定:"建设工程施工合同约定的工程款结算标准与建筑行业主管部门颁布的工程定额标准和造价计价办法不一致时应以合同约定的为准。"第10条规定:"工程造价鉴定结论确定的工程款计价方法和计价标准与建设施工合同约定的工程款计价方法和计价标准不一致的,应以合同约定的为准。"这是对约定优先原则的立法,肯定也明确了在工程结算出现纷争时约定优先是法定原则。

最终结论:材料价差调整包含在固定总价约定的物价浮动风险范围内,不应调整。

（3）政策性调价引起的价格争议

鉴定项目一方当事人以政策性调整文件为由,要求调整人工费发生争议的,如果合同中约定不执行政策性调整的,鉴定人应提请委托人注意此约定与国家强制性标准相悖,由委托人作出是否适用的决定,鉴定人应按照委托人的决定进行鉴定。

委托人要求鉴定人判断的,鉴定人应分析鉴别:如人工费的形成在招标或合同谈判时是以鉴定项目所在地工程造价管理部门发布的人工费为基础在合同中约定的,应按工程所在地人工费调整文件进行鉴定;如不是,则应作出否定性鉴定。

对政策性调价,《建设工程工程量清单计价规范》(GB 50500—2013)第3.4.2款规定:"由于下列因素出现,影响合同价款调整的,应由发包人承担:

① 国家法律、法规、规章和政策发生变化;

② 省级或行业建设主管部门发布的人工费调整,但承包人对人工费或人工单价的报价高于发布的除外;

③ 由政府定价或政府指导价管理的原材料等价格进行了调整。因承包人原因导致工期延误的,应按本规范第9.2.2条、第9.8.3条的规定执行。"

《建设工程造价鉴定规范》(GB/T 51262—2017)中"本规范用词说明"中规定:"为便于在执行本规范条文时区别对待,对要求严格程度不同的用词说明如下:

① 表示很严格,非这样做不可的:正面词采用'必须',反面词采用'严禁';

② 表示严格,在正常情况下均应这样做的:正面词采用'应',反面词采用'不应'或'不得';

③ 表示允许稍有选择,在条件许可时首先应这样做的:正面词采用'宜',反面词采用'不宜';

④ 表示有选择,在一定条件下可以这样做的,采用'可'。"

由此可见,政策性调价风险应当由发包人承担,但此规定并非强制性规定,鉴定人应当提请委托人作出是否适用的决定,鉴定人应按照委托人的决定进行鉴定。

（4）合同价款调整的时效规定

《建设工程工程量清单计价规范》(GB 50500—2013)"9 合同价款调整"中第9.1.2款规定:"出现合同价款调增事项(不含工程量偏差、计日工、现场签证、索赔)后的14天内,承包人应向发包人提交合同价款调增报告并附上相关资料;承包人在 14 天内未提交合同价款调增报告的,应视为承包人对该事项不存在调整价款请求。"

第 9.1.3 款规定:"出现合同价款调减事项(不含工程量偏差、索赔)后的 14 天内,发包人应向承包人提交合同价款调减报告并附相关资料;发包人在 14 天内未提交合同价款调减报告的,应视为发包人对该事项不存在调整价款请求。"

第 9.1.4 款规定:"发(承)包人应在收到承(发)包人合同价款调增(减)报告及相关资料之日起 14 天内对其核实,予以确认的应书面通知承(发)包人。当有疑问时,应向承(发)包人提出协商意见。发(承)包人在收到合同价款调增(减)报告之日起 14 天内未确认也未提出协商意见的,应视为承(发)包人提交的合同价款调增(减)报告已被发(承)包人认可。发(承)包人提出协商意见的,承(发)包人应在收到协商意见后的 14 天内对其核实,予以确认的应书面通知发(承)包人。承(发)包人在收到发(承)包人的协商意见后 14 天内既不确认也未提出不同意见的,应视为发(承)包人提出的意见已被承(发)包人认可。"

在工程造价鉴定过程中,如果一方当事人主张合同价款调整,而对方当事人以超越上述时效期间为由拒绝调整的,鉴定人应当提请委托人作出是否适用的决定,鉴定人应按照委托人的决定进行鉴定。

(5) 实际采购价格高于约定的材料设备价格的争议

鉴定项目发包人对承包人材料采购价格高于合同约定不予认可的,应按以下规定进行鉴定:

① 材料采购前经发包人或其代表签批认可的,应按签批的材料价格进行鉴定;

② 材料采购前未报发包人或其代表认质认价的,应按合同约定的价格进行鉴定;

③ 发包人认为承包人采购的原材料、零配件不符合质量要求,不予认价的,应按双方约定的价格进行鉴定,质量方面的争议应告知发包人另行申请质量鉴定。

(6) 发包人以质量瑕疵为由拒绝办理工程结算的争议

鉴定项目发包人以工程质量不合格为由,拒绝办理工程结算发生争议的,应按以下规定进行鉴定:

① 已竣工验收或已竣工未验收但发包人已投入使用的工程,工程结算按合同约定进行鉴定;

② 已竣工未验收且发包人未投入使用的工程以及停工、停建工程,鉴定人应对无争议、有争议的项目分别按合同约定进行鉴定。

工程质量的争议应告知发包人申请工程质量鉴定,待委托人分清质量责任后,再按照工程造价鉴定意见由委托人决定进行财务清算。

(7) 工期争议的鉴定

① 开工日期

i. 当事人对鉴定项目开工时间有争议的,鉴定人应提请委托人决定,委托人不决定或委托鉴定人鉴别的,鉴定人应按以下规定确定开工时间:

工程合同中约定了开工时间,但发包人又批准了承包人的开工报告或发出了开工通知,应采用发包人批准的开工报告或发出的开工通知的时间。

ii. 工程合同中未约定开工时间,应采用发包人批准的开工时间。

iii. 工程合同中约定了开工时间,因承包人原因不能按时开工,发包人接到承包人延期开工申请且同意承包人要求的,开工时间相应顺延;发包人不同意延期要求或承包人未在约定时间内提出延期开工要求的,开工时间不予顺延。

ⅳ. 因非承包人原因不能按照工程合同中约定的开工时间开工,开工时间相应顺延。

ⅴ. 因不可抗力原因不能按时开工的,开工时间相应顺延。

ⅵ. 证据材料中,均无发包人或承包人推迟开工时间的证据,应采用工程合同约定的开工时间。

② 争议工期的确定

当事人对鉴定项目工期有争议的,鉴定人应按以下规定确定工期:

ⅰ. 工程合同中明确约定了工期的,以合同约定工期进行鉴定;

ⅱ. 工程合同对工期约定不明或没有约定的,鉴定人应按国家相关工程工期定额以及工程所在地或相关专业工程的建设主管部门的规定确定鉴定项目工期。

③ 竣工时间的确定

当事人对鉴定项目实际竣工时间有争议的,鉴定人应提请委托人决定,委托人不决定或委托鉴定人鉴别的,鉴定人应按照以下情形分别确定竣工时间:

ⅰ. 鉴定项目经竣工验收合格的,以竣工验收之日为竣工时间;

ⅱ. 承包人已经提交竣工验收报告,发包人拖延验收的,以承包人提交竣工验收报告之日为竣工时间;

ⅲ. 鉴定项目未经竣工验收,发包人擅自使用的,以转移占有鉴定项目之日为竣工时间。

④ 暂停施工工期的顺延

当事人对鉴定项目暂停施工、顺延工期有争议的,鉴定人应按以下规定确定是否顺延工期:

ⅰ. 因非承包人原因暂停施工的,相应顺延工期;

ⅱ. 因承包人原因暂停施工的,工期不予顺延。

⑤ 设计变更工期的顺延

当事人对鉴定项目因设计变更顺延工期有争议的,鉴定人应参考施工进度计划,判别是否增加了关键线路和关键工作的工程量并足以引起工期变化,如增加了工期,应相应顺延工期;如未增加工期,工期不予顺延。

⑥ 当事人对鉴定项目因工期延误索赔有争议的,鉴定人应按上述规定先确定实际工期,再与合同工期对比,确定是否延误进行鉴定。

【例 5-7】 工期鉴定如何进行?

案例背景

某发包人开发建设某办公楼项目,与某承包人签订了"阴阳合同"。"阴合同"与"阳合同"均为固定单价合同,但在综合单价、总工期、结算条款、进度款支付和质量要求等实质性内容均不一致。

涉案工程总建筑面积约 15 万 m²,分为三个地上单体及一个共用地下室,"阴合同"把工程作为整体发包,合同总价为 3.5 亿元,总工期为 760 日历天;"阳合同"把工程分为两个标段分别发包(均为承包人中标),合同总价分别为 2.1 亿元和 2.3 亿元(因把部分发包人另行发包的工程计入总包范围内,导致总价比"阴合同"高),总工期均为 370 日历天。

工程竣工后,由跟踪审核单位对本工程进行结算审核,因存在争议问题较多,承包人、发包人和审核单位经过多轮协商,仍无法达成一致意见。最终,承包人将发包人诉至法院,主张以"阳合同"为依据进行结算,并支付剩余工程款。发包人以实际履行为"阴合同"进行反驳,同时以工期延误及质量存在问题为由,对施工单位进行反诉。接案后,法院委托某鉴定机构分别依据"阴合同"和"阳合同"对造价及工期进行鉴定。同时委托鉴定人接收后续证据资料并组织双方进行质证。

接受委托后,鉴定人召集承发包人双方谈话,初步了解了本案的基本情况。承发包人双方反映,除少数有争议的工程量外,其他工程量全部达成一致意见。根据本工程的实际情况,鉴定人与承发包人双方共同商定了鉴定费的金额,并签订收费协议。

收到鉴定费后,鉴定人全面开展鉴定工作。首先,对所有提交的证据资料进行梳理,把鉴定人需要但暂未提供的资料列成清单,要求承发包人按清单并在指定的期限内提供,同时向双方当事人阐明无法提供的后果。然后,鉴定人把工程量确认资料及所有涉及造价变动的签证变更资料装订成册,并要求双方当事人签字盖章,同时写明还存在哪些争议。最后,依据已提供的证据资料进行算量和计价工作。

争议焦点

本案鉴定过程中产生了诸多争议问题,典型争议问题如下:

1. 承包人未施工项目

外墙保温和内墙涂料本属于承包人施工事项,后由发包人另行发包。

发包人主张:承包人因投标价过低无法施工,而要求发包人就上述两项内容另行发包,发包人未予接受并要求其必须按合同规定进行施工,但承包人迟迟不予施工,因交房期限将至,发包人不得不另行发包,故另行发包产生的增加成本应由承包人承担。

承包人主张:发包人未经承包人同意另行发包上述两项内容,其所增加的成本费用不应由承包人承担。

2. 合同完成日期的确定

"阴合同"中对合同完成日期有三处约定,具体为:(1)《专用条款》第3.2条"总承包单位在760个日历天内执行及完成本工程:……h. 单体全部毛坯竣工750公历日完成;i. 总工期760公历日完成";(2)《专用条款》第7.1条"工程竣工定义:完成全部工程,竣工大会(建设单位、监理单位、总承包单位、设计单位四方参加)正式召开之日起2个月。(备注:完整竣工资料、全部工程已移交建设单位,办理完移交手续)";(3)《专用条款》第15.2条"整体工程竣工的定义:完成全部工程,包括通过验收、完成测试并取得有关测试报告,并通过政府有关部门竣工备案验收;若总承包单位在建设单位后续的项目中标,则整体工程竣工的定义为以后续工程全部完工,且通过建设单位、监理单位组织的验收之日为竣工日"。

发包人主张:应以合同约定的竣工备案日期为合同完成日期,而非竣工验收日期。

承包人主张:合同所指合同完成日期为竣工验收日期,而非发包人所指的竣工备案日期,故应以我方提供的四方参与的竣工验收证明书中日期为合同完成日期。

3. 施工进度计划的认定

法院的委托要求是分别依据"阴合同"和"阳合同"对造价和工期进行鉴定,但经总监理工程师确认的进度计划只有一份,其总工期与"阴合同"相符,鉴定人据此进行工期鉴定。

发包人主张:经总监确认的进度计划只是"阴合同"的计划工期,鉴定人还应按照委托要求对"阳合同"的工期进行鉴定。即使只按经总监确认的进度计划进行鉴定,也应在"阳合同"工期鉴定结论中考虑"阴合同"和"阳合同"存在的合同工期差。

承包人主张：经总监确认的进度计划只有一份，且其审批日期在"阳合同"签订日期之后，故该进度计划也是"阳合同"的进度计划。

4. 工期鉴定部分

工期鉴定是本次鉴定的难点，下面是本案工期鉴定中的几个主要影响因素：

(1) 配电箱供货

本工程配电箱属于甲供材料。

承包人主张：因配电箱供货单位拖延供货时间导致工期延长，总工期应予顺延20天。

发包人主张：承包人主张无事实依据，应不予支持。

(2) 塔吊安装

承包人主张：发包人未办理施工许可证，而强制要求承包人安装塔吊，导致承包人被安监站处罚，原塔吊租赁单位也因此与承包人解除合同，承包人不得不另找其他公司租赁塔吊，重新寻找塔吊租赁公司并安装塔吊需要20天，故应予顺延工期20天。

发包人主张：承包人主张无事实依据，应不予支持。

(3) 图纸修改

本工程开工报告日期为2010年5月10日，施工图(B版图纸)日期为2010年6月15日。建筑与结构图均以B版图纸为基础进行编制，部分安装竣工图以E版图纸为基础进行编制。发包人于2010年7月20日发给承包人一份联系函，主要内容为"由于目前施工蓝图版本较多，为避免混用，以2010年6月15日版本图纸为准"。

承包人主张：本工程从A版图纸一直到E版图纸，变动多次，由此造成工期延长60天，应予顺延。

发包人主张：承包人主张顺延工期较长，应不予支持。

争议问题分析

1. 承包人未施工项目

目前，我国的建筑市场属于买方市场，建设单位与施工单位的权利、义务一般是不对等的，建设单位一般都处于有利位置，这就造成了施工过程中发生的各类事件不能只看表象，其可能存在更深层的原因。

建设单位把原属于总承包范围内工作剥离出来单独发包属于普遍现象，大多数是因为建设单位的原因，如平衡各种关系、更好的保证施工质量等。施工单位作为相对弱势的一方，对此基本无能为力，即便是把利润率较大的部分剥离出去。

外墙保温和内墙涂料是属于上述的"普遍情况"，还是发包人所说"承包人消极怠工"？鉴定人须明确问题的三个关键点：(1)承包人有明确不予施工的意思表示；(2)发包人接到承包人明确不予施工的意思表示后，明确表示必须由其施工；(3)如果承包人在收到发包人的明确意思表示后，仍未按时进行施工或明确表示不予施工。只有以上三个条件(因部分施工单位不会做出明确不予施工的意思表示，而采用消极怠工的方式变相表达，所以，有时满足后两条即可)同时满足，建设单位额外产生的成本就应由承包人承担。

内墙涂料只满足第一点要求，所以，不排除发包人免除承包人责任的可能。外墙保温满足全部三点要求，说明发包人已经意识到承包人不按合同要求履行施工的责任承担问题，而其对待内墙涂料并没有像外墙保温那样要求承包人必须按合同要求施工，且外墙保温重新招标在内墙涂料重新招标之前,这也侧面反映出内墙涂料与外墙保温存在本质的不同。

确定发包人因外墙施工方改变,所致成本增加费用由承包人承担后,还需明确承担的具体费用。因承包人没有参与外墙保温招标工作,如重新招标的综合单价比市场价过高,存在的价差就不应完全由承包人承担。鉴定人要重点明确的是发包人损失额必须基于真实、可靠的市场价,这也是差价确定的关键点。恰好鉴定人同期参与的两个跟踪审核项目就位于本工程附近,目前已完成结算审核,鉴定人在工程施工过程中也参与了外墙保温施工认价工作,认价时间与本工程同期,且保温材料的品种、规格、级别及施工方法均与本工程一致,其确认的综合单价较本工程重新招标综合单价高约2‰。至此,鉴定人根据承包人投标单价、重新招标单价及确认的工程量,计算出承包人应承担的差价。按上述确定承包人承担金额还有一个最基本的前提条件,发包人在重新招标过程中不存在串标行为。

2. 合同完成日期的确定

施工合同中规定的合同完成日期一般为工程竣工验收日期,但不排除以其他相关日期作为合同完成日期的情形。本案就存在上述情形的争议,承发包人双方对竣工验收日期无争议,但对竣工验收日期是否为合同完成日期存在争议。

工程竣工验收备案在《房屋建筑和市政基础设施工程竣工验收备案管理办法》(原建设部令第78号,2009年10月19日修订)有比较详细的规定,第4条规定:"建设单位应当自工程竣工验收合格之日起15日内,依照本办法规定,向工程所在地的县级以上地方人民政府建设主管部门(以下简称备案机关)备案。"第5条规定:"建设单位办理工程竣工验收备案应当提交下列文件:(一)工程竣工验收备案表。(二)工程竣工验收报告。(三)法律、行政法规规定应当由规划、环保等部门出具的认可文件或者准许使用文件。(四)法律规定应当由公安消防部门出具的对大型的人员密集场所和其他特殊建设工程验收合格的证明文件。(五)施工单位签署的工程质量保修书。(六)法规、规章规定必须提供的其他文件"。从上述规定可以看出,建设单位应在竣工验收日期之后15日内备案,除了竣工验收报告外,还必须提供其他相关部门的认可文件。

本工程"阴合同"对合同完成日期究竟如何约定的,要从合同具体条款中推定。(1)《专用条款》第3.2条载明的"总承包单位在760个日历天内完成本工程全部内容"可视为合同完成时间的约定,其在单体竣工后,预留10天是否为竣工备案时间没有明确;(2)《专用条款》第7.1条对工程竣工的定义,其是否与本工程合同完成日期一致有待考证,且"竣工大会召开之日起2个月"具体意思表示,竣工大会究竟是否为竣工准备会,"2个月"是否为2个月之内? 这些都是待定事项;(3)《专用条款》第15.2条明确提到了"通过政府有关部门竣工备案验收",但后半句"通过建设单位、监理单位组织的验收之日为竣工日"明显与其存在矛盾,在增加施工内容的情况下,合同完成日期反而提前了,有悖常理。鉴定人未能从合同中找出明确表示合同完成日期就是竣工验收日期或竣工备案日期的文字表述。

鉴定人果断转变思路,从其他证据资料中查找相关事项。经总监理工程师确认的施工进度计划中,总的进度时间为760日历天,最后一项工作为"竣工验收",该份进度计划的审批时间在"阴合同"签订之后。鉴定人据此,推定本工程"阴合同"的合同完成时间就是工程竣工验收时间。

3. 施工进度计划的认定

在"阴合同"和"阳合同"签订日之后,承包人编制的、经总监理工程师确认的、与其他施工过程资料一起在有关部门备案的施工组织设计只有一份。该施工组织设计中总工期与"阴合同"相吻合,虽然其总工期与"阴合同"相符,但不能排除在签订合同后把"阳合同"的总工期变更为 760 日历天的可能,且截止报告日,双方均未提交与"阳合同"相关的施工进度计划。施工进度计划从投标开始到正式开工前后,会根据工程实际情况及建设单位要求等因素进行调整,鉴定人只是以最后一版施工进度计划为依据,进行工期鉴定。通过该进度计划测算出的工期延误时间及工期顺延时间,再以"阴合同"和"阳合同"相关约定,计算出各自的调整金额。

4. 工期鉴定

工期鉴定首先需要分析工期延误产生原因,从而确定该延误责任该由发包人还是承包人承担。

鉴定人把承包人主张的工期顺延事项分为应予顺延事项和不予顺延事项两大类。应予顺延事项主要是指该延误是由发包人责任引起或该延误属于发包人应承担的风险,且该延误是发生在关键线路上,或虽然该延误发生在非关键线路上但由于延误导致关键线路发生变化导致总工期出现延误。

不予顺延事项分为无证据资料支撑事项和有证据资料支撑但不应顺延事项。有证据资料支撑但不应顺延事项主要是指该延误是由承包人责任引起或该延误属于承包人应承担的风险,或者是该延误虽然是由发包人责任引起,但该延误发生在非关键线路上,并未对总工期产生实质性影响。

确定延误责任后就需计算可顺延的时间。

工期鉴定难点不是工期影响事项的确定,也不是相关证据资料的收集,而是影响事件确定后,在证据充分的情况下,如何确定顺延工期的具体时间。

针对本工程,鉴定人确定顺延工期的原则为:

① 证据资料有确定的顺延天数或能通过具体描述确定顺延天数的,以其确定天数为准。

如本工程台风影响事项,鉴定人通过查阅监理日记发现,日记载明准备应对台风的时间为半天;台风来临停工一天;台风过后,清理现场,准备重新施工一天半。这样,该延误共计影响工期 3 天。

② 证据资料推断不出,以相关文件规定为准。

例如,高考停工禁令,全市在建工程全部停工 3 天,(本工程不存在类似事件)。

③ 以现有证据资料推断顺延工期最短的天数比承包人主张的天数要多,就以承包人主张的天数为准。

如果上述三种情况都不满足,就需要鉴定人通过自己的专业知识和经验测算顺延的天数,这个过程非常复杂。

工期鉴定是为造价服务的,工期鉴定的结果也是通过造价金额体现的,否则工期鉴定毫无意义。所以,在确定了各顺延工期事项后,鉴定人通过网络图绘制出"非承包人责任工期顺延后的进度",并据此计算出工期延误赔偿金额,同时对与工期有关的造价进行调整。

(1) 配电箱供货

配电箱供货由发包人另行发包,供货单位与承包人无任何合同关系,因配电箱供货未能满足施工进度要求,相应的责任不应由承包人承担。

发包人提供的《配电箱供货合同》已经明确,配电箱供货的进度必须满足2012年12月31日竣工的要求,其与承包人配电箱供货合同签订日期前编制的施工进度计划中的竣工日期是一致的。承包人提供了各时间段的催货联系单,同时提供一份经发包人现场工程师签署意见的证据资料,具体的签署意见为"因配电箱供货单位内部管理原因,导致配电箱未能按时供货,造成的相关责任,由我方承担"。承包人针对此项提出的工期索赔为20天,供货清单反映,2013年元月21日后还有大量配电箱未供货,实际延误时间超过20天,但由于其他工作也在同步进行,无法准确判定非承包人责任影响工期是否为配电箱最终供货日期与2012年12月31日的时间差,故鉴定人以承包人的主张要求为准,给予承包人顺延工期20日历天。

(2)塔吊

此项属于不予顺延事项中虽有证据资料支撑,但不应顺延事项。

本工程开工报告日期为2010年5月10日,开工许可证日期为2010年4月15日,工期鉴定的实际施工时间以开工报告日期为起始日期,承发包人双方对此无争议。施工许可证时间在开工报告时间前25天,承包人主张的顺延时间为20天,即使如承包人所述,其重新寻找塔吊施工单位需要20天,也不存在影响总工期的情形。故承包人主张的因未办理开工许可证而先行安装塔吊受罚,导致工期顺延20天的不能成立。

(3)图纸修改

本项属于工期影响事件中事实清楚,证据充分的情形下,影响的具体天数无法准确判定的事项,这也是工期鉴定的难点所在,即无法准确量化工期延误日期。

鉴定人把因图纸修改导致工期顺延事项分成两部分:一是图纸版本变更后,须给出承包人重新熟悉图纸、进行技术交底的时间;二是图纸变更造成返工,以及现有材料不能满足变更要求的,须重新组织材料供应所耗用的时间。

以12号签证单为例,该签证单大概内容为"B版图纸与原图纸对比,有6个承台及135 m的基础梁配筋不同,且该承台和基础梁钢筋均已绑扎完毕,需要拆除重新绑扎",该签证单的造价已计入鉴定造价结论中,承发包人双方对此无争议。承包人主张此项应予顺延工期10天。

鉴定人确定12号签证单工程顺延时间的具体程序为:首先,出于鉴定的需要,鉴定人详细询问承发包人12号签证单具体实施情形,以了解与鉴定事项有关的情况。发包人因现场人员工作变动,因此无法准确表述签证具体实施情况。而承包人详细叙述了签证的实施过程,使得鉴定人对12号签证情况有了初步印象。然后,鉴定人就此事项咨询了多名有丰富施工经验的人员,包括监理及无相关利益关系的其他施工人员,询得的具体程序基本与承包人所述一致,即"发现变更后图纸中承台与基础梁与原施工图纸的不同→查看具体不同之处→拆除钢筋,同时对新增部分下料→重新绑扎钢筋→进入混凝土浇筑等正常工序"。最后,基于该程序,与多方人员沟通后,确定此部分顺延时间为5天,承发包人对此均无争议。

针对本工程,鉴定人确定顺延时间的基本程序是一致的,先询问承发包人双方当时的具体情况。然后咨询相关经验丰富的人员,如与承包人所述施工的程序一致就进入下个程序,如不一致,说明本工程存在特殊情形,在此种情况下如果承包人没有进一步的证据资料支撑,鉴定人仍以一般情形进行考虑。最后通过咨询确定工期顺延时间。

因图纸变更造成工期顺延的时间,鉴定人均依据具体事项的相关证据资料和上述程序确定,承发包人双方对大多数鉴定结论无异议。

(8) 索赔争议的鉴定

工程索赔通常是指在工程合同履行过程中,合同当事人一方因非自身责任或对方不履行或未能正确履行合同而受到经济损失或权利损害时,通过一定的合法程序向对方提出经济或时间补偿的要求。

索赔是一种正当的权利要求,它是发包人、工程师和承包人之间一项正常的、大量发生而且普遍存在的合同管理业务,是一种以法律和合同为依据的、合情合理的行为。

① 鉴定人对超过时效的索赔的处理原则

《建设工程造价鉴定规范》(GB/T 51262—2017)第5.8.1款规定:"当事人一方提出索赔,因对方当事人不答复发生争议的,鉴定人应按以下规定进行鉴定:

i. 当事人一方在合同约定的期限后提出索赔的,鉴定人应以超过索赔时效作出否定性鉴定;

ii. 当事人一方在合同约定的期限内提出索赔,对方当事人未在合同约定的期限内答复的,鉴定人应对此索赔作出肯定性鉴定。"

《建设工程施工合同(示范文本)》(GF-2017-0201)第19.1款(承包人的索赔)规定:"根据合同约定,承包人认为有权得到追加付款和(或)延长工期的,应按以下程序向发包人提出索赔:

i. 承包人应在知道或应当知道索赔事件发生后28天内,向监理人递交索赔意向通知书,并说明发生索赔事件的事由;承包人未在前述28天内发出索赔意向通知书的,丧失要求追加付款和(或)延长工期的权利;

ii. 承包人应在发出索赔意向通知书后28天内,向监理人正式递交索赔报告;索赔报告应详细说明索赔理由以及要求追加的付款金额和(或)延长的工期,并附必要的记录和证明材料;

iii. 索赔事件具有持续影响的,承包人应按合理时间间隔继续递交延续索赔通知,说明持续影响的实际情况和记录,列出累计的追加付款金额和(或)工期延长天数;

iv. 在索赔事件影响结束后28天内,承包人应向监理人递交最终索赔报告,说明最终要求索赔的追加付款金额和(或)延长的工期,并附必要的记录和证明材料。"

第19.2(对承包人索赔的处理)规定:"对承包人索赔的处理如下:

i. 监理人应在收到索赔报告后14天内完成审查并报送发包人。监理人对索赔报告存在异议的,有权要求承包人提交全部原始记录副本;

ii. 发包人应在监理人收到索赔报告或有关索赔的进一步证明材料后的28天内,由监理人向承包人出具经发包人签认的索赔处理结果。发包人逾期答复的,则视为认可承包人的索赔要求;

iii. 承包人接受索赔处理结果的,索赔款项在当期进度款中进行支付;承包人不接受索赔处理结果的,按照第20条(争议解决)约定处理。"

第19.3款(发包人的索赔)规定:"根据合同约定,发包人认为有权得到赔付金额和(或)延长缺陷责任期的,监理人应向承包人发出通知并附有详细的证明。

发包人应在知道或应当知道索赔事件发生后28天内通过监理人向承包人提出索赔意

向通知书,发包人未在前述 28 天内发出索赔意向通知书的,丧失要求赔付金额和(或)延长缺陷责任期的权利。发包人应在发出索赔意向通知书后 28 天内,通过监理人向承包人正式递交索赔报告。"

第 19.4 款(对发包人索赔的处理)规定:"对发包人索赔的处理如下:

i. 承包人收到发包人提交的索赔报告后,应及时审查索赔报告的内容、查验发包人证明材料;

ii. 承包人应在收到索赔报告或有关索赔的进一步证明材料后 28 天内,将索赔处理结果答复发包人。如果承包人未在上述期限内作出答复的,则视为对发包人索赔要求的认可;

iii. 承包人接受索赔处理结果的,发包人可从应支付给承包人的合同价款中扣除赔付的金额或延长缺陷责任期;发包人不接受索赔处理结果的,按第 20 条(争议解决)约定处理。"

第 19.5 款(提出索赔的期限)规定:"i 承包人按第 14.2 款(竣工结算审核)约定接收竣工付款证书后,应被视为已无权再提出在工程接收证书颁发前所发生的任何索赔。

ii. 承包人按第 14.4 款(最终结清)提交的最终结清申请单中,只限于提出工程接收证书颁发后发生的索赔。提出索赔的期限自接受最终结清证书时终止。"

需特别强调的是,鉴定人在鉴定过程中发现当事人一方是在合同约定的期限后提出索赔,而对方当事人以超过索赔时效为由提出异议的,鉴定人应以超过索赔时效作出否定性鉴定;或者当事人一方在合同约定的期限内提出索赔,对方当事人未在合同约定的期限内答复的,当事人一方提出索赔请求的,鉴定人应对此索赔作出肯定性鉴定。

但是如果当事人一方是在合同约定的期限后提出索赔,而对方当事人并未以超过索赔时效为由提出异议的,鉴定人不应主动以超过索赔时效作出否定性鉴定。理由如下:

《最高人民法院关于审理民事案件适用诉讼时效制度若干问题的规定》(法释〔2008〕11号)第 3 条规定:"当事人未提出诉讼时效抗辩,人民法院不应对诉讼时效问题进行释明及主动适用诉讼时效的规定进行裁判。"

施工合同纠纷案件属于民事案件范畴,根据民法意思自治原则,当事人是否行使时效抗辩权,司法不应过多干预。在当事人不提出时效抗辩的情形下,人民法院或仲裁机构不应主动援引时效的规定进行裁判。同时,人民法院或仲裁机构不应主动对时效问题进行释明,而应当由对方当事人自主决定是否行使该时效的抗辩权。如果人民法院或仲裁机构主动对时效问题进行释明,则无异于提醒和帮助当事人一方及时行使抗辩权而损害了对方当事人的权益,这有违诚实信用的基本原则,也有违法院居中裁判的中立地位。鉴定人在工程造价鉴定过程中应当严格把握该原则,防止出现越权鉴定或以鉴代审的情况。

② 索赔争议事项的处理

《建设工程造价鉴定规范》(GB/T 51262—2017)第 5.8.2 款规定:"当事人一方在合同约定的期限内提出索赔,对方当事人也在合同约定的期限内答复,但双方未能达成一致,鉴定人应按以下规定进行鉴定:

i. 对方当事人以不符合事实为由不同意索赔的,鉴定人应在厘清证据的基础上作出鉴定;

ii. 对方当事人以该索赔事项存在,但认为不存在赔偿的,或认为索赔过高的,鉴定人应根据专业判断作出鉴定。"

③ 暂停施工索赔争议的鉴定

《建设工程造价鉴定规范》(GB/T 51262—2017)第 5.8.3 款规定:"当事人对暂停施工索赔费用有争议的,鉴定人应按以下规定进行鉴定:

i. 因非承包人原因引起的暂停施工,费用由发包人承担,包括:保管暂停工程的费用、施工机具租赁费、现场生产工人与管理人员工资、承包人为复工所需的准备费用等。

ii. 因承包人原因引起的暂停施工,费用由承包人承担。"

④ 删减工程费用补偿索赔争议的鉴定

《建设工程造价鉴定规范》(GB/T 51262—2017)第 5.8.4 款规定:"因非承包人原因,发包人删减了工程合同中的某项工作或工程项目,承包人提出应由发包人给予合理的费用及利润补偿,委托人认定该事实成立的,鉴定人进行鉴定时,其费用可按相关工程企业管理费的一定比例,利润按相关工程项目的报价或工程所在地建筑企业统计年报的利润率计算。"

⑤ 费用索赔的构成

在工程实践中,承包人的费用索赔按可索赔费用的性质划分:包括额外工作索赔和损失索赔;按可索赔费用的构成划分:可索赔费用可分为直接费和间接费。其中直接费包括人工费、材料费、机械设备费、分包费,间接费包括现场和公司总部管理费、保险费、利息及保函手续费等项目。按照工程惯例,承包人不应将下列费用包含在索赔费用中:对索赔事项的发生原因负有责任的有关费用;对索赔事项未采取减轻措施,因而扩大的损失费用;承包人进行索赔工作的准备费用;索赔金额在索赔处理期间的利息、仲裁费用、诉讼费用等。

i. 人工费构成及计算

人工费主要包括生产工人的工资、津贴、加班费、奖金等。对于索赔费用中的人工费来说,主要是指完成合同之外的额外工作所花费的人工费用;由于非承包人责任的工效降低所增加的人工费用;超过法定工作时间的加班费用;法定的人工费增长以及非承包人责任造成的工程延误导致的人员窝工费;相应增加的人身保险和各种社会保险支出等。

承包人可以提出人工费的索赔包括:因业主增加额外工程,或因业主或工程师原因造成工程延误,导致承包人人工单价的上涨和工作时间的延长;工程所在国法律、法规、政策等变化而导致承包人人工费用方面的额外增加,如提高当地雇佣工人的工资标准、福利待遇或增加保险费用等;若由于业主或工程师原因造成的延误或对工程的不合理干扰打乱了承包人的施工计划,致使承包人劳动生产率降低,导致人工工时增加的损失,承包人有权向业主提出生产率降低损失的索赔。

可索赔费用中人工费的计算方法为:

$$C(L) = CL_1 + CL_2 + CL_3 \tag{5-8}$$

其中,$C(L)$ 为索赔的人工费,CL_1 为人工单价上涨引起的增加费用,CL_2 为人工工时增加引起的费用,CL_3 为劳动生产率降低引起的人工损失费用。

ii. 材料费构成及计算

可索赔的材料费主要包括:由于索赔事项导致材料实际用量超过计划用量而增加的材料费;由于客观原因导致材料价格大幅度上涨;由于非承包人责任工程延误导致的材料价格

上涨;由于非承包人原因致使材料运杂费、采购与保管费用的上涨;由于非承包人原因致使额外低值易耗品使用等。

承包人可以提出材料费的索赔包括:由于业主或工程师要求追加额外工作、变更工作性质、改变施工方法等,造成承包人的材料耗用量增加,包括使用数量的增加和材料品种或种类的改变;在工程变更或业主延误时,可能会造成承包人材料库存时间延长、材料采购滞后或采用代用材料等,从而引起材料单位成本的增加。

可索赔费用中材料费的计算方法为:

$$C(M) = CM_1 + CM_2 \tag{5-9}$$

其中,$C(M)$ 为可索赔的材料费,CM_1 为材料用量增加费,CM_2 为材料单价上涨导致的材料费增加。

iii. 机械设备使用费构成及计算

可索赔的机械设备费主要包括:由于完成额外工作增加的机械设备使用费;非承包人责任致使的工效降低而增加的机械设备闲置、折旧和修理费分摊、租赁费用;由于业主或工程师原因造成的机械设备停工的窝工费;非承包人原因增加的设备保险费、运费及进口关税等。

可索赔费用中施工机械设备费的计算方法为:

$$C(E) = CE_1 + CE_2 + CE_3 + CE_4 \tag{5-10}$$

其中,$C(E)$ 为可索赔的机械设备费,CE_1 为承包人自有施工机械工作时间额外增加费用,CE_2 为自有机械台班费率上涨费,CE_3 为外来机械租赁费(包括必要的机械进出场费),CE_4 为机械设备闲置损失费用。

iv. 分包费用构成及计算

可索赔的分包费用一般也包括人工费、材料费、施工机械设备使用费等。因业主或工程师原因造成分包商的额外损失,分包商首先应向承包人提出索赔要求和索赔报告,然后以承包人的名义向业主提出分包工程增加费及相应管理费用索赔。

可索赔费用中分包费的计算方法为:

$$C(S) = CS_1 + CS_2 \tag{5-11}$$

其中,$C(S)$ 为索赔的分包费,CS_1 为分包工程增加费用,CS_2 为分包工程增加费用的相应管理费(有时可包含相应利润)。

v. 现场管理费构成及计算

现场管理费是某单个合同发生的、用于现场管理的总费用,一般包括现场管理人员的费用、办公费、通信费、差旅费、固定资产使用费、工具用具使用费、保险费、工程排污费、供热、水及照明费等。索赔费用中的现场管理费是指承包人完成额外工程、索赔事项工作以及工期延长、延误期间的工地管理费。

现场管理费的索赔计算方法一般有两种情况:①直接成本的现场管理费索赔,一般可按索赔事件直接费乘以现场管理费费率,而现场管理费费率等于现场管理费总额除以合同工程直接成本总额。②工程延期的现场管理费索赔,一般用实际(或合同)现场管理费总额除以实际（或合同）工期，得到单位时间现场管理费费率，然后用单位时间现场管理费费率乘以可索赔的延期时间，可得到现场管理费索赔额。

vi. 总部管理费构成及计算

总部管理费是承包人企业总部发生的、为整个企业的经营运作提供支持和服务所发生的管理费用，一般包括总部管理人员费用、企业经营活动费用、差旅交通费、办公费、通信费、固定资产折旧、修理费、职工教育培训费用、保险费、税金等。

总部管理费总额的计算方法一般有：①按照投标书中总部管理费的比例计算。②按照公司总部统一规定的管理费比率计算。

索赔事件分摊的总部管理费的计算方法，主要有两种：①总直接费分摊法，即将总部管理费总额除以承包人全部工程的总直接成本求得单位直接费的总部管理费率，然后再用此费率乘以争议合同直接费即可获得总部管理费索赔额。②日费率分摊法，即按合同额分配总部管理费，再用日费率法计算应分摊的总部管理费索赔值。

vii. 利息及计算

利息，又称融资成本或资金成本，是企业取得和使用资金所付出的代价。融资成本主要有两种：额外贷款的利息支出和使用自有资金引起的机会损失。只要因业主违约（如业主拖延或拒绝支付各种工程款、预付款或拖延退还扣留的保留金）或其他合法索赔事项直接引起了额外贷款，承包人有权向业主就相关的利息支出提出索赔。

利息的索赔通常发生于下列情况：业主拖延支付预付款、工程进度款或索赔款等；由于工程变更和工期延误增加投资的利息；施工过程中业主错误扣款的利息。

利息索赔额的计算方法可按复利计算法计算。至于利息的具体利率应是多少，可采用不同标准，主要有以下三种情况：按承包人在正常情况下的当时银行贷款利率；按当时的银行透支利率或按合同双方协议的利率。

《建设工程施工合同（示范文本）》（GF-2017-0201）第 14.2 条（竣工结算审核）第 2 款规定："除专用合同条款另有约定外，发包人应在签发竣工付款证书后的 14 天内，完成对承包人的竣工付款。发包人逾期支付的，按照中国人民银行发布的同期同类贷款基准利率支付违约金；逾期支付超过 56 天的，按照中国人民银行发布的同期同类贷款基准利率的两倍支付违约金。"

viii. 利润及计算

对于不同性质的索赔，取得利润索赔的成功率是不同的。承包人一般可以提出利润索赔的情况包括：因设计变更等变更引起的工程量增加；施工条件变化导致的索赔；施工范围变更导致的索赔；合同延期导致机会利润损失；因非承包人原因，发包人删减工程合同中工作内容带来预期利润损失；由于业主的原因终止或放弃合同带来预期利润损失等。

索赔利润的款额计算通常是与原报价单中的利润百分率保持一致。即在索赔款直接费的基础上，乘以原报价单中的利润率，即作为该项索赔款中的利润额。

ix. 其他

包括相应保函费、保险费、银行手续费及其他额外费用的增加等。

【例 5-8】 停工费用索赔如何计算？

案例背景 某星级酒店土建施工期间，由于发包人未按合同规定的付款进度及时支付工程款,导致承包人单方面停工。在三个月的时间内陆续停工数次,停工总计44天。承包人提出了工期及费用索赔共计146万元。

争议焦点　由于每次停工前,承包人都提前进行了书面通知,并与发包人、监理单位及跟踪审核单位共同对停工前一天现场实际施工人数及工种做了统计,因此对于停工时间及停工的人数基本没有异议。争议的主要问题是索赔费用中的误工单价、周转材料的数量及租赁费、施工机械租赁费用。

1. 关于误工费用

承包人主张:在费用索赔时,按照停工前一天现场实际施工人数及工种,结合住房和城乡建设厅相关文件确定的各类人工单价,计算出误工费用。

发包人主张:承包人可将施工人员调至其他施工工地,因此不存在误工费用。

2. 关于周转材料延期的租赁费用

承包人主张:现场所有周转材料的租赁费按照市场行情进行索赔,包括:外墙脚手架、钢管支撑及扣件。对于木模板,按照标底价格索赔占用资金利息。

发包人主张:周转材料摊销费已经包括在合同价中,不应当计取。

3. 关于施工机械停工期间的租赁费用

承包人主张:按照塔吊的市场租金水平计算索赔费用。

发包人主张:塔吊为承包人自有机械,不应当按租赁费用计算。

争议问题分析

鉴定人接受委托人委托后,认真调阅委托人提供的证据材料,经分析,认为承包人施工费用索赔计算口径存在不合理性。

1. 误工费用

承包人按照现场实际施工人数结合定额人工单价水平计算。对此,鉴定人认为该计算方法不妥。该项目由于投资额大,在前期确认施工单位时就对承包方的资质及业绩要求较高,最终确定的承包方也是在本地知名的大型建筑企业。作为一个有经验的承包商,同时在同一行政区域有多个项目在施工,完全能做到有效的调配人力资源,不可能让数百名工人在一个项目上窝工多日,且在对实际现场的复查中也证明了这点。因此,鉴定人与发包人、监理方及承包人进行了数次沟通后,提出了误工费用的计算方法:各工种人员数量以相关单位共同现场确定的为准。停工第一天按照定额工(二类工)的标准补偿,考虑到停工人数较多,该企业周边的项目不能完全消化所有窝工人员,以后各天补偿窝工人员的基本生活费,其补偿标准可参照本地区最低工资790元/月,除以20.8天工作日/月,计算出38元/工日的窝工补偿标准。

2. 周转材料延期的租赁费用计算

经过与各方多次沟通,鉴定人针对不同的周转材料做出了不同的处理。

(1)建筑物外墙脚手架周转材料费用:定额中外墙脚手架的单价是按照一般性合理工期计算的,该部分费用索赔须以从搭设至拆除的时间是否超过合理工期为依据。截至停工时,由于外墙脚手架尚未拆除,工程还处于主体结构阶段,停工造成的工期延误是否导致外墙脚手架的摊销期超过定额内的正常摊销期,还无法判断。因此该项索赔依据不足,不予认可。

(2)结构层内部周转材料费用:鉴定人通过现场查勘测量并计算后,确定了停工期间钢管支撑及扣件的总量,结合造价管理部门发布的周转材料租赁信息价,计算出钢管租赁费及扣件租赁费的索赔费用。

(3) 对于木模板及木方,由于停工并未影响该部分周转材料在本工程的摊销次数,承包人没有实际成本的增加,所占用资金的贷款利息实际上就是建设方延迟付款所要承担的资金成本,该项索赔应参照合同中有关条款执行。

3. 机械停工期间的租赁费用

鉴定人认为,作为特级企业资质的承包人,自有大型机械的配备也是必要条件,且承包人在投标的技术文件中明确了塔吊等自有设备的数量规格,因此,该部分索赔费用应按照机械台班定额中的停滞台班单价执行而非按照机械租赁费用计算机械停工费用。

经过几轮磋商,最终承包人认可了鉴定人提出的索赔费用计算方法。原停工索赔费用合计约 146 万元,经鉴定后的索赔费用约为 39 万元。

【例 5-9】 国外某项目索赔处理的经典案例

案例背景 某国际承包工程是由一条公路和跨越公路的人行天桥构成。合同总价为400 万美元,合同工期为 20 个月。施工过程中由于图纸出现错误,工程师指示一部分工程暂停 1.5 个月,承包商只能等待图纸修改后再继续施工。后来又由于原有的高压线需等待电力部门迁移后才能施工,造成工程延误 2 个月。另外又因增加额外工程 12 万美元(已支付给承包商),经工程师批准延期 1.5 个月。承包商对此三项延误除要求延长工期外,还提出了费用索赔。

承包商的费用索赔计算

(1) 因图纸错误的延误,造成三台设备停工损失 1.5 个月。

汽车吊:45(美元/台班)×2(台班/日)×37(工作日)＝3 330(美元)

空压机:30(美元/台班)×2(台班/日)×37(工作日)＝2 220(美元)

其他辅助设备:10(美元/台班)×2(台班/日)×37(工作日)＝ 740(美元)

小计 6 290 美元

现场管理费(12%):   754.8 美元

公司管理费分摊(7%):   440.3 美元

利润(5%):   314.5 美元

合计 7 799.6 美元

(2) 高压线迁移损失 2 个月的管理费和利润。

$$每月管理费 = \frac{400\,万 \times 12\%}{20} = 24\,000(美元/月)$$

现场管理费增加为: 24 000×2=48 000(美元)

公司管理费和利润: 48 000×(7%+5%)=5 760(美元)

合计 53 760 美元

(3) 新增额外工程使工期延长 1.5 个月,要求补偿现场管理费。

现场管理费增加:24 000×1.5=36 000(美元)

承包商的费用索赔汇总如表 5-6 所示。

表5-6 承包商索赔计算表

序号	索赔事件	金额（美元）
1	图纸错误延误	7 799.6
2	高压线迁移延误	53 760
3	额外工程使工期延长	36 000
4	索赔总额	97 559.6

工程师对费用索赔的审核

经过工程师和计量人员的检查和核实，工程师原则上同意该三项费用索赔成立，但对承包商的费用计算有分歧。工程师的计算和分析介绍如下：

（1）图纸错误造成工程延误，有工程师暂停施工的指令，承包商仅计算受到影响的设备停工损失（而非全部设备）是正确的，但工程师认为不能按台班费计算，而应按租赁费或折旧费计算，故该项费用核减为 5 200 美元（具体计算过程省略）。

（2）因高压线迁移而导致的延误损失中，工程师认为每月管理费的计算是错误的，不能按总标价计算，应按直接成本计算，即：

扣除利润后总价： $4\,000\,000/(1+5\%)=3\,809\,524$（美元）

扣除公司管理费后的总成本： $3\,809\,524/(1+7\%)=3\,560\,303$（美元）

扣除现场管理费后的直接成本： $3\,560\,303/(1+12\%)=3\,178\,842$（美元）

每月现场管理费： $3\,178\,842\times12\%/20=19\,073$（美元/月）

2 个月延误损失现场管理费： $19\,073\times2=38\,146$（美元）

工程师认为，尽管由于业主或其他方面的原因，造成了工程延误，但承包商采取了有力措施使工程仍在原定的工期内完成。因此承包商仍有权获得现场管理费的补偿，但不能获得利润和公司管理费的补偿。因此工程师同意补偿现场管理费损失 38 146 美元。

（3）对于新增额外工程，工程师认为虽然是在批准延期的 1.5 个月内完成，但新增工程量与原合同中相应工程量和工期相比应为 0.6 个月，（12 万/400 万）×20 月＝0.6 月，也就是说新增额外工程与原合同相比应在 0.6 个月内即可完成。而新增工程量已按工程量表中的单价付款，按标书的计算方法，这个单价中已包括了现场管理费、公司管理费和利润，亦即 0.6 个月中的上述三项费用已经支付给承包人。承包人只能获得其余 0.9 个月的附加费用，即：

每月现场管理费：19 073 美元/月

现场管理费补偿：$0.9\times19\,073=17\,165.7$（美元）

公司管理费补偿：$17\,165.7\times7\%=1\,201.6$（美元）

利润：$(17\,165.7+1\,201.6)\times5\%=918.4$（美元）

合计 19 285.7 美元

经过工程师审核，应付给承包商的索赔总额为 62 631.7 美元，比承包商的计算减少了 34 927.9 美元。考虑到工程师计算的合理性，承包商同意了工程师计算的结果，并为自己获得的补偿感到基本满意。这是一桩比较成功的费用索赔。

（9）签证争议的鉴定

① 工程签证的概念

根据中国建设工程造价管理协会 2002 年发布的《工程造价咨询业务操作指导规程》（中

价协〔2002〕第 016 号），工程签证是指"按承发包合同约定，一般由承发包双方代表就施工过程中涉及合同价款之外的责任事件所作的签认证明"。

《建设工程工程量清单计价规范》（GB 50500—2013）第 2.0.24 规定："现场签证是指发包人现场代表（或其授权的监理人、工程造价咨询人）与承包人现场代表就施工过程中涉及的责任事件所作的签认证明"。

工程签证是指工程承发包双方的法定代表人及其授权代表等在施工过程及结算过程中对确认工程量、增加合同价款、支付各种费用、顺延竣工日期、承担违约责任、赔偿损失等内容所达成的双方意思表示一致的补充协议。互相书面确认的签证即成为工程结算或最终结算增减工程造价的凭据。

② 工程签证的法律特征

工程签证具有以下几个法律特征：

i. 工程签证具有补充协议的性质，是双方协商一致的结果，是双方法律行为；

建设工程合同标的大、周期长等特点决定了履行中的可变更性常态，可变更性又决定了合同双方必须对变更后的权利义务重新予以确定并达成一致意见，几乎所有的工程承包合同都对变更及如何达成一致意见作出规定。工程签证毫无疑问是合同双方意思表示一致的结果，也是工程合同履行过程中出现的新的补充协议，是整个建设工程施工合同的组成部分。

ii. 工程签证涉及的利益已经确定或者在履行后确定，可直接或者与签证对应的履行资料一起作为确定工程价款的依据。

在工程结算时，凡已获得双方确认的签证，均可直接在工程形象进度结算或工程最终造价结算中作为计算工程价款的依据。若进行工程审价，审价部门对签证单不另作审查。

iii. 工程签证是施工过程中的例行工作，一般不依赖于证据。

工程施工过程中不发生任何变化是不现实的，如设计变更、进度加快、标准提高、施工条件、材料价格等变化，从而影响工期和造价。因该变化而对原合同进行相应调整，也是常理之中的例行工作。签证前的有关书面或口头证据的取得、保管、书面化显得并不重要，因为签证已经明确了相关内容。工程签证是合同双方对该调整用书面方式的互相确认，在没有异议的情况下，不需要其他证据，只依据已发生的变化，工程签证就能获得对方的确认。

③ 工程签证的分类

i. 从项目控制的目标，工程签证可分为质量签证、费用签证和工期签证。

ii. 从签证的表现形式，工程签证可分为工程签证单、工作联系单、工程联系单、会议纪要、备忘录、报告、预算书等。

iii. 从合同约定的角度，工程签证可分为变更合同约定的签证、补充合同约定的签证和澄清合同约定的签证。

iv. 从签证时签证事项是否已经发生或者履行完毕的角度，工程签证可分为签证时签证事项已经发生或履行完毕的签证和签证时签证事项还没有发生或没有履行完毕的签证。

v. 从签证主体之一发包人签证人员的主观方面，工程签证可分为正常签证、过失签证和恶意签证。

正常签证是指发包人签证人员基于自身的专业知识、业务能力和职业操守作出的客观真实的签证。

过失签证是指发包人签证人员由于自身的业务能力不够，或者由于疏忽、审查不严而作出的存在着瑕疵的签证。

恶意签证是指发包人签证人员基于主观的恶意，与承包人通谋，作出损害发包人利益的签证。

vi. 从签证的时间工程签证可分为正常签证和补签证。

vii. 从签证载明的价款确定方式是否完善的角度，工程签证可分为工程量签证和价款签证。

④ 工程签证的构成要件

i. 签证主体必须是工程施工合同双方当事人即承包人与发包人，只有一方当事人签字不是签证。

ii. 双方当事人必须对行使签证权利的人员进行必要的授权，缺乏授权的人员签署的签证不能发生签证的效力。最好在合同或在工程会议纪要中明确约定双方的项目签证人员名单及各自的权限、联系方式等。

iii. 签证的内容必须涉及工期顺延和/或费用的变化、工程量变化等内容。

iv. 签证双方必须就涉及工期顺延和/或费用的变化等内容协商一致，通常表述为双方一致同意、发包人同意、发包人批准等。如果发包人签署意见为"情况属实"，并非真正意义上的签证，能否增加费用或顺延竣工日期尚需要结合合同约定以及其他证据材料予以综合认定。

【例 5-10】 工程签证如何认定？

案例背景 2004 年 10 月 21 日，承包人与发包人签订施工合同，由承包人承担某商业大厦工程的施工，合同计价方式为可调价格合同，合同总价暂定为人民币 63 756 094 元；合同约定关于工程款的支付方式为，工程竣工并经发包人组织有关单位联合验收、确认合格后支付至合同总价的 85%，竣工结算办理完毕并经双方签字确认后，发包人支付竣工结算总额的 95%，扣除竣工结算总额的 5% 作为工程保修金于工程保修期满后 28 天返还承包人。2005 年元月 7 日、3 月 21 日和 7 月 5 日，发承包人双方先后签订了《补充协议(1)》《补充协议(2)》以及《补充协议(3)》，对工程造价、工程款的支付办法等作了补充约定。《补充协议(5)》约定：承包人于 2006 年 5 月 10 日前将某商业大厦工程完整的结算资料提交给发包人，双方在结算资料提交后 60 天内无条件完成结算审核工作，办理完工程结算后三个月内，甲方付至工程结算造价的 97%。发承包人均确认，截至 2006 年 11 月 7 日，发包人总共向承包人支付了工程款人民币 4 700 万元。2005 年 2 月 22 日，发包人向承包人发出一份"关于某商业大厦工程签证等事项的有关通知"，通知规定，"为有效控制工程成本，我司决定对某商业大厦项目发生的工程设计变更以及工程现场签证采取如下确认方法：1. 工程设计变更，经设计单位出图盖章，发包人项目负责人签字并加盖发包人公章方为结算有效文件；2. 工程现场签证的确认，经监理工程师审核签字、发包人现场工程师(或代表)复核签字，并经发包人项目负责人签字后加盖发包人公章方为结算有效文件"。承包人收到通知后，在通知上加盖公章予以确认。

在施工期间，双方又签订了《补充协议》，约定：工程量按实结算；如结算发生分歧，由双方共同委托某工程造价咨询中心进行审价，以该审价结果作为结算支付的依据。

后在工程结算过程中，承包人向发包人报送了送审价为 8 300 余万元的结算材料。发包人经审核,认为承包人提交的结算资料不完整,而且存在无效签证及虚构结算材料、虚报造价的问题,故对8 300余万元的送审价不予认可。双方对此发生争议。发包人提出按《补充协议》的约定共同委托某工程造价咨询中心进行审价,但遭到承包人的拒绝。承包人遂向法院提起诉讼,要求发包人支付工程款及利息等款项。

争议焦点 承包人于2006年9月20日向法院提出工程造价鉴定申请,要求对某商业大厦项目的工程造价进行鉴定。法院依法委托某工程造价咨询中心(以下简称"造价咨询中心")对某商业大厦项目的工程造价进行鉴定。造价咨询中心于2007年8月1日作出《某商业大厦工程造价鉴定报告》,确认造价无争议部分为63 773 499.15元,造价有争议部分为2 061 242.01元。其中,争议主要包括三个部分:争议①部分是指签证单有现场监理确认,有甲方现场工程师签字确认,但缺乏建设方认可的甲方项目负责人签字确认并盖章的部分,该部分涉及造价732 980.56元;争议②部分是指签证单有现场监理确认,但没有甲方现场工程师和项目负责人签字确认并盖章的部分,该部分涉及造价为590 848.53元;争议③部分是指未形成签证单形式,目前无法在现场体现。从施工方案和工程联系单记录中有反映的隐蔽工程部分,此部分没有设计图纸,该部分估价为737 412.92元。发包人认为有效的签证应经监理工程师审核签字、甲方现场工程师(或代表)复核签字,并经甲方项目负责人签字后加盖甲方公章,鉴定结果中的三个争议的签证正是不符合此要求。

法院判决要旨 法院经过审理,认定承包人和发包人就涉案工程施工所签订的建设工程施工合同及一系列补充协议,均是双方当事人的真实意思表示,不违反法律、行政法规的强制性规定,为真实有效合同,应当受法律保护。上述工程承包合同以及系列的补充协议均是由承包人和发包人签订,施工过程中的各种事宜均是由承包人直接和发包人进行交涉,所有的工程款也是由发包人直接支付给承包人。可见,承包人是涉案工程的实际施工主体。发包人辩称承包人不是实际施工人、存在非法转包行为,并由此主张发承包人之间的合同无效,没有事实和法律依据,法院不予采纳。发包人认为承包人存在违法分包行为,也没有充分有效的证据证明,对发包人的该项答辩意见,法院亦不予采纳。

关于工程造价,法院认为造价咨询中心的鉴定报告,无争议部分的工程造价为人民币63 773 499.15元,依法予以确认。对于鉴定报告所列之争议①和争议②部分,虽然没有发包人项目负责人的签字及加盖发包人公章,但有监理方的确认和(或)发包人现场工程师的签字确认,且通过工程现场勘测能够证明承包人确实进行了相应的施工。《最高人民法院关于审理建设工程施工合同纠纷案件适用法律问题的解释》(法释〔2004〕14号)第19条规定:"当事人对工程量有争议的,按照施工过程中形成的签证等书面文件确认,承包人能够证明发包人同意其施工,但未能够提供签证文件证明工程量发生的,可以按照当事人提供的其他证据确认实际发生的工程量。"因此,根据事实情况和民法等价有偿的原则,法院对于鉴定报告所列之争议①和争议②部分予以确认。对于鉴定报告所列之争议③部分,因没有发包人委托的监理单位、现场工程师或项目负责人的签字确认,且工程现场也无法看出承包人确实进行了施工;承包人称该部分为隐蔽工程但未能得到发包人的认可;因此,承包人应承担举证不能的不利后果,对该争议部分,法院不予确认。综上所述,法院认定涉案工程造价为人民币65 097 328.24元(63 773 499.15元+732 980.56元+590 848.53元)。据此,依照《中华人民共和国民事诉讼法》第128条、《中华人民共和国合同法》第8条、第107条、第114条、第286条、《中华人民共和国担保法》第18条、第21条规定,判决发包人应向承包人支付工程欠款人民币 16 444 408.39 元及利息(该利息按中国人民银行颁布的银行同期贷款利率、自 2006 年 11 月 7 日起计算至本判决生效之日止)。

⑤ 应当签证的常见情形

在合同履行过程中如果发生因发包人引起的所有工期延误、价款调整或损失发生的事实均应当签证,主要包括但不限于以下情形:

i. 开工延期的签证

如甲供材料设备供应出现延误、未及时交付施工场地、预付款不到位、施工图纸或其他技术资料未及时提供,导致开工延期,承包人可提请签证。

ii. 工期延误的签证

造成工期延误的事实包括:发包人未能按专用条款的约定提供图纸及开工条件;未能按约定日期支付工程预付款、进度款,致使施工不能正常进行;工程师未按合同约定提供所需指令、批准等,致使施工不能正常进行;设计变更和工程量增加;一周内非承包人原因停水、停电、停气造成停工累计超过 8 小时;不可抗力或恶劣的气候条件;专用条款中约定或工程师同意工期顺延的其他情况。

iii. 价款调整的签证

工程价款增加的情形包括工程设计变更、非承包人责任的施工方法改变、工程量增加、工程质量标准提高、现场施工条件变更、法律法规变化导致工程价款变化、物价上涨导致价格调整条件成熟等。

iv. 窝工停工损失的签证

包括发包人及工程师未及时参加隐蔽工程验收;因发包人原因导致停工和返工;发包人未按照施工合同约定提供材料设备导致承包人停工待料;工程师指令错误或迟延等造成窝工停工的情形等。

v. 工程量确认的签证

如果当事人双方签订的是单价合同,且工程款的支付是依据实体工程进度进行的,则工程款支付按照付款周期内承包人完成的工程量,乘以承包人工程量清单报价中清单项目的单价来办理工程款的支付。则承包人应当按照合同专用条款约定,定期向工程师提交已完成的工程量报告并经过发包人和工程师共同计量后确认实际完成的工程量,并以此办理工程进度款的支付。

⑥ 签证的效力及过失签证、恶意签证的效力

签证是双方当事人就工程费用、工期顺延协商一致的结果,它具有补充合同的性质。按照合同法中合同的效力,签证的效力也应分为四种:即签证有效;签证无效;签证可变更、可撤销和签证效力待定。

过失签证是指发包人签证人员由于自身的业务能力不够,或者由于疏忽、审查不严而作出的存在着瑕疵的签证,从理论上来说过失签证属于可变更、可撤销的合同,但在司法实践中很难被这样认为,往往被作有效处理。主要原因是:

首先,从过失签证形成的原因来看,过失签证归纳起来有两种原因:一是发生重大误解,如在签证中将某项目工程量计量单位由 m² 签署成 10 m²;另一种原因是显失公平,如在签证中签认的材料价格远远高于当地市场价格。《合同法》第 54 条规定:"下列合同,当事人一方有权请求人民法院或者仲裁机构变更或者撤销:①因重大误解订立的。②在订立合同时

显失公平的。"因此,理论上可以将过失签证理解为可变更、可撤销的合同。但在司法实践中,认定重大误解或显失公平的标准非常严格,《关于贯彻执行〈民法通则〉若干问题的意见》第71条规定:"行为人因对行为的性质、对方当事人、标的物的品种、质量、规格和数量等的错误认识,使行为的后果与自己的意思相悖,并造成较大的损失的,可以认定为重大误解。"由此可见构成重大误解必须具备两个要件:第一,须有表意人因误解而作意思表示;第二,表意人的误解须为重大误解。单就此法律解释表述来看,如何界定重大误解不够清晰,致使在司法实践中很难操作,要认定为重大误解几乎不可能。

《关于贯彻执行〈民法通则〉若干问题的意见》第72条规定:"一方当事人利用优势或者利用对方没有经验,致使双方的权利与义务明显违反公平、等价有偿原则的,可以认定为显失公平。"由此可见构成显失公平需要具备两个要件:第一,利用优势或利用对方没有经验;第二,权利与义务明显违反公平、等价有偿原则。因此,在司法实践中,权利与义务明显违反公平、等价有偿原则比较容易举证,但如何证明自身没有经验,而对方如何利用了这一点,难度较大,所以要将过失签证认定为显失公平也是非常困难的。

其次,即使过失签证可以被认定为由重大误解或显失公平导致的,但撤销权的行使是有时效限制的。《合同法》第55条规定:"撤销权消灭的情形:①具有撤销权的当事人知道或应当知道撤销事由之日起一年内没有行使撤销权;②具有撤销权的当事人知道撤销事由后明确表示或者以自己的行为放弃撤销权。"过失签证一般发生在履约过程中,由于建设工程建设周期长,结算时距签证时往往已经超过一年,此时撤销权依法已消灭。因此,过失签证在司法实践中很难被推翻,通常也被认定为是有效的。

恶意签证是指发包人签证人员基于主观的恶意,与承包人通谋,作出损害发包人利益的签证。根据《合同法》第52条规定,恶意串通损害第三人利益的合同无效。因此,恶意签证应属于无效合同,但司法实践中恶意签证往往被做有效处理。主要是因为恶意签证的认定必须要证明签证双方存在恶意串通的行为,恶意串通需要具备主观、客观要件:主观要件为恶意串通,即当事人双方具有共同目的,希望通过签证损害发包人的利益,表现为双方当事人事先达成的协议或者一方当事人做出意思表示,对方当事人明知其目的非法,而用默认的方式接受,可以是双方当事人相互配合,也可以是双方共同作为。客观要件是签证的内容损害发包人利益。这需要发包人通过充分的证据加以证明,但举证难度太大,如不能证明,则法院通常会认为签证是有效的,可以作为结算依据。

⑦ 空白签证或无签证的效力

在工程实施过程中往往会出现许多工程变更,这些变更需要业主方予以确认。而这些工程签证往往也是工程合同争议处理时最直接最有效的证据。在司法实践中,根据举证责任分配规则,承包商主张追加工程变更合同价款,就必须提供工程签证,否则需要提供大量证据证明。而这些证据除事实证据外,往往系承包商单方制作,未得到业主方认可,即为空白签证。对此,鉴定人不应该简单地排除其证明力,需要结合工程设计、竣工图、监理日记、业主方履约行为等来分析签证单是否属实,如果答案是肯定的,则该签证单可以和其他材料一起作为合同证据。

《最高人民法院关于审理建设工程施工合同纠纷案件适用法律问题的解释》(法释〔2004〕14号)第19条规定:"当事人对工程量有争议的,按照施工过程中形成的签证等书面文件确认,承包人能够证明发包人同意其施工,但未能够提供签证文件证明工程量发生的,可以按照当事人提供的其他证据确认实际发生的工程量。"该解释明确了工程量签证未获成功如何保护承包人权利的问题,也解决了其他如工期、价格等事项未获签证的解决思路。那就是承包人要及时固定其他相关证据,如承包方指令、工程施工图纸、经业主批准的施工方案设计、监理证明、影像资料、施工记录、会议纪要、往来函件等其他形式的证据,证明索赔事项是有确凿和充分的依据。在签证未获成功的情况下,这是承包人第一时间应当要做的事情,这将为成功索赔奠定基础。

⑧ 不同签字人签署的签证的效力

i. 法定代表人的签证,应认定有效。

法定代表人作为代表法人行使职权的负责人,其签字确认的签证应当依法确认有效。即使法定代表人超越其权限确认签证,其代表行为仍应确认有效。

实践中,对于一方法定代表人签字确认的签证,双方当事人较少产生争议。即便该方当事人以其法定代表人超越公司章程或签证管理制度授予的权限为由提出异议,法院仍基本持认定此类签证有效的观点。

ii. 现场代表的签证,原则上应认定有效。

发包人现场负责人、承包人项目经理所作出的签证,原则上应当认定有效,除非有证据证明对方明知该人员无相应权限。

【例 5-11】 甲方代表签字确认的签证一定有效吗?

案例背景 发包人经过招标投标,与承包人签订工程施工合同,在合同专用条款中指定甲方代表,代表发包人负责工程建设管理工作。经过洽商,发包人编制的《设计变更管理办法》、《现场签证管理办法》以及《乙供材料管理办法》作为合同附件,构成了合同的组成部分。工程价款结算方式为按实结算,但根据《乙供材料管理办法》的规定,乙供主要材料必须由承包人提供材料价格并填写材料价格认定单报发包人审批后,方可投入现场施工,并按照发包人认可的价格加入结算总价。施工过程中,承包人按照合同约定,填报了材料价格认定单,并得到甲方代表的签字认可。但在竣工结算时,发包人对材料价格提出异议,不同意按照材料价格认定单中的价格办理结算。承包人诉诸法院,要求发包人按照材料价格认定单中的价格办理结算。

争议焦点 甲方代表签字确认的材料价格认价单是否有效?

承包人观点:在施工合同中并未明确约定材料认价类单据有效签字人,但在合同专用条款中已经指定了甲方代表,代表发包人负责工程建设管理工作,材料认价单上有甲方代表签字。依据《北京市高级人民法院关于审理建设工程施工合同纠纷案件若干疑难问题的解答》第9条中"没有约定或约定不明,当事人工作人员所作的签证确认是其职务行为的,对该当事人具有约束力"。因此应视为甲方代表签字的材料认价单有效。

发包人观点:在施工合同中并未明确约定材料认价类单据有效签字人,应当由法定代表人签字方可生效。

争议问题分析 鉴定人接受委托人委托后,认真调阅委托人提供的证据材料。依据合同附件《现场签证管理办法》,对签证的定义为"施工过程中,凡是发生可能引起合同额变化,且不属于设计变更范围的事项"。可以确认材料认价单属于签证。此类价格(材料价格或综合单价)变化引起合同价款的变化,实质上是一种对材料价格的签证确认,定义上符合《现场签证管理办法》的约定。

而在《现场签证管理办法》中明确约定了签证办理流程及有效签字人且明确终审人为集团分管成本副总裁。《北京市高级人民法院关于审理建设工程施工合同纠纷案件若干疑难问题的解答》第9条规定："当事人在施工合同中就有权对工程量和价款洽商变更等材料进行签证确认的具体人员有明确约定的，依照其约定，除法定代表人外，其他人员所作的签证确认对当事人不具有约束力，但相对方有理由相信该签证人员有代理权的除外；没有约定或约定不明，当事人工作人员所作的签证确认是其职务行为的，对该当事人具有约束力，但该当事人有证据证明相对方知道或应当知道该签证人员没有代理权的除外。"因此可以推认"该当事人（发包人）有证据证明相对方（承包人）知道或应当知道该签证人员（甲方代表）没有代理权。"

最终鉴定人认定材料认价单尚未发生法律效力，处于效力待定状态，发包人有权合法审核材料价格。

iii. 其他人员的签证，原则上不应认定有效。

发包人或承包人的其他工作人员作出的签证，原则上不应认定有效，除非对方有证据证明该人员具有相应权限。通常情况下，对方应当尽到合理的核实义务，核实清楚其是否具有相应的授权。因此，在施工合同对此类人员的签证权限没有明确约定或约定不明的情况下，其所作出的签证一般不应认定有效。

但若对方有证据证明该工作人员具有相应权限的，则对该工作人员的签证仍可基于职务行为理应认定有效。《北京市高级人民法院关于审理建设工程施工合同纠纷案件若干疑难问题的解答》第9条规定："当事人在施工合同中就有权对工程量和价款洽商变更等材料进行签证确认的具体人员有明确约定的，依照其约定，除法定代表人外，其他人员所作的签证确认对当事人不具有约束力，但相对方有理由相信该签证人员有代理权的除外；没有约定或约定不明，当事人工作人员所作的签证确认是其职务行为的，对该当事人具有约束力，但该当事人有证据证明相对方知道或应当知道该签证人员没有代理权的除外。"例如，承包人提供证据证明发包人工作人员张某具有核定本工程签证的权限（比如，张某多次在本工程上代表甲方进行审核工程量并签字确认，该确认材料也得到发包人的认可），并提供了张某经发包人认可的签证单，则张某在其相应权限范围内所作的签证可确认是其职务行为，该签证对发包人具有约束力。同样，若发包人提供证据证明承包人工作人员李某具有签收工程材料的权限（如李某在承包人项目部管理人员名单上的职务为材料员，并多次在甲供材料签收单上签字确认），则李某在其相应权限（签收工程材料）范围内所作的签证也可确认是其职务行为，该签证对承包人具有约束力。

【例 5-12】 现场管理人员的签证，原则上不应认定有效。

案例背景 发包人与承包人经过内部招投标后，于 2015 年 1 月 11 日签订了《建筑安装工程承包合同》一份，约定由承包人承建一期办公楼车间土建及安装工程，合同总价 400 万元，合同价款采用固定价格合同，合同范围外的工程另按签证结算。并且约定：由于业主原因及设计变更增加工程量根据江苏省 2014 预算定额结算下浮 10.8%。工程施工过程中发生很多变更，由于原设计二层楼房改成三层办公楼，外立面有很大的改变，工程结束后因为双方对变更部分争议很大，承包人遂诉至法院。

争议焦点

承包人主张发包人承担工程余款 200.3 万元。其中合同价 400 万元，预付款 310 万元，增加工程费用 110.3 万元,增减项目主要有幕墙、铝塑板、门窗价补差等。

发包人辩称:办公楼二三层楼梯地砖瓷砖未做,建筑物四边地沟未做,外墙仿石砖未做;外墙龟裂、天沟漏水等质量问题需维修;承包人要求增加的装饰工程项目:铝塑板幕墙、玻璃幕墙、不锈钢门及固定窗补差属于重复计算。

承包人的签证单我公司不认可,因为是现场管理人员不负责任乱签证;承包人私自改动图纸要求,应补偿我单位损失。而且声称:"这位工程师和施工队伍串通一气,现已辞职。他做的签证,我公司一概不予认可。"

司法鉴定过程

某鉴定机构接受法院委托,对该工程的造价进行司法鉴定。鉴定人首先组织法院工作人员及双方当事人相关人员进行施工现场勘测,并在调查会上对有关人员进行询证,对建筑工程施工合同、工程施工图、工程决算书、设计变更及工程签证单及相关其他资料反复核查,得出基本事实:发包人于 2014 年 8 月委托设计院设计办公楼图纸,2014 年 12 月应规划需要办公楼改成 3 层,2015 年 1 月发包给承包人承建。由于办公楼图纸 2014 年 12 月由二楼变成三楼,变更内容总说明未提供,总说明依然是 2014 年 8 月的,尤其是铝塑板部分总说明与图纸不相吻合。办公室外立面三层变更图纸只有部分变更,其他立面设计均未出变更图。所以外立面及地砖装饰等相关资料较为模糊,当事人双方各自坚持对自己有利的计算互不相让,矛盾很大。

根据对案情的特征分析,可以看出争诉的焦点及委托主要内容是有关变更工程量的如何确定。在与法院相关人员沟通后,鉴定人决定先把鉴定工程量的明细单及鉴定的依据、鉴定计算过程提供给各方,并要求发承包人书面进行认证。双方接到初步工程量明细单以后,法院组织并进行听证、质证程序,希望在鉴定中达成协议。

承包人认为装饰部分的计算合理,小的异议部分自己也不能确定。

发包人对外立面的装饰单价有异议,还提出室内外消防工程车间钢结构防火涂料乙方没有施工、应予扣除 43.8 万元。最后提出幕墙及铝塑板幕墙均在图纸内,不应该另行增加,并且强调承包人没有按图施工,需要赔偿发包人损失。

监理单位也提供了外立面增加铝塑板及原定幕墙业主要进行分包的证据资料。

《最高人民法院关于审理建设工程施工合同纠纷案件适用法律问题的解释》第 19 条规定:"当事人对工程量有争议的,按照施工过程中形成的签证等书面文件确认。承包人能够证明发包人同意其施工,但未能提供签证文件证明工程量发生的,可以按照当事人提供的其他证据确认实际发生的工程量。"第 16 条规定:"当事人对建设工程的计价标准或者计价方法有约定的,按照约定结算工程价款。"

鉴定人遵照法官要求,按实际已发生的工作量与原设计施工图比较,计算变更工程量,再根据此案的难点把变更工程分为两部分:有异议部分和无异议部分。本次案例对变更部分结算有明确约定:按江苏省 2014 年预算定额结算,下浮率按 10.8% 计算。鉴定人据此参照投标价、协商价及相关规定计算鉴定金额,有异议的部分在鉴定报告中予以说明。

争议分析　该工程造价鉴定主要争议的说明:

针对现场管理人员确认的签证单的效力争议,鉴定人查阅了相关法律规定,在《最高人民法院关于审理建设工程施工合同纠纷案件适用法律问题的解释》和《江苏省高级人民法院关于审理建设工程施工合同纠纷案件若干问题的解答》中都未对此作出专门规定,而在《北京市高级人民法院关于审理建设工程施工合同纠纷案件若干疑难问题的解答》第9条规定："当事人在施工合同中就有权对工程量和价款洽商变更等材料进行签证确认的具体人员有明确约定的,依照其约定。除法定代表人外,其他人员所作的签证确认对当事人不具有约束力,但相对方有理由相信该签证人员有代理权的除外;没有约定或约定不明,当事人工作人员所作的签证确认是其职务行为的,对该当事人具有约束力,但该当事人有证据证明相对方知道或应当知道该签证人员没有代理权的除外。"通过调查,发包人并未在施工合同中约定该现场管理人员有权对工程量和价款洽商变更等材料进行签证确认,承包人也未举证证明该工作人员所作的签证确认是其职务行为,因此,鉴定人认为该现场管理人员所作的签证确认对发包人不具有约束力。鉴定人将该处理意见通告了法院并得到法院的认可。最终确定按照实际完成工程量计算工程价款。

铝塑板原投标书未计,施工图没有明示,所以按实计算铝塑板造价,并相应减少外墙及涂料。

玻璃幕墙原投标预算数量仅为 $55\,m^2$,实际增加 $192.02\,m^2$,按投标价格计算,并相应减少外墙及涂料。

铝合金百叶窗原投标书未计,实际取消。施工图纸上只有示意图,按估计面积计算,具体材质也没有明确说明,按普通铝合金百叶窗的价格扣除。

外立面仿石砖原来是有两层仿石砖,实际第二层仿石砖取消。减少的灰色仿石砖按投标价扣除,并相应增加外墙涂料。

原图有说明做地沟,承包人原投标书未计,实际未做,扣除该项费用。

发包人提出车间防火涂料、消防工程承包人未做,承包人原投标书只标明彩钢屋面的价格,没有明确防火涂料是否计入,原投标书中消防工程未明确,故列入争议。以上两项鉴定人都按常规造价列入。

鉴定结果　双方无异议的造价金额为17.23万元,有异议的造价金额总计为19.97万元,由于这些异议没有具体签证,没有法律依据,投标报价中有的未含相关内容,故列入异议范围,供法院在判决时参考。最后法院采纳了这个鉴定结论,并据此作出了判决。

iv 监理方对工期、质量、工程量等事实签证,原则上有效。

工程监理人员对工期、质量、工程量等事实所作的签证,原则上对发包人具有约束力。

工程实践中,监理人员通常负责审核已完工程量、审查批准施工组织设计(含进度计划)、工程质量检查验收等,但涉及工程价款的洽商、变更、调整等经济决策的,通常由发包人直接处理。《北京市高级人民法院关于审理建设工程施工合同纠纷案件若干疑难问题的解答》第10条规定："工程监理人员在监理过程中签字确认的签证文件,涉及工程量、工期及工程质量等事实的,原则上对发包人具有约束力,涉及工程价款洽商变更等经济决策的,原则上对发包人不具有约束力,但施工合同对监理人员的授权另有约定的除外。"

⑨ 工程签证纠纷的鉴定

《建设工程造价鉴定规范》(GB/T 51262—2017)第5.9.1款规定："当事人因现场签证费用发生争议,鉴定人应按以下规定进行鉴定:

i. 现场签证明确了人工、材料、机械台班数量及其价格的,按签证的数量和价格计算;

ii. 现场签证只有用工数量没有人工单价的,其人工单价按照工作技术要求比照鉴定项目相应工程人工单价适当上浮计算;

iii. 现场签证只有材料和机械台班用量没有价格的,其材料和台班价格按照鉴定项目相应工程材料和台班价格计算;

iv. 现场签证只有总价款而无明细表述的,按总价款计算。"

第5.9.2款规定:"当事人因现场签证存在瑕疵发生争议的,鉴定人应按以下规定进行鉴定:

i. 现场签证发包人只签字证明收到,但未表示同意,承包人有证据证明该签证已经完成,鉴定人可作出鉴定并单列,供委托人判断认定。

ii. 现场签证既无数量,又无价格,只有工作事项的,由当事人双方协商,协商不成的,鉴定人可根据该事项进行专业分析,作出推断性意见。"

第5.9.3款规定:"当事人一方仅以对方当事人口头指令完成了某项零星工作,要求费用支付,而对方当事人又不认可,且无实证证据的,鉴定人应以法律证据缺失,作出否定性鉴定。"

【例5-13】 工程签证争议如何鉴定?

案例背景　发承包人双方于2012年针对某住宅工程签订《建筑工程施工合同》,结算方式为固定总价,合同价款为4 042万元。双方当事人于2012年7月17日针对该工程签订补充协议,合同结算方式为结算价=固定总价+签证增加部分-合同图纸范围内未做部分,并细化了合同总价包含的范围,增加了关于外立面要求。双方在补充协议中约定在原来合同价基础上增加184万元,调整后固定合同总价为4 226万元。

项目包括A1♯~A8♯楼、B1♯~B12♯楼,总建筑面积32 861.8 m²,砖混结构三~四层。内墙主要为水泥砂浆饰面,楼梯等公共部位为乳胶漆饰面;地面为水泥砂浆面层;外墙面为文化石、面砖、外墙涂料饰面;窗为塑钢窗,进户门为成品防盗门,阳台门、露台门为塑钢门,A1、A2、B1、B2、B3底层商铺南立面为无框玻璃门。发承包人竣工结算时产生争议,承包人提请工程造价鉴定,法院委托某鉴定机构进行造价鉴定。

争议焦点　在鉴定过程中,鉴定人依据鉴定资料、双方当事人的主张以及双方当事人对证据材料的质证意见,对存在的争议进行了梳理,这些争议从性质上来说,分为四种类型:

1. 双方当事人对变更签证的真实性及有效性没有争议,但对变更签证的计价存在争议。

2. 双方当事人对签证及变更的内容的真实性没有争议,但对其是否属于固定合同价的范围有争议。

3. 双方当事人对签证及变更的真实性存在争议,即对事实存在争议。

4. 双方当事人对签证及变更的内容的真实性没有争议,但对变更计价的方式有争议。

问题分析　针对上述争议,鉴定人采用不同的鉴定方法。

1. 双方当事人对变更签证的真实性及有效性没有争议,但对变更签证的计价存在争议。

对于这些真实性及有效性没有争议的变更签证,鉴定人按双方当事人合同约定的结算原则计算出鉴定造价,出具了可确定的造价结论意见。

2. 双方当事人对签证及变更的内容的真实性没有争议,但对其是否属于固定合同价的范围有争议,对这些存在争议的变更或签证按合同约定的结算原则分别计算得出相应的造价,并从专业角度进行了分析,将其列入非结论性意见部分,是否计算应由法院裁决。

该部分争议的实质是对合同内容的争议,涉及合同争议属于法院的裁判权,鉴定人应本着客观性的原则将可能的造价分别计算分列,供法院裁决时选择。例如:

(1) 三层楼面现浇板是否属于固定合同价范围?

申请人主张:某建筑设计院 2012 年 10 月联系单"因三四层为连户,三层楼面乙楼梯处增加现浇板 LB2"。根据该联系单,申请人主张增加现浇板造价 70 816.69 元。

鉴定人意见:结构图显示该处为乙楼梯,建筑图显示该处为楼板,建筑图与结构图表示不一致。一二层、三四层分属不同的两户,根据使用功能,原设计三层楼面处应该为现浇板,鉴定人进行专业分析后将其列入非结论性意见部分。

上述意见只是鉴定人从专业角度进行分析,为了避免"以鉴代审",同时便于法院在查明事实的基础上可以直接作出裁决,鉴定人又分不同情况计算出了供法院裁定的可选择造价:如原合同价内包含的是楼板,则该项签证鉴定造价为 0.00 元;如原合同价内包含的是楼梯,则该项签证鉴定造价为 -32 409.26 元;如原合同价内未包含楼板也未包含楼梯,则该项签证鉴定造价为 61 975.96 元。

(2) 雨水管是否属于固定合同价范围?

申请人主张:某建筑设计研究院在 2013 年 3 月出具业务联系单第 1 条"1、小区室外雨水采用有组织排水,雨水管为 ϕ110PVC 落水管,安装要求避开窗,力求美观。"申请人主张增加造价 223 251.87 元。

鉴定人意见:原招标图建筑设计总说明"三、建筑材料—10,落水头采用 PVC,落水管采用 ϕ100PVC,落水头上罩铅丝网球",在平面图中表示了落水管位置,但立面图未表示有落水管。该部分涉及设计图纸的完整性及设计院出具变更的真实意图,鉴定人根据签证结合现场踏勘计算出实际施工的落水管工程造价,将其列入非结论性意见部分,供法院裁决时选择。

3. 双方当事人对签证及变更的真实性存在争议,即对事实存在争议,对于该部分签证,鉴定人按法院提供的签证的内容计算出相应的造价,由法院裁定签证及变更的真实性和有效性后,确定是否计算。

该部分争议的实质是对证据效力和事实的争议,涉及证据效力和事实争议属于法院的裁判权,鉴定人应本着客观性的原则将可能的造价分别计算分列,并在鉴定意见中客观描述此类证据的状况,供法院裁决时选择。例如:

基础处理的签证是否计价?

本案争议比较大的是基础处理的签证。这些签证有申请人签字盖章,无监理项目部及被申请人签字盖章;其附件"基础土方挖运示意图"有监理项目部签字盖章,在设计(勘测)单位签字栏有签字。

申请人主张:根据这些签证的挖土深度及基础处理方案重新计算基础挖土及基础部分工程造价,然后减去投标报价,计算出主张增加的造价。

鉴定人意见:按照合同约定的变更计价原则,依据签证内容计算签证工程量与原设计工程量的差异造价,该部分造价列入非结论性意见部分,是否计算应由法院裁定。

4. 双方当事人对签证及变更的内容的真实性没有争议,但对变更计价的方式有争议。对于该部分签证,鉴定人依据法院提供的签证的内容按合同约定的结算原则计算出相应的造价,并按双方当事人的不同主张,分别计算出相应的造价,将其列入非结论性鉴定意见部分,供法院裁决时选择。

该部分争议的实质是对合同约定内容的争议,涉及合同争议属于法院的裁判权,鉴定人应本着客观性的原则将可能的造价分别计算分列,供法院裁决时选择。例如:

幕墙调差计算的原则：

现场实际塑钢幕墙面积为 352.24 m²，按原招标图纸（2012 年 01 月版图纸）施工，塑钢幕墙合同暂定价为 280 元/m²。

申请人主张：塑钢幕墙合同暂定价 280 元/m²，实际单价为 360 元/m²，该项造价增加 31 636.15 元。

被申请人主张：申请人投标报价工程量为 1 100 m²，实际施工为 352.24 m²，应调减该部分造价约 20 万元。

鉴定人意见：按照合同约定的变更计价原则，鉴定造价应计算双方确认单价后增加的造价，采用何种调整方式应由法院裁决。

结论　法院最后裁定的造价为：合同价＋鉴定的可确定变更造价＋法院依法调增的造价－法院依法调减的造价，其中合同价、鉴定的可确定变更造价是依据本次鉴定的可确定结论意见；法院依法调增的造价及法院依法调减的造价的数据是依据本次鉴定的非结论性意见部分提供的造价，由法院核实证据的真实性及有效性后裁定。

（10）工程竣工结算时效及程序规定

《建设工程工程量清单计价规范》（GB 50500—2013）"11.3 竣工结算"第 11.3.1 款规定："合同工程完工后，承包人应在经发承包双方确认的合同工程期中价款结算的基础上汇总编制完成竣工结算文件，应在提交竣工验收申请的同时向发包人提交竣工结算文件。承包人未在合同约定的时间内提交竣工结算文件，经发包人催告后 14 天内仍未提交或没有明确答复的，发包人有权根据已有资料编制竣工结算文件，作为办理竣工结算和支付结算款的依据，承包人应予以认可。"

第 11.3.2 款规定："发包人应在收到承包人提交的竣工结算文件后的 28 天内核对。发包人经核实，认为承包人应进一步补充资料和修改结算文件，应在上述时限内向承包人提出核实意见，承包人在收到核实意见后 28 天内应按照发包人提出的合理要求补充资料，修改竣工结算文件，并应再次提交给发包人复核后批准。"

第 11.3.3 款规定："发包人应在收到承包人再次提交的竣工结算文件后的 28 天内予以复核，将复核结果通知承包人，并应遵守下列规定：

① 发包人、承包人对复核结果无异议的，应在 7 天内在竣工结算文件上签字确认，竣工结算办理完毕；

② 发包人或承包人对复核结果认为有误的，无异议部分按照本条第 1 款规定办理不完全竣工结算；有异议部分由发承包双方协商解决；协商不成的，应按照合同约定的争议解决方式处理。"

第 11.3.4 款规定："发包人在收到承包人竣工结算文件后的 28 天内，不核对竣工结算或未提出核对意见的，应视为承包人提交的竣工结算文件已被发包人认可，竣工结算办理完毕。"

第 11.3.5 款规定："承包人在收到发包人提出的核实意见后的 28 天内，不确认也未提出异议的，应视为发包人提出的核实意见已被承包人认可，竣工结算办理完毕。"

第 11.3.6 款规定："发包人委托工程造价咨询人核对竣工结算的，工程造价咨询人应在 28 天内核对完毕，核对结论与承包人竣工结算文件不一致的，应提交给承包人复核；承包人应在 14 天内将同意核对结论或不同意见的说明提交工程造价咨询人。工程造价咨询人收到承包人提出的异议后,应再次复核,复核无异议的,应按本规范第 11.3.3 条第 1 款的规定办理,复核后仍有异议的,按本规范第 11.3.3 条第 2 款的规定办理。承包人逾期未提出书面异议的,应视为工程造价咨询人核对的竣工结算文件已经承包人认可。"

第 11.3.7 款规定:"对发包人或发包人委托的工程造价咨询人指派的专业人员与承包人指派的专业人员经核对后无异议并签名确认的竣工结算文件,除非发承包人能提出具体、详细的不同意见,发承包人都应在竣工结算文件上签名确认,如其中一方拒不签认的,按下列规定办理:

① 若发包人拒不签认的,承包人可不提供竣工验收备案资料,并有权拒绝与发包人或其上级部门委托的工程造价咨询人重新核对竣工结算文件。

② 若承包人拒不签认的,发包人要求办理竣工验收备案的,承包人不得拒绝提供竣工验收资料,否则,由此造成的损失,承包人承担相应责任。"

第 11.3.8 款规定:"合同工程竣工结算核对完成,发承包双方签字确认后,发包人不得要求承包人与另一个或多个工程造价咨询人重复核对竣工结算。"

第 11.3.9 款规定:"发包人对工程质量有异议,拒绝办理工程竣工结算的,已竣工验收或已竣工未验收但实际投入使用的工程,其质量争议应按该工程保修合同执行,竣工结算应按合同约定办理;已竣工未验收且未实际投入使用的工程以及停工、停建工程的质量争议,双方应就有争议的部分委托有资质的检测鉴定机构进行检测,并应根据检测结果确定解决方案,或按工程质量监督机构的处理决定执行后办理竣工结算,无争议部分的竣工结算应按合同约定办理。"

需特别强调的是,《建设工程工程量清单计价规范》属于强制性规范,当事人各方应当遵照执行。但是鉴定人在鉴定过程中运用上述默示条款规定进行鉴定时,必须注意争议当事人是否主张过上述默示条款所规定的权利。如果鉴定人发现当事人一方主张过上述默示条款所规定的权利,则鉴定人可以按《建设工程工程量清单计价规范》的规定进行鉴定;如果当事人并未主张,鉴定人不能主动引援上述规定进行鉴定。《最高人民法院关于审理民事案件适用诉讼时效制度若干问题的规定》(法释〔2008〕11 号)第 3 条规定:"当事人未提出诉讼时效抗辩,人民法院不应对诉讼时效问题进行释明及主动适用诉讼时效的规定进行裁判。"施工合同纠纷案件属于民事案件范畴,根据民法意思自治原则,当事人是否行使时效抗辩权,司法不应过多干预。因此,鉴定人在鉴定过程中必须时刻提醒自己是接受人民法院或仲裁机构的委托实施工程造价鉴定工作,应当维护委托人居中裁判的中立地位,防止出现越权鉴定或以鉴代审的情况。

(11) 合同解除争议的鉴定

在施工合同履行过程中,可能由于种种原因(发包人违约、承包人违约、不可抗力等)导致施工合同无法继续履行,经双方当事人协商,或权利人向人民法院或仲裁机构提出申请,可解除合同。

《合同法》第 97 条规定:"合同解除后,尚未履行的,终止履行;已经履行的,根据履行情况和合同性质,当事人可以要求恢复原状、采取其他补救措施,并有权要求赔偿损失。"第 98 条规定:"合同的权利义务终止,不影响合同中结算和清理条款的效力。"

《最高人民法院关于审理建设工程施工合同纠纷案件适用法律问题的解释》(法释〔2004〕14 号)第 10 条规定:"建设工程施工合同解除后,已经完成的建设工程质量合格的,发包人应当按照约定支付相应的工程价款;已经完成的建设工程质量不合格的,参照本解释第三条规定处理。因一方违约导致合同解除的,违约方应当赔偿因此而给对方造成的损失"。

《建设工程造价鉴定规范》(GB/T 51262—2017)第5.10.1款规定:"工程合同解除后,当事人就价款结算发生争议,如送鉴的证据材料满足鉴定要求的,按送鉴的证据材料进行鉴定。不能满足鉴定要求的,鉴定人应提请委托人组织现场勘验,会同当事人采取以下措施进行鉴定:

i. 清点已完工程部位、测量工程量;

ii. 清点施工现场人、材、机数量;

iii. 核对现场签证、索赔所涉及的有关资料;

iv. 将清点结果汇总造册,请当事人签认,当事人不签认的,及时报告委托人;

v. 分别计算价款。"

第5.10.2款规定:"因发包人违约导致合同解除的费用争议,鉴定意见应包括以下费用:

i. 完成永久工程的价款;

ii. 已付款的材料设备等物品的金额(付款后归发包人所有);

iii. 临时设施的摊销费用;

iv. 现场签证、索赔以及其他应支付的费用;

v. 撤离现场及遣散人员的费用;

vi. 赔偿承包人的违约费用。"

第5.10.3款规定:"因承包人违约导致合同解除的费用争议,鉴定意见应包括以下费用:

i. 完成永久工程的价款;

ii. 已付款的材料设备等物品的金额(付款后归发包人所有);

iii. 临时设施的摊销费用;

iv. 现场签证、索赔以及其他应支付的费用;

v. 赔偿发包人的违约费用。"

第5.10.4款规定:"因不可抗力导致合同解除的费用争议,鉴定人应按合同约定,合同没有约定或约定不明的,按国家标准计价规范的规定进行鉴定。"

【例5-14】 合同解除后工程造价的鉴定如何进行?

案例背景 发包人(某开发公司)分两期开发的某住宅小区,于2013年4月23日与承包人签订了施工合同一份,约定将二期住宅楼工程发包给承包人施工,合同价款为980元/m²,合同范围为6#~8#楼土建安装等工程,合同工期220天,工程于2013年5月2日开工。2014年1月,承包人在完成6#~8#主体施工至三层时,因承包人建设资金出现严重问题已实际停工。发包人多次与承包人交涉,令其复工无果。承包人主动要求终止合同并退场,承包人退场后的临时设施、脚手架、模板、钢筋、砌块、施工机械等遗留现场。为赶工期,发包人将剩余工程交由另一承包人继续施工。后原承包人与发包人就已完部分工程进行结算时产生争议。承包人向法院申请工程造价鉴定,法院委托某鉴定机构进行鉴定。

争议焦点 本案例涉及工程价款结算的争议,在各工程进度节点确定无误的情况下,主要争议如下:

1. 承包人提供相关书面资料表明现场遗留的设施、材料等事实证明,涉及临时设施、塔吊、脚手架、钢筋、砌块等。承包人认为临时设施为一次性投入,应当按照相关规范以整个工程分部分项为基数足额计取,其他材料、人工等应按照实际情况按实计取。发包人认为工期延误为承包人责任且工程未完工,故其主张不能成立。

2. 承包人提供工程签证,表示发包人要求承包人完成施工现场便道的施工,要求以相关定额计算工程价款。发包人认为施工现场的施工便道属于临时设施,已包含在临时设施费中,不应另行计算。

3. 承包人要求以实际施工天数计算垂直运输费用。发包人认为实际工期延误较多且为承包人责任,故其主张不能成立。

4. 承包人要求以定额计算已完成工程量并确定工程造价。发包人认为工程定额预算价高于工程实际发包价格,不予认可。

争议分析 建设工程施工合同非正常终止后工程造价的确定,取决于未完工程和已完工程界限的正确划分,以及对未完工程和已完工程造价计算方法正确程度的把握。不管合同采用何种计价方式,都要求对项目未完工程和已完工程进行盘点,并依据合同约定和相关规范,正确计算非正常终止合同工程的已完工程造价。

针对以上争议,分析如下:

1. 该工程为未完工程价款结算的争议处理,经现场踏勘发现,承包人遗留在现场的临时设施、塔吊和脚手架、模板、砌块等材料已被后施工的承包人实际利用。

2. 实际发生的垂直运输费用与工程进度差异较大,承包人对工期延误负主要责任,且无力继续该工程。故垂直运输费用不应按实际工期计算。

3. 施工便道定性问题。江苏 09 费用定额明确规定,临时设施包括工程规定范围内(建筑物沿边起 50 m 以内,多幢建筑两幢间隔 50 m 内)围墙、临时道路、水电、管线和塔吊基座(轨道)垫层等。据现场踏勘发现,其应属于临时设施范畴。

4. 本工程合同价格为 980 元/m²,鉴定人本着公平、公正、诚信的原则,详细对照工程施工图纸,精确算量,准确计价,认真取费,在符合规定和相关规范的前提下,得出其工程预算价格为 1 425 元/m²。

鉴定结论 经鉴定人建议,发包人与承包人双方经过协商,一致同意采用预算下浮方法确定工程造价。即采用完整的施工图,编制工程预算,得出平方米单价。用合同平方米单价与预算平方米单价相比得出中标下浮系数(1 425−980)/1 425×100%=31.22%,再根据双方确认的实际已完成工程量,做相同口径的预算,在此基础上下浮 31.22%,得出承包人已完成工程的造价。

另承包人现场遗留的脚手架、模板、钢筋、砌块等材料,经原承包人与现承包人双方协商一致,以市场价让与现承包人继续使用,其价格单独核算并由现承包人支付。

赔偿发包人的违约费用,由法院根据合同约定及发包人的诉求作出裁决。

注 本章所有函件和记录格式均出自《建设工程造价鉴定规范》(GB/T 51262—2017)附录

6 工程造价鉴定质量监控

6.1 工程造价鉴定文书的编写

6.1.1 司法鉴定文书的概念和特征

1) 司法鉴定文书的概念

司法鉴定文书又称鉴定书,是司法鉴定机构和司法鉴定人依照法律、法规和规章规定的条件和程序,运用科学技术或者专门知识对诉讼涉及的专门性问题进行分析、鉴别和判断后出具的记录和反映司法鉴定过程和司法鉴定意见的书面载体。按照诉讼法规定,鉴定人完成鉴定工作后,必须以书面形式出具鉴定结果。

司法鉴定文书由具有相关执业资格的鉴定人制作,要符合法律、法规、规章和鉴定程序,按照统一规范的格式要求制作,应当使用国家标准计量单位、符号和文字。司法鉴定文书根据其内容不同,可以分为司法鉴定意见书和司法鉴定检验报告书。

工程造价鉴定是指鉴定机构接受人民法院或仲裁机构委托,在诉讼或仲裁案件中,鉴定人运用工程造价方面的科学技术和专业知识,对工程造价争议中涉及的专门性问题进行鉴别、判断并提供鉴定意见的活动。

2) 司法鉴定文书的特征

司法鉴定文书是一种反映鉴定委托、鉴定过程、鉴定方法和鉴定结果的具有法律意义的文书。它具有下列特征:

(1) 文书制作主体的特定性

司法鉴定文书必须由具有相应执业资格的司法鉴定人制作。工程造价鉴定文书应当由接受法院或仲裁机构委托且具有相应资质的鉴定机构指派,具有造价工程师执业资格的鉴定人制作。

(2) 制作程序的合法性

司法鉴定文书的制作过程必须符合法律法规、规范标准和司法鉴定程序的有关规定。《建设工程造价鉴定规范》(GB/T 51262—2017)对工程造价鉴定的程序作了明确规定。

(3) 鉴定文书内容的科学性

《建设工程造价鉴定规范》(GB/T 51262—2017)第 6.2.1 款规定:"鉴定意见:应当明确、具体、规范、具有针对性和可适用性。"第 3.1.3 款规定:"鉴定人在工程造价鉴定中,应严格遵守民事诉讼程序或仲裁规则以及职业道德、执业准则。"

《注册造价工程师管理办法》(建设部令第 150 号)第 17 条规定:"注册造价工程师应当履行下列义务:……(二)保证执业活动成果的质量;……(四)执行工程造价计价标准和计价方法。"第 20 条规定:"注册造价工程师不得有下列行为:……(四)签署有虚假记载、误导性陈述的工程造价成果文件。"由此可见,鉴定人出具造价鉴定文书必须真实客观。

(4) 鉴定文书形式的规范性

为贯彻执行《全国人民代表大会常务委员会关于司法鉴定管理问题的决定》和修订后的《司法鉴定程序通则》(司法部令第 132 号),司法部制定了《司法鉴定委托书》等 7 种文书格式,并予印发,自 2017 年 3 月 1 日起执行。同时,《建设工程造价鉴定规范》(GB/T 51262—2017)也对工程造价鉴定意见书格式作了专门性规定。

3) 司法鉴定文书的分类

(1) 根据司法鉴定文书的性质和作用,可以把司法鉴定文书分为司法鉴定意见书和鉴定检验报告书。

司法鉴定意见书,是指根据司法鉴定机构和司法鉴定人对委托人提供的鉴定材料进行检验、鉴别后出具的记录司法鉴定人专业判断意见的文件。一般包括标题、编号、基本情况、检案摘要、检验过程、分析说明、鉴定意见、落款、附件及附注等内容。工程造价鉴定一般是以司法鉴定意见书作为最终成果。

司法鉴定检验报告书,是指司法鉴定机构和司法鉴定人对委托人提供的鉴定材料进行检验后出具的客观反映司法鉴定人检验过程和检验结果的文书。一般包括标题、编号、基本情况、检案摘要、检验过程、检验结果、落款、附件及附注等内容。

(2) 根据司法鉴定程序,司法鉴定文书可以分为鉴定意见书、补充鉴定意见书、重新鉴定意见书。

鉴定意见书:司法鉴定意见书是接受委托方在初次委托后出具的司法鉴定文书。

补充鉴定意见书:凡发现新的相关鉴定材料和客体的,原鉴定项目有遗漏的,原鉴定意见不全面、不充分、不准确的,经委托方委托,可由原司法鉴定人或者其他司法鉴定人作补充鉴定,并出具补充鉴定意见书。补充鉴定意见书是对原司法鉴定意见书的补充,要一并装订使用。

重新鉴定意见书:在司法鉴定过程中,凡不符合司法鉴定程序的,送检的材料虚假或者失实的,原鉴定意见不科学、不准确的,当事人或者委托方不同意司法鉴定意见而需要委托再鉴定的,可由原司法鉴定人以外的司法鉴定人进行鉴定并出具重新鉴定意见书。

6.1.2 司法鉴定文书的制作要求

鉴定文书是鉴定委托、鉴定过程和结果的书面表现形式,是鉴定人将鉴定所依据的资料、检材、样品、鉴定的方法步骤、得出的数据、图像以及判断的依据等,用文字、数据和图片的形式表述出来的一种具有法定证据效力的司法文书。鉴定文书是一种法律性文件,其制作必须尊重客观事实和符合诉讼法规定的要求。鉴定文书的制作质量直接影响到司法公正,其内容是否完整充实,依据的鉴定方法是否科学,推理是否符合逻辑,论证是否充分有力,是评断鉴定结论证据价值的重要依据。因而,鉴定文书的标准化是司法鉴定标准化的一个重要方面。

鉴定文书制作的基本要求是:

（1）基本概念要清楚,应使用统一规范的专业术语和法律规范的用语。

（2）文字简练,用词准确,语句通顺,描述确切清晰,论证符合逻辑。

（3）应使用规范的国家标准计量单位、符号和国家标准简体汉字。

（4）内容系统全面,客观反映鉴定事项事实,分析说明要符合科学原理,逻辑性强。文体结构层次分明,证据可靠充分,结论准确无误,不使用有歧义的字句,不得使用文言、方言、土语。使用少数民族语言文字的,应符合少数民族语言文字规范。

（5）鉴定文书的格式应当符合规范要求,必要时应附有相关图表、照片、参考文献等说明性附件,所附照片必须真实、清楚。

6.1.3 司法鉴定文书格式

不同专业和不同种类的司法鉴定文书格式是有所差异的,但司法鉴定文书的基本格式结构要素相同。司法鉴定文书一般由封面、正文和附件组成。一般应包括标题、编号、基本情况、检案摘要、检验过程、检验结果、分析说明、鉴定意见、落款、附注等部分。

1）内容要求

司法鉴定文书正文应当符合下列规范和要求:

（1）标题:应写明司法鉴定机构的名称和委托鉴定事项;

（2）编号:写明司法鉴定机构缩略名、年份、专业缩略语、文书性质缩略语及序号;

（3）基本情况:写明委托人、委托鉴定事项、受理日期、鉴定材料、鉴定日期、鉴定地点、在场人员、被鉴定人等内容;

（4）检案摘要:写明委托鉴定事项涉及案件的简要情况;

（5）检验过程:写明鉴定的实施过程和科学依据,包括检材处理、鉴定程序、所用技术方法、技术标准和技术规范等内容;

（6）检验结果:写明对委托人提供的鉴定材料进行检验后得出的客观结果;

（7）分析说明:写明根据鉴定材料和检验结果形成鉴定意见的分析,鉴别和判断的过程,引用的资料应当注明出处;

（8）鉴定意见:应当明确、具体、规范、具有针对性和可适用性;

（9）落款:由司法鉴定人签名或者盖章,并写明司法鉴定人的执业证号,同时加盖司法鉴定机构的司法鉴定专用章,并注明文书制作日期等;

（10）附注:对司法鉴定文书中需要解释的内容可以在附注中作出说明。

司法鉴定文书格式内容可以根据不同鉴定类别和专业特点作相应调整。

司法鉴定文书附件应当包括与鉴定意见、检验报告有关的关键图表、数据及照片等,以及有关音像资料、参考文献等的目录。附件是司法鉴定文书的组成部分,应当附在鉴定文书的正文之后。

司法鉴定文书的内容要系统全面,实事求是,分析说明应逻辑性强,文体结构应层次分明,论据要可靠充分,鉴定意见应客观、科学,是分析论证的结果。

2）格式、数量、签章要求

司法鉴定文书的制作应当符合下列格式要求:

（1）使用 A4 规格纸张,打印制作;

（2）在正文每页页眉的右上角注明正文共几页,同时注明本页是第几页;

（3）落款应当与正文同页，不得使用"此页无正文"字样；

（4）不得有涂改。

在司法鉴定文书的制作数量上也有统一要求，司法鉴定机构出具的司法鉴定文书一般应当一式四份，三份交委托人收执，一份由本机构存档。在实践中，经常也会遇到委托人，特别是人民法院在审理过程中涉及的诉讼当事人、参与人比较多，可能会向司法鉴定机构提出需要增加司法鉴定文书的副本数。鉴定机构一般会应要求增加制作副本数量。但司法鉴定文书正本只能有一份。

对于司法鉴定文书的签章相关规章也有专门的规定。《司法鉴定程序通则》（司法部令第 132 号），第 37 条规定："司法鉴定意见书应当由司法鉴定人签名。多人参加的鉴定，对鉴定意见有不同意见的，应当注明。"司法鉴定文书经过复核的，复核人应当在司法鉴定机构内部复核单上签名。司法鉴定文书应当同时加盖司法鉴定机构的司法鉴定专用章红印和钢印两种印模。司法鉴定文书正文标题下方编号处应当加盖司法鉴定机构的司法鉴定专用章钢印；司法鉴定文书各页之间应当加盖司法鉴定机构的司法鉴定专用章红印，作为骑缝章；司法鉴定文书制作日期处应当加盖司法鉴定机构的司法鉴定专用章红印。司法鉴定机构的司法鉴定专用章红印和钢印为圆形，制作规格应当为直径 4 厘米，中央刊五角星，五角星上方刊司法鉴定机构名称，自左而右环行；五角星下方刊司法鉴定专用章字样，自左而右横排。司法鉴定机构的司法鉴定专用章红印和钢印印文的汉字，应当使用国务院公布的简化字，字体为宋体。民族自治地区的司法鉴定机构定专用章红印和钢印文应当并列刊汉字和当地通用的少数民族文字，自左而右环行。

3）文字要求

司法鉴定文书的语言表述应当符合下列规范和要求：

（1）使用符合国家通用语言文字规范、通用专业术语规范和法律规范的用语；

（2）使用国家标准计量单位和符号；

（3）使用少数民族语言文字的，应当符合少数民族语言文字规范；

（4）文字精练，用词准确，语句通顺，描述客观、清晰。

司法鉴定文书中应用的基本概念应当清楚，使用统一的专业术语。不允许使用有歧义的字、词、句。

4）程序要求

司法鉴定文书的制作应实行鉴定人、复核人、签发人的三级审核责任制度。所有的鉴定文书（底稿及打印件）上均应有鉴定人签名，存档的鉴定文书稿上应有复核人和签发人签名。多人参加司法鉴定，对司法鉴定意见如有不同意见的，应当在鉴定文书中注明。

司法鉴定文书经过复核的，复核人应当在司法鉴定机构内部复核单上签名。

司法鉴定文书的封面应当写明司法鉴定机构的名称，司法鉴定文书的类别和司法鉴定许可证号；封二应当写明声明、司法鉴定机构的地址和联系电话。

6.1.4 《司法鉴定文书格式的通知》的规定

2016 年 11 月 21 日，司法部发布了《司法部关于印发司法鉴定文书格式的通知》（司发通〔2016〕112 号文件），其中包含了司法部为贯彻执行《全国人民代表大会常务委员会关于司法鉴定管理问题的决定》和修订后的《司法鉴定程序通则》（司法部令第 132 号），而制定的《司法鉴定委托书》《司法鉴定意见书》《延长鉴定时限告知书》《终止鉴定告知书》《司法鉴定复核意见》《司法鉴定意见补正书》和《司法鉴定告知书》等 7 种文书格式。该《通知》自 2017 年 3 月 1 日起执行。同时，司法部 2007 年 11 月 1 日印发的《司法部关于印发〈司法鉴定文书规范〉和〈司法鉴定协议书（示范文本）〉的通知》（司发通〔2007〕71 号）（该通知中提供了司法鉴定意见书和司法鉴定检验报告书的示范文本、司法鉴定协议书的示范文本）同时废止。

《通知》的颁布进一步完善了司法鉴定文书规范，强调司法鉴定机构和司法鉴定人应当按照统一的文本格式制作司法鉴定意见书，对司法鉴定委托书的内容进行修改完善，并增加对有瑕疵的司法鉴定意见书进行补正的条件和措施。

修订后的《司法鉴定程序通则》（司法部令第 132 号）第 36 条规定："司法鉴定机构和司法鉴定人应当按照统一规定的文本格式制作司法鉴定意见书。"

本节附录

《司法部关于印发司法鉴定文书格式的通知》

各省、自治区、直辖市司法厅（局），新疆生产建设兵团司法局：

为贯彻执行《全国人民代表大会常务委员会关于司法鉴定管理问题的决定》和修订后的《司法鉴定程序通则》（司法部令第 132 号），司法部制定了《司法鉴定委托书》等 7 种文书格式，现予印发，自 2017 年 3 月 1 日起执行。2007 年 11 月 1 日印发的《司法部关于印发〈司法鉴定文书规范〉和〈司法鉴定协议书（示范文本）〉的通知》（司发通〔2007〕71 号）同时废止。

中华人民共和国司法部
2016 年 11 月 21 日

附件：司法鉴定文书格式目录及样本

1. 《司法鉴定委托书》
2. 《司法鉴定意见书》
3. 《延长鉴定时限告知书》
4. 《终止鉴定告知书》
5. 《司法鉴定复核意见》
6. 《司法鉴定意见补正书》
7. 《司法鉴定告知书》

司法鉴定文书示范文本一

司法鉴定委托书

（宋体小二，加黑，居中排列）

编号：_____

（五号宋体，居右排列）

委托人		联系人（电话）	
联系地址		承办人	
司法鉴定机构	名　称： 地　址：　　　　　　　　　邮　编： 联系人：　　　　　　　　　联系电话：		
委托鉴定事项			
是否属于重新鉴定			
鉴定用途			
与鉴定有关的基本案情			
鉴定材料			
预计费用及收取方式	预计收费总金额：_____，大写_____。		
司法鉴定意见书发送方式	☐ 自取 ☐ 邮寄　地址： ☐ 其他方式（说明）		

约定事项

1. （1）关于鉴定材料：

☐ 所有鉴定材料无须退还。

☐ 鉴定材料须完整、无损坏地退还委托人。

☐ 因鉴定需要，鉴定材料可能会损坏、耗尽，导致无法完整退还。

☐ 对保管和使用鉴定材料的特殊要求：_____。

（2）关于剩余鉴定材料：

☐ 委托人于_____周内自行取回。委托人未按时取回的，鉴定机构有权自行处理。

☐ 鉴定机构自行处理。如需要发生处理费的，按有关收费标准或协商收取_____元处理费。

☐ 其他方式：

2. 鉴定时限：

☐ _____年_____月_____日之前完成鉴定，提交司法鉴定意见书。

☐ 从该委托书生效之日起_____个工作日内完成鉴定，提交司法鉴定意见书。

注：鉴定过程中补充或者重新提取鉴定材料所需的时间，不计入鉴定时限。

3. 需要回避的鉴定人：_____，回避事由：_____。

4. 经双方协商一致，鉴定过程中可变更委托书内容。

5. 其他约定事项：

鉴定风险提示	1. 鉴定意见属于专家的专业意见，是否被采信取决于办案机关的审查和判断，鉴定人和鉴定机构无权干涉； 2. 由于受鉴定材料或者其他因素限制，并非所有的鉴定都能得出明确的鉴定意见； 3. 鉴定活动遵循依法独立、客观、公正的原则，只对鉴定材料和案件事实负责，不会考虑是否有利于任何一方当事人。

续表

其他需要说明的事项	
委托人 （承办人签名或者盖章） ×年×月×日	司法鉴定机构 （签名、盖章） ×年×月×日

注：

1. "编号"由司法鉴定机构缩略名、年份、专业缩略语及序号组成。

2. "委托鉴定事项"用于描述需要解决的专门性问题。

3. 在"鉴定材料"一项，应当记录鉴定材料的名称、种类、数量、性状、保存状况、收到时间等，如果鉴定材料较多，可另附《鉴定材料清单》。

4. 关于"预计费用及收取方式"，应当列出费用计算方式；概算的鉴定费和其他费用，其中其他费用应尽量列明所有可能的费用，如现场提取鉴定材料时发生的差旅费等；费用收取方式、结算方式，如预收、后付或按照约定方式和时间支付费用；退还鉴定费的情形等。

5. 在"鉴定风险提示"一项，鉴定机构可增加其他的风险告知内容，有必要的，可另行签订风险告知书。

（仿宋，10号字）

司法鉴定文书示范文本二

×××司法鉴定中心（所）
司法鉴定意见书

（司法鉴定机构名称＋司法鉴定文书类别的标题，宋体小二，加黑，居中排列）

司法鉴定机构许可证号：＿＿＿＿＿＿＿＿＿

（4号仿宋体，居中排列）

声　明

（2号宋体，居中排列）

1. 司法鉴定机构和司法鉴定人根据法律、法规和规章的规定，按照鉴定的科学规律和技术操作规范，依法独立、客观、公正进行鉴定并出具鉴定意见，不受任何个人或者组织的非法干预。

2. 司法鉴定意见书是否作为定案或者认定事实的根据，取决于办案机关的审查判断，司法鉴定机构和司法鉴定人无权干涉。

3. 使用司法鉴定意见书，应当保持其完整性和严肃性。

4. 鉴定意见属于鉴定人的专业意见。当事人对鉴定意见有异议，应当通过庭审质证或者申请重新鉴定、补充鉴定等方式解决。

（声明内容：4号仿宋体）

地　　址：××省××市××路××号（邮政编码：000000）

联系电话：000－00000000

（司法鉴定机构的地址及联系电话：4号仿宋体）

×××司法鉴定中心(所)
司法鉴定意见书

（宋体小二,加黑,居中排列）

编号：<u>（司法鉴定专用章）</u>

（仿宋小四）

一、基本情况

二、基本案情

三、资料摘要

四、鉴定过程

五、分析说明

六、鉴定意见

七、附件

（标题:黑体小四;内容:四号仿宋体）

司法鉴定人签名(打印文本和亲笔签名)

及《司法鉴定人执业证》证号(司法鉴定专用章)

×年×月×日

共　　页第　　页

（仿宋小四）

注：

1. 本司法鉴定意见书文书格式包含了司法鉴定意见书的基本内容，各省级司法行政机关或司法鉴定协会可以根据不同专业的特点制定具体的格式，司法鉴定机构也可以根据实际情况作合理增减。

2. 关于"基本情况"，应当简要说明委托人、委托事项、受理日期、鉴定材料等情况。

3. 关于"资料摘要"，应当摘录与鉴定事项有关的鉴定资料，如法医鉴定的病史摘要等。

4. 关于"鉴定过程"，应当客观、翔实、有条理地描述鉴定活动发生的过程，包括人员、时间、地点、内容、方法，鉴定材料的选取、使用，采用的技术标准、技术规范或者技术方法，检查、检验、检测所使用的仪器设备、方法和主要结果等。

5. 关于"分析说明"，应当详细阐明鉴定人根据有关科学理论知识，通过对鉴定材料，检查、检验、检测的结果，鉴定标准，专家意见等进行鉴别、判断、综合分析、逻辑推理，得出鉴定意见的过程。要求有良好的科学性、逻辑性。

6. 司法鉴定意见书各页之间应当加盖司法鉴定专用章红印，作为骑缝章。司法鉴定专用章制作规格为：直径4厘米，中央刊五角星，五角星上方刊司法鉴定机构名称，自左向右呈环行；五角星下方刊司法鉴定专用章字样，自左向右横排。印文中的汉字应当使用国务院公布的简化字，字体为宋体。民族自治地区司法鉴定机构的司法鉴定专用章印文应当并列刊汉字和当地通用的少数民族文字。司法鉴定机构的司法鉴定专用章应当经登记管理机关备案后启用。

7. 司法鉴定意见书应使用A4纸，文内字体为4号仿宋，两端对齐，段首空两格，行间距一般为1.5倍行距。

司法鉴定文书示范文本三

×××司法鉴定中心(所)
延长鉴定时限告知书

(宋体小二,加黑,居中排列)

编号:_____

(仿宋小四)

×××(委托人):

　　贵单位委托我中心(所)的_____鉴定一案,我中心(所)已受理(编号:_____)并开展了相关鉴定工作,现由于×××××××(原因)无法在规定的时限内完成该鉴定,根据《司法鉴定程序通则》第二十八条的规定,经我中心(所)负责人批准,需延长鉴定时限_____日,至×年×月×日。

　　联系人:×××;联系电话:×××。

　　特此告知。

×××司法鉴定中心(所)(公章)

×年×月×日

(四号仿宋体)

司法鉴定文书示范文本四

×××司法鉴定中心(所)
终止鉴定告知书

(宋体小二,加黑,居中排列)

编号:＿＿＿＿＿＿＿＿＿

(仿宋小四)

×××(委托人):

　　贵单位委托我中心(所)的＿＿＿＿＿＿＿＿鉴定一案,(编号:

＿＿＿＿＿＿＿＿),现因××××××××(原因)致使鉴定工作无

法继续进行。

　　根据《司法鉴定程序通则》第二十九条第(×)款"……(引原文)"

之规定,我鉴定中心(所)决定终止此次鉴定工作。

　　请于×年×月×日前到我鉴定中心(所)办理退费、退还鉴定材

料等手续。

　　联系人:×××;联系电话:×××。

　　特此告知。

×××××司法鉴定中心(所)(公章)

×年×月×日

(四号仿宋体)

司法鉴定文书示范文本五

××××司法鉴定中心(所)
司法鉴定复核意见

（宋体小二,加黑,居中排列）

编号：_____

（仿宋小四）

一、基本情况：

（一）司法鉴定案件编号：

（二）司法鉴定人：

（三）司法鉴定意见：

二、复核意见：

（一）关于鉴定程序：

（二）关于鉴定意见：

复核人签名：

日期：×年×月×日

（标题：三号黑体;正文:四号仿宋体）

司法鉴定文书示范文本六

×××司法鉴定中心(所)
司法鉴定意见补正书

（宋体小二，加黑，居中排列）

编号：＿＿＿＿＿＿＿＿＿

（仿宋小四）

×××(委托人)：

　　根据贵单位委托，我中心(所)已完成＿＿＿＿＿＿＿＿鉴定并出具了司法鉴定意见书(编号：＿＿＿＿＿＿＿＿)。我中心(所)现发现该司法鉴定意见书存在以下不影响鉴定意见原意的瑕疵性问题，现予以补正：

　　1.（需补正的具体位置、补正理由及补正结果）

　　2.（需补正的具体位置、补正理由及补正结果）

　　3.（需补正的具体位置、补正理由及补正结果）

　　……

　　附件:(如补正后的图像、谱图、表格等)

司法鉴定人签名(打印文本和亲笔签名)

及《司法鉴定人执业证》证号

×××司法鉴定中心(所)(司法鉴定专用章)

×年×月×日

（四号仿宋体）

司法鉴定文书示范文本七

司法鉴定告知书

（宋体小二，加黑，居中排列）

一、委托人委托司法鉴定，应提供真实、完整、充分、符合鉴定要求的鉴定材料，并提供案件有关情况。因委托人或当事人提供虚假信息、隐瞒真实情况或提供不实材料产生的不良后果，司法鉴定机构和司法鉴定人概不负责。

二、司法鉴定机构和司法鉴定人按照客观、独立、公正、科学的原则进行鉴定，委托人、当事人不得要求或暗示司法鉴定机构或司法鉴定人按其意图或者特定目的提供鉴定意见。

三、由于受到鉴定材料的限制以及其他客观条件的制约，司法鉴定机构和司法鉴定人有时无法得出明确的鉴定意见。

四、因鉴定工作的需要，可能会耗尽鉴定材料或者造成不可逆的损坏。

五、如果存在涉及鉴定活动的民族习俗等有关禁忌，请在鉴定工作开始前告知司法鉴定人。

六、因鉴定工作的需要，有下列情形的，需要委托人或者当事人近亲属、监护人到场见证并签名。现场见证时，不得影响鉴定工作的独立性，不得干扰鉴定工作正常开展。未经司法鉴定机构和司法鉴定人同意，不得拍照、摄像或者录音。

1. 需要对无民事行为能力人或者限制民事行为能力人进行身体检查

2. 需要对被鉴定人进行法医精神病鉴定

3. 需要到现场提取鉴定材料

4. 需要进行尸体解剖

七、因鉴定工作的需要，委托人或者当事人获悉国家秘密、商业秘密或者个人隐私的，应当保密。

八、鉴定意见属于专业意见，是否成为定案根据，由办案机关经审查判断后作出决定，司法鉴定机构和司法鉴定人无权干涉。

九、当事人对鉴定意见有异议，应当通过庭审质证或者申请重新鉴定、补充鉴定等方式解决。

十、有下列情形的，司法鉴定机构可以终止鉴定工作：

（一）发现鉴定材料不真实、不完整、不充分或者取得方式不合法的；

（二）鉴定用途不合法或者违背社会公德的；

（三）鉴定要求不符合司法鉴定执业规则或者相关鉴定技术规范的；

（四）鉴定要求超出本机构技术条件或者鉴定能力的；

（五）委托人就同一鉴定事项同时委托其他司法鉴定机构进行鉴定的；

（六）鉴定材料发生耗损，委托人不能补充提供的；

（七）委托人拒不履行司法鉴定委托书规定的义务、被鉴定人拒不配合或者鉴定活动受到严重干扰，致使鉴定无法继续进行的；

（八）委托人主动撤销鉴定委托，或者委托人、诉讼当事人拒绝支付鉴定费用的；

（九）因不可抗力致使鉴定无法继续进行的；

（十）其他不符合法律、法规、规章规定，需要终止鉴定的情形。

被告知人签名：

日期：×年×月×日

（仿宋体小四）

6.1.5 《建设工程造价鉴定规范》中对鉴定文书的规定

工程造价鉴定作为司法鉴定的一个组成部分,工程造价鉴定文书的制作应当符合《司法部关于印发司法鉴定文书格式的通知》(司发通〔2016〕112号文件)的规定。但由于工程造价鉴定专业性较强,司法鉴定文书示范文本并不能完全满足工程造价鉴定的要求。对此,《建设工程造价鉴定规范》(GB/T 51262—2017)也对工程造价鉴定意见书格式作了专门性规定。现分述如下:

1) 鉴定意见书制作的一般规定

(1) 鉴定机构和鉴定人在完成委托的鉴定事项后,应向委托人出具鉴定意见书。

(2) 鉴定意见书的制作应标准、规范,语言表述应符合下列要求:

① 使用符合国家通用语言文字规范、通用专业术语规范和法律规范的用语,不得使用文言、方言和土语;

② 使用国家标准计量单位和符号;

③ 文字精练,用词准确,语句通顺,描述客观清晰。

(3) 鉴定意见书不得载有对案件性质和当事人责任进行认定的内容。

(4) 多名鉴定人参加鉴定,对鉴定意见有不同意见的,应当在鉴定意见书中予以注明。

2) 鉴定意见书格式

(1) 鉴定意见书一般由封面、鉴定人声明、基本情况、案情摘要、鉴定过程、鉴定意见、附注、附件目录、落款、附件等部分组成:

① 封面:写明鉴定机构名称、鉴定意见书的编号、出具年月;其中意见书的编号应包括鉴定机构缩略名、文书缩略语、年份及序号,格式如下所示:

工程造价鉴定意见书封面

————————————工程

工程造价鉴定意见书

(宋体小二,加黑,居中排列)

××价鉴(××××)×号

(仿宋体小四)

鉴定机构名称(公章)

年 月 日

(4号仿宋体,居中排列)

② 鉴定人声明,格式如下所示:

鉴定人声明

声　明

（宋体小二,加黑,居中排列）

本鉴定机构和鉴定人郑重声明:

1. 本鉴定意见书中依据证据材料陈述的事实是准确的,其中的分析说明、鉴定意见是我们独立、公正的专业分析;

2. 工程造价及其相关经济问题存在固有的不确定性,本鉴定意见的依据是贵方委托书和送鉴证据材料,仅负责对委托鉴定范围及事项作出鉴定意见,未考虑与其他方面的关联;

3. 本鉴定意见书的正文和附件是不可分割的统一组成部分,使用人不能就某项条款或某个附件单独使用,由此而作出的任何推论、理解、判断,本鉴定机构概不负责;

4. 本鉴定机构及鉴定人与本鉴定项目不存在现行法律法规所要求的回避情形;

5. 未经本鉴定机构同意,本鉴定意见书的全部或部分内容不得在任何公开刊物和新闻媒体上发表或转载,不得向与本鉴定项目无关的任何单位和个人提供,否则,本鉴定机构将追究相应的法律责任。

（声明内容:4号仿宋体）

③ 基本情况:写明委托人、委托日期、鉴定项目、鉴定事项、送鉴材料、送鉴日期、鉴定人、鉴定日期、鉴定地点;

④ 案情摘要:写明委托鉴定事项涉及鉴定项目争议的简要情况;

⑤ 鉴定过程:写明鉴定的实施过程和科学依据(包括鉴定程序、所用技术方法、标准和规范等);分析说明根据证据材料形成鉴定意见的分析、鉴别和判断过程;

⑥ 鉴定意见:应当明确、具体、规范、具有针对性和可适用性;

⑦ 附注:对鉴定意见书中需要解释的内容,可以在附注中作出说明;

⑧ 附件目录:对鉴定意见书正文后面的附件,应按其在正文中出现的顺序,统一编号形成目录;

⑨ 落款:鉴定人应在鉴定意见书上签字并加盖执业专用章,日期上应加盖鉴定机构的印章,落款格式如下所示:

工程造价鉴定意见书落款

正文××××
（宋体小二,加黑,居中排列）

鉴定人:＿＿＿＿＿＿＿＿＿（签字并盖造价工程师执业章）

鉴定人:＿＿＿＿＿＿＿＿＿（签字并盖造价工程师执业章）

鉴定审核人:＿＿＿＿＿＿＿＿＿（签字并盖造价工程师执业章）

负责人:＿＿＿＿＿＿＿＿＿（签名）

（鉴定机构公章）

×年×月×日

（四号仿宋体）

⑩ 附件:包括鉴定委托书,与鉴定意见有关的现场勘验与测绘报告,调查笔录,相关的图片、照片,鉴定机构资质证书及鉴定人执业资格证书复印件。

3) 补充鉴定意见书的格式

补充鉴定意见书在鉴定意见书格式的基础上,应说明以下事项:

(1) 补充鉴定说明:阐明补充鉴定理由和新的委托鉴定事由;

(2) 补充资料摘要:在补充资料摘要的基础上,注明原鉴定意见的基本内容;

(3) 补充鉴定过程:在补充鉴定、勘验的基础上,注明原鉴定过程的基本内容;

(4) 补充鉴定意见:在原鉴定意见的基础上,提出补充鉴定意见。

4）鉴定意见书的补正

应委托人、当事人的要求或者鉴定人自行发现有下列情形之一的,经鉴定机构负责人审核批准,应对鉴定意见书进行补正:

（1）鉴定意见书的图像、表格、文字不清晰的;

（2）鉴定意见书中的签名、盖章或者编号不符合制作要求的;

（3）鉴定意见书文字表达有瑕疵或者错别字,但不影响鉴定意见、不改变鉴定意见书的其他内容的。

对已发出鉴定意见书的补正,如以追加文件的形式实施,应包括如下声明:"对××××工程（或其他标识）鉴定意见书的补正"。鉴定意见书补正应满足本规范的相关要求。

如以更换鉴定意见书的形式实施,应经委托人同意,在全部收回原有鉴定意见书的情况下更换。重新制作的鉴定意见书除补正内容外,其他内容应与原鉴定意见书一致。

5）鉴定意见存在错误的处理

鉴定机构和鉴定人发现所出具的鉴定意见存在错误的,应及时向委托人作出书面说明。

6）鉴定意见书制作

（1）基本要求

鉴定意见书的制作应符合下列要求:

① 使用 A4 规格纸张,打印制作;

② 在正文每页页眉的右上角或页脚的中间位置以小五号字注明正文共几页,本页是第几页;

③ 落款应当与正文同页,不得使用"此页无正文"字样;

④ 不得有涂改;

⑤ 应装订成册。

鉴定意见书应根据委托人及当事人的数量和鉴定机构的存档要求确定制作份数。

（2）鉴定意见书送达

鉴定意见书制作完成后,应及时送达委托人。

鉴定意见书送达时,应由委托人在《送达回证》上签收。格式如下所示:

工程造价鉴定意见书送达回证

送 达 回 证
（宋体小二,加黑,居中排列）

编号:
（仿宋小四）

兹收到＿＿＿＿＿＿＿＿鉴定机构（××价鉴（××××）×号）工程造价鉴定意见书正本＿＿＿＿份,副本＿＿＿＿份。

送达机构:＿＿＿＿＿＿＿＿（鉴定机构名称）

送达人:

送达地点:

受送达单位：

受送达人：

送达时间：×年×月×日

（四号仿宋体）

6.2　工程造价鉴定档案管理

6.2.1　工程造价鉴定档案管理基本要求

（1）鉴定机构应建立完善的工程造价鉴定档案管理制度。档案文件应符合国家和有关部门发布的相关规定。

（2）归档的照片、光盘、录音带、录像带、数据光盘等，应当注明承办单位、制作人、制作时间、说明与其他相关的鉴定档案的参见号，并单独整理存放。

（3）卷内材料的编号及案卷封面、目录和备考表的制作应符合以下要求：

① 卷内材料经过系统排列后，应当在有文字的材料正面的右下角、背面的左下角用阿拉伯数字编写页码；

② 案卷封面可打印或书写，书写应用蓝黑墨水或碳素墨水，字迹要工整、清晰、规范；

③ 卷内目录应按卷内材料排列顺序逐一载明，并标明起止页码；

④ 卷内备考表应载明与本案卷有关的影像、声像等资料的归档情况；案卷归档后经鉴定机构负责人同意入卷或撤出的材料情况，立卷人、机构负责人、档案管理人的姓名；立卷接收日期，以及其他需说明的事项。

（4）需存档的施工图设计文件(或竣工图)按国家有关标准折叠后存放于档案盒内。

（5）案卷应当做到材料齐全完整、排列有序，标题简明确切，保管期限划分准确，装订不掉页不压字。

（6）档案管理人对已接收的案卷，应按保管期限、年度顺序、鉴定类别进行排列编号并编制《案卷目录》、计算机数据库等检索工具。涉密案卷应当单独编号存放。

（7）出具鉴定意见书的鉴定档案，保存期为 8 年。

（8）档案应按"防火、防盗、防潮、防高温、防鼠、防虫、防光、防污染"等条件进行安全保管。档案管理人应当定期对档案进行检查和清点，发现破损、变质、字迹褪色和被虫蛀、鼠咬的档案应当及时采取防治措施，并进行修补和复制，发现丢失的，应当立即报告，并负责查找。

6.2.2　工程造价鉴定档案内容

1) 归档材料

下列材料应整理立卷并签字后归档：

（1）鉴定委托书；

（2）鉴定过程中形成的文件资料；

（3）鉴定意见书正本；

（4）鉴定意见工作底稿；

（5）送达回证；

（6）现场勘验报告、测绘图纸资料；

（7）需保存的送鉴资料；

（8）其他应归档的特种载体材料。

需退还委托人的送鉴材料，应复印或拍照存档。鉴定档案应纸质版与电子版双套归档。

2）工程造价鉴定档案的查阅或借调

（1）鉴定机构应根据国家有关规定，建立鉴定档案的查阅和借调制度。

（2）司法机关因工作需要查阅和借调鉴定档案的，应出示单位函件，并履行登记手续。借调鉴定档案的应在一个月内归还。

（3）其他国家机关依法需要查阅鉴定档案的，应出示单位函件，经办人工作证，经鉴定机构负责人批准，并履行登记手续。

（4）其他单位和个人一般不得查阅鉴定档案，因特殊情况需要查阅的，应出具单位函件，出示个人有效身份证明，经委托人批准，并履行登记手续。

（5）鉴定人查阅或借调鉴定档案，应经鉴定机构负责人同意，履行登记手续。借调鉴定档案的应在 7 天内归还。

（6）借调鉴定档案到期未还的，档案管理人员应当催还。造成档案损毁或丢失的，依法追究相关人员责任。

（7）鉴定机构负责人同意，卷内材料可以摘抄或复制。复制的材料，由档案管理人核对后，注明"复印件与案卷材料一致"的字样，并加盖鉴定机构印章。

6.2.3 《建设工程造价咨询成果文件质量标准》对档案管理的规定

《建设工程造价咨询成果文件质量标准》（CECA/GC 7—2012）

（1）工程造价咨询企业应依照国家和行业档案管理的有关规定，建立、健全档案管理的各项规章制度，包括档案收集制度、统计制度、保密制度、借阅制度和库房管理制度以及档案管理人员守则等。

（2）工程造价技术档案可分为成果文件和过程文件两类。成果文件包括投资估算书、设计概算书、施工图预算书、工程量清单、招标控制价、工程计量与支付审核报告、工程索赔审核报告、竣工结算审核报告、工程造价经济纠纷鉴定报告等；过程文件包括编制、审核、审定人员的工作底稿、相应电子版文件等。

（3）工程造价咨询企业工程造价咨询成果文件的保存期为 10 年，工程造价咨询的过程文件的保存期为 5 年。

（4）承担工程造价咨询业务的项目负责人应负责组织、安排对借阅和使用的各类原始资料制定文件目录，并应做好接收、借阅和送还记录。主要包括设计文件、施工合同文件、竣工资料等可追溯性资料。

6.3 工程造价鉴定质量监控

6.3.1 工程造价鉴定质量监控的含义

1) 司法鉴定质量监控的含义

司法鉴定活动就是运用科技方法、专门知识、职业技能和执业经验为诉讼活动提供技术保障和专业化服务的司法证明活动,是指鉴定人向委托人提供鉴定意见的一种服务。委托人将"检材、样本或被鉴定人的精神、心理状态及损伤程度等"提供给鉴定人进行分析判断,得出鉴定意见,交给委托人。这是一种提供服务的过程,对服务过程的质量必须进行监控。

质量监控是质量监督与控制的简称。所谓司法鉴定质量监控,是指通过对司法鉴定过程中的质量的持续监督、定期收集有关司法鉴定和效果方面的信息,根据提供的信息发现可能存在的问题,对司法鉴定过程进行调节,促使其沿着预定的方向进行,使鉴定意见符合质量控制标准的过程。

司法鉴定质量监控体系主要由鉴定质量和监控两部分组成。其中鉴定质量由鉴定人和鉴定机构的资质、能力、鉴定结果(结论)的可信度等组成;监控部分则由评价、反馈、纠偏与激励等组成。

2) 司法鉴定质量监控的类型及其机制

司法鉴定质量监控的过程,实际上就是司法机关和其他行政主管部门、鉴定机构、鉴定人将司法鉴定活动的结果(或结论),与司法鉴定标准(或规范)进行比较,采取行动来纠正偏差或不适当的标准(或规范)的过程。一般我们可以把司法鉴定质量监控分为三个类型:事前监控、事中监控和事后监控。

(1) 司法鉴定质量的事前监控,是指事先采取确保司法鉴定结果高质量的一些制度性或管理性措施。制度性措施包括成立中国司法鉴定监督管理委员会、出台《司法鉴定法》,以及已经出台的《司法鉴定程序通则》(司法部令第 132 号)、《司法部关于印发司法鉴定文书格式的通知》(司发通〔2016〕112 号文件)、颁布司法鉴定的国家标准等;管理性措施包括把好鉴定机构和鉴定人的资格及其选任关,做好司法鉴定资质认定和认可、司法鉴定实验室的能力验证等,包括《司法鉴定机构登记管理办法》(司法部令第 95 号)、《司法鉴定人登记管理办法》(司法部令第 96 号)和《司法鉴定许可证和司法鉴定人执业证管理办法》(司发通〔2010〕83 号)等。

(2) 司法鉴定质量的事中监控,是指在司法鉴定活动实施过程中,司法机关、其他行政主管部门及委托人对鉴定机构和鉴定人所采取的监控措施,以及鉴定机构和鉴定人所采取的控制措施,如建立司法鉴定机构内部质量保证体系、鉴定材料收集和保存的规范化、司法鉴定意见的审查判断等。

(3) 司法鉴定质量的事后监控,是指司法鉴定活动完成后,中国司法鉴定监督管理委员会、司法行政机关及其他行政主管部门对司法鉴定机构所进行的检查、质量评估活动,若发现问题,就采取纠正甚至行政处罚措施。

司法鉴定质量监控的内容是全面的,不仅事后要检查、处理、改进和事中把关、控制,更重要的还要进行事前预防。质量监控更多的是通过系统地、全面地进行事前的预防与控制来实现对司法鉴定质量的最终控制。在质量监控的过程中，事后的检查、评估把关是"基础"，事中的过程监控是"关键"，事前的预防监控是"必然"。质量监控的关键就在于如何通过事前的有效控制达到对结果的控制过程。

3）影响司法鉴定质量的主要因素

影响司法鉴定质量的因素很多，大致可以分为鉴定者、鉴定材料、鉴定方法和鉴定环境等四个因素。

（1）鉴定者因素

鉴定者因素主要包括鉴定机构和鉴定人两个方面。

① 鉴定机构

主要是指鉴定机构是否按照《司法鉴定机构登记管理办法》（司法部令第 95 号）和《司法鉴定许可证和司法鉴定人执业证管理办法》（司发通〔2010〕83 号）的规定取得司法鉴定的资格，对于工程造价鉴定机构还应当同时具备工程造价咨询的相应资质。同时对取得工程造价鉴定组织的鉴定机构还应当注意委托事项是否超出本机构业务经营范围的、是否超出本机构专业能力和技术条件的，还有就是是否鉴定机构应当自行回避而未回避的情况。最后，就是工程造价鉴定机构内部管理水平和业务能力也会对司法鉴定质量产生较大影响。

② 鉴定人

鉴定人对工程造价鉴定质量的影响主要体现在以下几个方面：

i 鉴定人资格

鉴定人资格主要是指鉴定人是否按照《司法鉴定人登记管理办法》（司法部令第 96 号）和《司法鉴定许可证和司法鉴定人执业证管理办法》（司发通〔2010〕83 号）的规定取得司法鉴定的资格，工程造价鉴定人是否是造价工程师，委托事项是否超出本人专业能力，以及是否存在鉴定人应当自行回避而未回避的情况。

ii 人员自身素质

司法鉴定人是司法鉴定活动的主体，其鉴定能力决定着鉴定质量。我国目前的司法鉴定管理对司法鉴定人的准入门槛要求不高，作为司法鉴定人竟没有信用评价、诚信度等方面的要求。在鉴定人资源缺乏和片面追求扩张速度的情况下，有的司法机关把关不严，使一些业务、执业专业水平不高的人混入鉴定队伍，导致鉴定质量难以保障。

实践经验对鉴定人完成鉴定活动有着十分重要的作用，目前我国的鉴定工作人员主要特征是，具备基本的知识储备，可是缺乏一定的鉴定经验。理论需要与实践相结合，要成为一名合格的鉴定人员就需要实践来检验。工程造价鉴定工作的特殊性对鉴定工作人员的现实要求更高，鉴定人员不能单凭书本的文字出具一份没有说服力的鉴定意见，需要鉴定人员不仅具备专业的鉴定知识，还要了解所涉及行业，如建筑施工企业的行业特征、各种建筑材料特性及实际成本等因素，才能确保鉴定意见客观公正的实现。

iii 职业道德

《建设工程造价鉴定规范》（GB/T 51262—2017）第 3.1.3 款规定："鉴定人在工程造价鉴定中，应严格遵守民事诉讼程序或仲裁规则以及职业道德、执业准则。"但是，在现实社会中，社会上存在一些"潜规则"，一些当事人为谋取非法利益，通过关系、金钱等手段，贿赂鉴定人。而有些鉴定人受利益驱动，抛弃职业道德、执业准则，办"人情案、关系案、金钱案"，严重影响司法鉴定质量,毁损司法公正。

（2）鉴定材料因素

鉴定人主要是根据鉴定项目适用的法律、法规、规章、专业标准规范、计价依据（包括国家和省、自治区、直辖市建设行政主管部门或行业建设管理部门编制发布的适用于各类工程建设项目的计价规范、工程量计算规范、工程定额、造价指数、市场价格信息等），以及当事人提交经过质证并经委托人认定或当事人一致认可后用作鉴定的证据来实施鉴定工作。因此,鉴定材料是否齐全,是否客观真实,将会对鉴定人出具鉴定意见至关重要。

鉴定工作涉及对工程量的复核、综合单价的套用、定额换算、费率计取、材料量统计、设计变更手续、增减施工内容签证与实际情况对比等工作。当事人各方为了各自的利益,往往提交证据材料时,只提供有利于己方的资料,同时恶意排斥对方提供的证据材料,形成了双方各执一词,证词相互矛盾的局面。这就需要鉴定人抽丝剥茧,去伪存真,最终向法院提供客观真实的鉴定结论,以维护当事人各方的合法权益。

（3）鉴定方法因素

《建设工程造价鉴定规范》（GB/T 51262—2017）第 5.1.2 款规定:"鉴定人应当根据鉴定项目证据材料是否完整、充分、详细,优先选择能准确进行鉴定的施工图预算（或工程量清单计价）方法,如受证据所限,可采用概算、估算的方法进行鉴定。"

除了上述方法外,工程造价鉴定还采用现场勘测、推断性鉴定、无损检测和参照法（单方造价指标法、分部工程比例、专业投资比例和工料消耗指标等）。不同的鉴定方法得出的鉴定意见可能会存在差异。

（4）鉴定环境因素

鉴定环境的影响主要体现在以下几个方面:

① 法律法规的影响

按照我国现行的诉讼法,案件鉴定的委托权掌控在司法机关手中,导致鉴定机构的鉴定意见在某种程度上体现了司法机关的意志,影响了鉴定机构的中立性,使其独立性大打折扣,影响了司法鉴定的公平、公正。例如,在实践中为尽快结案,"案源"掌控者要求鉴定机构在不具备鉴定条件的情况下出具鉴定意见;又如,为减少工作量和麻烦,要求鉴定机构在鉴定意见中直接地明确不属于鉴定业务范围的赔偿数额和周期;甚至因为金钱、关系等因素,要求鉴定机构按照其意志指向出具不公正或虚假的鉴定意见等。

② 管理环境的影响

为规范司法鉴定工作,把好鉴定机构和鉴定人的资格及其选任关,做好司法鉴定资质认定和认可,我国陆续出台了包括《司法鉴定机构登记管理办法》（司法部令第 95 号）、《司法鉴定人登记管理办法》（司法部令第 96 号）和和《司法鉴定许可证和司法鉴定人执业证管理办法》（司发通〔2010〕83 号）等,这对司法鉴定准入和管理起了良好的作用。但是管理部门如何对鉴定机构和鉴定人进行信用考评和绩效评价缺乏可操作性,管理部门无法做到有效监管,也就无法有效控制司法鉴定质量。

我国司法行政部门仅对一般的司法鉴定活动进行了规定,相应建立起较为完善的法律法规体系,而对工程造价鉴定机构缺乏有效的监管体制和合理的鉴定人员准入机制。对鉴定人员的法律约束不够,主要表现在缺乏相关制度的规范,又由于目前鉴定机构的行业自律管理机制占主导,使得我国的工程造价鉴定机构对鉴定人员的准入机制严重缺乏,限制条件过于宽泛,难以实现严格规范行业人员的作用,这就需要有一个统一的行业准入标准的出现,解决准入门槛低的问题。

同时,在鉴定机构和鉴定人资格取得后,主管部门缺乏对其合理的监管,如没有成文的法律法规对鉴定人行为进行具体规范、没有对鉴定人资质定期年检、没有特定的监管部门执行监督工作等,这些现实问题都不利于鉴定机构的良性发展。

③ 司法鉴定程序、规则的影响

司法鉴定是一种科学实证活动,无论是现场勘验还是鉴定人主观判断,一套全面、规范、科学、严格的程序和操作规则,是控制司法鉴定质量的有效手段。当前,鉴定人和鉴定机构对程序和操作规则的应用还处于初级阶段,尚不能完全对司法鉴定质量加以有效控制。

④ 司法鉴定标准的影响

为规范司法鉴定工作,《司法鉴定程序通则》(司法部令第 132 号)明确规定了司法鉴定应当采用现代科学技术,有国家或者行业标准的,应当采用国家或者行业标准。而在实践中,许多鉴定领域还没有规定统一的司法鉴定标准,仅仅依靠鉴定人和实验室自己确定的方法和经验进行鉴定,往往对同一案件的同一事实的司法鉴定,不同的人和机构会作出不同的甚至相反的结论。司法鉴定标准的模糊和缺失,对司法鉴定质量影响很大。

⑤ 鉴定的社会环境的影响

我国是一个"人情"社会,社会上存在一些"潜规则","托人办事""拿人钱财替人消灾"的情况时有发生,司法鉴定领域也不例外。一些当事人认为,不找关系,鉴定意见肯定不会公正。因此,为谋求自己能够得到"公正对待"、甚至得到非法利益,当事人想方设法,托人情、找关系、走后门,甚至用金钱手段贿赂鉴定人,导致鉴定人按照当事人的意愿进行鉴定,如出具虚假或不实鉴定意见,故意延长鉴定时间、故意损毁鉴定材料、不受理重新鉴定请求等。

同时,作为工程造价司法鉴定主体的鉴定机构为工程造价咨询单位,属于社会机构。这些社会司法鉴定机构有的为了自身的生存和发展,其逐利性是不可避免的。但是,这种逐利性必须由鉴定管理部门采取有效措施进行控制。如果失去控制,鉴定机构受利益驱动,以降低司法鉴定质量换取经济利益的现象就会出现。这会严重影响司法鉴定质量,毁损司法公正。

4)加强司法鉴定质量监控的必要性

质量是提供服务的机构的生命线,司法鉴定机构也不例外。司法鉴定的质量的高低直接关系到诉讼中案件事实的认定,关系到司法公正的实现和当事人合法权益的保护。对司法鉴定的质量进行监控,可以促使司法鉴定机构建立质量管理体系,对影响鉴定质量的所有因素进行全过程、全方位的有效控制和管理,确保司法鉴定"行为公正、程序规范、方法科学、数据准确、结论可靠",为司法活动的顺利进行提供技术保障和专业化服务。

(1) 司法鉴定行业性质的需要

司法鉴定意见在诉讼、仲裁活动中的证据性质决定了司法鉴定必须严格按照《司法鉴定程序通则》(司法部令第 132 号)规定的程序进行,同时对司法鉴定意见的质量水平也提出了更高的要求。因此,司法行政机关必须对司法鉴定的质量进行严密的监控。此外,司法鉴定机构也必须加强规范化建设,建立质量监控体系,对鉴定人员的能力、鉴定方法和程序、鉴定环境和设施进行全面管理,对影响鉴定质量的所有因素进行有效控制,确保鉴定机构和鉴定人以公正的行为、规范的程序、科学的方法、正确的结论,为审判和仲裁等司法实践提供优质高效的鉴定服务。

（2）形势发展的需要

随着我国民主法制建设的不断完善,公众的法治意识和维权意识不断加强,社会对司法鉴定机构的管理水平和鉴定技术能力也提出了更高的要求。鉴定的委托方及其相关方对鉴定质量及其程序规范的期望越来越高,社会需要合格的、公认的、权威的司法鉴定机构出具公正、可靠、有效的鉴定意见。

随着世界经济的一体化,涉外诉讼、仲裁案件也越来越多,这对司法鉴定领域的技术标准、程序规范和质量保证也提出了严峻的挑战。因此,我国的司法鉴定机构应按照国际考核标准要求,建立与国际接轨的鉴定质量管理体系,使鉴定意见能在世界各地得到互认并具有国际互比性。

（3）司法鉴定机构自身建设的需要

司法鉴定机构建立鉴定质量监控体系,不仅是为了获得权威机构认证或认可的需要,也是自身规范化建设的需要。司法鉴定机构要做到"行为公正、方法科学、数据准确、结论可靠",仅有人力、装备等物质资源是不够的,还必须按照鉴定活动的客观规律,建立完善的质量管理体系,使一切鉴定活动有章可循,有据可查。这是提升司法鉴定机构服务质量,实现司法鉴定行业规范、协调、可持续发展的内在要求。

6.3.2　工程造价鉴定质量监控

1）司法鉴定准入制度

准入制度是指通过设定一定的条件、程序规定和制度规范分别对进入某个行业领域的机构和人员实行的资格准入控制。准入制度设定的前置条件以及程序规范主要包括职业资格、执业资格、禁止性规定等。职业资格和执业资格是准入制度的积极条件,当相应人员符合一定的条件、通过相关的考核就可以具备职业资格,获取执业资格等;而禁止性规定是准入制度的消极条件,当有关人员符合规定的禁止性情形时就无法从事相关行业的工作。设定上述准入制度的相关规定是为了设定一定的标准和要求,对进入相关行业领域的人员资格进行严格的控制,从而保证相关人员具备行业领域所要求的职业素质,可以确保行业领域稳定运作和发展。

2）职业资格与执业资格

改革开放以来,随着科技的发展,时代的进步,各个领域都渐渐地趋于专业化和职业化,大多通过资格授予、技能考核、职称评定等对各自领域内的专业人员进行资格准入,以保证领域内的专业人员能满足专业工作的要求,更好地保证工作质量和业绩。因此,对于司法鉴定这一领域来说,专业化与职业化是必然的发展趋势,保证司法鉴定领域技术人员的专业化、职业化,不仅有利于确保司法鉴定活动的有序运行,而且从一定程度上说可以提高司法鉴定的效率,保障公正、公平。

职业资格即行业准入资格,是指从事某一行业所必需的基础知识、经验和技能,是从事某一职业的前置条件。只有具备职业资格的人,才能申请执业。司法鉴定人的职业资格主要是以职称、学历、经验、技能等为考查对象,主要包括司法鉴定人的法律知识条件、专业技术水平条件和职业道德条件等。尤其是其中的专业技术水平条件显得更为重要,这要求司法鉴定人必须具备一定的技术职称、实践经验、专业技能等,对所从事的司法鉴定业务需要的专门知识技能有一定的掌握和运用。这样才能确保司法鉴定人的职业水平,保证其各方面素质和水平能够胜任所从事的司法鉴定工作。

根据相关规定,执业资格是指政府对那些社会通用性强、责任较大、关系公共利益的专业技术工作实行的准入控制。

对于执业资格,政府一般采取注册登记的做法,政府对某些领域的专业技术工作所要求的学历、技术能力、职称水平设定必备的标准,从事某领域的专业技术人员达到了该标准,按照设定程序通过一定的考核或者考察,政府为其颁发执业资格证书,该技术人员才能从事相关技术工作。对于司法鉴定这一技术领域,根据《全国人民代表大会常务委员会关于司法鉴定管理问题的决定》的规定,由省级人民政府司法行政部门负责对申请从事司法鉴定业务的个人、法人或者其他组织进行审核,对符合技术、技能等方面条件的,予以注册登记,并颁发执业资格证书。

《建设工程造价鉴定规范》(GB/T 51262—2017)第2.0.5款规定:"鉴定机构指接受委托从事工程造价鉴定的工程造价咨询企业。"第3.1.1款规定:"鉴定机构应在其专业能力范围内接受委托,开展工程造价鉴定活动。"第3.3.5款规定:"有下列情形之一的,鉴定机构应不予接受委托:……③委托事项超出本机构专业能力和技术条件的……。"

《建设工程造价咨询成果文件质量标准》(CECA/GC 7—2012)第1.0.6款规定:"各类工程造价咨询业务应由有相应工程造价咨询资质的企业承担。"

由此可见,从事工程造价鉴定的鉴定机构首先必须是工程造价咨询企业,其次鉴定机构从事工程造价鉴定工作应当与其资质等级相符。

工程造价咨询企业资质是指从事建设项目投资估算的编制、审核及项目经济评价;工程概算、工程预算、工程量清单、招标标底、投标报价、工程结算、竣工决算的专业资质。当中分为甲级资质和乙级资质两种,其中甲级工程造价咨询企业资质由住房和城乡建设部审批;乙级工程造价咨询企业资质由省、自治区、直辖市人民政府建设行政主管部门审批,报住房和城乡建设部备案。

(1)资质认定条件

① 甲级资质

i 已取得乙级工程造价咨询企业资质证书满3年;

ii 技术负责人已取得造价工程师注册资格,并具有工程或者经济系列高级专业技术职称,且从事工程造价专业工作15年以上;

iii 专职从事工程造价专业工作的人员(简称专职专业人员)不少于20人,其中:工程或者工程经济系列中级以上专业技术职称的人员不少于16人,取得造价工程师注册证书的人员不少于10人,其他人员具有从事工程造价专业工作的经历;

iv 企业注册资本不得少于人民币100万元;

v 近3年企业工程造价咨询营业收入累计不低于人民币500万元;

vi 具有固定办公场所,人均办公面积不少于10 m²;

vii 技术档案管理制度、质量控制制度和财务管理制度齐全;

viii 员工的社会养老保险手续齐全;

ix 专职专业人员符合国家规定的职业年龄,人事档案关系由国家认可的人事代理机构代为管理;

ⅹ 企业的出资人中造价工程师人数不低于60%，出资额不低于注册资本总额的60%。

② 乙级资质

ⅰ 技术负责人已取得造价工程师注册资格，并具有工程或者经济系列高级专业技术职称，且从事工程造价专业工作10年以上；

ⅱ 专职从事工程造价专业工作的人员（简称专职专业人员）不少于12人，其中：工程或者经济系列中级以上专业技术职称的人员不少于8人，取得造价工程师注册证书的人员不少于6人，其他人员具有从事工程造价专业工作的经历；

ⅲ 企业注册资本不得少于人民币50万元；

ⅳ 在暂定期内企业工程造价咨询营业收入累计不低于人民币50万元；

ⅴ 具有固定办公场所，人均办公面积不得少于10 m²；

ⅵ 技术档案管理制度、质量控制制度、财务管理制度齐全；

ⅶ 员工的社会养老保险手续齐全；

ⅷ 专职专业人员符合国家规定的职业年龄，人事档案关系由国家认可的人事代理机构代为管理；

ⅸ 企业的出资人中造价工程师人数不低于60%，出资额不低于注册资本总额的60%。

（2）司法鉴定许可证制度

从事工程造价鉴定的工程造价咨询单位除了具备上述资质条件外，还应当取得《司法鉴定许可证》。

《司法鉴定许可证和司法鉴定人执业证管理办法》（司发通〔2010〕83号）第3条规定："《司法鉴定许可证》和《司法鉴定人执业证》是司法鉴定机构和司法鉴定人获准行政许可依法开展司法鉴定执业活动的有效证件。"

《司法鉴定机构登记管理办法》（司法部令第95号）第3条规定："本办法所称的司法鉴定机构是指从事《全国人民代表大会常务委员会关于司法鉴定管理问题的决定》第二条规定的司法鉴定业务的法人或者其他组织。司法鉴定机构是司法鉴定人的执业机构，应当具备本办法规定的条件，经省级司法行政机关审核登记，取得《司法鉴定许可证》，在登记的司法鉴定业务范围内，开展司法鉴定活动。"第4条规定："司法鉴定管理实行行政管理与行业管理相结合的管理制度。司法行政机关对司法鉴定机构及其司法鉴定活动依法进行指导、管理和监督、检查。司法鉴定行业协会依法进行自律管理。"

3）禁止性规定

负面清单原本是一种国际通行的外商投资管理办法，即投资领域的黑名单，其遵循着法无禁止皆可为的原则。近年来，负面清单概念延伸到管理、行政等方方面面。司法鉴定人的行业准入领域也设置了一个负面清单，法律有明文规定禁止从事司法鉴定业务的情形。如根据《办法》的相关规定，司法鉴定人如果有因犯罪受过刑事处罚，被开除公职，被撤销登记等情形的，不得从事司法鉴定业务。

对未取得注册造价工程师资格，或虽然取得注册造价工程师资格、但因故意犯罪或者职务过失犯罪受过刑事处罚的、受过开除公职处分的人员，不得从事鉴定业务。这种禁止性规定可以说从源头上设置了负面清单，从职业道德修养、法律资格条件等方面对司法鉴定人进行严格限制准入，将不符合条件及违反相关规定的人员淘汰出司法鉴定人队伍，从而确保司法鉴定行业的技术人员具有较高的职业素质以及合格可靠，确保司法鉴定人能够认真履行职责,保障了司法鉴定行业的科学性与严谨性,有利于促进整个司法鉴定行业的有序运行和良好业态发展。

4) 工程造价鉴定机构质量保证体系的建立

司法鉴定机构具有独立于诉讼当事人的中立地位和社会公益性质,依法独立实施鉴定活动,不受来自行政的、经济的和其他因素的干扰,这充分保证了鉴定意见的权威性和社会公信力。但是仅仅做到这些还是不够的,司法鉴定机构不仅要保证鉴定活动的合法性和公正性,还要确保其科学性和客观性。司法鉴定机构的组织性质、管理水平、技术能力才是保证鉴定意见合法、公正、客观以及证明效力的充分要素。

中国合格评定国家认可委员会(CNAS)进行的实验室/检查机构认可提供了对各行业机构是否达到国际标准的权威评价机制。"实验室/检查机构认可"是中国合格评定国家认可委员会按照科学、公正的原则,根据国际实验室/检查机构认可准则的要求,对被审核的实验室/检查机构的管理水平和技术能力的正式承认(认可),而建立质量管理体系是实验室/检查机构管理的核心内容,是实验室/检查机构认可的前提和基础。

司法鉴定机构可按照 ISO/IEC 17025:199(CNAL/AC 01:2002)《检测和校准实验室能力的通用要求》或 ISO/IEC 17020:1998(CNAL/AC 02:2002)《各类检查机构能力的通用要求》标准要求,结合具体开展司法鉴定业务的性质、活动特点以及内部资源等状况,建立质量管理体系。建立质量管理体系一般包括以下步骤:质量管理体系的策划与准备;质量管理体系文件的编制;质量管理体系的运行与完善。

(1) 质量管理体系的策划与准备

这一阶段的工作由以下几方面组成:

① 领导决策,统一思想;

② 建立班子,制订计划;

③ 分层培训,理解标准;

④ 确定质量方针和质量目标;

⑤ 过程分析;

⑥ 评价质量管理体系要求。

(2) 质量管理体系文件的编制

要建立有效的质量管理体系,首先应使所有工作要求文件化。质量管理体系文件是质量管理体系存在的基础。质量管理体系是一个系统工程,其文件由多层次相关文件集合构成。质量管理体系文件一般包含质量手册、程序文件、作业文件、记录文件。

(3) 质量管理体系的运行与完善

完善的质量管理体系文件是司法鉴定机构具有良好素质的基本条件,但至关重要的不仅仅是文件本身,而在于能否全面有效地运行。因此,质量管理体系的运行就是执行质量管理体系文件,实现质量方针和质量目标,保持质量管理体系持续有效和不断完善的过程。在这个过程中,主要依靠充实资源、人员培训、组织协调、质量监督、信息反馈和体系审核与评审来保持质量管理体系的有效运行。

【例 6-1】 某工程造价咨询单位质量控制保证体系的自我推介。

本造价咨询事务所自成立以来,在多年的工作实践和总结中逐渐形成了一套以 ISO 9000 质量体系为基础,具体到每项工程、每名员工的质量保证体系。在质量的管理上我们借鉴并引进了诸多优秀的质量管理经验和模式,企业和全体员工都恪守"诚信为本、质量至上"职业道德,在工作和学习中努力提高自身的技能和综合素质,强化风险责任意识,落实动态的监管措施,进而全面建立了"制度完善、动态监管、自我约束"的质量控制体系。

1. 健全的管理制度和体系是质量保证的前提

我们有一整套完善的企业内部相关的质量管理管理体系和规章制度,包括:

① 明确界定造价咨询的合理的误差范围,界定标准和责任主体;

② 工程结算审核咨询质量控制标准;

③ 收件和出成果文件的管理流程;

④ 结算审核的操作流程和工作指导;

⑤ 专业责任的赔偿制度。

2. 全面实施三级质量控制程序

对编审人员的自校、项目负责人复核、技术负责人审核三个重要的技术环节,一定要规范程序、明确责任、准确计算、严格把关、最大限度地减少项目咨询过程中,人为的疏漏和偏差。

一级为项目造价人员间详细复核

核对咨询使用的各种资料和咨询依据是否正确合理,引用的技术经济参数及计价方式是否正确。

核对咨询业务中的数据引用、计算公式、计算数量、软件使用是否符合规定的咨询原则和有关规定。

核对类似建筑的各项经济指标是否一致,咨询成果文件的内容与深度是否符合规定。

对于非重复工程,需抽出重要项目重新计算,不少于总量的30%。如是图形算量的部分,要指定专人重新校核图形核对各分项内容是否一致,是否完整,有无漏项。

校核人员在校审记录单上列述校核问题,交咨询成果原编制人员修改,修改后提交二级审核。

二级为项目经理全面复核

项目经理对所审核的咨询内容的质量负责,主要负责下列工作:

审核咨询原则、依据、方法是否符合咨询合同的要求与有关规定;

基础数据、重要计算公式和计算方法以及软件使用是否正确,检验关键性的计算结果;

重点审核咨询成果的内容是否齐全、有无漏项,采用的技术经济参数与标准是否恰当;

计算与编制的原则、方法是否正确合理,各专业的技术经济标准是否一致,咨询成果说明是否规范,论述是否通顺,内容是否完整正确,检查关键数据及相互关系。

三级为技术负责人重点审核

凡依据咨询合同要求提交的咨询成果文件须由公司技术负责人签发。签发前,技术负责人应对成果文件进行最终复核,终核主要从咨询报告的合理性、咨询结果的准确性及咨询项目中可能存在的重大问题进行重点审核。各级复核人员在复核时,应做出复核记录,书面表示复核意见,记录在复核表内,并在复核过的工作底稿上签名和签署日期,工作底稿经三级复核无误后,由公司技术负责人签发方可出具报告。

3. 加强人才培养和团队建设,注重提高专业队伍的素质

专业技术人员的素质的提高是保证咨询质量的关键。我们培养人才的方向是培养具有

知识结构全面,责任心强,又知法守法,技术过硬的复合型人才。我们为此项目配备的专业技术人员都是具备造价师或高级工程师职称的复合型人才,综合素质很高。

4. 提高质量不仅要注重编审成果的准确性,更要注重计价活动依据的真实性与合法性

如:对合同价款的调整,签证增加的工作量,材料设备合同价的确认,总分包管理费的计取,违约金的支付等要注重其真实性、合法性及有效性的审核。

5. 运用科学工作方法,现代化的管理手段

我们有着科学的专业分工和工作方案;使用先进的工程量计算软件、钢筋抽样软件、工程量清单计价软件;并运用现代化的信息管理系统等,这些措施都是审核成果能够高质量、高效率的保证。

6. 质量跟踪

成果文件交付后,对客户进行质量跟踪,跟踪中发现问题及时修改,以达到客户满意。

7. 处罚及赔偿制度

如发现质量事故对出错员工按照公司制度予以处理;在对客户方改正错误后,我公司将按合同给予委托方相应赔偿。

8. 我们的质量方针

以服务为原则、以满意为目的、以诚信为自约、以公正为标准,为顾客提供高效优质的咨询服务,创同行业的名牌企业。

5)《建设工程造价咨询成果文件质量标准》

为了加强行业的自律管理,规范工程造价咨询成果文件的格式、工作深度和质量标准,提高工程造价咨询成果的质量,依据国家的有关法律、法规和规范性文件,中国建设工程造价管理协会组织有关单位编制了《建设工程造价咨询成果文件质量标准》(CECA/GC 7—2012)。本标准的主要内容包括:总则,术语,基本规定,投资估算编制,设计概算编制,施工图预算编制,工程量清单编制,招标控制价编制,竣工结算审查,全过程造价管理咨询及工程造价经济纠纷鉴定等。这里主要对工程造价经济纠纷鉴定成果文件质量标准作一说明。

(1) 成果文件的组成和要求

① 工程造价经济纠纷鉴定成果文件应包括鉴定报告书封面、签署页、目录、鉴定人员声明、鉴定报告书正文、有关附件等。

② 鉴定报告书封面应包括项目名称、鉴定报告书文号、鉴定企业名称和完成鉴定日期,并应加盖工程造价咨询企业执业印章。项目名称应为××工程造价鉴定报告书。

③ 签署页应包括项目名称及鉴定编制人、审核人、审定人和企业法定负责人(或技术负责人)的姓名。编制人、审核人、审定人应在签署页签署执业(或从业)资格专用印章。法定负责人(或技术负责人)应在签署页签字或盖章。

④ 鉴定人员声明应表明对报告中所陈述事实的真实性和准确性、计算及分析意见和结论的公正性负责,对哪些问题不承担责任,与当事人没有利害关系或偏见等。

⑤ 鉴定报告书正文应包括项目名称、鉴定报告书文号、前言(含委托人名称、委托日期、委托内容、送检材料)、鉴定依据、鉴定过程及分析、鉴定结论、特殊说明等。

⑥ 有关附件应包括:鉴定委托书,鉴定计算书,鉴定机构的营业执照、资质证书、项目备案书、鉴定经办人员和辅助人员的注册证书或资质证书等,鉴定过程中使用过的项目特有资料等。

⑦ 鉴定报告可以同时包括以下形式的结论:

ⅰ 鉴定机构可以确定的结论及造价。当整个鉴定项目事实清楚、依据充分、证据充足时，鉴定机构应出具造价明确的鉴定结论。

ⅱ 鉴定机构无法确定的部分项目或其造价。当鉴定项目中部分事实不清、证据不力或依据不足且当事人无法达成妥协，鉴定机构依据现有条件无法作出判断时，鉴定机构可以提交无法确定的部分项目及其造价鉴定结论。

⑧ 工程造价经济纠纷鉴定成果文件相关表式可根据项目特点自行设计编制。

（2）过程文件的组成和要求

① 工程造价经济纠纷鉴定过程文件应包括要求当事人提交鉴定举证资料的函、要求当事人补充提交鉴定举证资料的函、当事人要求补充提交鉴定举证资料的函、工作计划或实施方案、当事人交换证据或质证的记录文件、现场勘验通知书、各阶段的造价计算征求意见稿及其回复或核对记录、鉴定报告征求意见函及复函、鉴定工作会议（如核对、协调、质证等）及开庭记录、工作底稿、资料移交单等。

② 鉴定人的工作底稿应包括工程量计算核实记录表、现场勘验记录、鉴定编制人的编制工作底稿、审核人的审核工作底稿、审定人的审定工作底稿、询价记录、各种有关记录等。

③ 鉴定成果文件和过程文件使用或移交的资料清单应明确文件存档或移交的单位，其内容包括成果文件和过程文件中当事人提交或委托人转交给鉴定机构并与本项目有关的举证资料或鉴定资料，主要包括以下内容：

ⅰ 合同类文件：施工发承包合同、专业或劳务分包合同、补充合同、采购合同、租赁合同；

ⅱ 招标投标类文件：招标文件、投标文件、中标通知书、澄清函或答疑文件；

ⅲ 标准、规范及有关技术类文件：需要特别表述的标准、规范及有关技术类文件清单；

ⅳ 图纸类文件：工程竣工图或施工图；

ⅴ 造价类文件：工程量清单、投标报价书或报价单、施工图预算书或标底等；

ⅵ 变更、签证类文件：会议纪要、工程变更、签证、工程洽商、有关通知、信件、数据电文等，以及当事人举证的其他资料；

ⅶ 工程验收类文件：隐蔽工程验收记录、中间验收记录、竣工验收记录；

ⅷ 影响工程造价鉴定的其他相关资料：起诉状、答辩状等。

（3）质量评定标准

① 工程造价经济纠纷鉴定成果文件的格式应符合本标准11.1"成果文件的组成和要求"的相关规定。

② 工程造价经济纠纷鉴定的过程文件归档应内容完备并记录真实，符合本标准11.2"过程文件的组成和要求"的相关规定。

③ 鉴定成果文件中的鉴定范围和内容必须符合鉴定委托。鉴定成果文件表述的鉴定范围和内容应严格按照委托书的委托，不得作出不符合委托的鉴定表述。

④ 在合同约定有效的条件下，鉴定成果文件中该鉴定采用的鉴定方法应符合当事人的合同约定。

⑤ 对于因合同无效、事实不清、证据不力或依据不足且当事人无法达成妥协，导致鉴定机构独立选择鉴定方法或无法确定的项目、部分项目及其造价，鉴定机构应在鉴定报告中逐项提出作出结论或不能作出结论的原因，提交当事人双方的分歧理由，必要时作出估价或估价范围供委托人参考。

⑥ 相同口径下，在同一成果文件中，鉴定成果文件的综合误差率应小于3%。

6) 司法鉴定意见的审查

司法鉴定意见是一种独立的证据类型，与其他类型的证据一样，其证据效力有待司法机关确认。由于司法鉴定中专门问题的多样性，鉴定人水平的差异性，鉴定过程受到各种主客观因素的影响，因而鉴定意见可能发生偏差、甚至错误。鉴定意见是否真实可靠、能否成为认定案件事实的依据，在未经审查之前是无法确定的。因此，在鉴定意见采信前，必须对鉴定意见进行审查。

鉴定意见的审查主要包括以下方面：

(1) 审查鉴定机构、鉴定人是否符委托要求

《全国人民代表大会常务委员会关于司法鉴定管理问题的决定》第9条规定：“鉴定人和鉴定机构应当在鉴定人和鉴定机构名册注明的业务范围内从事司法鉴定业务。”《决定》中明确指出，具有鉴定资质的司法鉴定机构必须经过司法鉴定主管部门登记批准，在登记注明的业务范围内从事司法鉴定业务。

鉴定人是实施鉴定工作的主体，必须具备解决诉讼中某一专门性问题所需要的专门知识。因此需要对鉴定人的专业知识及解决问题的能力进行审查，以确定鉴定机构所委派的鉴定人是否具备解决专门性问题的专业知识和经验。同时还应审查鉴定人的相关的执业类别。

(2) 审查鉴定材料来源是否真实可靠、符合鉴定条件

真实可靠的鉴定材料是鉴定工作的前提条件，也是作出准确鉴定意见的基础。鉴定人对专门性问题进行鉴定，只有在依据充分、可靠的鉴定材料的基础上，才有可能得出科学的意见。而依据不真实的鉴定材料形成的鉴定意见也是错误不真实的。因此需要加强对鉴定材料的审查。

一般而言，鉴定材料的审查应注意以下几点：

① 审查鉴定材料的真实性、可靠性；

② 将鉴定材料与鉴定意见中对鉴定材料的记载进行比对，审查两者是否一致；

③ 审查鉴定材料自提取至形成鉴定意见的时间里，是否发生实质性变化。

(3) 审查鉴定程序是否合法、鉴定方法是否科学

鉴定程序的合法性直接影响到鉴定意见的证明效力。鉴定程序的合法性贯穿于鉴定的全过程，包括司法鉴定的委托和受理、鉴定的实施和鉴定文书的出具等环节。应当严格依据司法部《司法鉴定程序通则》的规定，从鉴定程序所贯穿的各个环节进行审查。例如鉴定步骤是否符合法律规定，是否对鉴定客体进行了检验，鉴定是否在法定期限内完成等。

鉴定方法直接影响着鉴定意见的准确可靠性。司法鉴定应制定相应的标准和规范，如《建设工程造价鉴定规范》(GB/T 51262—2017)。在审查中应了解所采用的鉴定方法是否科学、是否符合相关标准；鉴定过程是否全面、细致；是否采取重复、多种方法进行验证；所用的鉴定方法是否为业界所公认。

(4) 审查鉴定人是否受外界影响，是否存在应当回避的情形

鉴定人在从事鉴定工作中是否受到他人威胁、利诱或社会舆论的不当影响等因素，对鉴定意见的准确性和可靠性会产生极大的影响。此外，鉴定人的工作态度是否认真，责任心是否强，也会影响到鉴定意见的可靠性。对上述两方面必须予以审查。

鉴定人还应当与案件无利害关系,这是其作出客观、公正鉴定的必要保证。《司法鉴定程序通则》(司法部令第 132 号)第 20 条之规定:"司法鉴定人本人或者其近亲属与诉讼当事人、鉴定事项涉及的案件有利害关系,可能影响其独立、客观、公正进行鉴定的,应当回避。"应当回避而没有回避的鉴定人所出具的鉴定意见不具有法律效力,不能作为认定案件事实的依据。

(5) 审查司法鉴定文书的内容和形式

司法鉴定文书是鉴定意见的载体,应当全面地反映出鉴定意见产生的整个过程。因此必须严格对司法鉴定文书的内容和形式进行审查。

鉴定文书的内容审查应着重抓住三个环节:

① 事实是否清楚,也就是检验的客观事实反映是否详尽;

② 分析说明是否根据检验所见阐明道理,不作猜测,不作可能性推理;

③ 鉴定意见是否是分析说明的必然结果。

在鉴定文书的形式审查中,应该注意:鉴定文书中鉴定机构、鉴定人的盖章、签名及日期;多页鉴定文书是否加盖骑缝章;鉴定文书文字是否有涂改现象;鉴定文书如果附有照片、音像资料、图表及有关目录等,对这些内容也应该进行仔细的审查。

(6) 审查鉴定意见与其他证据的关系

同一案件,证据与证据彼此之间存在内在的联系,对鉴定意见的审查,不能简单孤立地进行,而是要与其他证据及案件事实综合比较分析,审查各种证据是否协调,相互间能否印证。对于鉴定意见与其他证据有矛盾的,应具体分析矛盾产生的原因,进一步调查核实,判定各项证据的真伪,必要时可申请补充鉴定或重新鉴定,以进一步查明其真实性和可靠性。

6.3.3 司法鉴定材料的监控

1) 概述

司法鉴定材料的收集、传递、保全是否符合标准的规定要求,是影响鉴定质量的重要环节。因此,司法鉴定过程中应当妥善保管送检材料,并依鉴定程序逐项建立档案;鉴定时若需耗尽检材或损坏原物的,应当商请委托人同意;鉴定结束后,应将鉴定书连同剩余的检材,一并发还送检单位;有研究价值,需要留作标本的,应征得送检单位的同意,并商定留用的时限和保管、销毁的责任。

《司法鉴定程序通则》(司法部令第 132 号)第 12 条规定:"委托人委托鉴定的,应当向司法鉴定机构提供真实、完整、充分的鉴定材料,并对鉴定材料的真实性、合法性负责。司法鉴定机构应当核对并记录鉴定材料的名称、种类、数量、性状、保存状况、收到时间等。"

"诉讼当事人对鉴定材料有异议的,应当向委托人提出。"

"本通则所称鉴定材料包括生物检材和非生物检材、比对样本材料以及其他与鉴定事项有关的鉴定资料。"

第 22 条规定:"司法鉴定机构应当建立鉴定材料管理制度,严格监控鉴定材料的接收、保管、使用和退还。"

"司法鉴定机构和司法鉴定人在鉴定过程中应当严格依照技术规范保管和使用鉴定材料,因严重不负责任造成鉴定材料损毁、遗失的,应当依法承担责任。"

2) 司法鉴定材料收集必须规范化

鉴定材料是司法鉴定的前提和基础。材料收集是否符合规范化的要求,与材料是否符合鉴定要求,是否满足合法性、客观性、关联性的要求密切相关。鉴定材料收集是否规范,一是关系到能否得出以及得出何种程度的鉴定意见;二是可以排除通过违反法律收集到的物证、书证及其鉴定意见。

(1) 鉴定材料必须符合鉴定要求

对鉴定材料的要求主要表现在质和量两个方面。从质的方面看,鉴定材料要能够较为清晰地反映出鉴定对象某一部分的重要特征。对不同种类的鉴定材料,鉴定质量的要求不同。若鉴定材料不符合质量的要求,则缺乏鉴定条件。从数量方面看,鉴定材料必须在国家规定的技术检验标准范围之内。

(2) 鉴定材料必须具有合法性

鉴定材料的合法性,是指鉴定材料必须按照程序法的规定取得,包括按照程序法的原则性规定和程序法的具体规定。不符合程序法的具体规定的情况主要包括主体不合法、形式不合法、程序不合法。

(3) 鉴定材料必须具有客观性

鉴定材料的本质是以物证或证书的形式表现出来的一种证据材料。材料客观性的实质就是证据的客观性。鉴定材料的客观性具有两层含义:

① 材料的内容必须客观,是对客观事物的反映;

② 材料必须具备客观存在的形式,使人们可以通过某种方式感知的东西。

(4) 鉴定材料必须具有关联性

鉴定材料是否具有关联性,一要看鉴定材料能否证明案件事实,二要看鉴定材料是否为案件事实的查明和证明起到作用。查明和证明的含义不同,后者以前者为基础。有些鉴定材料对案件事实的查明很有帮助,但对案件事实的证明也许毫无作用。

(5) 样本的取得必须符合技术要求

一是样本数量要充分;二是具备较好的可比条件;三是来源真实;四是样本的取得必须考虑检材的特点。样本的数量必须以能够反映客体的特性为最低限度;样本数量越多,特性反映越充分;样本数量充分的另一个好处是可供采用不同的技术方法进行实验,以确定何种方法最为有效。样本的质量必须高于检材的质量,与受审查客体的特征无太大差异,在形成机理、种类、性状上必须与检材的条件一致。样本来源真实可靠,是指其来自何人、何物、何地、何部分必须得到明确的证实。

3) 司法鉴定材料保全必须规范化

(1) 鉴定材料保全的含义和作用

① 鉴定材料保全的含义

鉴定材料保全,是指采用适当的方式与手段将已发现或提取的物证固定下来,加以妥善保管,以供鉴定人进行初次、重新或补充鉴定。

鉴定材料保全包括两个方面:鉴定材料的固定和保管。鉴定材料无论是空间上还是时间上,从提取到实施鉴定,从初次鉴定到重新鉴定或补充鉴定,都必须有一定的距离。若保全不当而使提取的鉴定材料受损、灭失或无法识别,鉴定材料的收集就失去了意义。鉴定材料保管链的断裂,可能导致鉴定无法实施和鉴定意见无效。

② 鉴定材料保全的作用

鉴定材料保全的作用体现在三个方面：

ⅰ 鉴定材料(尤其是检材)的特定价值

鉴定材料具有特定性或不可替代性，一旦损坏或灭失，不能由其他东西替代。要保全鉴定材料的特定价值，必须采取有效的措施防止其变质、灭失、遗失、被污染和替换。

ⅱ 鉴定材料的鉴定价值

同样的鉴定材料，有时候鉴定要求会不同，虽然鉴定材料没有遗失或被替换，但鉴定所需要的条件发生了变化，鉴定也就无从谈起。因此，必须采用恰当的科学方法和技术，保证鉴定材料的鉴定条件不会发生影响鉴定价值的变化。

ⅲ 鉴定材料保全的法律价值

鉴定材料的法律价值，是指在法律上得到认可的证明效力。一个物证即使没有遗失或被替换，也没有发生变质、损坏、污染，它也不一定能够成为被法庭认可的证据材料，由此而得出的鉴定意见同样不一定能够成为被法庭采纳的证据。

（2）鉴定材料保全的方法和程序

鉴定材料保全的方法分为原物保全、复制保全、照相保全和封存保全。原物保全主要用于体积较小的鉴定材料；复制保全是采用复制和制作模型的方法保全各种痕迹物证；照相保全用于不宜提取原物或不能长期保全的物证；对那些容易转移、灭失的大宗材料或与案件有关的金钱、淫秽物品则宜采取封存的方法保全。

鉴定材料的保全，要做到以下两点：

① 标记和记录要准确

对每一种鉴定材料都要制作不会损坏鉴定材料的标签。标签上要注明五项内容：

ⅰ 案件的性质及编号；

ⅱ 提取的日期、场所；

ⅲ 鉴定材料的编号；

ⅳ 提取人姓名；

ⅴ 鉴定材料的基本特征或主要特征。

② 完善管理登记制度

司法鉴定机构应建立严格监控鉴定材料的接收、传递、检验、保存和处置的管理制度：

ⅰ 建立严格的鉴定材料接收、传递、检验、保存和处置的监控管理制度；

ⅱ 认真填写司法鉴定材料收领单；

ⅲ 所收集材料标明材料来源，并加盖鉴定机构专用印章；

ⅳ 鉴定机构开出的送检单加盖鉴定机构专用印章；

ⅴ 鉴定材料传递有交接记录。

7 工程造价鉴定的权责制度

7.1 工程造价鉴定的权利制度

7.1.1 司法鉴定机构的权利

司法鉴定人的权利是法律赋予司法鉴定人在执业时为一定行为的可能性。这种可能性经法律规定而成为司法鉴定人执业的权利保障。为保障司法鉴定人司法鉴定工作的正常开展，各国往往通过法律对司法鉴定人的法定权利作出具体规定。但在我国，无论是在司法鉴定专门性法律《全国人民代表大会常务委员会关于司法鉴定管理问题的决定》，还是在与其相关的法律如《刑事诉讼法》、抑或是在职能部门制定的规章如《司法鉴定机构登记管理办法》，以及在部分省市制定的地方性法规中都没有明确规定司法鉴定机构和鉴定人的权利。从立法及司法实践来考虑，以下几项权利要引起特别的关注和重视：

1）独立开展鉴定管理权

《司法鉴定程序通则》(司法部令第132号)第8条规定："司法鉴定收费执行国家有关规定。"第10条规定："司法鉴定机构应当加强对司法鉴定人执业活动的管理和监督，司法鉴定人违反本通则规定的，司法鉴定机构应当予以纠正。"第11条规定："司法鉴定机构应当统一受理办案机关的司法鉴定委托。"第18条规定："司法鉴定机构受理鉴定委托后，应当指定本机构中具有该鉴定事项执业资格的司法鉴定人进行鉴定。"

同样，《司法鉴定机构登记管理办法》(司法部令第95号)第8条中规定："司法鉴定机构统一接受委托，组织所属的司法鉴定人开展司法鉴定活动……"可见，组织开展鉴定活动，对鉴定人、鉴定事项进行监督管理等是司法鉴定机构作为"内部管理主体"和"鉴定实施主体"应当享有的权利。此外，依据司法鉴定活动开展的独立原则，以及《全国人民代表大会常务委员会关于司法鉴定管理问题的决定》第8条规定的"各鉴定机构之间没有隶属关系"，司法鉴定机构独立享有该项开展鉴定、管理的权利。

此项权利具体可表现为以下内容：

（1）鉴定工作流程设计

鉴定机构有权确定工程造价鉴定的内部流程。《建设工程造价鉴定规范》(GB/T 51262—2017)对工程造价鉴定事项可受理的情形、受理的具体程序、受理的具体要求等都作出了明确规定。各鉴定机构可根据我国法律法规和鉴定规范的要求，结合本鉴定机构的实际情况，制定标准的工程造价鉴定流程，规范工程造价鉴定统一受理、登记、鉴定、档案管理等相互衔接和相互制约的有效机制。

（2）鉴定人的选择和聘用

工程造价鉴定机构可根据业务需要，聘用工程造价鉴定人。鉴定人员必须具有解决当事人争议的工程造价问题所具有的从业资质、专业技术知识、职业技能，必须是按照《注册造价工程师管理办法》注册于该鉴定机构中的执业造价工程师。未取得注册造价工程师资格，或虽然取得注册造价工程师资格、但因故意犯罪或者职务过失犯罪受过刑事处罚的、受过开除公职处分的人员，不得从事鉴定业务。在与鉴定人确定的聘用合同中，除鉴定人的权利义务外，还可对鉴定人违反执业纪律、职业道德的行为追究其执业责任等方面进行规定，从而保障鉴定人严格遵守法律、法规、规章以及相关规范性文件。

（3）鉴定收入分配

鉴定机构可自主决定收取的鉴定费用的分配机制。同时建立内部责任制。除鉴定机构的负责人在内部管理中承担首要责任外，建立司法鉴定执业责任保险或执业风险基金制度便于使责任追究落到实处。

2）内部质量控制权

司法鉴定的质量是指司法鉴定工作完成度及司法鉴定所提供鉴定意见的优劣。随着我国社会主义法制的不断健全和司法制度不断完善，司法鉴定的质量已引起有关部门的高度重视以及社会各界的广泛关注。高质量的司法鉴定不仅能为司法审判提供客观、科学依据；而且能为提高司法效率、树立司法权威，以及保证司法公正提供重要保障。相反，低质量的司法鉴定不仅会导致司法审判有失偏颇，严重损害当事人的合法权益；甚至还会影响司法鉴定在公众心中的可靠性及可信性。故而，为保证鉴定意见的科学准确性与法律有效性，对司法鉴定质量进行必要、有效的控制已势在必行。对司法鉴定质量进行控制的思维方法源自维纳的控制论。依据该理论的原理和方法，司法鉴定工作应被看成是个具有反馈调节可控制的系统，通过对鉴定系统进行定量描述和处理，建立控制模型，以求对鉴定质量达到最优控制，对鉴定的各环节作出科学合理的制度规范。因此，司法鉴定质量控制即是指为达到司法鉴定质量要求所采取的一系列方法和措施。

司法鉴定意见的质量主要在司法鉴定过程中产生，因此，司法鉴定质量控制贯穿于鉴定程序的各个环节中。除了司法行政机关等需要对鉴定质量进行外部控制外，司法鉴定机构也需要加强对鉴定质量的内部控制。作为该过程的内部管理者与实施组织者的司法鉴定机构通过行使内部控制权以保证司法鉴定质量。依照控制活动的重点可分别集中在被控制对象系统的输入、转换和输出三个位置上，将鉴定过程也依次分为事前、事中与事后三个阶段。以此阐述司法鉴定机构对影响鉴定质量的鉴定人、鉴定材料、设备方法、环境以及机构自身等因素在这三阶段进行质量控制的具体内容。

（1）事前控制

该阶段的控制主要包括鉴定机构检查鉴定委托事项是否符合受理情形、是否可以接受，是否需要回避；鉴定材料是否符合鉴定条件的要求；考察拟派具体实施的鉴定人是否符合鉴定项目的条件和要求，是否具备该项鉴定的胜任能力等。

（2）事中控制

鉴定机构应严格依照鉴定业务操作规则程序对鉴定人在处理鉴定材料、选择鉴定方法及鉴定工作实施过程等方面进行监督控制，以保证鉴定真实、科学、可靠。

（3）事后控制

在鉴定人鉴定工作结束，出具鉴定意见书之前，鉴定机构应当对鉴定人出具的鉴定意见书的初稿和正式文稿进行复核和审查。

《建设工程造价鉴定规范》（GB/T 51262—2017）第6.2.2规定："补充鉴定意见书在鉴定意见书格式的基础上，应说明以下事项：①补充鉴定说明：阐明补充鉴定理由和新的委托鉴定事由；②补充资料摘要：在补充资料摘要的基础上，注明原鉴定意见的基本内容；③补充鉴定过程：在补充鉴定、勘验的基础上，注明原鉴定过程的基本内容；④补充鉴定意见：在原鉴定意见的基础上，提出补充鉴定意见。"

第6.2.3规定："应委托人、当事人的要求或者鉴定人自行发现有下列情形之一的，经鉴定机构负责人审核批准，应对鉴定意见书进行补正：①鉴定意见书的图像、表格、文字不清晰的；②鉴定意见书中的签名、盖章或者编号不符合制作要求的；③鉴定意见书文字表达有瑕疵或者错别字，但不影响鉴定意见、不改变鉴定意见书的其他内容的。"

第6.2.4规定："鉴定机构和鉴定人发现所出具的鉴定意见存在错误的，应及时向委托人作出书面说明。"

同时，鉴定机构还应当规范鉴定材料的档案管理。《建设工程造价鉴定规范》（GB/T 51262—2017）第7.1.1规定："鉴定机构应建立完善的工程造价鉴定档案管理制度。档案文件应符合国家和有关部门发布的相关规定。"

司法鉴定机构还应定期检查鉴定技术方法是否保持更新的控制，对鉴定人能力及时作出考评，以便岗位变动、职级变动的控制等，以达到保证司法鉴定质量高标准的目的。

3）安全保障权

由于工程造价鉴定涉及金额高，案件复杂，当事人之间往往非常对立。由于鉴定结论涉及巨大的经济利益，因此，鉴定机构在执业活动中时常面临当事人的威胁、投诉，使机构自身的信用安全、收费安全，甚至鉴定人的人身安全等均处于危险状态。

信用制度是我国司法鉴定机构在市场经济体制下健康发展的前提和基础，是司法鉴定机构壮大发展的重要保障。良好的信用信誉能使鉴定机构稳健地立于激烈的市场竞争之中，给其带来源源不断的经济利益、客户资源。我国对司法鉴定机构实行行政管理与自律管理相结合的管理方式，而其中自律管理的道德基础即为司法鉴定机构的信用制度。同时，鉴定机构的信用也是司法行政机关对其进行资质考评的重要指标之一。若当事人只因鉴定意见无法满足自身需求而向司法行政管理部门投诉、建议，那么鉴定机构的信用将遭受损害，由此牵连的资质考评、经济利益、客户资源等亦遭受较大损失。可见，司法鉴定机构应享有信用安全的保障权利，以保障其安全执业。

司法鉴定收费制度是在我国综合国力有限和司法鉴定初步市场化的背景下建立起来的一种平衡当事人、鉴定机构及国家之间费用合理分担的制度，有其存在的合理性及合法性。若该制度能规制合理、运行得当，就能发挥其他方式无法替代的作用。鉴定机构依委托受理合同的约定，有为委托人提供鉴定服务的义务，同时也享有收取鉴定费用的权利。鉴定机构取得合法费用是司法鉴定服务获得社会认同的正当根据；是更好、更有效地为委托人服务的动力源泉；是鉴定机构最重要的经济命脉。鉴定机构通过向委托人提供鉴定服务而获取相应的鉴定费用，表现为一种技术服务的合同关系。但鉴定实践中，鉴定机构已出具鉴定意见，而委托人随意撤销委托受理合同以致无法收取鉴定费的现象则常常会打破这种等价交换关系,致使鉴定机构的收费权利在履行鉴定服务的义务后却难以实现。因此,鉴于鉴定收费是鉴定机构的一项重要权利,其收费安全权应予以充分保障。

此外,司法鉴定机构的安全保障权还应包括信息安全保障权、资讯安全保障权、名誉安全保障权等。

4)公平竞争权

社会鉴定机构则以鉴定主体的身份为解决民事案件纠纷提供鉴定服务的同时,亦以市场主体的身份处于鉴定市场的竞争之中。社会鉴定机构自身服务质量的竞争主要表现为生存竞争和以法庭为舞台的"竞争"。所谓生存竞争是指鉴定机构为赢得案源,与其他鉴定机构之间产生的行业市场竞争。为赢取此场竞争,鉴定机构必须加强鉴定人技术能力水平建设;加强机构服务质量建设;加强机构内部管理制度建设等"硬实力"与"软实力"以此来提升自身综合的鉴定服务能力。所谓以法庭为舞台的"竞争"则是指鉴定机构所属的鉴定人在法庭上与对方进行质证对抗,以达到证明鉴定机构执业能力,宣传鉴定机构及鉴定人的双重目的。在这种竞争中,司法鉴定人所扮演的角色似乎类似于英美法系的"专家证人",但必须清楚地认识到我国司法鉴定人的法律地位是与大陆法系国家相接近,处于接受质疑,帮助法官答疑解惑的中立地位,而绝非当事人的"专家辩护"。因此,在这场竞争中,鉴定机构所属的鉴定人的职业道德与执业纪律无疑也是竞争内容之一。鉴定机构必须注重培养司法鉴定人的出庭能力、言辞能力、法律知识素养、职业道德等,方能在法庭竞争中赢得声誉。

然而在实际竞争中,社会鉴定机构之间并非处于公平的竞争地位。法院的名册制度将社会鉴定机构圈为内外两个市场,只有内市场的鉴定机构才有机会进入法庭竞争环节,而外市场的鉴定机构只能"坐以待毙"。此外,即使内市场的鉴定机构有机会进入法庭竞争,而此机会也因"原始民主"式的选取法难以公平实现。

社会鉴定机构不公平的竞争地位必然使得利益去纠缠权力,构成的不正当竞争进一步扰乱司法鉴定秩序,而混乱的秩序又会进一步恶化竞争环境,以此往复,形成恶性循环。为保护机构的合法利益,为使机构健康的发展,为保证鉴定活动的顺利进行,为净化鉴定环境,为使鉴定市场得以规整、有序,国家、社会以及相关部门、组织等均应采取相应有效措施,全力保障社会鉴定机构的公平竞争权。

7.1.2　司法鉴定人的权利

1)司法鉴定人的概念

司法鉴定人指具备《司法鉴定人登记管理办法》规定的条件,经省级司法行政机关审核登记,取得《司法鉴定人执业证》,按照登记的司法鉴定执业类别,从事司法鉴定业务的人。而工程造价鉴定人是指受鉴定机构指派,负责鉴定项目工程造价鉴定的注册造价工程师。

2)司法鉴定人的特点

从上述概念中可以归纳出司法鉴定人有以下特点:

(1)专业性

这是司法鉴定人最本质的一个特点,即鉴定人必须具有一定的专业知识,并据此对专门性问题进行科学鉴定。

(2)中立性

是指鉴定人在诉讼中处于中立位置,既不依附或倾向于当事人任何一方,又不是法官的助理,而只是凭借自己的专业知识对专门问题进行检验和判断,并对鉴定意见负责。

（3）自然人

因为鉴定活动是鉴定人对相关事实鉴别、认定的主观认识过程,而这个过程只有人才能进行,机构是无法完成主观认识活动的。

3）司法鉴定人的地位

我国三大诉讼法以列举的形式把司法鉴定人归为诉讼参与人,并且证人也在此列。所谓诉讼参与人是指：参与到诉讼过程中,并享有诉讼权利承担诉讼义务且为司法机关以外的人。这种界定不能详细具体地诠释出司法鉴定人的法律地位,但仍可以看出其既不是法官的"辅助人"也不是证人。同时,通过我国司法实践中事实认定者对鉴定意见的态度,以及在审查证据时对鉴定意见的采纳来看,司法鉴定人的诉讼地位要比证人的诉讼地位略高。

4）司法鉴定人的权利

我国尚未出台《鉴定法》,对鉴定人的权利在法律层面并未作出明确规定,仅仅在《司法鉴定人登记管理办法》（司法部令第 96 号）作出相应规定,第 21 条规定："司法鉴定人享有下列权利：（一）了解、查阅与鉴定事项有关的情况和资料,询问与鉴定事项有关的当事人、证人等；（二）要求鉴定委托人无偿提供鉴定所需要的鉴材、样本；（三）进行鉴定所必需的检验、检查和模拟实验；（四）拒绝接受不合法、不具备鉴定条件或者超出登记的执业类别的鉴定委托；（五）拒绝解决、回答与鉴定无关的问题；（六）鉴定意见不一致时,保留不同意见；（七）接受岗前培训和继续教育；（八）获得合法报酬；（九）法律、法规规定的其他权利。"

综上所述,司法鉴定人享有下列权利：

（1）参与诉讼权

司法鉴定人受理鉴定委托后,有权了解案情,查阅与鉴定有关的案卷资料,如勘验笔录、检验笔录、审讯笔录等,询问与鉴定事项有关的当事人、证人等,经委托机关允许可向被告人了解情况。全面了解案件情况,是科学鉴定的基础性工作。如果司法鉴定人对案件情况了解太少,难以作出最终结论。而且由于司法鉴定人对与鉴定有关案情的了解是通过委托人介绍的,这种介绍难免带有委托人的主观烙印而有失客观,从而为司法鉴定人作出正确结论制造了人为的障碍。因此,赋予一定的诉讼参与权给司法鉴定人,是科学鉴定的内在要求。司法鉴定人应当了解与鉴定有关的案情,获取必要鉴定材料及相关资料的权利包括询问与鉴定有关的当事人、证人等,以便作出正确的鉴定意见。

但司法鉴定人对案情的知情权只能是有限的。查阅案卷材料,询问与鉴定事项有关的当事人、证人等只能与鉴定事项相关,不能随意扩大。如果不加限制地赋予司法鉴定人知情权,容易造成鉴定人"先入为主",甚至造成"据案情推出鉴定结论""据此鉴定结论推出彼鉴定结论"的现象。

（2）拒绝鉴定权

鉴定人在接受委托时,对那些不合法、不具备鉴定条件或者超出业务范围的鉴定委托或鉴定人和鉴定组织属于法定的回避范围或鉴定活动受到非法干扰,经过请求又未能排除或要求补充的鉴定材料委托人不能补充,委托人提供虚假情况或拒不提供鉴定所需材料时,鉴定人有权拒绝受理,已受理的有权终止鉴定。

（3）独立鉴定权

司法鉴定人有权独立出具自己的鉴定结论,这是在鉴定过程中十分重要的。鉴定结论是司法鉴定人运用自己所掌握的专业知识就案件中涉及的某一专门性问题作出的科学判断。这种判断可能左右法官的判决。所以,必须保证司法鉴定人在作出鉴定结论时的内心独立性,外界不得干扰。不得受案情、人情、上级或外界压力的影响而使鉴定结论偏离科学轨道。在鉴定过程中,司法鉴定人或鉴定机构之间,对于不同鉴定的鉴定意见,不能以少数服从多数、下级服从上级的方式来统一鉴定的结论,司法鉴定人之间的意见不能强求一致。司法鉴定人对自己所作出的鉴定结论负完全责任。这样,就要求司法鉴定人必须行使独立的鉴定权。在"共同鉴定"的案件中,如果经过充分讨论仍不能取得一致的鉴定结论,司法鉴定人有权保留自己的意见,并可分别就不同的意见及其根据写入鉴定书中。

(4) 完善鉴定资料权

对送检的案件材料,如果觉得不够充分全面,鉴定人有权要求委托单位或由鉴定人直接对之加以完善。我国司法鉴定实践中主要是要求委托鉴定方去补充或在委托机关的同意下鉴定人直接收取。需要强化的是鉴定人可以根据实际情况不受当事人或法院限制而单独收集资料,这样可以更加保证鉴定过程中所依据的鉴定资料的真实性。防止发生因采信了虚假样本导致出具错误鉴定结论的现象的出现。

(5) 保留意见权

在共同鉴定或鉴定委员会鉴定过程中,持有不同意见的鉴定人有权保留意见,享有保留自己不同意见并不受"少数服从多数""下级服从上级"等"惯例"做法干扰的权利。赋予鉴定人此项权利的本意是在数名鉴定人鉴定的意见不一致时,在鉴定意见书上要说明不一致的意见和有争论的范围、人数、理由,让法官去自由裁量。

(6) 要求延长鉴定期限权

《司法鉴定程序通则》(司法部令第 132 号)第 28 条规定:"司法鉴定机构应当自司法鉴定委托书生效之日起 30 个工作日内完成鉴定。鉴定事项涉及复杂、疑难、特殊技术问题或者鉴定过程需要较长时间的,经本机构负责人批准,完成鉴定的时限可以延长,延长时限一般不得超过 30 个工作日。鉴定时限延长的,应当及时告知委托人。司法鉴定机构与委托人对鉴定时限另有约定的,从其约定。"

《建设工程造价鉴定规范》(GB/T 51262—2017)第 3.7.1 规定,鉴定期限由鉴定机构与委托人根据鉴定项目争议标的涉及的工程造价金额、复杂程度等因素在表 7-1 规定的期限内确定。

表 7-1 鉴定期限表

争议标的涉及工程造价	期限(工作日)
1 000 万元以下(含 1 000 万元)	40
1 000 万元以上 3 000 万元以下(含 3 000 万元)	60
3 000 万元以上 10 000 万元以下(含 10 000 万元)	80
10 000 万元以上(不含 10 000 万元)	100

鉴定机构与委托人对完成鉴定的期限另有约定的,从其约定。

第 3.7.3 规定:"鉴定事项涉及复杂、疑难、特殊的技术问题需要较长时间的,经与委托人协商,完成鉴定的时间可以延长,每次延长时间一般不得超过 30 个工作日。每个鉴定项目延长次数一般不得超过 3 次。"

（7）获得报酬权

鉴定人因实施鉴定活动有权获得相应的报酬。司法鉴定实践中,鉴定人虽然都在不同程度上享有了获取鉴定费用的权利,但各地没有统一标准。江苏省出台了《关于规范工程造价咨询服务收费标准及有关事项的通知》(苏价服〔2014〕383号)规定,工程造价司法鉴定费用,按照司法鉴定委托标的额作为项目收费基数,采用差额定率分档累进制收费,小于或等于500万元,按照10‰收费;小于或等于1 000万元,按照8‰收费;小于或等于5 000万元,按照7‰收费;小于或等于1亿元,按照6‰收费;小于或等于5亿元,按照5‰收费;大于5亿,按照4‰收费。

司法鉴定人出庭作证属于鉴定人履行法定义务,此项义务的履行必然会影响鉴定人的正常生活、工作,必然会使其为之付出一定的代价和损失一定利益,影响到其自身的合法权利,因此其应当享有出庭作证的补偿权。但是,对鉴定人出庭接受质证收费并没有明确规定。鉴定人出庭接受质证,付出了时间、精力、耽误了自身的工作、减少了自身的正常收入,同时还产生额外的差旅费、交通费、误工费等一系列损失,理应获得报酬。在司法实践中,普遍认为鉴定人因出庭作证的交通费、住宿费、生活补助费、误工费、日津贴费、异地出庭的差旅费等经济损失都应当列入补偿范围。另外,对鉴定人因出庭作证使得鉴定人及其近亲属遭受的经济损失,都应该得到相应的补偿。

我国《最高人民法院关于行政诉讼证据若干问题的规定》第75条规定:"证人、鉴定人因出庭作证或者接受询问而支出的合理费用,由提供证人、鉴定人的一方当事人先行支付,由败诉一方当事人承担。"司法解释的规定为此提供了实践依据。

《江苏省司法鉴定收费管理办法的通知》(苏价规〔2016〕22号)第10条规定:"司法鉴定人在人民法院指定日期出庭作证发生的交通费、住宿费、生活费等必要费用及误工补贴,不属于司法鉴定收费,由人民法院按照现行有关规定执行。"

对司法鉴定人出庭作证鉴定人的费用应当限定在实际支出的范围内,包括直接费用和因出庭而减少的收入,体现补偿的性质,不宜扩大范围。

（8）司法鉴定人的司法保护权

由于鉴定结论对定案处理有着至关重要的作用。由于工程造价纠纷涉及金额较大,因而在司法实践中,对工程造价鉴定人的威胁,引诱及打击报复现象也时有发生。因此,建立司法鉴定人保护制度对于保障司法鉴定人严格依法鉴定,提高司法鉴定人的出庭作证率,保证鉴定结论的客观公正及维护鉴定的合法权益都具有重要的意义。

完善司法鉴定人所享有的司法保护权包括两个方面:一是司法鉴定人对侵犯鉴定人独立鉴定的行为、打击报复的行为有权向有关部门进行控告的权利,目前法律对此没有规定,更没有具体规定由何部门来受理并处理;二是当鉴定人在进行鉴定或出庭作证时其本人或近亲属的人身和财产安全受到威胁或侵害时,有获得司法保护的权利。我国现行法律在此方面的规定较少,再加上有些司法机关工作人员在实际工作中对鉴定人的保护意识不强,执行不力,致使鉴定人及其近亲属的合法权益受到侵犯时常投诉无门。因此,需要完善我国对鉴定人及其近亲属的法律保护制度,把保护范围从单纯的人身权利、财产权利的保护扩大到对鉴定人的名誉权、荣誉权及人格尊严权的保护方面;可以根据鉴定活动所发生的具体诉讼阶段来明确实施保护的司法机关;对在保护鉴定人及其近亲属方面,失职的单位和个人要追究其法律责任。对造成鉴定人及其近亲属权利受到侵害的加害人要课以刑罚。

7.2　工程造价鉴定人出庭制度

7.2.1　工程造价鉴定人出庭作证的意义

司法鉴定人出庭是当事人(控辩)质证权的基本要求,也是保障当事人质证权实现的最主要途径,更是鉴定意见作为定案根据可靠性以及获得可信性的重要程序保障。《关于司法鉴定管理问题的决定》第11条规定:"在诉讼中,当事人对鉴定意见有异议的,经人民法院依法通知,鉴定人应当出庭作证。"

鉴定意见作为言词证据,依照直接言词的审判原则,司法鉴定人应当出庭对提出的鉴定意见作出说明、解释并针对质疑予以积极回应。否则,鉴定意见将被视为传闻证据,未经过法定程序查证属实,不能作为证据使用。法庭查证属实的基本程序是鉴定人出庭对涉及鉴定事项有关问题接受质证并予以解答,对其作证的内容接受当事人双方与法庭的审查,否则,其包含的科学性难以有效被揭示,可能存在的差错或者瑕疵难以被发现,难免因此错误出现冤假错案。为此,法律对司法鉴定人出庭作证作出了明确的规定与要求,并将司法鉴定人出庭作证规定为法定义务。《民事诉讼法》第78条规定:"当事人对鉴定意见有异议或者人民法院认为鉴定人有必要出庭的,鉴定人应当出庭作证。经人民法院通知,鉴定人拒不出庭作证的,鉴定意见不得作为认定事实的根据;支付鉴定费用的当事人可以要求返还鉴定费用。"由此可见。司法鉴定人出庭作证不仅是鉴定制度的重要内容,而且还是诉讼制度不可或缺的内容之一。

鉴定人出庭作证有下列法律意义:

1) 是正当程序顺利开展的需要

鉴定意见作为法定证据的一种,除了应当接受法庭审查外,还需要经过当事人质证,这既是正当法律程序的必然要求,也是一种正当程序保障其科学性的应有之义。鉴定人不出庭作证,当事人就无法对鉴定意见进行有效的质证,法庭也只能对鉴定机构及其鉴定人的签名盖章等进行形式要件的审查,这不可避免地导致一些存在瑕疵甚至错误的鉴定意见成了定案的依据。这样,使当事人享有的质证权落空,妨碍了法庭有效发现真实目标的实现,严重影响了程序的正当性和裁判的公正性。

2) 有利于司法鉴定公信力的提升

司法鉴定人出庭能够针对当事人对鉴定意见的异议进行解释和说明,不仅可以消除当事人对鉴定意见的疑虑,而且还能使法庭对鉴定意见有一个较为准确的认识、理解和判断,从而提高依据鉴定意见认定案件事实的可接受性。如果司法鉴定人不出庭作证,当事人就不能在法庭上询问鉴定人,对鉴定意见的疑问难以消除,在一定程度上又容易加深当事人对司法鉴定人的公正性和鉴定意见的科学性的怀疑,从而对司法公正造成消极影响,导致案件久拖不决,有损司法鉴定的公信力。

3) 是发现错误鉴定意见的有效途径

司法鉴定人出庭作证可以使鉴定意见得到正当程序的检验。鉴定意见是由司法鉴定人对鉴定事项作出鉴别、判断的主观认识、说明,其结论不可避免地带有一定的主观性。司法鉴定人不出庭作证,当事人一般无法判断鉴定的真伪与对错,对鉴定意见的审查判断则只能取决于法庭,而法庭可以完全根据自己的意愿取舍鉴定意见,即使错误,也难以得到及时的发现和有效的纠正,在一定程度上减少了发现鉴定意见错误的有效途径。如果司法鉴定人在公开的法庭上接受控辩双方的交叉询问,就存在异议的鉴定意见进行辩论,不仅有利于提高发现错误鉴定意见的有效率,而且为法庭选择可靠、可信性鉴定意见提供了最有效的途径。

7.2.2 鉴定人出庭作证的权利和义务

1) 权利

司法鉴定人作为诉讼参与人提供的鉴定意见常常对当事人(控辩)双方证明的案件事实起着关键性的作用,其出庭作证应当享有一定的诉讼权利并履行相应的义务,当其权利受到损害或者威胁时,也应当受到法律的保护。

鉴定人出庭作证享有以下权利:

(1) 司法鉴定人出庭作证的司法保护权;

(2) 司法鉴定人出庭作证的经济补偿权;

(3) 司法鉴定人出庭作证的拒绝权。

司法鉴定人出庭作证时,对当事人、委托人或其他人提出的与鉴定无关的问题,有权拒绝解决、回答。

2) 义务

司法鉴定人应当出庭作证,如实作证或如实回答质询,否则应承担相应的法律后果。对司法鉴定人作虚假鉴定,不如实回答质询或者故意作虚假回答造成损害的,应当予以赔偿;情节严重的,应依法追究刑事责任。

司法鉴定人出庭如实作证是鉴定发挥功能以及诉讼活动得以顺利进行的必要条件,也是鉴定作为保障诉讼发现真实的基本前提。我国《刑法》第 305 条规定,在刑事诉讼中,证人、鉴定人、记录人、翻译人对与案件有重要关系的情节,故意作虚假证明、鉴定、记录、翻译,意图陷害他人或者隐匿罪证的,处 3 年以下有期徒刑或者拘役;情节严重的,处 3 年以上 7 年以下有期徒刑。

司法鉴定人出庭作证属于法定义务,如果鉴定人不履行其义务或不完全履行义务,或者不正确履行义务或履行义务有瑕疵的,应当承担不利的法律后果,并追究其相应责任,这也是程序正义的基本要求。《司法鉴定人登记管理办法》(司法部令第 96 号)第 30 条规定:"司法鉴定人有下列情形之一的,由省级司法行政机关给予停止执业三个月以上一年以下的处罚;情节严重的,撤销登记;构成犯罪的,依法追究刑事责任:……(五)故意做虚假鉴定的;(六)法律、法规规定的其他情形。"

另外,司法鉴定人还负有依法主动回避义务、保守在执业活动中知悉的国家秘密、商业秘密和个人隐私以及法律、法规规定的其他义务。

7.2.3 鉴定人出庭作证的条件

鉴定意见往往对案件事实起关键性的作用,但其本身是否科学可靠,普通人往往难以判断,这就需要鉴定人出庭对其提供的意见加以说明,接受当事人(控辩双方)的质疑。鉴定人对鉴定的案件一律出庭,虽然能够满足法庭审查证据的需要,却不经济,在实践中往往也没有必要。为此,诉讼法仅仅规定对鉴定意见有异议或者人民法院认为有必要才需要鉴定人出庭。《民事诉讼法》第78条规定:"当事人对鉴定意见有异议或者人民法院认为鉴定人有必要出庭的,鉴定人应当出庭作证。"对此可作以下理解:

(1) 当事人(控辩)双方或者当事人一方对作为证据的鉴定意见存在异议,认为鉴定意见存在错误、鉴定方法不科学、鉴定程序或者鉴定人需要回避等,鉴定人在此情形下应当出庭作证,在法庭上对自己作出的鉴定意见从科学依据、鉴定步骤、鉴定方法、鉴定程序以及提供意见的可靠性等方面加以解释和说明,并在法庭上接受质疑,当面回答质询和提问。这样,可以使法官更好地审查鉴定意见的可靠程度,或者对几个不同鉴定意见进行比较分析,或者将鉴定意见与其他证据综合判断,从中采信合理的鉴定意见或者排除不适当甚至有错误的鉴定意见。需要重新鉴定的,进行重新鉴定;同时,也有利于控辩双方进一步了解鉴定意见,消除疑虑,排除错误的观念,服从判决。

(2) 当事人(控辩)申请人民法院或仲裁机构通知鉴定人出庭的,或者当事人没有申请,人民法院根据案件情况认为鉴定人有必要出庭的,特别是存在多个不同的鉴定意见时,法庭也有权通知鉴定人出庭,要求鉴定人对鉴定的科学依据、鉴定步骤、鉴定方法、鉴定程序等方面进行说明,以免法院采信鉴定意见存在暗箱操作的嫌疑,损害判决的公正性。人民法院对于必要性判断仅仅属于程序上判断,只要当事人对鉴定意见存在异议,其异议具有合理的理由,就应当认为有必要性,不应以鉴定意见存在错误作为鉴定人出庭的合理理由。

(3) 司法鉴定人出庭作证属于一项法定义务,经人民法院通知出庭的,司法鉴定人应当出庭作证。《关于司法鉴定管理问题的决定》将鉴定人出庭作证提升到一项诉讼程序制度的高度,这对于规范鉴定人出庭作证具有重要的意义。因为鉴定意见作为证据不仅涉及其本身的科学性,其鉴定意见也不一定是完全客观的,它只是鉴定人对这些客观事实的认识,是从科学技术或者经验知识方面对客观事物的认识,带有一定的主观性,同时还牵扯到当事人质证权的实现。《民事诉讼法》第78条规定:"当事人对鉴定意见有异议或者人民法院认为鉴定人有必要出庭的,鉴定人应当出庭作证。经人民法院通知,鉴定人拒不出庭作证的,鉴定意见不得作为认定事实的根据;支付鉴定费用的当事人可以要求返还鉴定费用"。只有鉴定人按通知出庭作证,才能保障鉴定意见的质量和当事人质证权。

司法鉴定人经人民法院依法通知,应当按时出庭作证。鉴定人无正当理由,未经人民法院许可,不得拒绝出庭作证。有下列情形之一的,鉴定人可以不出庭作证:①当事人(控辩)双方对鉴定意见没有争议的;②鉴定意见对案件不起直接决定作用的;③有权机关已经决定补充鉴定或者重新鉴定的。

7.3　工程造价鉴定责任制度

7.3.1　司法鉴定责任概述

司法鉴定人在从事鉴定活动时,为了保障其工作的合法权益及鉴定意见的可靠程度,应当享有一定的权利和义务,如为保障鉴定意见的独立性及中立立场,司法鉴定人除享有了解案情、调阅资料的基本权利外,还享有人身保护的权利。相应地,司法鉴定人在从事鉴定工作上也应当承担一定的法律后果和责任。

1) 司法鉴定责任的概念

司法鉴定责任,是指司法鉴定的法律责任,是指司法鉴定的有关人员和鉴定机构在实施和管理司法鉴定活动中违反有关法律法规的规定应承担的不利法律后果。司法鉴定的法律责任包括司法鉴定的民事责任、行政责任和刑事责任。

2) 司法鉴定责任的特征

司法鉴定责任具有下列特征:

(1) 司法鉴定责任的主体是实施司法鉴定活动或者管理司法鉴定的有关人员和机构

其主体主要包括实施司法鉴定行为的鉴定人和开展司法鉴定业务活动的司法鉴定机构以及从事司法鉴定管理活动的司法鉴定管理机关的工作人员。在特定情况下,也包括其他涉及司法鉴定的人员和组织。如《全国人民代表大会常务委员会关于司法鉴定管理问题的决定》规定的其他人员、法人或者其他组织未经登记,从事《决定》规定的司法鉴定业务,应承担行政责任。这些主体虽然不是司法鉴定机构或者不具有鉴定人资格,在承担处罚责任时,也是司法鉴定责任的承担主体。从严格意义上讲,这些主体与我们强调的司法责任主体仍存在不同。

(2) 司法鉴定责任的承担依据

司法鉴定责任的承担以司法鉴定的法律规范、纪律规则和道德规范为依据,也包括聘请、指派的有关机关或者鉴定委托当事人与鉴定机构之间的合同约定。鉴定人、司法鉴定机构和管理司法鉴定的人员承担责任的前提是存在有关的义务性或者禁止性规定,因其未履行义务、履行义务不符合约定或者怠于行使职权、滥用职权而根据有关规定应当承担责任。尽管承担责任的原因可能是多种多样的,其责任承担必须有依据。承担责任的范围也应当在规定的范围之内,不得超出规定范围"法外"进行制裁。

(3) 司法鉴定责任是以存在违反有关司法鉴定法律法规规章、道德和纪律规范行为以及合同约定作为责任产生的基础

因为责任产生取决于行为及其后果符合责任构成要件,责任构成要件又是以法律法规规章以及相关规定作为基础。司法鉴定责任的主体既有管理司法鉴定主体,也有实施鉴定主体;责任主体既包括管理司法鉴定的司法行政部门、侦查机关等国家机关和国家工作人员,也有司法鉴定机构以及具体实施司法鉴定活动的司法鉴定人。司法鉴定责任主体的复杂性带来了责任形式的多样性,既有职业道德、执业纪律上的要求,也有法律对此的专门性规定。无论司法鉴定责任如何多样,但责任的产生均应当有根据,其根据具有正当性和合理性。

(4) 司法鉴定责任是在从事和管理司法鉴定活动中产生的责任

有关司法鉴定法律法规规章、规范性文件以及相关规定所规定的法律责任、道德和纪律责任等,仅仅是责任产生的基础或者前提,只有在从事和管理司法鉴定活动中出现违反规定的行为,这些责任的规定才能发生实效。鉴定人、司法鉴定机构和登记管理司法鉴定的人员在从事和管理司法鉴定活动中,并非违反这些相关规定就应当承担责任,其行为还应当存在行为的可责性。也就是说,只有当他们在司法鉴定活动中存在故意或者重大过失,才承担责任;他们的行为超出司法鉴定活动特定领域违反了其他法律法规规章的,所承担的责任则不

属于司法鉴定责任,即司法鉴定人员、司法鉴定机构和司法鉴定管理机关工作人员在非执业或者非管理活动中所承担的责任,不属于司法鉴定责任的范围。

(5)司法鉴定责任是严格依照程序进行追究的责任

司法鉴定责任导致鉴定人、司法鉴定机构和登记管理司法鉴定的人员承担某种不利的后果,使其受到一定的制裁或者不名誉的指责。这种责任的承担会影响到他们的良好声誉和行为的效果,其责任追究应严格依法进行,体现责任追究的法定性与程序性。责任的追究应由法律法规规章制度的主体严格按照程序和规定的种类进行,不得超越法律法规规章的允许范围擅自设立责任形式,也不得违反程序进行责任追究,否则,追究责任的行为无效。

7.3.2 工程造价鉴定执业道德

1)司法鉴定的职业道德责任

司法鉴定作为为诉讼提供证据支撑,维护司法公正的一项法律制度,其实施主体属于特殊的职业群体,由于其实施专门性活动的特殊性,更需要这一特殊职业群体尊重科学,遵守技术操作规范,具有高于一般职业群体的良好职业道德、执业操守以及对鉴定事业的笃诚。这一特殊职业要求司法鉴定具有严格的职业道德、执业纪律,特别需要司法鉴定执业责任予以维护。司法鉴定的执业责任主要发生在鉴定职业领域的职业道德责任和执业纪律责任。

(1)司法鉴定职业道德责任的概念

司法鉴定职业道德责任是指从事司法鉴定的人员在进行司法鉴定业务活动过程中违反应当遵守的职业道德要求或者职业道德操守所应承担的道义责任。

职业道德责任是伦理学中一个非常重要的范畴,它涉及道德领域中的许多根本性的理论问题。

(2)司法鉴定职业道德责任的特点

司法鉴定职业道德责任具有以下特点:

① 司法鉴定职业道德责任具有自觉性

司法鉴定职业道德责任需要鉴定人的自觉意识,并通过内心驱动对其应负的责任自觉、自愿承担。

② 司法鉴定职业道德责任的广泛性

司法鉴定职业道德责任与其他责任相比其范围更为广泛。它不仅表现为鉴定人外在行为的可谴性,而且包括内在良知的可责性,主要表现为一种道义责任。

③ 司法鉴定职业道德责任特别的预防性

司法鉴定职业道德责任不仅具有自律的性质,对于形成特定的动机、意图、目的等一些主观性问题具有一定内在约束力,在一定程度上能够促使司法鉴定人在将来的司法鉴定活动中更加模范地遵守职业道德规范。

司法鉴定是保障和服务诉讼的一项活动,司法鉴定人作出的鉴定意见对于案件事实认定起到关键性的作用,有些鉴定意见关系到诉讼成败,其活动本身具有严肃性和高标准性,这就要求从事司法鉴定活动的司法鉴定人具有良知,尊重科学,实施鉴定活动应当客观、公正。另一方面,司法鉴定人又属于某一专门性领域内的专家,人们对此具有较大的信赖性,本身的权威性对其提出了高于其他职业群体的道德标准。所以,法律对司法鉴定人和司法鉴定机构均存在有关道德的规定,强调鉴定人应当"遵守职业道德"。

（3）司法鉴定职业道德规范的内容

司法鉴定职业道德规范主要包括以下内容：

① 司法鉴定人应当忠于宪法和法律，忠于职守，坚持客观、科学、独立的鉴定原则，严格按照司法鉴定程序，开展鉴定业务工作，不受其他任何单位、组织和个人的干预，维护国家法制和社会公平正义；

② 司法鉴定人应当热情勤勉、诚实守信，尽职尽责地为委托人提供鉴定服务，客观、科学、独立、公正地出具鉴定报告；

③ 司法鉴定人应当敬业勤业，努力钻研业务，掌握执业所应具备的专业知识、法律知识和服务技能，注重陶冶品德和职业修养，自觉维护司法鉴定人的职业声誉；

④ 司法鉴定人应当严守国家秘密，保守委托人的商业秘密及委托人的隐私；

⑤ 司法鉴定人应当尊重同行，同业互助，公平竞争，共同提高执业水平；

⑥ 司法鉴定人应当注重社会效益，积极参加社会公益活动，积极为确有经济困难的当事人提供减免费用的鉴定服务。

2）司法鉴定的执业纪律责任

（1）司法鉴定执业纪律责任的概念

司法鉴定执业纪律责任是司法鉴定主体违反法律、法规、规章以及协会的规范而应当承担的执业责任，即司法鉴定人和司法鉴定机构在实施和管理司法鉴定活动中违反执业纪律应当承担的不利后果。其责任范围相对比较广泛，既包括违反法律、法规、规章以及一般规范性文件应当承担的责任，也包括违反道德规范以及行业协会的有关规定应当承担的责任。

司法鉴定执业纪律责任具有以下特点：

① 司法鉴定执业纪律责任基于鉴定人和鉴定机构违反执业内部纪律规范而产生

这些内部的纪律规范既有司法行政部门制定的规范司法鉴定的纪律规范，也包括司法鉴定协会制定的内部纪律规范。追究纪律责任的主体一般为司法鉴定的管理机关和司法鉴定协会，其承担责任主体主要为司法鉴定机构和司法鉴定人。

② 司法鉴定执业纪律责任具有一定强制性

有些司法鉴定纪律规范虽然是由司法鉴定协会制定的进行自我管理、自主管理的自律性规范，但它对于从事司法鉴定执业的人或者机构仍有一定强制性。

③ 司法鉴定执业纪律责任体现了惩戒的制裁性

司法鉴定纪律责任具有一定的强制性，司法鉴定人或者司法鉴定机构一旦违反，纪律责任则会外化为一种强制力，由司法行政部门、司法鉴定协会或者司法鉴定机构给予其相应的纪律处分。

司法鉴定执业纪律规范是司法鉴定主体在管理和从事司法鉴定活动中应当遵循的执业规范，它是司法鉴定道德基本内容与要求的外在体现，是司法鉴定管理的部门以及行业协会等管理组织依照司法鉴定的特殊要求而制定的执业规范，旨在通过纪律惩戒来促使司法鉴定道德的有效落实。

（2）司法鉴定执业纪律规范的内容

司法鉴定执业纪律规范调整的对象主要是司法鉴定人。司法鉴定人的执业纪律规范要求主要包括：

① 从事鉴定活动过程中的纪律。包括：司法鉴定人在司法鉴定业务活动中应当忠于事

实尊重科学,积极探求事实真相;坚持独立原则,司法鉴定人应当依法独立开展鉴定活动,不受任何单位和个人的干预;司法鉴定人在执业活动中应当自觉回避;司法鉴定人在鉴定活动中应当严格遵守司法鉴定程序和相关行业的技术标准和规范。

② 司法鉴定人与其他司法鉴定人之间的纪律。包括:司法鉴定人和司法鉴定机构在鉴定执业活动中应当相互尊重,公开、公平竞争,开展同业互助,共同提高执业水平。司法鉴定人不得采取不正当手段损害其他司法鉴定人的威信和名誉。

③ 处理与委托人之间关系的纪律。包括:司法鉴定人在执业活动中应当诚实守信,勤勉尽责地为委托机关和当事人服务,按时、按质完成委托的鉴定业务;严守执业过程中获知的国家秘密、商业秘密、个人隐私以及其他委托人不愿公开的事项;不得与对方当事人或对方当事人委托的司法鉴定人合谋从事损害当事人的活动等。

④ 出庭作证等方面的纪律。包括司法鉴定人应当遵守诉讼活动和仲裁活动中的相关规定,如不得损害司法机关和仲裁机关的威信;不得违反审判庭和仲裁庭的纪律。

⑤ 在监督管理活动中的纪律。包括:司法鉴定人在执业活动中应当自觉接受和服从国家司法行政主管机关和司法鉴定人协会的检查、监督和管理,不得以隐瞒事实、弄虚作假、消极抵制等手段妨碍司法行政机关和司法鉴定人协会的执业监管活动。

⑥ 受理案件和业务收费方面的纪律。包括:司法鉴定人在业务活动中应当廉洁自律,严格遵守各项财务管理规定;司法鉴定人不得私自接受当事人的委托;按照规定收取和使用鉴定费用、不得私自截留、非法挪用、私分和侵占鉴定费用;不得以任何理由和方式向当事人或其他利害关系人索要或收受财物。

3) 工程造价鉴定执业纪律

(1)《建设工程造价鉴定规范》相关规定

《建设工程造价鉴定规范》(GB/T 51262—2017)中为对工程造价司法鉴定机构和司法鉴定人执业纪律作出详细规定,仅仅在"1.总则"中就作出如下规定:

① 工程造价鉴定应当遵循合法、独立、客观、公正的原则。

② 从事工程造价鉴定工作,除应执行本规范外,尚应符合国家现行有关法律、法规、规章及相关标准的规定。

同时,在"3.基本规定"中又作出如下规定:

① 鉴定机构应在其专业能力范围内接受委托,开展工程造价鉴定活动。

② 鉴定机构应对鉴定人的鉴定活动进行管理和监督,在鉴定意见书上加盖公章。当发现鉴定人有违反法律、法规和本规范规定行为的,鉴定机构应当责成鉴定人改正。

③ 鉴定人在工程造价鉴定中,应严格遵守民事诉讼程序或仲裁规则以及职业道德、执业准则。

④ 鉴定人应在鉴定意见书上签名并加盖注册造价工程师执业专用章,对鉴定意见负责。

⑤ 鉴定机构和鉴定人应履行保密义务,未经委托人同意,不得向其他人或者组织提供与鉴定事项有关的信息。法律、法规另有规定的除外。

⑥ 鉴定机构应按照工程造价执业规定对鉴定工作实行审核制。

⑦ 鉴定机构应建立科学、严密的管理制度,严格监控证据材料的接收、传递、鉴别、保存和处置。

⑧ 鉴定机构应按照委托书确定的鉴定范围、事项、要求和期限,根据本机构质量管理体系、鉴定方案等督促鉴定人完成鉴定工作。

⑨ 鉴定人经委托人通知,应当依法出庭作证,接受当事人对工程造价鉴定意见书的质询,回答与鉴定事项有关的问题。

⑩ 鉴定人出庭作证时,应依法、客观、公正、有针对性地回答与鉴定事项有关的问题。

(2)《注册造价工程师管理办法》相关规定

《注册造价工程师管理办法》(建设部令第 150 号)对造价工程师的执业作出了较为详细地规定。第 17 条规定:"注册造价工程师应当履行下列义务:(一)遵守法律、法规、有关管理规定,恪守职业道德;(二)保证执业活动成果的质量;(三)接受继续教育,提高执业水平;(四)执行工程造价计价标准和计价方法;(五)与当事人有利害关系的,应当主动回避;(六)保守在执业中知悉的国家秘密和他人的商业、技术秘密。"

第 20 条规定:"注册造价工程师不得有下列行为:(一)不履行注册造价工程师义务;(二)在执业过程中,索贿、受贿或者谋取合同约定费用外的其他利益;(三)在执业过程中实施商业贿赂;(四)签署有虚假记载、误导性陈述的工程造价成果文件;(五)以个人名义承接工程造价业务;(六)允许他人以自己名义从事工程造价业务;(七)同时在两个或者两个以上单位执业;(八)涂改、倒卖、出租、出借或者以其他形式非法转让注册证书或者执业印章;(九)法律、法规、规章禁止的其他行为。"

(3)《江苏省建设工程造价管理办法》相关规定

我国各地政府主管部门也加强了对工程造价咨询单位和造价工程师执业纪律的监督管理。例如江苏省于 2010 年 8 月 16 日通过了《江苏省建设工程造价管理办法》(江苏省人民政府第 66 号令),对工程造价咨询单位和造价工程师执业纪律作出详细规定。

第 3 条规定:"从事工程造价活动应当遵循合法、客观公正、诚实信用的原则,不得损害社会公共利益和他人的合法权益。"

第 17 条规定:"从事建设工程造价咨询服务的企业,应当依法取得相应的资质,并在资质等级许可的范围内执业。"

第 18 条规定:"工程造价咨询企业应当建立健全质量控制、技术档案管理和财务管理等规章制度。工程造价咨询企业对出具的建设工程造价咨询成果负责。因自身过错造成委托人经济损失的,按照合同约定予以赔偿。"

第 20 条规定:"工程造价咨询企业在建设工程造价执业活动中不得有下列行为:(一)涂改、倒卖、出租、出借资质证书或者以其他形式非法转让资质证书;(二)超越资质等级承接建设工程造价咨询业务;(三)同时接受招标人和投标人或者两个以上投标人对同一工程项目的造价咨询业务;(四)以给予回扣、贿赂等方式进行不正当竞争;(五)转让其所承接的建设工程造价咨询业务;(六)工程造价成果文件上使用非本项目咨询人员的执业印章或者专用章;(七)违背客观、公正和诚实信用原则出具建设工程造价咨询成果文件;(八)法律、法规和规章禁止的其他行为。"

第 23 条规定:"工程造价从业人员不得有下列行为:(一)签署有虚假记载或者误导性陈述的建设工程造价成果文件;(二)在执业过程中实施索贿、受贿、商业贿赂或者谋取其他不正当的利益;(三)以个人名义承接建设工程造价业务、允许他人以自己的名义从事建设工程造价业务或者冒用他人的名义签署建设工程造价成果文件;(四)同时在两个或者两个以上单位从业;(五)在非实际从业单位注册;(六)涂改、倒卖、出租、出借或者以其他形式非法转让注册证书、执业印章、专用章;(七)法律、法规和规章禁止的其他行为。"

第24条规定:"工程造价咨询企业和造价从业人员应当向资质(资格)许可机关以及从事建设工程造价活动所在地的建设行政主管部门提供真实、准确、完整的企业和个人信用档案信息以及执业活动业务信息。"

7.3.3 工程造价鉴定法律责任

1) 司法鉴定法律责任的概述

司法鉴定法律责任主要是指司法鉴定机构、司法鉴定人和司法鉴定管理机关工作人员在执业或者管理司法鉴定活动中违反有关司法鉴定法律、法规、规章的禁止性规定或者不履行法定义务所应承担的不利法律后果。

(1) 司法鉴定法律责任的特点

司法鉴定法律责任具有以下特点:

① 承担主体多元化

司法鉴定法律责任承担主体既包括司法鉴定机构、司法鉴定人和司法鉴定管理机关工作人员,也包括无鉴定法定资格而从事司法鉴定活动的机构和人。《司法鉴定人登记管理办法》(司法部令第96号)第28条规定:"未经登记的人员,从事已纳入本办法调整范围司法鉴定业务的,省级司法行政机关应当责令其停止司法鉴定活动,并处以违法所得1至3倍的罚款……"司法鉴定责任主体主要为司法鉴定机构、司法鉴定人和司法鉴定管理机关工作人员。

② 司法鉴定法律责任承担的法律依据不同

司法鉴定法律责任承担的法律依据既包括专门调整司法鉴定活动的法律、法规、规章等特别法,如《全国人民代表大会常务委员会关于司法鉴定管理问题的决定》《司法鉴定机构登记管理办法》(司法部令第95号)《司法鉴定人登记管理办法》(司法部令第96号),也有一些涉及司法鉴定活动的普通法,如《民法通则》《合同法》《侵权责任法》《民事诉讼法》等。

③ 责任承担形式的多样性

司法鉴定法律责任是以违反法定义务或者约定义务为基础,责任承担方式具有多样性。既有公法上的责任,如刑事责任、行政责任,以及一定程度的国家赔偿责任;也有私法上的责任如侵权责任和违约责任。

④ 司法鉴定法律责任主要为过错责任

因鉴定涉及科学技术的不确定性,因此主要是以故意或重大过失作为承担责任的要件,对于轻微过失一般不需要承担责任。

⑤ 司法鉴定法律责任形式具有体系性

司法鉴定法律责任不仅有民事责任、行政责任,而且还包括刑事责任。

(2) 司法鉴定法律责任的类型

根据类型划分方式的不同,司法鉴定法律责任有以下几种:

① 根据法调整的利益不同,司法鉴定法律责任可分为公法上的责任和私法上的责任

公法是指用以规范国家和公民个人之间关系的法律,适用法律一方的主体是公权力主体。司法鉴定的法律责任在公法上的责任主要表现为行政责任、诉讼责任、刑事责任和国家

赔偿责任。

私法是指调整平等的民事主体之间的法律规范。司法鉴定的法律责任在私法上主要为司法鉴定人、司法鉴定机构与当事人之间的民事侵权或者违约责任。

② 根据承担责任的主体不同,司法鉴定的法律责任可分为单位法律责任和个人法律责任

单位责任主要是指司法鉴定机构的法律责任。这种责任是指鉴定机构作为整体,违反法定义务后所承担的法律责任。

个人法律责任包括司法鉴定人个人的法律责任和司法鉴定登记管理部门工作人员的法律责任。司法鉴定人个人的法律责任是指司法鉴定人个人在鉴定活动中违反法定义务所承担的法律责任;司法鉴定登记管理部门工作人员的法律责任是指违反登记管理规范应承担的责任。

③ 根据法律责任的性质不同,司法鉴定法律责任可以分为刑事责任、民事责任、行政责任以及国家赔偿责任

刑事责任是指司法鉴定人和司法鉴定登记管理人员依据刑法规定所承担的责任,包括《刑法》规定的伪证、渎职等刑事法律责任。

民事责任是指司法鉴定机构和司法鉴定人在鉴定活动中或者鉴定结果给当事人造成损失而承担的民事赔偿责任。

行政责任则是指主管司法鉴定活动的行政机关对违规的司法鉴定机构和司法鉴定人实施的行政处罚以及司法鉴定登记管理人员违反登记管理规定承担的行政处分。

2) 司法鉴定人的法律责任

司法鉴定人的法律责任是指司法鉴定人在鉴定执业活动中因为故意或重大过失,违反有关司法鉴定的法律、法规、规章的规定和约定的义务,应当承担的不利法律后果。

司法鉴定人作为具有专门知识的专家是经过司法行政部门许可或者授权取得鉴定人资格,其从事的司法鉴定活动是为诉讼或仲裁提供证据和认定案件事实提供依据的活动。这种活动的结果涉及公民、法人或者其他组织的合法权益。因此,司法鉴定人应当科学、客观、独立、公正地从事司法鉴定活动,严格遵守法律、法规的规定,遵守职业道德和职业纪律,遵守司法鉴定管理规范,并对自己作出的鉴定意见负责。对在执业活动中违反《司法鉴定人登记管理办法》(司法部令第 96 号)等规定的应当承担相应的法律责任。

司法鉴定人的法律责任包括民事责任、行政责任和刑事责任。

(1) 司法鉴定人的民事责任

司法鉴定人在执业活动中,因故意或者重大过失,如司法鉴定人作虚假鉴定,无故不出庭作证或者出庭作证不如实回答质询,给当事人造成损失的,司法鉴定人一般不需要直接承担赔偿责任,而由其所在的鉴定机构向当事人承担。但司法鉴定机构可以向鉴定人追偿,司法鉴定人应当承担相应的民事责任。

《司法鉴定机构登记管理办法》(司法部令第 95 号)第 41 条规定:"司法鉴定机构在开展司法鉴定活动中因违法和过错行为应当承担民事责任的,按照民事法律的有关规定执行。"《司法鉴定人登记管理办法》(司法部令第 96 号)第 31 条规定:"司法鉴定人在执业活动中,因故意或者重大过失行为给当事人造成损失的,其所在的司法鉴定机构依法承担赔偿责任后,可以向有过错行为的司法鉴定人追偿。"

《山东省司法鉴定条例》第57条规定:"司法鉴定机构和司法鉴定人违法执业或者因过错给当事人造成损失,由司法鉴定机构依法承担赔偿责任;司法鉴定机构不是法人的,设立司法鉴定机构的法人或者其他组织应当承担连带责任。司法鉴定机构赔偿后,可以向有过错的司法鉴定人追偿。"

司法鉴定人承担民事责任应当具备以下构成要件:

① 司法鉴定人存在违法行为

违法鉴定行为本身指司法鉴定机构或司法鉴定人违反法定义务的行为,比如违反司法鉴定机构应当在执业资质范围内接受委托之义务,违反司法鉴定人在鉴定活动中应当遵守司法鉴定程序、技术标准和技术操作规范之义务等。故违法鉴定行为的违法性比较明确。

虚假鉴定行为违反《全国人民代表大会常务委员会关于司法鉴定管理问题的决定》第12条对司法鉴定机构和司法鉴定人应遵守职业道德和职业纪律的规定,在民事诉讼中违背诚实信用原则。因此,虚假鉴定行为的违法性显而易见。

但需要注意虚假鉴定行为和错误鉴定行为的区别。错误鉴定行为是指司法鉴定人主观上不存在故意,只是因为技术水平低下、鉴定材料未充分收集等主客观原因作出了错误的鉴定意见,因而错误鉴定行为在本质上是一种失误。对错误鉴定行为违法性之认定,应当结合整个鉴定过程进行判断。若司法鉴定人在鉴定过程中已尽勤勉审慎之义务,即便出现失误,鉴定意见未被司法机关采纳并采信,也不宜认定其行为存在违法性,因为司法鉴定作为科学实证活动,客观上存在一定差错率。如果司法鉴定人错误鉴定行为违反了作为一般司法鉴定人的行为义务标准,则应认为具有违法性。

② 司法鉴定人主观上存在故意或重大过失

故意,主要指鉴定人虚假鉴定,明知无鉴定资质而接受委托,明显违反法律、法规对鉴定程序之强制性规定,致使鉴定程序严重违法等情形。

重大过失,主要指司法鉴定人在工作中对鉴定内容缺乏应有的认真,操作程序存在疏忽和失误,鉴定依据明显不足甚至违背常理等情形。

故意与重大过失的认定应采用客观标准,即以客观的一般司法鉴定人之行为标准来衡量行为人之行为,不依赖于个人自身主观能力来认定过错。

我国当前已有的司法鉴定民事责任立法中,一般将司法鉴定机构与司法鉴定人的过错限定在故意与重大过失范围内。主要是为了保持鉴定人必要的内心独立,无须过多考虑潜在的赔偿责任等因素,从而使鉴定人保持专注,做出准确的鉴定意见。

③ 当事人民事权益遭受损害

司法鉴定民事责任中,当事人民事权益遭受损害既可能是当事人诉讼利益损失,也可能是当事人经济损失等。实践中对当事人诉讼利益损失的认定应结合当事人诉讼利益损失是否处于确定状态,以及当事人是否怠于行使权利,导致诉讼利益损失。只有当事人诉讼利益损失处于确定状态,没有通过司法救济途径发生改变之可能性,才能认定当事人诉讼利益损失的范围。

④ 过错行为与损害之间存在因果关系

事件与损害之间具有相当因果关系,必须符合两项条件:其一,该事件为损害发生的不可欠缺的条件;其二,该事件实质上增加了损害发生的客观可能性。

司法机关依据司法鉴定人错误的鉴定意见作出裁决,形成对当事人不利的局面时,司法鉴定人的过错行为与损害之间的因果关系并不直观,尤其是对相当性的判断。判断相当性,实际上就是判断某行为或事件是否严重提高了出现损害后果的可能性,如果是,则具有相当性。实践中,鉴定意见在证明力上具有优越性,司法机关易信赖鉴定意见;且司法鉴定人在专业知识上具有明显优势地位,对于事实认定不可或缺。因此,站在社会一般人之客观视角,可预见鉴定活动中违法行为与损害结果之因果关系。

(2)司法鉴定人的行政责任

司法鉴定人的行政责任是指司法鉴定人违反有关其行政管理的法律规定或者不履行行政管理法律规定的义务所承担的法律责任。

司法鉴定属于行政许可的范畴,对于违反司法鉴定有关行政法律、法规、规章的司法鉴定人,省级司法行政机关有权依法给予行政处罚。根据《全国人民代表大会常务委员会关于司法鉴定管理问题的决定》和《司法鉴定人登记管理办法》规定司法鉴定人承担行政责任的形式主要包括:

① 警告

《司法鉴定人登记管理办法》第29条规定:"司法鉴定人有下列情形之一的,由省级司法行政机关依法给予警告,并责令其改正:同时在两个以上司法鉴定机构执业的;超出登记的执业类别执业的;私自接受司法鉴定委托的;违反保密和回避规定的;拒绝接受司法行政机关监督、检查或者向其提供虚假材料的;法律、法规和规章规定的其他情形。"

② 停止执业

停止执业是直接限制司法鉴定人鉴定活动的一种处罚形式。这种处罚形式要求司法鉴定人不得行使司法鉴定权利,在停止执业期间,司法鉴定人仍具有从事司法鉴定活动的资格,但不得从事司法鉴定活动。

《司法鉴定人登记管理办法》第30条规定:"司法鉴定人有下列情形之一的,由省级司法行政机关给予停止执业3个月以上1年以下的处罚:因严重不负责任给当事人合法权益造成重大损失的;具有本办法第29条规定的情形之一并造成严重后果的;提供虚假证明文件或者采取其他欺诈手段,骗取登记的;经人民法院依法通知,非法定事由拒绝出庭作证的;故意做虚假鉴定的;法律、法规规定的其他情形。"

③ 撤销登记

撤销登记是指授予司法鉴定人资格的司法行政机关撤销司法鉴定人所申请的司法鉴定执业资格,并使其不再享有司法鉴定权利的处罚形式。

《司法鉴定人登记管理办法》第30条规定:"司法鉴定人有下列情形之一的,情节严重的,撤销登记:因严重不负责任给当事人合法权益造成重大损失的;具有本办法第29条规定的情形之一并造成严重后果的;提供虚假证明文件或者采取其他欺诈手段,骗取登记的;经人民法院依法通知,非法定事由拒绝出庭作证的;故意做虚假鉴定的;法律、法规规定的其他情形。"

对司法鉴定人的行政责任应当由授予司法鉴定人执业资格的司法行政机关予以追究。司法行政机关予以追究司法鉴定人的行政责任时,应采用书面形式向当事人宣布及送达。被行政处罚的司法鉴定人对承担行政责任不服的,有权依法申请复议。

对于工程造价鉴定人,除了上述行政责任外,还有遵循《注册造价工程师管理办法》(建

设部令第 150 号)的规定,如果违反规定,需承担下列行政责任:

"第 31 条　隐瞒有关情况或者提供虚假材料申请造价工程师注册的,不予受理或者不予注册,并给予警告,申请人在 1 年内不得再次申请造价工程师注册。"

"第 33 条　以欺骗、贿赂等不正当手段取得造价工程师注册的,由注册机关撤销其注册,3 年内不得再次申请注册,并由县级以上地方人民政府建设主管部门处以罚款。其中,没有违法所得的,处以 1 万元以下罚款;有违法所得的,处以违法所得 3 倍以下且不超过 3 万元的罚款。"

"第 34 条　违反本办法规定,未经注册而以注册造价工程师的名义从事工程造价活动的,所签署的工程造价成果文件无效,由县级以上地方人民政府建设主管部门或者其他有关部门给予警告,责令停止违法活动,并可处以 1 万元以上 3 万元以下的罚款。"

"第 35 条　违反本办法规定,未办理变更注册而继续执业的,由县级以上人民政府建设主管部门或者其他有关部门责令限期改正;逾期不改的,可处以 5 000 元以下的罚款。"

"第 36 条　注册造价工程师有本办法第二十条规定(不履行注册造价工程师义务;在执业过程中,索贿、受贿或者谋取合同约定费用外的其他利益;在执业过程中实施商业贿赂;签署有虚假记载、误导性陈述的工程造价成果文件;以个人名义承接工程造价业务;允许他人以自己名义从事工程造价业务;同时在两个或者两个以上单位执业;涂改、倒卖、出租、出借或者以其他形式非法转让注册证书或者执业印章;法律、法规、规章禁止的其他行为)行为之一的,由县级以上地方人民政府建设主管部门或者其他有关部门给予警告,责令改正,没有违法所得的,处以 1 万元以下罚款,有违法所得的,处以违法所得 3 倍以下且不超过 3 万元的罚款。"

"第 37 条　违反本办法规定,注册造价工程师或者其聘用单位未按照要求提供造价工程师信用档案信息的,由县级以上地方人民政府建设主管部门或者其他有关部门责令限期改正;逾期未改正的,可处以 1 000 元以上 1 万元以下的罚款。"

(3) 司法鉴定人的刑事责任

我国存在职能部门的鉴定人和社会鉴定机构的鉴定人,由于这两种鉴定人基于不同职责来实施鉴定活动,在刑法上承担的刑事责任也存在不同。工程造价鉴定机构属于社会鉴定机构,工程造价鉴定主要发生在民事诉讼、行政诉讼中,在民事诉讼、行政诉讼中作虚假鉴定的,司法鉴定人则不负刑事责任,一般通过侵权责任或者行政制裁予以惩罚。

在刑事诉讼中,鉴定人故意作虚假鉴定,意图陷害他人或者隐匿罪证的且虚假鉴定意见属于证明案件的关键性证据或者与案件有重要关系的,应当负相应的刑事责任。《刑法》的修改可以考虑适当扩大伪证罪的适用主体范围。

鉴定人在刑事诉讼中故意作虚假鉴定,意图陷害他人或者隐匿罪证且虚假鉴定意见属于证明案件的关键性证据或者与案件有重要关系的,构成伪证罪。《刑事诉讼法》第 120 条规定:"鉴定人故意作虚假鉴定的,应当承担法律责任。"鉴定人在刑事诉讼活动中故意作虚假鉴定构成犯罪的,应当依法按《刑法》规定的伪证罪追究刑事责任。我国《刑法》第 305 条规定:"在刑事诉讼中,证人、鉴定人、记录人、翻译人对与案件有重要关系的情节,故意作虚假证明、鉴定、记录、翻译,意图陷害他人或者隐匿罪证的,处 3 年以下有期徒刑或者拘役;情节严重的,处 3 年以上 7 年以下有期徒刑。"因技术上的原因而错误鉴定的,不属于故意作虚假鉴定。

3）司法鉴定机构的法律责任

（1）司法鉴定机构的民事责任

司法鉴定机构的民事责任是指司法鉴定机构违反约定或法定义务而引起的应当承担的民事赔偿责任。

司法鉴定机构在实施鉴定活动中应当遵章守法,自觉履行与委托人签订的委托合同。如果在鉴定过程中鉴定机构违反法律、法规、规章规定,未按约定内容履行约定义务或者在履行义务中侵犯他人合法权益的,应当承担相应的不利法律后果。这种不利的法律后果主要表现为民事赔偿责任的承担。司法鉴定机构的民事责任包括以下含义:

① 司法鉴定机构的民事责任的双重性

司法鉴定机构的民事责任既包括因隶属于本机构的司法鉴定人故意或重大过失行为带来的民事赔偿的先行支付责任,也包括司法鉴定机构因其自身违反法定义务或者委托合同义务而单独承担的民事责任。

《司法鉴定机构登记管理办法》（司法部令第 95 号）第 41 条规定:"司法鉴定机构在开展司法鉴定活动中因违法和过错行为应当承担民事责任的,按照民事法律的有关规定执行。"

司法鉴定机构的民事责任既包括隶属于本机构的司法鉴定人因故意或重大过失而导致的司法鉴定机构先行支付的赔偿责任,也包括司法鉴定机构因其他违法活动和过错行为而单独承担的民事责任。如司法鉴定机构保管不善,将委托人的重要送鉴材料损坏或丢失等情况,应当承担的赔偿责任。

② 司法鉴定机构承担民事责任行为要件的双重性

司法鉴定机构的民事责任既有司法鉴定机构的违法行为或者过错行为,也有因隶属于自己的鉴定人在鉴定活动中的违法行为或者重大过错行为。只要司法鉴定机构或者鉴定人的违法或者过错行为给当事人的合法权益造成了损害,就应当承担赔偿责任。司法鉴定机构承担责任的性质既具有违约责任的性质,又具有侵权责任性质,甚至会出现责任的竞合。

③ 司法鉴定机构承担民事责任形式的单一性

司法鉴定赔偿责任是司法鉴定机构以及隶属于其的司法鉴定人在司法鉴定过程中由于违法或者过错行为所引起的不利法律后果。这种法律后果仅仅表现为民事赔偿责任。

④ 司法鉴定机构承担民事赔偿责任的优先性

鉴定人进行执业必须由司法鉴定机构统一接受委托,以司法鉴定机构的名义同当事人签订委托合同和收取费用。司法鉴定机构与当事人签订委托合同之后,才能根据案件的情况或当事人的要求,委派某一个或两个鉴定人具体实施鉴定活动。司法鉴定机构对隶属于自己的鉴定人在鉴定活动中因故意或者重大过失行为给当事人造成损失的,应当先行承担赔偿责任。依法承担赔偿责任后,可以向有过错行为的鉴定人追偿。

这种赔偿责任的优先性规定有利于督促司法鉴定机构加强对本机构的鉴定人的管理和教育,最大限度地减少因为鉴定人在执业过程中的违法行为而引发的民事赔偿责任。

（2）司法鉴定机构的行政责任

根据《司法鉴定机构登记管理办法》（司法部令第 95 号）的规定,司法鉴定机构承担的行政性责任主要包括:

① 警告

《司法鉴定机构登记管理办法》第 39 条规定:"司法鉴定机构有下列情形之一的,由省级司法行政机关依法给予警告,并责令其改正:超出登记的司法鉴定业务范围开展司法鉴定活动的;未经依法登记擅自设立分支机构的;未依法办理变更登记的;出借《司法鉴定许可证》的;组织未取得《司法鉴定人执业证》的人员从事司法鉴定业务的;无正当理由拒绝接受司法鉴定委托的;违反司法鉴定收费管理办法的;支付回扣、介绍费,进行虚假宣传等不正当行为的;拒绝接受司法行政机关监督、检查或者向其提供虚假材料的;法律、法规和规章规定的其他情形。"

② 停止从事司法鉴定业务

《司法鉴定机构登记管理办法》第 40 条规定:"司法鉴定机构有下列情形之一的,由省级司法行政机关依法给予停止从事司法鉴定业务 3 个月以上 1 年以下的处罚:因严重不负责任给当事人合法权益造成重大损失的;具有本办法第 39 条规定的情形之一,并造成严重后果的;提供虚假证明文件或采取其他欺诈手段,骗取登记的;法律、法规规定的其他情形。"

③ 撤销登记

《司法鉴定机构登记管理办法》第 40 条规定:"司法鉴定机构有下列情形之一,情节严重的,由省级司法行政机关依法给予撤销登记:因严重不负任给当事人合法权益造成重大损失的;具有本办法第 39 条规定的情形之一,并造成严重后果的;提供虚假证明文件或采取其他欺诈手段,骗取登记的;法律、法规规定的其他情形。"

对司法鉴定机构的行政责任应当由授予司法鉴定机构许可证的司法行政机关予以追究。司法行政机关予以追究司法鉴定机构的行政责任时,应以书面的形式向司法鉴定机构宣布及送达。被行政处罚的司法鉴定机构对于行政处理不服的,有权依法申请复议。

对于工程造价鉴定机构,除了上述行政责任外,还要遵循《工程造价咨询企业管理办法》(建设部令第 149 号)的规定,如果违反规定,需承担下列行政责任:

"第 36 条　申请人隐瞒有关情况或者提供虚假材料申请工程造价咨询企业资质的,不予受理或者不予资质许可,并给予警告,申请人在 1 年内不得再次申请工程造价咨询企业资质。"

"第 37 条　以欺骗、贿赂等不正当手段取得工程造价咨询企业资质的,由县级以上地方人民政府建设主管部门或者有关专业部门给予警告,并处以 1 万元以上 3 万元以下的罚款,申请人 3 年内不得再次申请工程造价咨询企业资质。"

"第 38 条　未取得工程造价咨询企业资质从事工程造价咨询活动或者超越资质等级承接工程造价咨询业务的,出具的工程造价成果文件无效,由县级以上地方人民政府建设主管部门或者有关专业部门给予警告,责令限期改正,并处以 1 万元以上 3 万元以下的罚款。"

"第 39 条　违反本办法第十七条规定(工程造价咨询企业的名称、住所、组织形式、法定代表人、技术负责人、注册资本等事项发生变更的,应当自变更确立之日起 30 日内,到资质许可机关办理资质证书变更手续),工程造价咨询企业不及时办理资质证书变更手续的,由资质许可机关责令限期办理;逾期不办理的,可处以 1 万元以下的罚款。"

"第 41 条　工程造价咨询企业有本办法第二十七条行为(涂改、倒卖、出租、出借资质证书,或者以其他形式非法转让资质证书;超越资质等级业务范围承接工程造价咨询业务;同时接受招标人和投标人或两个以上投标人对同一工程项目的工程造价咨询业务;以给予回扣、恶意压低收费等方式进行不正当竞争;转包承接的工程造价咨询业务;法律、法规禁止的其他行为)之一的,由县级以上地方人民政府建设主管部门或者相关专业部门给予警告,责令限期改正,并处以 1 万元以上 3 万元以下的罚款。"

参 考 文 献

[1] 赵庆华. 工程审计 [M]. 南京：东南大学出版社，2015

[2] 李永福，杨宏民，吴玉珊，等. 建设项目全过程造价跟踪审计 [M]. 北京：中国电力出版社，2016

[3] 杨明亮. 建设工程项目全过程审计案例（修订版）[M]. 北京：中国时代经济出版社，2016

[4] 周和生. 金马威工程管理咨询丛书——建设项目管理审计 [M]. 北京：化学工业出版社，2010

[5] 周聿，刘寰. 建设工程投资审计 [M]. 武汉：武汉理工大学出版社，2015

[6] 杨明亮. 建设工程项目全过程管理审计概要 [M]. 北京：中国时代经济出版社，2013

[7] 李三喜，李玲. 建设项目审计精要与案例分析 [M]. 北京：中国市场出版社，2006

[8] 刘钟莹. 工程估价 [M]. 3 版. 南京：东南大学出版社，2016

[9] 赫桂梅. 建筑工程估价 [M]. 南京：东南大学出版社，2017

[10] 杜志淳. 司法鉴定概论 [M]. 北京：法律出版社，2012

[11] 霍宪丹. 司法鉴定通论 [M]. 北京：法律出版社，2013

[12] 中国建设工程造价管理协会. 建设工程造价鉴定规程 [M]. 北京：中国计划出版社，2012

[13] 中华人民共和国住房和城乡建设部. 建设工程造价鉴定规范 [M]. 北京：中国建筑工业出版社，2018

[14] 李素英. 工程造价司法鉴定研究 [D]. 济南：山东大学，2010

[15] 徐振娜. 工程签证法律问题研究 [D]. 大连：大连海事大学，2014

[16] 叶莹. 我国工程造价鉴定制度研究 [D]. 武汉：武汉理工大学，2013

[17] 付佳. 司法鉴定机构权利保障制度研究 [D]. 重庆：西南政法大学，2013

[18] 刘亚博. 司法鉴定民事责任研究 [D]. 南京：东南大学，2015

[19] 侯磊磊. 司法鉴定人民事责任制度研究 [D]. 大连：大连海事大学，2012

[20] 宁倩. 司法鉴定人民事法律责任的研究 [D]. 南宁：广西大学，2017

[21] 谢惠芹. 我国司法鉴定人权利保障制度研究——以社会鉴定机构鉴定人为视角 [D]. 重庆：西南政法大学，2013

[22] 赵文霞. 工程造价司法鉴定的研究 [D]. 郑州：郑州大学，2015